高等学校人工智能专业规划教材·高级人工智能人才培养丛书

U0063043

模式识别

丛书主编：刘　鹏
主　　编：刘明堂
副 主 编：张志佳　匡芳君

电子工业出版社

Publishing House of Electronics Industry

北京·BEIJING

内 容 简 介

本书围绕模式识别的基本概念、基础理论和典型方法，从实际应用问题出发，系统描述了模式识别的常用方法和常见技巧，并给出了一系列实验及应用案例。本书首先介绍了机器视觉的概念及特征提取的概念和方法；其次介绍了线性分类模型、非线性分类模型、时间序列预测模型和混合模型等理论知识与实践操作；最后重点介绍了图像识别、视频目标检测与跟踪、语音识别、生物特征识别和医学图像检索等典型应用。

本书注重基础性、系统性和实用性，并配套丰富的教学资源，可作为普通高等学校人工智能及相关专业的教材，也可作为从事模式识别相关工作的读者的参考书。

图书在版编目（CIP）数据

模式识别/刘明堂主编. —北京：电子工业出版社，2021.5
（高级人工智能人才培养丛书/刘鹏主编）
ISBN 978-7-121-38428-8

Ⅰ. ①模… Ⅱ. ①刘… Ⅲ. ①模式识别－研究 Ⅳ. ①TP391.4

中国版本图书馆 CIP 数据核字（2020）第 023317 号

责任编辑：米俊萍 特约编辑：武瑞敏
印　　刷：三河市鑫金马印装有限公司
装　　订：三河市鑫金马印装有限公司
出版发行：电子工业出版社
　　　　　北京市海淀区万寿路 173 信箱　　邮编：100036
开　　本：787×1092　1/16　印张：21.25　字数：474 千字
版　　次：2021 年 5 月第 1 版
印　　次：2021 年 5 月第 1 次印刷
定　　价：88.00 元

编 写 组

丛书主编：刘　鹏

主　　编：刘明堂

副 主 编：张志佳　匡芳君

编　　委：刘云鹏　邵　虹　何光威　杨阳蕊　陈　健

　　　　　王大勇　陶文才　郑海颖　徐佳锋　刘　涛

前　言

各行各业不断涌现人工智能应用，资本大量涌入人工智能领域，互联网企业争抢人工智能人才……人工智能正迎来发展"黄金期"。放眼全球，人工智能人才储备告急，仅我国，人工智能的人才缺口即超过 500 万人，而国内人工智能人才供求比例仅为 1∶10。为此，加强人才培养、填补人才空缺成了当务之急。

2017 年，国务院发布《新一代人工智能发展规划》，明确将举全国之力在 2030 年抢占人工智能全球制高点，要加快培养聚集人工智能高端人才，完善人工智能领域学科布局，设立人工智能专业。2018 年，教育部印发《高等学校人工智能创新行动计划》，要求"对照国家和区域产业需求布点人工智能相关专业……加大人工智能领域人才培养力度"。2019 年，国家主席习近平在致 2019 中国国际智能产业博览会的贺信中指出，当前，以互联网、大数据、人工智能等为代表的现代信息技术日新月异，中国高度重视智能产业发展，加快数字产业化、产业数字化，推动数字经济和实体经济深度融合。

在国家政策支持及人工智能发展新环境下，全国各大高校纷纷发力，设立人工智能专业，成立人工智能学院。根据教育部发布的《教育部关于公布 2020 年度普通高等学校本科专业备案和审批结果的通知》，2020 年，全国共有 130 所高校新增"人工智能"专业，84 所高校新增"智能制造工程"专业，53 所高校新增"机器人工程"专业；在 2021 年普通高等学校本科新增设的 37 个专业中，电子信息类和人工智能类专业共 11 个，约占本科新增专业的 1/3，其中包括智能交互设计、智能测控工程、智能工程与创意设计、智能采矿工程、智慧交通、智能飞行器技术、智能影像工程等，人工智能成为主流方向的趋势已经不可逆转！

然而，在人工智能人才培养和人工智能课程建设方面，大部分院校仍处于起步阶段，需要探索的问题还有很多。例如，人工智能作为新专业，尚未形成系统的人工智能人才培养课程体系及配套资源；同时，人工智能教材大多内容老旧、晦涩难懂，大幅度提高了人工智能专业的学习门槛；再者，过多强调理论学习，以及实践应用的缺失，使人工智能人才培养面临新困境。

由此可见，人工智能作为注重实践性的综合型学科，对相应人才培养提出了易学性、实战性和系统性的要求。高级人工智能人才培养丛书以此为出发点，尤其强调人工智能内容的易学性及对读者动手能力的培养，并配套丰富的课程资源，解决易学性、实战性和系统性难题。

易学性：能看得懂的书才是好书，本丛书在内容、描述、讲解等方面始终从读者的角度出发，紧贴读者关心的热点问题及行业发展前沿，注重知识体系的完整性及内容的易学性，赋予人工智能名词与术语生命力，让学习人工智能不再举步维艰。

实战性：与单纯的理论讲解不同，本丛书由国内一线师资和具备丰富人工智能实战经验的团队携手倾力完成，不仅内容贴近实际应用需求，保有高度的行业敏感性，同时几乎每章都有配套实战实验，使读者能够在理论学习的基础上，通过实验进一步巩固提高。"云创大数据"使用本丛书介绍的一些技术，已经在模糊人脸识别、超大规模人脸比对、模糊车牌识别、智能医疗、城市整体交通智能优化、空气污染智能预测等应用场景下取得了突破性进展。特别是在 2020 年年初，我受邀率"云创大数据"同事加入了钟南山院士的团队，我们使用大数据和人工智能技术对新冠肺炎疫情发展趋势做出了不同于国际预测的准确预测，为国家的正确决策起到了支持作用，并发表了高水平论文。

系统性：本丛书配套免费教学 PPT，无论是教师、学生，还是其他读者，都能通过教学 PPT 更为清晰、直观地了解和展示图书内容。与此同时，"云创大数据"研发了配套的人工智能实验平台，以及基于人工智能的专业教学平台，实验内容和教学内容与本丛书完全对应。

本丛书非常适合作为"人工智能"和"智能科学与技术"专业的系列教材，也适合"智能制造工程""机器人工程""智能建造""智能医学工程"专业部分选用作为教材。

在此，特别感谢我的硕士生导师谢希仁教授和博士生导师李三立院士。谢希仁教授所著的《计算机网络》已经更新到第 7 版，与时俱进且日臻完善，时时提醒学生要以这样的标准来写书。李三立院士为我国计算机事业做出了杰出贡献，曾任国家攀登计划项目首席科学家。他严谨治学，带出了一大批杰出的学生。

本丛书是集体智慧的结晶，在此谨向付出辛勤劳动的各位作者致敬！书中难免会有不当之处，请读者不吝赐教。邮箱：gloud@126.com，微信公众号：刘鹏看未来（lpoutlook）。

刘　鹏

2021 年 3 月

目 录

第1章 绪 论

随着人工智能的广泛应用，机器感知和模式识别需要更有效地结合。一般来说，人工智能是用机器实现人类智能的[1]。但是，如果要使机器拥有智能处理功能，就必须使其具有信息感知能力[2]，因此，机器感知就变得更加重要。其中，视觉信息是非常重要的一类信息，对该类信息，机器感知的有效应用需要结合模式识别，二者共同服务于人工智能[3]。

本章首先简要介绍视觉信息与机器感知的相关内容，然后介绍特征选择与提取的相关概念，以及模式识别系统，最后介绍机器感知与模式识别、人工智能的关系。

1.1 机器感知与视觉信息

1.1.1 机器感知

机器感知（Machine Cognition）也称为机器认知（Machine Recognition），通常指由很多传感器采集信息，并经过机器（或计算机）处理后得到一些感知结果的过程。机器感知能延伸和扩展人的感知能力，包括机器视觉（Machine Vision）、机器触觉（Machine Touch）和机器听觉（Machine Hearing）等。其中，机器感知的主要信息来源是机器视觉。

机器视觉系统是用光学装置和非接触传感器取代人眼来获取信息及进行判断的系统。机器视觉系统一般采用计算机进行处理，所以机器视觉有时也称为计算机视觉（Computer Vision）。计算机视觉以达到具有与人类相当的视觉处理水平为发展目标。计算机视觉系统一般包括光源、对象、镜头、相机、图像采集卡、图像处理软件、判断和控制单元等，如图 1-1 所示[4]。

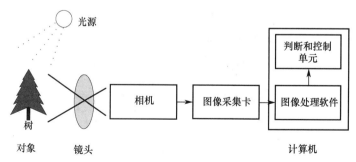

图 1-1 计算机视觉系统示意

1.1.2 视觉信息感知

视觉（Vision）使人类能感知和理解世界，帮助人们辨认物体及其所处的空间。视觉信息包含 5 类主要信息：颜色、光照、形状、动态和距离[5]。眼球包含聚光部分及感光的视网膜，其中，聚光部分包含眼角膜（Cornea）、瞳孔（Pupil）、水晶体（Lens）及玻璃体等。其功能是调节及聚合进入眼球的光线；视网膜中的视细胞包含杆状体细胞（Rod Cells）和锥状体细胞（Cone Cells），这两类细胞将眼球聚焦的光线变成电信号，并由大脑解码出适当的信息和反应[6]。

1.1.3 视觉机理

1981 年的诺贝尔医学奖颁发给了 David Hubel、Torsten Wiesel 及 Roger Sperry[7]。David Hubel 和 Torsten Wiesel 提出了"视觉系统分级处理信息"的思想，发现视觉中枢存在方向选择性细胞（Orientation Selective Cell）和其他感受野结构[8]。这一发现推动了卷积神经网络（Convolutional Neural Networks，CNN）的突破性发展。CNN 在机器视觉、图像识别、语言识别和数据挖掘等多个领域都取得了突出的成果[9]。

视觉系统一般先对原始信号进行低级特征抽象处理，再逐渐对高级的抽象特征进行迭代处理。如图 1-2 所示，像素区的视觉信息先被进行边缘特征提取，再进行高一级的边缘区形状特征提取，最后被抽象成更高层的对象和语义。一般来说，低层特征可组合为抽象的高层表示；而高层的对象和语义表示越清晰，其猜测的可能性就越小，就越利于分类。

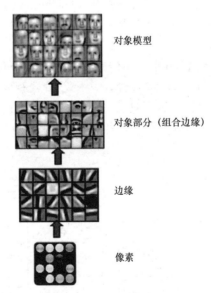

对象模型

对象部分（组合边缘）

边缘

像素

图 1-2 视觉信息的分级处理

但是，要使计算机（或机器）视觉同人眼视觉一样并不是一件容易的事情。因为人们生活在一个三维（3D）的世界里，而计算机试图分析 3D 空间的物体时，可利用的视觉传感器通常给出的是二维（2D）图像，从三维到二维的映射导致很多特征信息丢失[10]。另外，每个传感器都会受真实环境的噪声干扰，这使得计算机处理变得更加复杂。

机器视觉和机器处理也很难做到实时。"感"和"知"对机器来说是两件事，而对人眼来说可能就是同一个动作。因此，如何让机器同时做到"感"和"知"，也是人们要思考的一个问题。

视觉信息的特征获取是机器视觉的一个关键环节。一个机器视觉与模式识别系统的成败，首先取决于其所利用的特征能否较好地反映将要研究的分类问题[11]。如果数据被很好地表达成了特征，通常线性模型就能达到满意的分类效果。因此，对于模式识别系统的创建，特征的选择和提取是需要优先考虑的。

1.2 特征选择与提取

1.2.1 特征

特征（Feature）是能描述模式特性（性质）的量或测量值[12]。通过对模式的分析得到一组特征值，这个过程称为特征形成。一般而言，特征有两种表达方法：一是将特征表达为数值；二是将特征表达为基元。当将特征表达为数值时，一个模式的 n 个特征值就构成了一个特征矢量，通常用一个矢量 $\boldsymbol{x}$ 表示，即

$$\boldsymbol{x} = (x_1, x_2, \cdots, x_n)^{\mathrm{T}} \tag{1-1}$$

式中，$\boldsymbol{x}$ 的每个分量 $x_i(i=1,2,\cdots,n)$ 对应一个特征。当特征表达为基元时，一个模式表述为一个句子，记为 $\boldsymbol{x}$，即

$$\boldsymbol{x} = x_1 x_2 \cdots x_n \tag{1-2}$$

式中，$x_i(i=1,2,\cdots,n)$ 为基元，反映了构成模式的基本要素。原始特征要变换成最少的特征，以便对分类识别最有效，这是特征选择与提取的任务。从本质上讲，这样做的目的是使在最小维度特征空间中的异类模式点相距较远（类间距离较大），而同类模式点相距较近（类内距离较小）。

特征可分为 3 层：低层特征、中层特征和高层特征。低层特征又可分为无序尺度、有序尺度和名义尺度 3 种。无序尺度的低层特征有明确的数量和数值；有序尺度的低层特征有先后、好坏的次序关系，如酒可分为上、中、下 3 个等级；名义尺度的低层特征具有无数量、无次序的关系，如红、黄两种颜色。中层特征是经过计算、变换得到的特征。高层特征是在中层特征的基础上经过有目的地运算形成的，如椅子的质量就可以通过椅子的体积乘以椅子的密度得到，椅子的体积与椅子的长、宽、高有关，椅子的密度则与椅子的材料、纹理、颜色有关。

1.2.2 特征选择

通常用于描述模式性质的特征很多，需要从一组特征中挑选一些最有效的特征以降低特征空间的维数，即进行特征选择。特征选择有两种方法：直接选择法和变换法。直接选择法是当实际用于分类识别的特征数目 n 确定后，直接从已获得的 N 个原始特征中选出 n 个特征 $x_1, x_2, \cdots, x_n$，使可分性判据 J 的值满足下式：

$$J\left(x_1, x_2, \cdots, x_n\right) = \max\left[J\left(x_{i1}, x_{i2}, \cdots, x_{in}\right)\right] \tag{1-3}$$

式中，$x_{i1}, x_{i2}, \cdots, x_{in}$ 为 N 个原始特征中的任意 n 个特征。式（1-3）表示直接寻找 N 维特征空间中的 n 维子空间。直接选择法主要有分支定界法、用回归建模技术确定相关特征等方法。

变换法是在使判据 J 取最大的目标下，对 N 个原始特征进行变换降维，即对原 N 维特征空间进行坐标变换，然后取子空间。其主要方法有基于可分性判据的特征选择、基于误判概率的特征选择、离散 K-L 变换法（DKLT）、基于决策界的特征选择等。

1.2.3　特征提取

特征提取通过适当的变换把 N 个原始测量特征转换为 n（$n < N$）个新的特征。特征提取可以降低维数，有时还可以消除特征之间存在的相关性，使得新的特征更有利于分类。例如，遥感成像光谱仪波段数一般达数百个之多，如果直接用原始数据进行地物分类，数据量太大，导致计算复杂，且分类效果不一定好。此时，可通过变换或映射的方法，将原始数据空间变换到特征空间，得到最能反映模式本质的特征，同时降低空间维数。

特征提取有时也称为特征变换，其最常见的方法是线性特征变换方法。如果原始特征是 N 维的（$x \in \mathbf{R}^N$），变换后的新特征是 n 维的（$y \in \mathbf{R}^n$），则

$$y = W^{\mathrm{T}} x \tag{1-4}$$

式中，W 为 $N \times n$ 维的变换矩阵。特征提取就是寻找适当的 W 来实现最优的特征变换。一般情况下，$n < N$。也就是说，特征变换是降维变换。但是，在有些情况下，也可以采用非线性特征变换来升维。

线性特征变换方法有 PCA（Principal Component Analysis，主成分分析）法、K-L 变换法等；非线性特征变换方法有 MDS（Multidimensional Scaling，多维尺度）法、KPCA（Kernel PCA，核主成分分析）法及非线性距离度量法等。

1.3　模式识别系统

1.3.1　模式与模式识别

模式（Pattern）是指具有某种特定性质的感知对象。一般情况下，待观察的事物都具有时空分布信息。模式识别（Pattern Recognition）又称为模式分类，指对待观察事物的各种信息进行处理、描述、分类和解释的过程。按照有无训练样本，模式识别可分为监督模式识别和非监督模式识别两种。

模式识别的研究方向主要有两个：第一个是研究生物体是如何感知世界的；第二个是研究如何用机器（包括计算机）识别特定对象的模式。这些特定对象可以是字符、语

音、图像等具体的事物，也可以是状态、程度、范围等抽象的表达。模式识别与数学、医学、心理学、语言学、物理学及计算机科学等都有关系。

1.3.2 模式识别系统

模式识别在各领域的应用很多。一般来说，模式识别系统包括信息获取、预处理、特征选择与提取、分类器设计（或聚类）和分类决策（或结果解释）5 个部分，如图 1-3 所示。

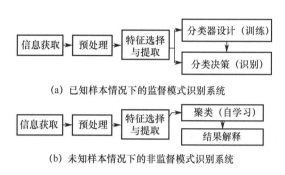

(a) 已知样本情况下的监督模式识别系统

(b) 未知样本情况下的非监督模式识别系统

图 1-3　模式识别系统组成

信息获取：由于计算机只能处理数字信号，计算机要获取模式信息就意味着要实现观察对象的数字化表达；机器通过各类传感器来获取信息，从而将光、图像、声音和其他非电信号转换为电信号；获取的信息可以是三维或二维的视觉信息，也可以是一维的声波、心电图、脑电图等，还可以是一些物理量与逻辑值等。

预处理：在得到模式的数字化表达后，需要对它进行预处理，以便去除或减小噪声的影响，突出有用信息；对于图像，可采用二值化、图像平滑、变换、增强、恢复、滤波、几何校正等数字图像处理技术对其进行预处理。

特征选择与提取：它的任务是在测量空间中，通过对原始数据进行相应的变换，获得在特征空间最能反映分类本质的特征。

分类器或聚类及后处理过程：分类器主要包括分类器设计和分类决策两部分，其中，分类器设计通过样本训练来确定判决规则，并把判决规则变成后续分类决策的标准，实现对目标对象的识别和分类；聚类是在非监督模式下对样本数据按照一定的方法进行分析；后处理过程则主要是结果解释，即根据专业知识来分析聚类结果的合理性，并对聚类做出解释。

1.4　机器感知与模式识别

机器感知使机器具有感知内部和外界信息的能力。机器感知的实现必须有传感器技术、图像处理、语言信号处理等信号处理技术的助力，而信号处理技术又需要与模式识别相结合。模式识别是人工智能领域一个重要的研究内容，而人工智能又离不开机器感知。所以，机器感知和模式识别具有密不可分的关系，二者相辅相成。

模式识别是计算机视觉技术的基本支撑元素，它通过对某项具体事物的观察来收集相应的图像信息，并经过后续的数字化处理、分析和加工，根据时间与空间理论建模分析的结果，判断识别的具体结果或目标类型。随着计算机视觉技术的发展，模式识别的准确性和速度也进一步得到提升[13]。

模式识别系统能够让计算机利用感官来对外界信息进行接收、识别和理解。模式识别已经在字符、语言和图像等识别中成功应用。目前，人们对模式识别的研究主要在三维物体识别、活动目标分析及智能机器人研究等方面。

1.5 机器感知与人工智能的关系

机器感知要达到的最终目的是利用机器实现对多维世界的理解，即使得机器具有像人一样的视觉、听觉、味觉、嗅觉和触觉功能。在机器视觉的很多实际应用中，机器解决的都是预设好的任务。

人工智能（Artificial Intelligence，AI）指由人类设计并在机器（计算机）上实现人的智能。人工智能已经广泛地应用在语言识别、图像识别、自动控制等领域，推动了高科技的发展[14]。那么，如何让机器有效地完成规定的"计划"和进行决策呢？这一问题的解决便与机器感知息息相关，机器视觉系统可为决策的制定提供可靠的信息来源。因此，机器视觉系统被看作人工智能系统的重要部分。

在智能制造过程中，机器感知主要用来模拟人的感知功能，也就是提取、处理并理解客观事物的信息，并最终用于实际检测、测量和控制[15]。机器感知具有很好的发展和应用前景。其一，机器感知满足了人工智能应用的需要，即可用计算机（或机器）实现人工智能的感知系统。将对机器感知的各种研究成果应用在计算机和各种机器上，可使计算机和机器具有"感知"的能力。其二，机器感知机理的研究结果有助于人类进一步认识人脑神经网络的工作原理。因此，对机器感知的研究和应用具有双重意义。

1.6 章节安排

本书主要围绕模式识别的基本概念、基础理论和典型方法，以实际问题为主线，系统描述了模式识别的常用方法和常见技巧，并给出了一系列实验及应用案例。在内容的组织和写作上，本书较注重基础性、系统性和实用性，没有对较复杂的理论进行推演和介绍。我们力求为学习模式识别技术的学生提供一本基础教材，同时为在其他学科应用模式识别技术的读者提供一本深入浅出的参考书。

全书共 12 章。

第 1 章为绪论，主要介绍了视觉信息、机器感知及特征选择与提取的概念，以及模式识别系统的基本构成，同时向读者展示了机器感知与模式识别系统的应用和发展前景。

第 2 章为机器视觉，详细介绍了视觉系统及其硬件平台和算法分析，并列举了常见的视觉软件，最后给出了车牌识别实验。

第 3 章为特征提取，主要介绍特征提取和特征选择的知识与方法，首先简述了特征提取和特征选择的概念，然后详细介绍了特征提取的降维与度量、类脑多层特征提取方法、模式识别系统设计，以及计算学习理论，最后给出基于 PCA 的特征脸提取实验。

第 4 章为线性分类模型，除了经典的线性判别函数，还分别介绍了 Fisher 线性判别、感知器算法、最小平方误差算法、Logistic 回归和多类线性分类方法，最后给出了感知器算法实现实验。

第 5 章为非线性分类模型，介绍了非线性分类的支持向量机、决策树与随机森林和贝叶斯分类器等方法，并重点介绍了神经网络，最后给出了决策树和随机森林算法实现实验。

第 6 章为时间序列预测模型，首先对时间序列预测进行了概述，介绍了指数平滑法，重点介绍了平稳模型的自回归模型、移动平均模型和自回归滑动平均模型，然后介绍了自回归积分滑动平均模型、长短期记忆网络模型和隐马尔可夫模型，最后给出了基于 LSTM 的股票最高价预测实验。

第 7 章为混合模型，首先介绍了高斯混合模型和混合贝叶斯模型，然后详细介绍了 Boosting 和 AdaBoost 混合模型，最后给出了基于 AdaBoost 集成学习的乳腺癌分类实验。

第 8 章为图像识别，首先简述了数字图像处理系统，对图像特征进行了描述，重点介绍了图像特征提取、分类器设计及实现，最后给出了水泥面裂缝检测实验。

第 9 章为视频目标检测与跟踪，介绍了视频目标检测的背景和遇到的问题，重点介绍了运动目标跟踪，并对视频目标检测与跟踪数据库进行设计，最后给出了多目标跟踪实验。

第 10 章为语音识别，介绍了语音识别系统的基本结构，以及声学模型和语言模型，重点介绍了深度学习模型和 MFCC 的语音识别技术，同时介绍了基于 DNN-MFCC 的语音识别方法，最后给出了基于 MFCC 特征和 THCHS-30 数据集的语音识别实验。

第 11 章为生物特征识别，介绍了指纹识别、人脸识别、虹膜识别和步态识别，最后给出了人脸识别实验。

第 12 章为医学图像检索，首先介绍了多模态医学图像融合及医学图像目标识别等，然后给出了超声图像病灶分割的实验。

习题

1．什么是视觉信息？视觉信息包含哪 5 类信息？

2．人眼的视觉机理是什么？人的视觉系统是怎么处理信息的？

3．机器感知是什么？

4．机器视觉系统由哪几部分组成？每部分有什么作用？

5．什么是模式？模式识别是怎么进行的？

6．简述模式识别系统的组成。

7．机器感知与模式识别有什么关系？其对人工智能的发展有什么作用？

8．结合日常生活需求，设计一个机器感知与模式识别的具体应用案例。

参考文献

[1] 王万良. 人工智能及其应用[M]. 3 版. 北京：高等教育出版社，2016.

[2] 时氪分享. 触景无限肖洪波：感和知的融合之道[EB]. [2019-01-09]. https://www.36kr.com/p/5068743.

[3] GarfieldEr007. 计算机视觉与图像处理、模式识别、机器学习学科之间的关系[EB]. [2019-02-10]. https://www.cnblogs.com/GarfieldEr007/p/5521505.html.

[4] [美]伯特霍尔德·霍恩. 机器视觉[M]. 蒋欣兰，译. 北京：中国青年出版社，2014.

[5] 人眼[EB]. [2019-02-10].https://baike.baidu.com/item/人眼/2058520?fr=aladdin.

[6] [美]冈萨雷斯. 数字图像处理[M]. 2 版. 北京：电子工业出版社，2007.

[7] shuiziliu1025. Deep Learning（深度学习）学习笔记整理系列[EB]. [2019-01-11]. https://blog.csdn.net/shuiziliu1025/article/details/51427057.

[8] BA L J，CARUANA R. Do deep nets really need to be deep[C]. International Conference on Neural Information Processing Systems, Boston: MIT Press，2014.

[9] BENGIO Y，LAMBLIN P，DAN P，et al. Greedy layer-wise training of deep networks[J]. Advances in Neural Information Processing Systems，2007，19:153-160.

[10] MILAN S，VACLAV H，ROGER B. 图像处理、分析与机器视觉[M]. 4 版. 兴军亮，艾海舟，译. 北京：清华大学出版社，2018.

[11] 李弼程，邵美珍，黄洁. 模式识别原理与应用[M]. 西安：西安电子科技大学出版社，2008.

[12] 张学工. 模式识别[M]. 3 版. 北京：清华大学出版社，2018.

[13] 张鹏琴. 浅谈模式识别及其在计算机视觉中的实现[J]. 民营科技，2018,225(12): 210.

[14] 张悦. 浅析人工智能的发展趋势和影响[J]. 通讯世界，2018, 25(12): 248-249.

[15] 创客总部. 机器视觉行业的现状和未来[EB]. [2019-01-01]. http://wemedia.ifeng.com/43070997/wemedia.shtml.

第 2 章　机器视觉

机器视觉作为一种非接触、智能化、信息化的检测方法，可以快速获取大量易于自动处理的信息，被广泛应用在工业自动检测、智能医疗、智能安防及智能交通等领域。在我国智能制造和人工智能大发展的背景下，机器视觉技术必将得到更加广泛和深入的应用。

本章在介绍机器视觉的概念、系统组成和系统评价指标的基础上，给出机器视觉系统的硬件平台、视觉特征提取与分析方法，以及常见的视觉软件与库函数，最后给出一个基于 Python 语言的实验案例。通过对本章的学习，希望读者能对机器视觉有初步的认识。

2.1　视觉系统

视觉是人类感知环境的重要手段。研究分析表明，在人们每天通过多种感官接收到的信息中，视觉信息占比为 83%，听觉信息占比为 11%，嗅觉信息占比为 3.5%，其他信息占比为 2.5%，如图 2-1 所示。这说明视觉信息量大，也表明人类对视觉信息有较高的利用率，同时体现了人类视觉功能的重要性。

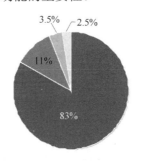

图 2-1　人类感知环境的信息构成比例

使工业检测设备、机器人或其他智能机器具有像人类一样高效、灵活和通用的视觉功能，是人类多年以来的梦想。自 20 世纪 50 年代以来，机器视觉理论和技术得到了迅速发展，使得人类的梦想正在逐步实现。

2.1.1　机器视觉的发展

计算机视觉指利用计算机实现人的视觉功能——对客观世界进行感知、识别和理解。通常认为计算机视觉研究始于 20 世纪 50 年代的统计模式识别与分析理论，当时的工作主要集中在二维图像分析、识别和理解范畴，如光学字符识别，工件表面、显微图片、航空照片的分析和解释等。

20 世纪 60 年代，Roberts 将环境假设为"积木世界"，即周围的物体都是由多面体组成的，需要识别的物体可以用简单的点、直线、平面的组合表示。通过计算机程序可从数字图像中提取如立方体、楔形体、棱柱体等多面体的三维结构，并对物体形状及物体的空间关系进行描述。Roberts 的研究工作开创了以理解三维场景为目的的三维机器视觉的研究。到了 20 世纪 70 年代，一些机器视觉应用系统开始出现[1]。

1973 年，英国的 Marr 教授应邀在麻省理工学院（MIT）的人工智能实验室创建了一个研究小组，专门从事视理论方面的研究。1977 年，Marr 提出了不同于"积木世界"分析方法的视觉计算理论——Marr 视觉理论。该理论在 20 世纪 80 年代迅速成为计算机视觉研究领域一个重要的理论框架。

到了 20 世纪 80 年代中期，计算机视觉获得了快速发展，主动视觉理论框架、基于感知特征群的物体识别理论框架等新概念、新方法、新理论不断涌现。20 世纪 90 年代，计算机视觉在工业环境中得到了广泛应用。进入 21 世纪以来，计算机视觉技术已经开始进入人们的日常生活。

在上面的讨论中，并没有严格区分计算机视觉和机器视觉这两个术语，在很多文献中也是如此，但这两个术语既有区别又有联系。

计算机视觉采用图像处理、模式识别、人工智能技术相结合的手段，着重于一幅或多幅图像的计算机分析。图像可以是单个或多个传感器获取的图像本身，也可以是单个传感器在不同时刻获取的图像序列。分析是对目标物体进行识别，以便确定目标物体的位置和姿态，并对三维景物进行符号描述和解释。在计算机视觉研究中，经常使用几何模型、复杂的知识表达，并采用基于模型的匹配和搜索技术。常使用的搜索策略包括自底向上、自顶向下、分层和启发式控制策略[2]。

机器视觉则偏重于计算机视觉技术的工程化，通过控制多种条件来自动获取和分析特定的图像，进而控制相应的行为。具体地说，计算机视觉为机器视觉提供图像和景物分析的理论及算法基础，机器视觉为计算机视觉的实现提供传感器模型、系统构造和实现手段[2]。

综上所述，可以认为机器视觉系统是一个能自动获取一幅或多幅目标物体图像，然后对所获取图像的各种特征量进行处理、分析和测量，并对测量结果做出定性分析和定量解释，从而得到对目标物体的某种认识且做出相应决策的系统。以工业检测为例，机器视觉系统的常用功能包括物体定位、特征检测、缺陷判断、目标识别、计数和运动跟踪等。

2.1.2　机器视觉系统的构成与评价指标

机器视觉及其应用是一个多学科融合的领域。它以图像处理为核心技术，涉及光学、机械、电子、计算机等学科。

一个典型的机器视觉系统整体上可以分为硬件系统和软件系统两部分。其中，硬件系统包括光学成像系统、机械控制系统和计算机部分等；软件系统主要包括视觉算法软件。其中，光学成像系统包括相机、镜头、光源及其他配件；机械控制系统包括支撑平台及电气执行机构等；计算机部分包括计算机、工控机、服务器，甚至嵌入式设备。

以工业检测应用背景为例，机器视觉系统的工作原理如图 2-2 所示。在稳定光源的照射下，检测目标出现在相机和镜头的视野内，此时传感器触发相机采集图像，图像数据经过相机-工控机接口传入工控机，工控机通过图像处理算法对图像进行分析处理，并得到决策信号。决策信号通过数字 I/O 接口传到 PLC 控制器，再经过现场总线接口向执行机构发送指令，以执行相应的动作，如剔除残次品等。图 2-3 所示为在工业现场拍摄的机器视觉系统实例。

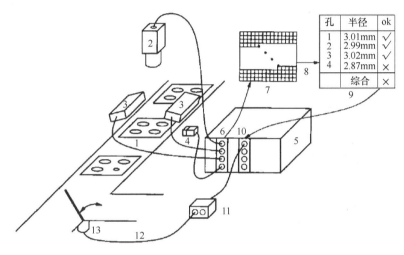

图 2-2　机器视觉系统的工作原理

1—检测目标；2—相机和镜头；3—光源；4—传感器；5—工控机；

6—相机-工控机接口；7—图像数据；8—机器视觉算法图像处理过程；

9—检测结果；10—数字 I/O 接口；11—PLC 控制器；12—现场总线接口；13—执行机构

图 2-3　在工业现场拍摄的机器视觉系统实例

在不同的应用领域，机器视觉系统具有不同的评价指标。在以测量和缺陷检测为目的的工业领域，机器视觉系统常用的指标有检测精度、检测速度、漏检率和误检率等。

检测精度指每个像素代表的实际尺寸，单位为 mm/piexl，有时也称为像素当量。检测速度指每秒检测产品的个数，有时也可以用帧率来衡量。漏检率指所有缺陷样本中，检测出的缺陷样本占总样本的比例。误检率指被判定为缺陷样本的非缺陷样本占总样本的比例。

在其他应用领域，还可用混淆矩阵等多种指标对机器视觉系统进行评价。

2.1.3 机器视觉的应用

视觉的最大优点是观测者与被观测的对象无接触，因此对观测者与被观测的对象都不会产生任何损伤。

视觉方式所能检测的对象十分广泛，理论上人眼能够观察的对象，机器视觉就可以观察到；而对于人眼观察不到的范围和对象，机器视觉同样可以观察到。例如，对于红外线、微波、超声波等，人类视觉是观察不到的，但机器视觉可以利用红外线、微波、超声波等敏感器件成像进行分析检测。因此，可以说机器视觉扩展了人类的视觉范围。

从持续时间来说，人的体力是有限的，所以人无法长时间在恶劣环境中观察对象；而机器能不知疲倦、始终如一地观测，所以机器视觉可以用于长时间、恶劣工作环境的观测。

正是基于以上特点，机器视觉在国民经济、科学研究及国防建设等领域都得到了广泛的应用。下面对不同领域的机器视觉应用进行举例说明。

1．工业自动化生产线

机器视觉在工业自动化生产线中的应用实例包括产品质量检测、工业无损探伤、自动流水线生产和装配、自动焊接、印制电路板检查等。将图像和视觉技术用于生产自动化，不仅可以加快生产速度、保证质量的一致性，还可以避免因人类疲劳、注意力不集中等带来的误判。图 2-4 所示为机器视觉在汽车装配中的应用。

图 2-4　机器视觉在汽车装配中的应用

2．检验和监视

机器视觉在检验和监视方面的应用实例包括标签文字标记检查、邮政自动化、计算机辅助外科手术、显微医学操作、石油和煤矿等钻探中的数据流自动监测与滤波、纺织和印染业中的自动分色与配色、重要场所和环境的自动巡视与自动跟踪报警等。图 2-5 所示为机器视觉在医疗辅助器械中的应用实例。

3．视觉导航

机器视觉在视觉导航领域的应用实例包括无人机、自动驾驶车辆、移动机器人、精确制导及自动巡航捕获目标和确定距离等。这些应用既可避免人的参与及由此带来的危险，还可提高导航精度和控制速度。图 2-6 所示为机器视觉在视觉导航领域的应用实例。

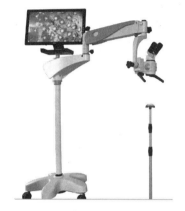

图 2-5　机器视觉在医疗辅助器械中的
应用实例

图 2-6　机器视觉在视觉导航领域的应用实例

4．图像自动解释与判读

机器视觉不仅能够对放射图像、显微图像、医学图像、遥感多波段图像、合成孔径雷达图像、航天航测图像等实现自动解释与判读，还能够实时自动发现监控区域的异常行为。图 2-7 所示为机器视觉在利用 X 光放射图像进行血管检测方面的应用。

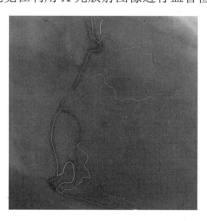

图 2-7　机器视觉在利用 X 光放射图像进行血管检测方面的应用

5．人机交互

机器视觉能够识别人的各种动作与意图，实现智能代理等应用。例如，可以让计算机借助人的手势（手语）、嘴唇动作、躯干运动（步态）、表情等了解人的意识，进而执行人的指令，这既符合人类的交互习惯，也可以增加交互的方便性和临场感等。图 2-8 所示为机器视觉在手势识别方面的应用。

图 2-8　机器视觉在手势识别方面的应用

6．虚拟现实

机器视觉还可以应用在飞机驾驶员训练、医学手术模拟、场景建模、战场环境表示、电视电影特效等领域。这些应用可以帮助人们超越人类的生理极限，并且找到"身临其境"的感觉，提高工作效率。图 2-9 所示为机器视觉在虚拟试衣间中的应用。

图 2-9　机器视觉在虚拟试衣间中的应用

以上只给出了机器视觉的常见应用，随着人工智能和计算机视觉理论的发展，相信机器视觉系统会深入人们工作和生活的很多方面。

2.2　硬件系统

典型的机器视觉系统的硬件系统通常包括光源、工业相机、处理器、输出设备等。一个机器视觉系统的硬件系统的主要组成示例如图 2-10 所示。

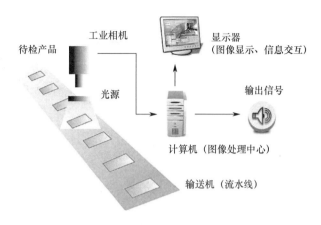

图 2-10　一个机器视觉系统的硬件系统的主要组成示例

待检产品通过输送机传送至工业相机视场区域，光源对待检产品进行合理打光，改善成像环境，使待检产品的局部纹理与缺陷细节得以清晰显现。工业相机对图像进行采集，将其转换为数字图像后传送至计算机，计算机利用预装的图像处理软件对待检产品的几何尺寸、表面缺陷等进行精确测量与定位。输出设备将记录检测结果，并通过显示器显示数据，或者对不合格的产品进行标注、产生报警信号。

为了得到高质量的图像，针对不同应用场合的检测需求，有必要对硬件系统的相机、镜头、光源等主要组成部分进行定性分析和定量计算，以便合理地选择型号。

2.2.1　工业相机

工业相机的功能是将待测目标物体转换成计算机中的数字图像。其工作方式是利用物体发射或反射的光，将镜头的光路聚焦在图像平面并进行光电转换，从而量化输出图像。

工业相机一般由以下模块组成。

（1）图像传感器：将光信号转换成电信号的器件，是工业相机的核心，市场上主要有 CCD 和 CMOS 两种。

（2）图像输出接口电路：将图像传感器的输出信号以某种压缩方式输出，常用的输出方式包括 USB、千兆网、CameraLink、1394 等。

（3）图像拍摄触发电路：用于启动工业相机拍摄图像，包括内触发和外触发两种。

（4）壳体：包括与镜头连接的光学接口、用于传送数据的接线端子、供电电源接线端子、外触发接线端子、用于固定相机的螺纹孔。

工业相机如图 2-11 和图 2-12 所示。

图 2-11　工业相机正面实物图

图 2-12　工业相机背面的数据输出口

工业相机与民用相机具有如下区别。

（1）工业相机一般没有录像功能；而民用相机通常具有录像功能，实际上是摄录一体机。

（2）工业相机性能稳定可靠，易于安装，结构紧凑结实，不易损坏，连续工作时间长，可在较差的环境下使用；而一般的民用相机很难做到这些。例如，如果民用数码相机工作 24 小时或连续工作几天，就会因工作强度过大而出现损坏。

（3）工业相机在高速和高分辨率方面具有多种选择，以便适应工业现场的不同需求；而民用相机通常以视频摄影为主，每秒拍摄 25 帧图像，对图像分辨率没有过高的硬性要求。

（4）工业相机的价格普遍高于民用相机。

工业相机常用的参数有传感器类型、像元排列方式、像元尺寸、靶面尺寸、颜色类型、像素深度、像素分辨率、曝光方式、速度、数据接口等，下面具体介绍。

1．传感器类型

图像传感器是工业相机的核心部件，一个传感器上包含的像素数越多，其提供的画面分辨率也就越高。它的作用就像胶片一样，与相机胶片不同的是，它可将光信号转换成数字信号。

根据元件的不同，图像传感器通常可分为 CCD（Charge-Coupled Device，电荷耦合器件）传感器和 CMOS（Complementary Metal-Oxide Semiconductor，互补金属氧化物半导体）传感器（见图 2-13）[3]。

CCD 传感器和 CMOS 传感器的主要区别是从芯片中读取数据的方式不同。CCD 传感器的原理如图 2-13（a）所示，感光元件（通常为光电二极管）将光转换成电荷，再按行转移到串行读出寄存器，然后进行电荷转换和放大输出。CMOS 传感器的原理如图 2-13（b）所示，光电二极管将光转换成电荷，其中每个光电二极管单独连接一个放大器，且具有行和列的选择开关，可以选择性地输出。

CCD 传感器的优点在于成像质量好，缺点是功耗大、工艺复杂，只有少数厂商掌握制作技术，成本居高不下。CMOS 传感器具有低功耗、可选择性读取数据、成本低等优点，但成像质量不及 CCD 传感器。

2．像元排列方式

相机的像元排列方式决定了相机是否可以进行扫描成像。像元指相机中图像传感器感光面（通常称为靶面）中的光电管，是将光信号转换成电信号的元件。按照它们在相机靶面芯片上的集成方式，可以把相机分为线阵相机和面阵相机。例如，图 2-13 所示的

两种传感器的像元呈面形排列，则称对应的相机为面阵相机；图 2-14 所示的传感器的像
元呈线形排列，则称对应的相机为线阵相机。

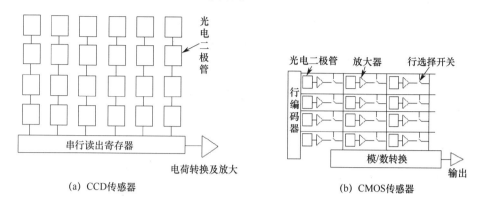

(a) CCD传感器　　　　　　　　　　　(b) CMOS传感器

图 2-13　传感器类型

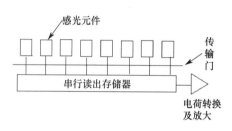

图 2-14　线阵相机

线阵相机多为 CCD 传感器，实际应用中，有些线阵相机是几行像元呈条状排列
的。线阵相机（见图 2-15）适用于对大幅面（大于 100mm）的目标扫描成像，如进行
布匹印刷检测；而面阵相机（见图 2-16）适用于对小幅面（小于 100mm）的目标一次
成像，如进行工件螺纹检测。

图 2-15　线阵相机实物　　　　　　　图 2-16　面阵相机实物

3．像元尺寸

数字相机中单个像元的尺寸一般为$1\mu m \times 1\mu m \sim 14\mu m \times 14\mu m$ ，通常为矩形结构。
像元尺寸在某种程度上反映了传感器芯片对光的响应能力，像元尺寸越大，能够接收的
光子数量越多；像元尺寸越小，感光面就越小，其输出的信号也就越弱。

4．靶面尺寸

像元尺寸和像元数量（分辨率）共同决定了相机中图像传感器的靶面大小。

$$靶面尺寸＝像元尺寸×像元数量 \tag{2-1}$$

例如，德国 Basler 公司的 acA2500-14gm/gc 面阵相机的分辨率为 2592×1944，像元尺寸为 $2.2\mu m×2.2\mu m$ ，则靶面尺寸为 5.702mm×4.277mm 。

靶面尺寸也常用对角线的长度来表示，一般以英寸（in）为单位，如 1in、2/3in、1/2in。需要注意的是，在机器视觉领域，1in 的靶面，对角线长度为 16mm，而在英制单位中，1in 为 25.4mm。

5．颜色类型

CCD 传感器和 CMOS 传感器对于近紫外光、可见光及近红外光都有响应，无法直接产生彩色图像，单芯片传感器只能采集到灰度图像。通常采用两种方法让相机输出彩色图像：Bayer 滤镜阵列技术和棱镜分光三传感器技术。

按照颜色类型，工业相机可以分为彩色工业相机和黑白工业相机。彩色工业相机适用于与颜色相关的定性检测，如布匹色差检测、车牌检测等；黑白工业相机适用于定量测量，如零件尺寸测量、机械手抓取等。

6．像素深度

像素深度指像元输出的图像像素灰度值。例如，8bit 表示 2^8＝256 个灰度级，像素深度一般常用的是 8bit，对于黑白工业相机，还有 10bit、12bit 等。

7．像素分辨率

像素分辨率简称分辨率，指工业相机的传感器芯片上集成的感光元件的个数。对于面阵相机，分辨率通常用水平方向的感光元件个数×垂直方向的感光元件个数表示，如 1280×1024 分辨率，也称为 130 万分辨率。

对于线阵相机，分辨率只用水平方向上的感光元件个数表示，如 2048 分辨率，也称为 2K 分辨率。

相机的分辨率是根据测量精度估算的。

$$相机的测量精度＝\frac{单方向视野长度}{相机单方向分辨率} \tag{2-2}$$

则

$$相机单方向分辨率＝\frac{单方向视野长度}{相机的测量精度} \tag{2-3}$$

例如，单方向视野长度为 5mm，理论测量精度设计为 0.02mm，则

$$相机单方向分辨率＝\frac{5mm}{0.02mm}＝250 \tag{2-4}$$

为增加相机系统的稳定性与测量精度，一般不用一个像素单位对应一个测量精度值，通常选择的分辨率会更高，一般可以选择 3～4 倍，这样该相机的单方向分辨率可扩大至 1000，实际的测量精度才会达到理论设计的测量精度。

既然确定了相机整体的分辨率约为 1000×1000，那么在选择相机时，需要对照相机的参数手册，查找满足测量需求的工业相机，从而完成相机的选型。

8．曝光方式

曝光方式指为了使感光元件接收光信号而打开快门的方式。对于面阵相机，曝光方式主要有两种，即卷帘曝光和全局曝光；对于线阵相机，曝光方式主要为行曝光。

如果检测运动目标，对于面阵相机，选择卷帘曝光方式会产生拖影现象，而选择全局曝光方式可避免产生拖影；对于线阵相机，可以通过加装编码器触发相机行曝光来防止拖影。

9．速度

相机的速度可以用相机采集图像的频率表示。通常面阵相机用帧率表示速度，单位为 fps（frame per second），如 30fps 表示相机 1s 最多能采集 30 帧图像。线阵相机通常用行频表示速度，单位为 kHz，如 12kHz 表示相机 1s 最多可以采集 12000 行图像数据。

相机的速度会受分辨率和曝光时间等参数的限制，分辨率越高，帧率和行频越低，速度越慢；曝光时间越长，帧率和行频越低，速度越慢。

10．数据接口

数据接口指相机将采集到的图像数据传输到计算机设备的接口。数据接口主要有 USB、GigE、CameraLink、1394 等。其中，USB 接口具有高带宽、连接简单、无须额外供电等优点，但有传输距离短、数据占据总线难以同步等缺点；GigE 接口弥补了 USB 接口的缺点，但需要额外的电源供电；CameraLink 接口是一种专门针对机器视觉领域的通信协议接口，具有高带宽的优点，但传输距离短，而且需要专门的采集卡；1394 接口是早期工业相机采用的接口，带宽一般，传输距离短，需要专门的采集卡，已逐渐被其他接口取代。数据接口的性能对比如表 2-1 所示。

表 2-1　数据接口的性能对比

性 能 指 标	USB3.0	1394	GigE	CameraLink
传输速率/Gbps	3.2～5.0	0.8	1.0	2.0～5.0
传输距离/m	3～5	4.5	100	10
采集卡支持	无	有	无	有
CPU 占用率	高	一般	低	一般
易用性	易插拔	不便插拔	一般	不便插拔
成本	一般	高	一般	高

通过计算分析以上 10 个主要参数，已经能够确定相机型号。其他参数如光学接口、动态范围等，可以通过查阅相机厂家的产品手册详细了解。

【案例 1】

根据以下要求选择合适的相机：完成测量产品尺寸的任务，产品尺寸为 25mm×15mm，要求测量精度为 0.1mm，检测速度为 10 件/s。

【分析】

该任务属于尺寸测量，可选择黑白相机；考虑易用性与成本控制，选择 CMOS 传感器。

产品尺寸为 25mm×15mm，属于较小幅面，可以对产品一次成像，选择面阵相机。

视野应略大于产品尺寸，通常取产品尺寸的 1.2 倍，约为 30mm×18mm，假设用 3 个像素表示测量精度，则测量精度为 0.03mm，那么，相机分辨率为

$$相机长方向的分辨率 = \frac{30mm}{0.03mm} = 1000 \tag{2-5}$$

$$相机宽方向的分辨率 = \frac{18mm}{0.03mm} = 600 \tag{2-6}$$

相机分辨率至少需要 1000×600，可以选择 1280×720 分辨率的相机。

因为检测运动目标，所以相机曝光方式选用全局曝光方式。

检测速度是 10 件/s，所以相机的帧率大于 10fps 即可。

数据接口要求传输速率高、无须采集卡，所以选择 USB3.0 接口。

综合以上参数，通过查阅相机厂家的产品手册就可以得到具体型号，从而完成对相机的选择。

2.2.2 镜头

镜头的作用是将远距离物体发出或反射的光，通过自身的光路聚焦到相机的图像传感器上。工业相机的镜头如图 2-17 所示。

图 2-17 工业相机的镜头

镜头的参数包括焦距、工作距离、视场、光学接口、光学接口尺寸、光学放大倍率、镜头分辨率、畸变系数和景深等。

1. 焦距

焦距是指镜头透镜中心点平面到焦点平面的距离（见图 2-18 中的 OF），记作 f，单位为 mm。焦距的大小决定了视场角的大小，焦距越大，视场角越小；焦距越小，视场角越大。根据焦距能否调节，工业相机镜头可以分为定焦镜头和变焦镜头。

2. 工作距离

工作距离指中心点平面到物体平面的距离，记作 WD，单位为 mm。实际工作距离通常由实际生产环境的空间限制，应该大于镜头的最小工作距离，否则不能清晰成像。

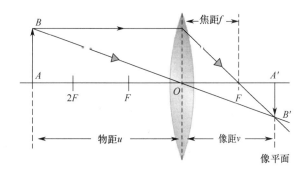

图 2-18　透镜焦距示意

3．视场

视场和视场角是相似概念，它们都可以用来衡量镜头的成像范围。

在近距离成像中，在工作距离固定的情况下，常用实际物体的尺寸表示镜头的成像范围，称为镜头的视场，记作 FOV，用宽×高表示，如 100mm×80mm。

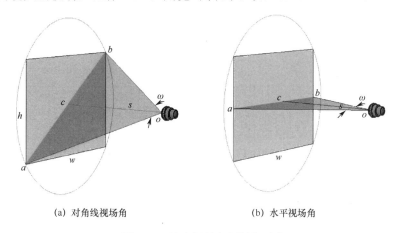

(a) 对角线视场角　　　　　　　　(b) 水平视场角

图 2-19　镜头视场与视场角示意

在远距离成像中，镜头的成像范围常用视场角来衡量，记作 DHV。镜头的视场角包括水平视场角、垂直视场角、对角线视场角。视场角常用对角线视场角×水平视场角×垂直视场角来表示，如 61.7°×56.3°×43.7°。

图 2-19 中，点 o 处为相机位置，w 为成像平面的宽度，h 为成像平面的高度。其中，图 2-19（a）中的 $\angle aob$ 为对角线视场角，图 2-19（b）中的 $\angle aob$ 为水平视场角。

4．光学接口

光学接口指镜头与工业相机装配的接口，主要有 C 接口、CS 接口、M45 接口等。不同接口之间有适配转接环，如 C 接口镜头可以通过 5mm 转接环适配 CS 接口。

5．光学接口尺寸

光学接口尺寸指镜头适配的工业相机的最大传感器尺寸，记作 SS，通常用对角线的英寸单位表示。如果实际选用的图像传感器靶面尺寸大于镜头所支持的图像传感器的最大尺寸，就会造成传感器外围成像单元的资源浪费，成像后的图像外围会有一圈黑色的轮廓。为了避免上述失误，在选用镜头时，一定要仔细查阅镜头厂商的技术手册，结合选用的相机图像传感器的尺寸来完成镜头的合理选型。

常用的镜头光学接口尺寸有 1in、2/3in、1/2in、1/3in、1/4in 等。通过查表可以得到光学接口尺寸对应的宽度×高度的表示方法。常见相机传感器的靶面尺寸与镜头 C 接口尺寸的关系如表 2-2 所示。

表 2-2　常见相机传感器的靶面尺寸与镜头 C 接口尺寸的关系

光学接口尺寸/in	1	2/3	1/2	1/3	1/4
对角线/mm	16	11	8	6	4
靶面尺寸/mm	12.8×9.6	8.8×6.6	6.4×4.8	4.8×3.6	3.6×2.7

6．光学放大倍率

光学放大倍率指镜头将物体投射到感光元件上的大小和物体实际尺寸的比值。传感器靶面尺寸与实际视野大小的比值记作 β，镜头成像过程如图 2-20 所示。

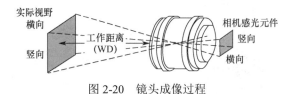

图 2-20　镜头成像过程

$$光学放大倍率 \beta = \frac{靶面宽度或高度}{实际视野宽度或高度} \tag{2-7}$$

虽然称为放大倍率，但对有的镜头来说，其会缩小作用。例如，光学放大倍率为×0.1表示实际物体通过镜头成像后，到达图像传感器靶面上的图像大小为实际物体的 1/10。

7．镜头分辨率

镜头分辨率指镜头在成像平面 1mm 间隔内能分辨的黑白线条对的数量，记作 R，单位为 lp/mm（线对/毫米）。若镜头在 1mm 的范围内可以分辨出由 60 根平行线组成的图案，则可以说这个镜头的分辨率为 60lp/mm。从理论上说，分辨率越高的镜头成像越清晰。图 2-21 所示为不同分辨率、对比度的镜头形成的图像效果。

8．畸变系数

镜头在生产过程中经过磨削、装配等复杂的工艺，不可避免地会产生光学误差，导致成像畸变。其畸变效果如图 2-22 所示。畸变系数是衡量工业镜头成像失真和变形程度的指标，通常用百分数表示，如畸变系数为 0.1%。

9．景深

景深指镜头能够对物体清晰成像的范围，记作 ΔL（见图 2-23），单位为 mm。在进行拍摄时，调节相机镜头，使距离相机一定距离的物体清晰成像的过程，称为对焦。物体所在的点，称为对焦点。"清晰"并不是一个绝对的概念，所以，在对焦点前（靠近相机的方向）、对焦点后（一定距离内）的物体成像都可以是清晰的，这个前后范围的总和就称为景深，只要在这个范围内的物体，都可以清晰成像。

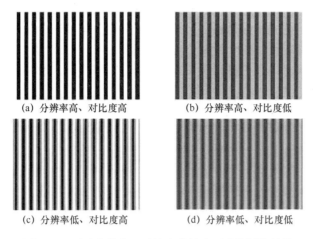

(a) 分辨率高、对比度高　　　　(b) 分辨率高、对比度低

(c) 分辨率低、对比度高　　　　(d) 分辨率低、对比度低

图 2-21　不同分辨率、对比度的镜头形成的图像效果

（a）正常物体　　　　（b）枕形畸变　　　　（c）桶形畸变

图 2-22　镜头畸变效果

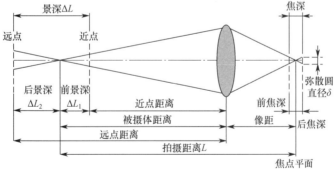

图 2-23　景深示意

对于景深和镜头的关系可以总结为：镜头焦距越大，景深越浅；焦距越小，景深越深；光圈越大，景深越浅；光圈越小，景深越深；镜头离物体的距离越远，景深越深；镜头离物体的距离越近（不能小于最小拍摄距离），景深越浅。

通过前面的介绍，我们对镜头的重要参数有了进一步的了解，下面根据被测物体的属性及成像要求，对工业相机镜头进行选型。

选择工业相机镜头时，一般可以从以下几个方面进行分析计算。

第一，镜头所支持的传感器的最大尺寸不得小于所选相机的传感器尺寸，若相机传感器尺寸是 1/3in，则镜头的传感器尺寸至少是 1/3in，可以选择常见的 1/3in、1/2in、2/3in 等。

第二，选择合适的光学接口和转接环，若相机的光学接口为 C 接口，则镜头最好选择 C 接口，也可以选择 CS 接口和一个 5mm 转接环。

第三，光学放大倍率 β 可根据式（2-8）由传感器尺寸 SS 和视场 FOV 估算。

$$\beta \approx \frac{SS}{FOV} \qquad (2\text{-}8)$$

第四，焦距 f 可根据式（2-9）由光学放大倍率 β 和工作距离 WD 估算。

$$f \approx WD \times \frac{\beta}{1+\beta} \qquad (2\text{-}9)$$

第五，镜头的分辨率 R 可根据式（2-10）由相机的像元尺寸 ps 估算。

$$R \approx \frac{1000}{2 \times ps} \qquad (2\text{-}10)$$

【案例 2】

根据以下要求选择合适的镜头：已知相机传感器尺寸为 2/3in，像元尺寸为 6.45μm×6.45μm，目标物体幅面为 25mm×15mm，相机光学接口为 C 接口，工作距离为 200mm。

【分析】

2/3in 的相机传感器尺寸为 8.8mm×6.6mm，目标物体幅面为 25mm×15mm，所以光学放大倍率 β 为

$$\beta \approx \frac{8.8mm}{25mm} = 0.352 \qquad (2\text{-}11)$$

工作距离 WD 为 200mm，根据式（2-9），焦距 f 约为 52mm。

根据像元尺寸 ps，可得镜头分辨率 R 为

$$R \approx \frac{1000}{2 \times 6.45\mu m} \approx 77.52 \; lp/mm \qquad (2\text{-}12)$$

根据以上参数，通过查阅镜头厂家的产品手册可以得到具体的型号，从而完成对镜头的选择。

2.2.3　光源

光源的作用是给目标物体提供稳定的光照环境。通过选择合适的光源，使图像中的目标信息与背景信息得到最佳分离，可以大大降低图像处理算法分割和识别的难度，同时提高系统的定位、测量精度，从而提高系统的可靠性和综合性。对于机器视觉系统来说，光源的选择很重要，因为它没有通用的光源，所以针对每个特定的应用实例，要对光源参数进行定性分析，选择合适的光源。选择光源常用的参数有光源类型、光源颜色、照明方式、光源形状[4]。

1. 光源类型

光源主要有白炽灯、氙气灯、荧光灯和 LED（发光二极管）等类型，如图 2-24 所示。

白炽灯通过在细细的灯丝中传输电流产生光,灯丝通常用金属钨。电流加热灯丝使其产生热辐射,灯丝温度极高,它的热辐射在可见光范围。另外,为了防止灯丝氧化,可在密闭玻璃灯泡中充满碘、溴等卤素气体或抽成真空。白炽灯的优点是在低电压时可以工作,发出色温为 3000～3400K 的连续光谱,光照相对较亮等;缺点是发热严重、能量转化率低、不能用作闪光灯、使用寿命短、易老化、亮度随着时间的推移迅速降低等[5]。

（a）白炽灯　　　　（b）氙气灯　　　　　　（c）荧光灯　　　　　　　　（d）LED

图 2-24　不同类型的光源

氙气灯的灯泡内充入的是惰性气体氙气,电离氙气会产生色温为 5500～12000K 的白光。它的优点是可以被用作 200Hz 的高亮闪光灯;缺点是供电复杂、成本昂贵、在几百万次闪光后出现老化等[5]。

荧光灯通过电流激发充满氩、氖等惰性气体环境中的水银蒸汽,产生紫外光辐射,激发灯管管壁上的磷盐涂层发出荧光,使用不同的涂层可以产生色温为 3000～6000K 的可见光。荧光灯由交流电供电,因此会产生 50Hz 的闪烁。它的优点是价格便宜、照明面积大;缺点是使用寿命短、老化快、光谱分布不均匀、闪烁及不能用作闪光灯等。

LED 是一种电致发光的半导体器件,能产生类似单色光的具有极窄光谱的光。它的发光亮度与通过的电流相关,发光的颜色取决于所用半导体材料的成分,可以作为红外光、可见光及近紫外光等单色光光源,甚至是复合光——白光光源。LED 的优点是使用寿命长达 100000h、可用作闪光灯、响应速度快、几乎没有老化现象、采用直流电供电、易控制、功耗低、发热小等;缺点是性能受环境温度影响严重。但是,基于如此多的优点,它是机器视觉系统的首选光源类型。

2．光源颜色

光谱中很大的一部分电磁波谱是人眼可见的,在 380～780nm 这个波长范围内的电磁辐射称为可见光,如图 2-25 所示。

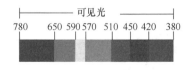

图 2-25　可见光光谱（单位：nm）

把可见光光谱中的色彩进行排序,将红色（780nm）连接到另一端的紫色（380nm）,

构成色环。如图 2-26 所示，机器视觉领域常用的色环包括 6 种不同的颜色，分为暖色和冷色两大类。暖色由红色调构成，包括红、橙、黄，而冷色由蓝色调构成，包括绿、蓝、紫。在选择光源颜色时，为了提高目标物体成像的对比度，通常选用与目标物体色温相反的光源。

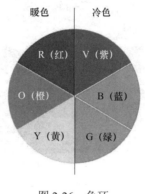

图 2-26　色环

3．照明方式

照明方式是对光源、目标物体与相机镜头的相对位置关系的描述。照明方式主要分为直接照明和背光照明。其中，直接照明又可以分为明场照明、暗场照明及同轴照明。

若相机镜头直接接收物体表面反射的光，物体表面清晰成像，这种方式称为直接照明。当需要得到高对比度的物体图像时，这种类型的照明方式很有效。但是，用这种方式将光照射在光滑的材料上时，会引起镜面的反光。

当光源照射物体的光线与相机镜头接收物体反射光线的夹角较小时，背景会被照亮，这种照明方式称为明场照明，也称为高角度照明，如图 2-27（a）所示，其成像效果如图 2-27（b）所示。

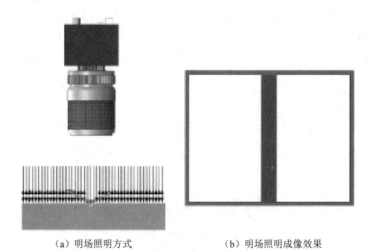

（a）明场照明方式　　　　　　　　（b）明场照明成像效果

图 2-27　明场照明

当光源照射物体的光线与相机镜头接收物体反射光线的夹角较大时，背景会变暗，这种照明方式称为暗场照明，也称为低角度照明，如图 2-28（a）所示，其成像效果如图 2-28（b）所示。

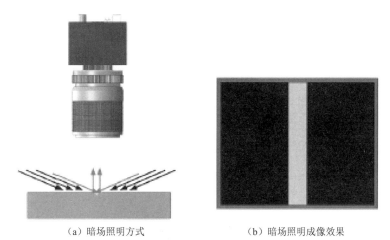

（a）暗场照明方式　　　　　　　　　（b）暗场照明成像效果

图 2-28　暗场照明

当光源发出的光通过漫射板发散，照射到半透明反射分光片上时，该分光片将光反射到物体表面，再由物体反射到镜头中，由于物体反射后的光与相机处于同一个轴线上，因此，这种照明方式称为同轴照明。同轴照明能够凸显物体表面的不平整，避免表面反光造成的干扰。同轴照明方式如图 2-29（a）所示，其成像效果如图 2-29（b）所示。

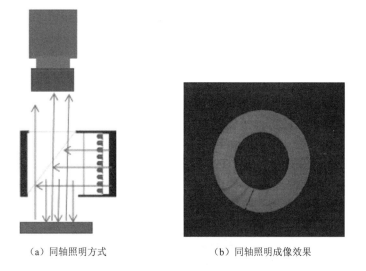

（a）同轴照明方式　　　　　　　　　（b）同轴照明成像效果

图 2-29　同轴照明

当光源发出的光一部分被不透明物体挡住，另一部分进入相机镜头时，这种照明方式称为背光照明。相比于物体表面，背光照明更加关注物体的轮廓细节，多用于尺寸测量和轮廓缺陷检测。背光照明方式如图 2-30（a）所示，成像效果如图 2-30（b）所示。

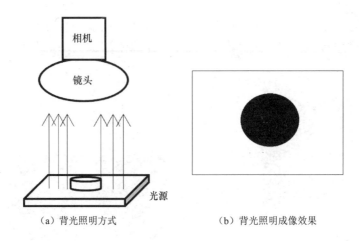

(a) 背光照明方式　　　　　　　　　(b) 背光照明成像效果

图 2-30　背光照明

4. 光源形状

光源形状自由度高，可以定制，常见的光源主要有线形光源、条形光源、环形光源、球积分光源、板形光源、点光源，部分光源示意如图 2-31 所示。

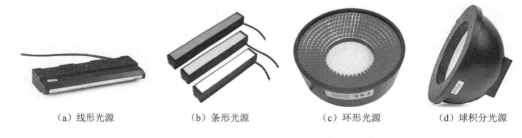

(a) 线形光源　　　　(b) 条形光源　　　　(c) 环形光源　　　　(d) 球积分光源

图 2-31　部分光源示意

线形光源辐射面集中在一个长条形区域，可以配合线阵相机使用；条形光源、环形光源、球积分光源光照均匀，通常配合面阵相机使用；板形光源辐射面是一个接近正方形的区域，通常用作背光式照明来测量目标轮廓；点光源的照射面为一个较小的圆形区域，通常配合同轴的镜头使用。

【案例 3】

选择合适的光源，对如图 2-32 所示的瓶盖表面（喷涂为红色）的白色字符进行检测。

图 2-32　瓶盖样本

【分析】

瓶盖字符为白色，被红色喷涂干扰，应该选择红色的对比色光源进行抑制，这里选择蓝色光源；瓶盖的形状为圆形，可以选择环形光源或球积分光源；背景原本就是黑色，黑色可以吸收任何颜色的光，所以选择明场照明即可。

2.2.4　其他组成部分

下面对机器视觉系统的硬件系统中的计算机部分和机械控制系统进行简要介绍。

1．计算机部分

计算机部分在机器视觉系统中充当大脑的角色。它的作用是对光学成像系统采集的图像数据，调用图像处理算法提取目标物体的特征，进行定性和定量的分析，输出结果，并且给下位机发送相应的处理信号。

2．机械控制系统

机械控制系统的硬件主要包括支架、传感器、执行机构、可编程控制器和运动平台等。图 2-33 所示为机器视觉检测系统的流水线平台。

图 2-33　机器视觉检测系统的流水线平台

支架的作用是保持拍摄物的空间位置，用于固定成像。

传感器的作用是检测目标物体是否移动到相机视野，以便相机采集图像，如流水线上的光电传感器、与电机同轴的编码器等。

执行机构的作用是根据可编程控制器指令执行剔除、抓取及分拣等动作，如机械手。

可编程控制器的作用是作为计算机的下位机，接收动作信号，驱动执行机构，如PLC 和单片机等。

由相机、镜头、光源、计算机部分、机械控制系统组成的机器视觉检测系统实物如图 2-34 所示。

图 2-34　机器视觉检测系统实物

2.3 视觉软件

软件平台生成的应用程序可以通过控制整个视觉系统来获取目标的图像信息，对该图像进行信息提取需要一定的功能函数和算子，那么，就需要包含大量功能函数的工具包。下面对目前机器视觉领域常见的视觉软件进行介绍。

1. HALCON

HALCON 是德国 MVTec 公司开发的一套完善的、标准的机器视觉算法包，拥有应用广泛的机器视觉集成开发环境。它降低了产品成本，缩短了软件开发周期。HALCON 灵活的架构便于机器视觉、医学图像等图像分析应用的快速开发。HALCON 在欧洲及日本的工业界已经是公认的具有最佳效能的机器视觉软件[15]。

HALCON 源自学术界，它有别于市面上一般的商用软件包。事实上，这是一套图像处理库，由一千多个独立的函数及底层的数据管理核心构成，其中包含了各类滤波、色彩及几何、数学转换、形态学计算分析、校正、分类辨识，以及形状搜寻等基本的几何及影像计算功能。由于这些功能大多并非针对特定工作设计，因此，只要用到图像处理的地方，就可以用 HALCON 来完成。其应用范围涵盖医学、遥感探测、监控，以及工业上的各类自动化检测。

HALCON 支持 Windows、Linux 和 Mac OS X 操作环境，整个函数库可以用 C、C++、C#、Visual Basic 和 Delphi 等多种普通编程语言访问。HALCON 为大量的图像获取设备提供了接口，保证了硬件的独立性。它为百余种工业相机和图像采集卡提供了接口，包括 GenlCam、GigE、1394、USB3.0 等。

2. VisionPro

VisionPro 是美国康耐视推出的图像处理工具包，是一套基于.NET 的视觉工具，适用于包括 FireWire 和 CameraLink 在内的所有硬件平台。这套先进的视觉工具具有可轻松进行设置的图形开发环境，支持 Windows 系统，以及 Visual Basic 和 C#等编程语言[16]。

用户可以访问功能较强的图案匹配、斑点、卡尺、线位置、图像过滤、OCR 和 OCV 视觉工具库，以及进行一维条码和二维码的读取，以实现各种功能，如检测、识别和测量。

3. OpenCV

OpenCV 是一个用于图像处理与分析、机器视觉方面的开源函数库[17]。它采用 C 和 C++语言编写，支持 Python 语言，可以运行在 Linux、Windows、Mac 等操作系统上。OpenCV 包含常用的图像处理算法，同时对机器学习与深度学习支持良好，非常适合用于科研领域。

4. MATLAB

MATLAB 是由美国 MathWorks 公司发布的主要面向科学计算、可视化及交互式程序设计的高科技计算环境。MATLAB 可进行矩阵运算、函数绘制、算法实现、用户界面创建、与其他编程语言的程序连接等，主要应用于工程计算、控制设计、信号处理与通信、图像处理、信号检测、金融建模设计与分析等领域。

另外，MATLAB 网页服务程序还允许用户在 Web 应用中使用自己的 MATLAB 数学和图形程序。MATLAB 的一个重要特色就是具有一套程序扩展系统和一组称为工具箱的特殊应用子程序。工具箱是 MATLAB 函数的子程序库，每个工具箱都是为某一类学科专业和应用定制的，可用于信号处理、控制系统、神经网络、模糊逻辑、小波分析和系统仿真等方面。

MATLAB 因为其商业软件属性，授权费高，运行效率低，很少用于工业编程，更多地用于科学研究领域。

2.4　实验：车牌识别

本节通过使用 Python 语言调用 OpenCV 函数来完成一个车牌识别实验。

2.4.1　实验目的

（1）了解机器视觉系统的开发流程。
（2）了解图像处理和特征提取方法。
（3）了解 OpenCV 的图像处理开发工具。

2.4.2　实验要求

（1）掌握环境配置过程，学会自行搭建开发环境。
（2）掌握旋转校正、阈值分割、边缘检测等常用的图像分割算法。
（3）阅读源码，学习车牌识别的算法原理。

2.4.3　实验原理

用户使用智能手机拍摄或选择本地图像文件，将车牌图像输入。对于传入的车牌图像，首先基于颜色分割算法和边缘检测算法完成车牌区域定位；然后对车牌区域校正，分割字符区域；最后导入预训练的 SVM 分类器，识别字符区域，输出识别结果。

2.4.4　实验环境

系统环境：Ubuntu16.04。
编程语言：Python3.6。
视觉软件：OpenCV（Python 版本）。
硬件环境：①对于相机镜头没有特殊要求，一般使用智能手机或普通摄像头即可；②对光源条件没有限制，在自然光条件下即可；③不需要特殊的机械控制系统，手持智能手机拍摄即可；④对于计算机的选择，普通笔记本电脑即可。

2.4.5　实验步骤

首先在 Ubuntu 环境下下载源码并解压。
下载地址：https://github.com/wzh191920/License-Plate-Recognition。

利用终端安装相关依赖环境，输入：

```
sudo pip3 install numpy          Pillow==5.0
sudo pip3 install opencv-Python==3.4.2.16
```

在源码 License-Plate-Recognition 目录下，运行程序，执行 surface.py 脚本。

```
Python3 surface.py
```

软件界面如图 2-35 所示。

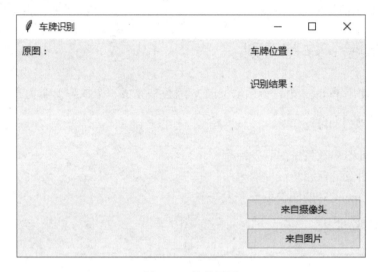

图 2-35　软件界面

单击"来自摄像头"按钮，则将从笔记本电脑摄像头获取图像进行识别。

单击"来自图片"按钮，则将从本地路径选择待识别的车牌图片。图 2-36 所示为车牌识别结果。

图 2-36　车牌识别结果

习题

1．机器视觉系统由哪些部分组成？

2．线阵相机与面阵相机有什么区别？什么情况适合用线阵相机？什么情况适合用面阵相机？

3．镜头光学接口尺寸与图像传感器靶面尺寸有什么关系？

4．选用机器视觉光源照明方案时，在什么情况下可选择同轴光照明，在什么情况下可选择背光照明？

5．什么情况下适合用线性光源？什么情况下适合用条形光源？

6．常用的视觉软件有哪些？

参考文献

[1] 百度百科. 视觉控制系统[EB]. [2019-05-01]. https://baike.baidu.com/item/视觉控制系统/22057160?fr=aladdin.

[2] jyc1228. 计算机视觉和机器视觉的区别[EB]. [2019-05-21]. https://blog.csdn.net/jyc1228/article/details/4207313.

[3] Carsten S，Markus U，Christian W. 机器视觉算法与应用[M]. 杨少荣，译. 北京：清华大学出版社，2008.

[4] qq_27237013 机器视觉硬件之光源选型以及打光技巧[EB]. [2019-06-11]. https://blog.csdn.net/qq_27237013/article/details/82422031.

[5] 机器视觉（系列二）——图像采集之照明综述[EB]. [2019-06-11]. https://bigquant.com/community/t/topic/123037.

[6] 张铮，徐超，任淑霞，等. 数字图像处理与机器视觉[M]. 北京：人民邮电出版社，2014.

[7] MILAN S，VACLAV H，ROGER B. 图像处理分析与机器视觉[M]. 4 版. 兴军亮，艾海舟，译. 北京：清华大学出版社，2016.

[8] RAFAEL C G. 数字图像处理[M]. 3 版. 阮秋琦，译. 北京：电子工业出版社，2017.

[9] PAPOULIS A. Probability，Random Variables and Stochastic Processes[M]. 3rd edition. NY: McGrawHill，1991.

[10] BRIGHAM E O. The Fast Fourier Transform and Its Applications[M]. NJ: Prentice-Hall，1998.

[11] PRESS W H，TEUKOLSKY S A，VETTERLING W T，et al. Numerical Recipes in C：The Art of Scientific Computing[M]. 2nd edition. Cambridge: Cambridge University Press，1992.

[12] HARALICK R M，SHAPIRO L G. Computer and Robot Vision[M]. MA: AddisonWesley，1992.

[13] JAIN R，KASTURI R，SCHUNCK B G. Machine Vision[M]. NY: McGraw-Hill，1995.

[14] SOILLE P. Morphological Image Analysis[M]. 2nd edition. Berlin: Springer-Verlag，2003.

[15] HALCON 机器视觉软件[EB]. [2019-07-01]. https://baike.baidu.com/item/HALCON 机

器视觉软件/7703726.

[16] VISIONPRO，用于具有挑战性的二维和三维视觉应用的计算机视觉软件[EB]. [2019-06-01]. https://www.cognex.cn/zh-cn/products/machine-vision/vision-software/visionpro-software.

[17] GARY B，ADRIAN K. 学习 OpenCV(中文版)[M]. 于仕琪，刘瑞祯，译. 北京：清华大学出版社，2009.

第3章 特征提取

特征是一个客体或一组客体特性的抽象结果，是用来描述概念的。任一客体或一组客体都具有众多特性，人们根据客体所共有的特性抽象出某一概念，该概念便成了特征。在数学中，特征是经典特征函数在局部域上的一种推广。特征提取和特征选择都是为了从原始特征中找出最有效（同类样本的不变性、不同样本的鉴别性、对噪声的鲁棒性）的特征。本章首先介绍特征提取和特征选择的基本概念，然后介绍特征提取的基本方法及最新研究进展，以及模式识别系统的一般设计流程，最后讨论计算学习理论。

3.1 特征提取简述

如果要设计一个识别不同种类对象的系统，首先必须确定应测量的对象有哪些特征，以便产生描述参数，这些参数值组成了每个对象的特征向量，对象和特征之间是一一对应的。也就是说，只有适当地选取特征，才能很好地识别对象。但是，几乎没有解析方法能够指导特征的选取，在很多情况下，特征都是人工选取的，效率低[1]。

良好的特征应具有可分性、可靠性、独立性、数量少等特点。

（1）可分性。对于不同类别的对象，它们的特征应具有明显的差异。例如，对于人和猴子，尾巴是一个很好的特征；对于樱桃和桃子，水果的直径是一个很好的特征。

（2）可靠性。同类对象的特征值应比较相近。例如，对于苹果，其颜色在成熟的苹果与未成熟的苹果之间差别较大，尽管它们都属于苹果类，因此，颜色是一个不好的特征。

（3）独立性。所用的各特征之间应彼此不相关。例如，水果的直径与重量属于高度相关的特征。因为这两个特征基本反映了水果的大小，所以，描述水果大小时，一般不将直径和重量作为单独的特征使用。

（4）数量少。模式识别系统的复杂度随系统的维数（特征的个数）迅速增加。尤其重要的是，训练数据和测试结果的样本数量随特征的数量增加呈指数增长，导致分类器的设计和选择困难，分类能力下降，特别是在训练集大小有限的情况下。

就图像模式识别而言，其在进行匹配识别或分类器分类识别时，判断的依据是图像特征。可用提取的特征表示整幅图像的内容。图像特征有如下几种类型。

（1）边缘是组成两个图像区域之间边界（或边缘）的像素。一般一个边缘的形状可以是任意的，还可能包括交叉点。在实践中，边缘一般被定义为图像中拥有大的梯度的点组成的子集。一些常用的算法还会把梯度高的点联系起来构成一个更完善的边缘描述。这些算法也可能对边缘提出一些限制，局部地看，边缘是一维结构。

（2）角是图像中点似的特征，在局部它有两维结构。早期的算法首先进行边缘检测，然后通过分析边缘的走向来寻找边缘的突然转向（角）。后来发展的算法不再需要边缘检测这个步骤，而可以直接在图像梯度中寻找具有大曲率的区域。这样有时可以在图像中本来没有角的地方发现具有同角一样特征的区域。

（3）区域用来描述图像中的区域性的结构，但区域也可能仅由一个像素组成，因此，许多区域检测也可以用来检测角。一个区域监测器可检测图像中一个对于角监测器来说太平滑的区域。可以把区域检测想象成将一幅图像缩小，然后在缩小的图像上进行角检测。

（4）长条形的物体称为脊。在实践中，脊被看作代表对称轴的一维曲线。此外，局部针对每个脊像素有一个脊宽度，从灰梯度图像中提取脊要比提取边缘、角和区域困难。在空中摄影时，往往使用脊检测来分辨道路；在医学图像中，脊被用来分辨血管。

一般而言，特征提取指从原始数据中自动构造新特征。通常，得到的原始数据（如音频、图像、文本等）使用列表数据表示，其原始特征集通常可达数百万维。对于如此高的维数，将它减小以利于建模，就是特征提取需要做的事情。特征提取的方法因具体领域不同而不同。对于列表数据，可以使用主成分分析（Principal Component Analysis，PCA）、线性判别分析（Linear Discriminant Analysis，LDA）、典型相关分析（Canonical Correlation Analysis，CCA）等方法进行降维，提取重要的特征表示。对于图像、音频数据，特征提取的定义有两个层次：一是指使用计算机提取图像中属于特征性的信息；二是指使用计算机提取图像信息，并决定每个图像的点是否属于一个图像特征。特征提取的结果是把图像上的点分为不同的子集，这些子集属于孤立的点、连续的曲线或连续的区域。

特征选择是从大量特征中选取有用的特征。通常经过特征提取步骤得到的特征量依然较大，在大量特征中，需要识别哪些特征有利于提高模型质量。一般从 3 个方面进行考虑：①特征与待解决问题的相关性；②特征对模型精度的影响；③特征彼此间存在的冗余性。从这 3 个方面考虑后，将一些不必要的特征从特征集中去除，将得到一个更优质的特征集。一些通用的方法包括：①使用卡方检验获得特征与待解决问题间的相关性；②使用决策树选取分类、回归精度高的特征；③使用皮尔逊相关系数检验特征间的相关性，去除冗余性。

特征提取和特征选择的目的是减小特征集中的属性（或者称为特征）的数目，去除冗余，但两者所采用的方法不同。

特征提取的方法主要通过属性间的关系，如组合不同的属性得到新的属性，这样就改变了原来的特征空间；而特征选择的方法则从原始特征集中选出子集，没有更改原始的特征空间。

特征构造指手动从原始特征集中构造出新的特征。原始特征集中存在的部分模式、结构上的信息，需要由人进行总结提取。对应于自动特征提取，特征构造可以称为人工特征提取，其效果和效率主要依赖于从业人员的经验、直觉，同时可以借助一些统计工具、指标进行探索性的提取。

特征学习指从原始特征集中自动识别和使用特征。特征处理是建模过程中很棘手的问题。目前，主要借助深度学习的思路，使用自编码或受限玻尔兹曼机来进行特征提取。总体来说，特征工程如何做，取决于具体的数据和业务；其做得好不好，则直接关系到模型的输出效果。

常见的图像特征提取算法主要分为 3 类：①基于颜色特征，如颜色直方图、颜色集、颜色矩、颜色聚合向量等；②基于纹理特征，如 Tamura 纹理特征、自回归纹理模型、Gabor 变换、小波变换、MPEG7 边缘直方图等；③基于形状特征，如傅里叶形状描述符、不变矩、小波轮廓描述符等。

3.2　特征选择

在模式识别中，经常面临的一个问题是，要从许多可能的特征（高维）中选择一些用于测量并作为分类器输入的低维特征[1]。

如前所述，所要提取的特征应当是具有可分性、可靠性、独立性的少量特征。 一般来说，若人们希望特征有用，则当它们被排除在外后，分类器的性能至少应下降。实际上，去掉噪声大的或相关程度高的特征，能改善分类器的性能。

因此，特征选择可以看作一个（从最差的开始）不断删去无用特征和组合有关联的特征的过程，直至特征的数目减少至易于驾驭的程度，同时分类器的性能仍然满足要求为止。例如，从一个具有 M 个特征的特征集中挑选出较少的 N 个特征时，要使采用这 N 个特征的分类器的性能最好。

一种蛮干的特征选择方法是这样执行的：首先对每种可能由 N 个特征组合的子集训练分类器，再用各类别的测试样本进行测试，统计分类器的错分率；然后根据这些错分率计算分类器总的性能指标；最后选择一个具有最佳性能指标的特征组合。

除了一些非常简单的模式识别问题，使用这种方法的最大问题自然是计算量大。因此，在多数实用问题中，这种蛮干的方法是行不通的，必须使用一种开销较小的方法来达到同样的目标。

在以下的讨论中，考虑将两个特征压缩成一个特征的最简单的情况。假设训练样本集有 M 个不同类别的样本，令 N_j 表示第 j 类的样本数，第 j 类中第 i 个样本的两个特征分别记为 x_{ij} 和 y_{ij}。每类的每个特征均值为

$$\hat{\mu}_{xj} = \frac{1}{N_j} \sum_{i=1}^{N_j} x_{ij} \tag{3-1}$$

和

$$\hat{\mu}_{yj} = \frac{1}{N_j} \sum_{i=1}^{N_j} y_{ij} \tag{3-2}$$

式中，$\hat{\mu}_{xj}$ 和 $\hat{\mu}_{yj}$ 上的"∧"分别表示这两个值仅是基于训练样本的估值，而不是真实的类均值。

3.2.1 特征方差

理想情况下，同一类别中所有对象的特征值应该相近。第 j 类的 x 特征的方差估计 $\hat{\sigma}_{xj}^2$ 为

$$\hat{\sigma}_{xj}^2 = \frac{1}{N_j} \sum_{i=1}^{N_j} (x_{ij} - \hat{\mu}_{xj})^2 \tag{3-3}$$

而 y 特征的方差估计 $\hat{\sigma}_{yj}^2$ 为

$$\hat{\sigma}_{yj}^2 = \frac{1}{N_j} \sum_{i=1}^{N_j} (y_{ij} - \hat{\mu}_{yj})^2 \tag{3-4}$$

3.2.2 特征相关系数

第 j 类特征 x 与特征 y 的相关系数估计 $\hat{\sigma}_{xyj}$ 为

$$\hat{\sigma}_{xyj} = \frac{\dfrac{1}{N_j} \sum_{i=1}^{N_j} (x_{ij} - \hat{\mu}_{xj}) \sum_{i=1}^{N_j} (y_{ij} - \hat{\mu}_{yj})}{\hat{\sigma}_{xj} \hat{\sigma}_{yj}^2} \tag{3-5}$$

它的值的范围为 $-1 \sim +1$。若该值为 0，则说明这两个特征之间没有相关性；若该值接近 1，则说明这两个特征相关性很强；若该值为 -1，则说明任一特征都与另一个特征的负值成正比。因此，若相关系数的绝对值接近 1，则说明这两个特征可以组合成一个特征或可干脆舍弃其中一个。

3.2.3 类间距离

一个特征区分两类能力的一个指标是类间距离，即类均值间的方差归一化间距。对 x 特征来说，第 j 类与第 k 类之间的类间距离 $\hat{D}_{xjk}$ 为

$$\hat{D}_{xjk} = \frac{\left| \hat{\mu}_{xj} - \hat{\mu}_{xk} \right|}{\sqrt{\hat{\sigma}_{xj}^2 + \hat{\sigma}_{xk}^2}} \tag{3-6}$$

显然，类间距离大的特征是好特征。

3.2.4 降维

有许多方法可以将两个特征 x 与 y 合成一个特征 z，一个简单的方法是用线性函数：

$$z = ax + by \tag{3-7}$$

式中，a 和 b 均为实数。由于分类器的性能与特征幅值的缩放倍数无关，因此可以对幅值加以限制，如

$$a^2 + b^2 = 1 \tag{3-8}$$

将其合并到式（3-7）得

$$z = x\cos\theta + y\sin\theta \tag{3-9}$$

式中，θ 为一个新的变量，它决定了 x 和 y 在组合中的比例。

若训练样本集中每个对象都对应于二维特征空间（xy 半面）中的一个点，则式（3-9）描述了所有在 z 轴上的投影。显然，可以选取 θ 使类间距离最大，并利用投影进行降维，如图 3-1 所示。

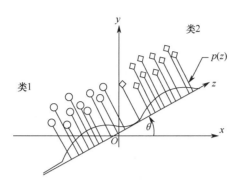

图 3-1　利用投影进行降维

基于线性变换来进行降维的方法称为线性降维法。要对降维效果进行评估，通常可比较降维前后学习器的性能，若性能有所提高，则认为降维起到了作用。若将维数降低到二维或三维，则可通过可视化的方法直观评估降维效果。

下面进一步介绍特征提取的重要方法之一——降维。

3.3　降维

在许多领域的研究与应用中，通常需要对含有多个变量的数据进行观测，收集大量数据后进行分析以寻找规律。多变量的大数据集无疑会为研究和应用提供丰富的信息，但也在一定程度上增加了数据采集的工作量。更重要的是，在很多情形下，许多变量之间可能存在相关性，从而增加了问题分析的复杂性。如果分别对每个指标进行分析，分析往往是孤立的，不能完全利用数据中的信息。因此，盲目减少指标会损失很多有用的信息，从而产生错误的结论。

所以，需要找到一种合理的方法，在减少需要分析的指标的同时，尽量减少原指标包含的信息的损失，以达到对所收集数据进行全面分析的目的。由于各变量之间存在一定的相关关系，因此，可以考虑将关系紧密的变量变成尽可能少的新变量，使这些新变量两两不相关，那么，就可以用较少的综合指标分别代表存在于各变量中的各类信息。

降维就是一种对具有高维度特征的数据进行预处理的方法。也就是说，降维保留了高维度数据最重要的一些特征，去除了噪声和不重要的特征，从而实现了提升数据处理速度的目的。在实际的生产和应用中，降维在一定的信息损失范围内，可以为人们节省大量的时间和成本。因此，降维成为应用非常广泛的数据预处理方法。

降维具有如下优点。

（1）使得数据集更易使用。

（2）降低算法的计算开销。

（3）去除噪声。

（4）使得结果容易理解。

降维的算法有很多，如奇异值分解（SVD）、主成分分析（PCA）、因子分析（FA）、独立成分分析（ICA）。

3.3.1　基于 PCA 的特征提取

PCA 是一种使用最广泛的数据降维算法。PCA 的主要思想是将 n 维特征映射到 k 维上。k 维特征是全新的正交特征，也称为主成分，是在原有 n 维特征的基础上重新构造出来的[2]。PCA 的工作就是从原始空间中顺序地找出一组相互正交的坐标轴，新坐标轴的选择与数据本身密切相关。其中，第 1 个新坐标轴选择的是原始数据中方差最大的方向，第 2 个新坐标轴选择的是与第 1 个新坐标轴正交的平面中使得方差最大的方向，第 3 个新坐标轴是与第 1、2 个新坐标轴正交的平面中方差最大的方向。以此类推，可以得到 n 个这样的坐标轴。从通过这种方式获得的新坐标轴中可以发现，大部分方差都包含在前面 k 个坐标轴中，后面的坐标轴所含的方差几乎为 0。于是，可以忽略余下的坐标轴，只保留前面 k 个含有绝大部分方差的坐标轴。事实上，这相当于只保留包含绝大部分方差的维度特征，而忽略包含方差几乎为 0 的维度特征，从而实现对数据特征的降维处理。

如何得到这些包含最大差异性的主成分方向呢？事实上，可以通过计算数据矩阵的协方差矩阵，然后得到协方差矩阵的特征值和特征向量，并选择特征值最大（方差最大）的 k 个特征所对应的特征向量组成矩阵，从而将数据矩阵转换到新的空间中，实现数据特征的降维。由于得到协方差矩阵的特征值和特征向量的方法有两种：特征值分解协方差矩阵和奇异值分解协方差矩阵，因此，PCA 有两种实现方法，即基于特征值分解协方差矩阵实现 PCA 和基于 SVD 分解协方差矩阵实现 PCA。

PCA 是基于线性映射的，p 维向量 $\boldsymbol{X}$ 到一维向量 $\boldsymbol{F}$ 的一个线性映射表示为

$$F = \sum_{i=1}^{p} u_i X_i = u_1 X_1 + u_2 X_2 + \cdots + u_p X_p \tag{3-10}$$

式中，u_i 为对应的第 i 个向量的均值系数。PCA 就是把 p 维原始向量（实际问题）$\boldsymbol{X}$ 线性映射到 k 维新向量 $\boldsymbol{F}$ 的过程，$k \leqslant p$，即

$$\begin{bmatrix} F_1 \\ \vdots \\ F_k \end{bmatrix} = \boldsymbol{U} \begin{bmatrix} X_1 \\ \vdots \\ X_p \end{bmatrix} \tag{3-11}$$

$$\boldsymbol{U} = \begin{bmatrix} u_{11} & \cdots & u_{p1} \\ \vdots & & \vdots \\ u_{1k} & \cdots & u_{pk} \end{bmatrix} \tag{3-12}$$

式中，$\boldsymbol{U}$ 为正交矩阵。为了去除数据的相关性，各主成分应正交，此时正交的基构成的空间称为子空间。k 维新向量 $\boldsymbol{F}$ 按照保留原始数据主要信息量的原则来充分反映原变量的信息，并且各分量相互独立。

要采用 PCA 实现降维，通常的做法是寻求向量的线性组合 F_i，其应满足如下的条件。

（1）每个主成分的系数 u_{ik}^2（$1 \leqslant k \leqslant p$）的平方和为 1，即

$$u_{i1}^2 + u_{i2}^2 + \cdots + u_{ip}^2 = 1 \tag{3-13}$$

（2）主成分之间相互独立，无重复的信息，协方差 $\mathrm{Cov}(F_i, F_j)$ 为 0，即

$$\mathrm{Cov}(F_i, F_j) = 0 \quad (i \neq j;\ i, j = 1, 2, \cdots, p) \tag{3-14}$$

（3）主成分的方差 $\mathrm{Var}(F_p)$ 依次递减，即

$$\mathrm{Var}(F_1) \geqslant \mathrm{Var}(F_2) \geqslant \cdots \geqslant \mathrm{Var}(F_p) \tag{3-15}$$

方差越大，包含信息越多。

3.3.2　PCA 的步骤

首先约定

$$\boldsymbol{\Sigma}_X = \left(\frac{1}{n-1} \sum_{i=1}^{n} (\boldsymbol{X}_i - \overline{\boldsymbol{X}})(\boldsymbol{X}_i - \overline{\boldsymbol{X}})^{\mathrm{T}} \right)_{p \times p} \tag{3-16}$$

$$\boldsymbol{X}_i = (x_{1i}, \cdots, x_{pi})^{\mathrm{T}} (i = 1, 2, \cdots, n)$$

第一步：求出自变量（原始数据）的协方差矩阵 $\boldsymbol{\Sigma}_X$（或相关系数矩阵）。

第二步：求出协方差矩阵（或相关系数矩阵）的特征值 λ，即解方程

$$|\boldsymbol{\Sigma}_X - \lambda \boldsymbol{I}| = 0 \tag{3-17}$$

得到特征根后将其排序：

$$\lambda_1 \geqslant \lambda_2 \geqslant \cdots \geqslant \lambda_p \geqslant 0 \tag{3-18}$$

第三步：分别求出特征根所对应的特征向量 $\boldsymbol{U}_1, \boldsymbol{U}_2, \cdots, \boldsymbol{U}_p$，$\boldsymbol{U}_i = (u_{1i}, u_{2i}, \cdots, u_{pi})^{\mathrm{T}}$。

第四步：给出恰当的主成分个数。

$$\boldsymbol{F}_i = \boldsymbol{U}_i^{\mathrm{T}} \boldsymbol{X} \quad (i = 1, 2, \cdots, k;\ k \leqslant p)$$

第五步：计算所选的 k 个主成分的得分。将原始数据的中心化值

$$\boldsymbol{x}_i^* = \boldsymbol{X}_i - \overline{\boldsymbol{X}} = (x_{1i} - \overline{\boldsymbol{X}_1}, x_{2i} - \overline{\boldsymbol{X}_2}, \cdots, x_{pi} - \overline{\boldsymbol{X}_p})^{\mathrm{T}} \tag{3-19}$$

代入前 k 个主成分的表达式，分别计算各单位 k 个主成分的得分，并按得分的大小排序。

数学上可以证明，原变量的协方差矩阵的特征根是主成分的方差，这说明 PCA 把 p 维随机向量的总方差分解为 p 个不相关的随机变量的方差 $\sigma_1^2, \cdots, \sigma_p^2$ 之和。协方差矩阵 $\boldsymbol{\Sigma}_X$ 对角线上的元素之和等于特征根 $\lambda_1, \cdots, \lambda_p$ 之和，也就是方差，即

$$\boldsymbol{\Sigma}_X = \begin{bmatrix} \sigma_1^2 & \cdots & \sigma_{1p} \\ \vdots & & \vdots \\ \sigma_{p1} & \cdots & \sigma_p^2 \end{bmatrix} \tag{3-20}$$

由于 $\boldsymbol{\Sigma}_X$ 为对称矩阵，利用线性代数的知识可得，存在正交矩阵 $\boldsymbol{U}$，使得

$$U^{\mathrm{T}} \Sigma_X U = \begin{bmatrix} \lambda_1 & & 0 \\ & \ddots & \\ 0 & & \lambda_p \end{bmatrix} \tag{3-21}$$

可以证明

$$\lambda_1 + \lambda_2 + \cdots + \lambda_p = \sigma_1^2 + \sigma_2^2 + \cdots + \sigma_p^2 \tag{3-22}$$

选取主成分的个数 k 的方法如下。

（1）贡献率：第 i 个主成分的方差在全部方差中所占的比重 $\beta_i = \lambda_i \Big/ \sum_{i=1}^{p} \lambda_i$，贡献率反映了第 i 个特征向量提取信息能力的大小。

（2）累计贡献率：前 k 个主成分的综合能力，用这 k 个主成分的方差和在全部方差中所占的比重 $\beta_k = \sum_{i=1}^{k} \lambda_i \Big/ \sum_{i=1}^{p} \lambda_i$ 来描述，称为累计贡献率。

进行 PAC 的目的之一是用尽可能少的主成分代替原来的 p 维向量。一般来说，当累计贡献率≥95%时，所取的主成分个数就足够了。

3.4 类脑智能

互联网搜索、视频监控、交通调度、语音识别、人脸识别、人机交互、机器翻译等技术应用的背后都有人工智能的支撑，大数据的出现和计算能力的提升，不断推动人工智能向前发展。模式识别是对表征物体或现象的各种形式数据（主要是感知数据，如图像、视频、语音等）进行处理和分析，以便对物体或现象进行描述、分类和解释的过程，是信息科学和人工智能的重要组成部分。随着计算机硬件的发展，人们对模式识别的关注度不断提高，模式识别技术发展也日臻完善，且在许多领域中有成功应用。例如，金融、安全、医学、航空、互联网、工业产品检测等领域都应用了模式识别技术。

3.4.1 模式识别与人工智能

模式识别有两个层面的含义：一是指生物体（主要是人脑）感知环境的模式识别能力与机理，属于心理学和认知科学范畴；二是指面向智能模拟和应用，研究让计算机实现模式识别的理论和方法，属于信息科学和计算机科学范畴。模式识别基础理论（模式表示与分类、机器学习等）、视觉信息处理（图像处理和计算机视觉）、语音语言信息处理（语音识别、自然语言处理、机器翻译等）是模式识别领域的三大主要研究方向。

模式识别是人工智能的一个分支。人工智能通过计算使机器模拟人的智能行为，主要包括感知、思维（推理、决策）、动作、学习，而模式识别主要研究其中的感知行为。在人类的五大感知行为（视觉、听觉、嗅觉、味觉、触觉）中，视觉、听觉和触觉是人工智能领域研究较多的方向。模式识别主要研究视觉和听觉感知。文字识别、语音识别、生物特征识别（虹膜识别、指纹识别、掌纹识别、人脸识别等）都是目前发展较为成熟的模式识别技术。

　　模式识别和人工智能在 20 世纪 60 年代分离为不同的领域，自 21 世纪以来出现了重新融合的迹象。近年来，深度学习和大数据的出现推动了模式识别的快速发展。这一领域还有巨大的进步空间，一方面，基础理论研究进展不大；另一方面，有很多具有挑战性的应用问题有待解决。当前人工智能存在两条技术发展路径：一条是以模型学习驱动的数据智能；另一条是以认知仿生驱动的类脑智能。现阶段人工智能发展的主流技术路径是数据智能，但数据智能存在 3 个明显的局限性：一是需要大量的标记样本进行监督学习，这势必增加模式识别系统开发中的人工成本；二是模式识别系统的自适应能力差，自主学习、自适应等能力弱，高度依赖于模型构建，不像人的知识和识别能力是随着环境不断进化的；三是模式识别系统一般只进行分类，没有对模式对象进行解释。数据智能缺乏逻辑分析，仅具备感知识别能力，推理能力不足；时序处理能力弱；仅解决特定问题，适用于专用场景。

　　类脑智能可以解决数据智能的局限性。在数据方面，类脑智能可处理小数据、小标注问题，适用于弱监督和无监督问题；自主学习、关联分析能力强，鲁棒性较好；计算资源消耗较少；逻辑分析和推理能力较强，具备认知推理能力；时序相关性好；可能解决通用场景问题，可用于实现强人工智能[3]。

　　近年来，随着计算机科学、神经科学和神经网络理论的发展，面对大数据时代对智能计算的需求，以及传统人工智能深度学习方法的不足，科学家开始将研究重点转向类脑智能，即脑启发的智能（Brain-Inspired Intelligence）。从目前研究情况来看，人类对大脑神经结构和功能的研究有了很大的进展，同时，认知科学也对人的智能行为（包括学习、记忆、注意、推理、决策等）机理进行了深入研究。这使得受大脑神经结构和认知行为机理启发，研制具有更强信息表示、处理和学习能力的智能计算模型与算法成为可能。

3.4.2　类脑智能的概念

　　类脑智能是受大脑神经结构和认知行为机理启发，以计算建模为手段，通过软硬件协同实现的机器智能。类脑智能系统的特点表现为：在信息处理机制上类脑，在认知行为表现上类人，在智能水平上达到或超越人。类脑智能的目标是使机器以类脑的方式实现人类具有的各种认知能力及其协同机制，最终达到或超越人类的智能水平，具体来说，就是在结构层次模仿脑，在器件层次逼近脑，在功能层次超越脑。结构层次，主要研究基本单元（各类神经元和神经突触等）的功能及其连接关系（网络结构），通过神经科学实验中的分析探测技术来完成；器件层次，重点在于研制模拟神经元和神经突触功能的微纳光电器件，在有限物理空间和功耗条件下构造出类似人脑规模的神经网络系统，如研制神经形态芯片、类脑计算机；功能层次，对类脑计算机进行信息刺激、训练和学习，使其产生与人脑类似的智能甚至涌现自主意识，实现智能培育和进化，如学习、记忆、识别、会话、推理及决策等。

　　从大方向上来说，类脑智能研究主要有硬件和软件两个方面。软件研究又有两个角度：一是使智能计算模型在结构上更加类脑；二是使智能计算模型在认知和学习行为上更加类人。这两个角度的研究都会产生有益的模型和方法。例如，模拟人的少样本和自适应学习，可以使智能系统具有更强的小样本泛化能力和自适应性。

硬件方面的研究主要是研发类脑新型计算芯片，如神经网络计算芯片，目标是相比于当前的 CPU 和 GPU 计算架构，提高计算效率和降低能耗。目前人工神经网络主要通过在通用计算机上编程来实现，能耗比较高。例如，一台计算机的功率为 200～300W，一台 GPU 服务器的功率至少为 2000W，而人脑的功率只有 20W。由于计算机实现大规模人工神经网络的功耗非常大，因此，研发新型的神经网络计算芯片，能够降低能耗，具有重要的现实意义。

未来的类脑智能研究，应该在结构类脑和行为类人方面更加深入。目前，不管是神经结构模拟还是学习行为模拟，都是比较粗浅的。以学习为例，当前主流的监督学习采用比较"粗暴"的学习方式，即一次性用大量的类别标记数据对人工神经网络进行训练，而收集大量标记数据是要付出很大代价的。人脑的学习具有很强的灵活性，其从小样本开始，不断地随环境自适应。这种学习灵活性应该是未来机器学习的一个主要研究目标。

随着脑成像、生物传感、人机交互等新技术不断涌现，脑科学正成为多学科交叉的重要前沿科学领域，也是众多国家的科技战略重点。早在 2015 年，中国科学家就对脑科学与类脑研究在中国"一体两翼"的部署达成了初步共识[4]。一体指脑认知功能研究，从脑科学和神经科学角度研究脑神经的结构与认知功能；两翼指脑科学应用研究：一是脑疾病的诊断、预测、治疗，二是类脑智能研究。类脑智能和当前主流的基于传统计算的人工智能方法将并行发展，相互取长补短。脑科学借助人工智能等信息技术，能够探索人脑的新功能、新结构，人工智能借助人脑的新模型、新机制，能够实现机器智能及其应用，两者的发展呈现交叉汇聚的趋势。另外，从应用的角度看，人与机器协同工作、人的智能与机器智能互补也是必然趋势。

脑科学和类脑智能的全球性研究热潮反映了科学界与各国政府的 3 点共识：第一，脑科学是人类理解自然界现象和人类本身的终极疆域，是 21 世纪最重要的前沿学科之一；第二，脑疾病所带来的社会经济负担已超过心血管病和癌症，脑科学的发展对脑疾病的诊断治疗将有关键性的贡献；第三，计算机技术和人工智能发展至今已面临瓶颈，对人脑认知神经机制的理解可能为新一代人工智能算法和器件的研发带来新启发。

3.4.3　类脑智能的技术框架

类脑智能的技术框架分为基础理论层、硬件层、软件层、产品层 4 层，如图 3-2 所示。基础理论层基于脑认知与神经计算，主要从生物医学角度研究大脑可塑性机制、脑功能结构、脑图谱和大脑信息处理机制等。硬件层主要研究具有类脑功能的神经形态芯片，也就是非冯·诺依曼架构的类脑芯片，如脉冲神经网络芯片、忆阻器、忆容器、忆感器等。软件层包含核心算法和通用技术，核心算法主要指弱监督和无监督机器学习机制，如脉冲神经网络、增强学习、对抗神经网络等；通用技术主要包含视觉感知、听觉感知、多模态融合感知、自然语言理解、推理决策等。产品层主要包括交互产品和整机产品，交互产品包含脑机接口、脑控设备、神经接口、智能假体等；整机产品主要包括类脑计算机、类脑机器人等。

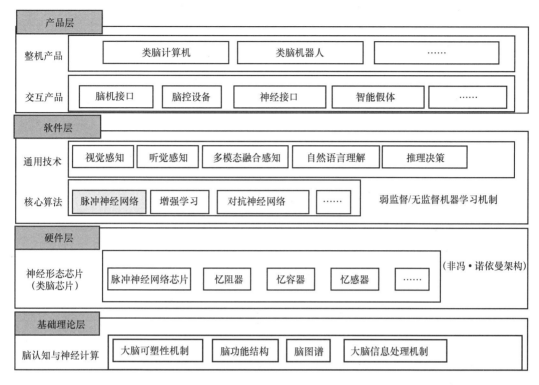

图 3-2 类脑智能的技术框架

类脑智能当前存在先结构后功能和先功能后结构两条发展思路。先结构后功能，主要指先研究清楚大脑的生理结构，然后根据大脑运行机制研究如何实现大脑的功能；先功能后结构，主要指先使用信息技术模仿大脑的功能，在模仿过程中逐步探索大脑的运行机制，然后相互反馈促进。两条发展思路各有千秋，功能和结构的任意发展突破都会推动类脑智能极大地发展，因此，现阶段两条路线并行发展。

类脑智能目前整体处于实验室研究阶段，脑机接口技术是类脑领域目前唯一产业化的技术。脑机接口技术在人脑（或者脑细胞的培养物）与外部设备间建立直接连接通路，以"脑"为中心，以脑信号为基础，通过脑-机接口来控制人机混合系统。脑机接口技术应用于医疗领域，可实现让瘫痪人士通过脑机设备控制机械臂完成相应动作，也可实现对多动症、癫痫等疾病采取神经反馈方式进行对应的恢复训练；应用于智能家居领域，可实现通过意念控制开关灯、开关门、开关窗帘等，进一步控制家庭服务机器人。全球最受关注的脑机接口公司前 10 名多分布在北美和欧洲，我国产业界也在逐步推出相关的产品，如植入式脑微电极、脑控智能康复机器人等。

3.5 模式识别系统设计

设计一套成熟的模式识别系统往往需要 5 个步骤：确定检测器、特征选择、分类器选择、分类器训练和功能评估[5-14]。

第一步：确定检测器，即选择一个能够在复杂景物中分离各物体图像的景物分割算法。

第二步：特征选择，即选择可以最好地辨别物体大小、形状等属性，以及度量这些属性的方法。

第三步：分类器选择，即选择分类算法和所使用的分类器结构。

第四步：分类器训练，即确定分类器中各种发生变化的参数并使其适应被分类的物体。

第五步：功能评估，即估计系统在使用时可能存在的分类错误率。

人脸识别是一个比较复杂的过程，根据模式识别系统设计的 5 个步骤，可得人脸识别具体实现的 5 个步骤：人脸检测、人脸关键点提取、人脸规整、人脸特征提取、人脸识别，如图 3-3 所示。本章的实验可实现该过程。

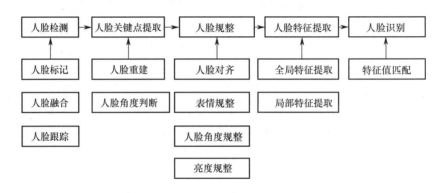

图 3-3　人脸识别的具体步骤

3.6　计算学习理论

计算学习理论（Computational Learning Theory）是机器学习的理论基础，其研究的是通过"计算"来进行"学习"的理论，其目的是分析学习任务的困难本质，为学习算法提供理论保证，并根据分析结果指导算法设计[15,16]。计算学习理论最基本的理论模型称为"概率近似正确"（Probably Approximately Correct，PAC）模型。虽然这个模型很简单，但非常重要。机器学习已经无处不在，如利用计算机以数据驱动的方式去解决人们现实生活中碰到的分类、预测、预报等各种各样的问题。机器学习虽然能力很强，但它并不是万能的，如下两种情况不适合用机器学习来处理：一是处理的数据特征信息不够充分；二是数据样本的信息不充分。

机器学习中的"无免费午餐"（No Free Lunch，NFL）定理：所有算法，无论高级、初级，它们的期望表现相同。这个定理告诉我们，如果算法 A 在某个问题上比算法 B 更好一些，那么，一定在另外某个问题上，两个算法的优劣是反过来的，即算法 B 更好。这个理论对任何一个算法都是成立的，换言之，任何一个模型可能只适用于一部分任务，而对另一部分任务不适用。所以，在面对一个具体的任务时，要使用什么算法或技术，一定要具体问题具体分析。机器学习中的问题与一般理解的"问题"意义不同，机器学习中的一个"问题"，一定是由输入描述的属性确定的。例如，文本推荐和各电商用自己数据做的推荐，从机器学习的角度来看可能是不一样的"问题"。人们用机器学习解决问题时，要针对某个问题专门设计有效的方法，这样才能得到一个更好的结果。所以，按需设计、量身定制在应用机器学习时特别重要。

3.6.1　基本的 PAC 模型

PAC 模型是由 Valiant 于 1984 年首先提出来的，是由统计模式识别、决策理论中的一些简单的概念结合计算复杂理论的方法而得到的学习模型[17-20]。它是研究学习及泛化问题的一个概率框架，不仅可用于神经网络的分类问题，而且可广泛应用于人工智能中的学习问题。PAC 模型研究的主要问题包括：什么问题是可以高效学习的？什么问题本质上就难以学习？需要多少实例才能完成学习？是否存在一个通用的学习模型？

PAC 模型关注更多的是算法能产生的数据与结果之间的映射同实际映射的贴近程度和稳定程度，而不是具体算法的优劣。这是一个在更高层面审视机器学习算法有效性的理论。PAC 模型的数学表示为

$$P(|f(x) - y|) \leqslant \varepsilon \geqslant 1 - \delta \tag{3-23}$$

机器学习根据已知数据 x，建立模型 $f(x)$。我们希望这个模型 $f(x)$ 特别准确，也就是 $f(x)$ 和真实结果 y 非常接近，那么怎么算接近呢？我们希望 $f(x)$ 和 y 的差别很小，小于一个很小的值 ε；我们不能保证每次预测都完美，只能希望以大概率得到好结果。所谓大概率，就是比 $1 - \delta$ 更大的概率，这里，δ 是个很小的值。我们希望以比较大的把握学得比较好的模型，即以较大概率学得误差满足预设上限的模型。

所以，可以看出，机器学习针对给定数据，希望以很高的概率给出一个好模型。从这个意义上来说，我们做的很多事情是可以有理论保证的。例如，人们可以估算需要多大规模的数据样本才能将某个问题做到某种程度。如果对某个问题的要求非常高，而要达到这个效果所需要的样本规模大到无法满足，那么，这个问题就是不可学习的。所以，在概率近似正确的理论中，一个模型能把问题解决得多好，是可以从理论上去探讨的，并且是可以有理论保证的。在学习概率近似正确理论之前，先理解以下这些基本概念。

3.6.2　基本概念

PAC 模型最初是根据二分类问题提出来的。输入空间 X 称为实例空间或样本空间，指学习器能见到的所有实例（样本）。

概念（Concept）：令 c 表示概念，它代表从样本空间 X 到标记空间 Y 的映射。若对任何样例 (x, y) 有 $c(x) = y$ 成立，则称 c 为目标概念。所有目标概念的集合称为概念类（Concept Class），用符号 C 表示。

假设空间（Hypothesis Space）：给定学习算法 A，它所考虑的所有可能概念的集合称为假设空间，用符号 H 表示。对于假设空间中的任一概念，用符号 h 表示，由于不

能确定它是否真是目标概念，因此称其为假设（Hypothesis）。

可分的（Separable）：由于学习算法事先并不知道概念类的真实存在，因此，H 和 C 通常是不同的。若目标概念 c 属于 H，则说明 H 中存在能将所有实例与真实标记按一致的方式完全分开的假设，称该问题对学习算法 A 是可分的，也称为一致的（Consistent）；反之，若 c 不属于 H，则称该问题对学习算法 A 是不可分的（Non-Separable），也称为不一致的（Non-Consistent）。

学习过程可以视为学习算法在假设空间中进行搜索的过程。

给定训练集 D，人们训练机器学习模型的目的是希望基于学习算法 A 学得的模型所对应的假设 h 尽可能地接近目标概念 c。这种希望以较大概率学得误差满足预设上限的模型，这就是"概率""近似正确"的含义。

样本复杂度指学习器收敛到成功假设时至少所需的训练样本数。

计算复杂度指学习器收敛到成功假设时所需的计算量。

3.6.3 问题框架

在清楚了上述概念后，给定置信度 t、误差参数 e，则有如下定义。

PAC 辨识（PAC Identify）：对 $t > 0$、$e < 1$，所有 c 属于 C 和分布 D，若存在学习算法 A，其输出假设 h 使得泛化误差 $E(h)$ 小于 e 的概率大于置信空间 $1-t$，则可以说学习算法 A 能从假设空间 H 中 PAC 辨识概念类 C。

PAC 可学习（PAC Learnable）：令 m 是从分布 D 中独立同分布采样的样例数目，$t > 0$、$e < 1$，所有 c 属于 C 和分布 D，若存在学习算法 A 和多项式函数 $poly(\cdot,\cdot,\cdot,\cdot)$，使得对于任意 $m \geqslant poly(1/e, 1/t, size(X), size(c))$，算法 A 能从假设空间 H 中 PAC 辨识出概念类 C，则称概念类 C 对假设空间 H 而言是 PAC 可学习的。

PAC 学习算法（PAC Learning Algorithm）：若学习算法 A 使概念类 C 为 PAC 可学习，且算法 A 的运行时间是多项式函数 $poly(1/e, 1/t, size(X), size(c))$，则称概念类 C 是高效 PAC 可学习（Efficiently PAC Learnable）的，称算法 A 为概念类 C 的 PAC 学习算法。

假定学习算法对每个样本的处理时间为常数，则算法的时间复杂度等同于样本复杂度。于是，人们对算法的时间复杂度的关心可转换为对样本复杂度的关心。

样本复杂度（Sample Complexity）：满足 PAC 学习算法 A 所需的 $m \geqslant poly(1/e, 1/t, size(X), size(c))$ 中最小的 m，称为算法 A 的样本复杂度。

将上述 4 个概念转换为以下表述，理解起来更简单。

如果学习算法 A 足够优秀，使得误差大概率（在置信空间 $1-t$ 范围内）足够小（误差小于误差参数 e），那么，目标概念类 C 对于学习算法 A 来说是 PAC 可辨识的。

如果当采样数目 m 大于一定值时（多项式函数 poly），概念类 C 一定能被 PAC 辨识，那么，概念类 C 对于学习算法 A 来说是 PAC 可学习的。

如果此时学习算法 A 的时间复杂度在一定范围内（多项式函数 poly），那么，学习算法 A 就是概念类 C 的 PAC 学习算法。

显然，PAC 学习给出了一个抽象地刻画机器学习能力的框架，基于这个框架能对很多重要的问题进行理论探讨。例如，研究某任务在什么样的条件下可学得较好的模型，研究某算法在什么条件下可进行有效的学习，以及需要多少训练样例才能获得较好的模型。

PAC 学习中的一个关键因素是假设空间 H 的复杂度。一般而言，H 越大，其包含任意目标概念的概率也越大，从中找到某个具体的目标概念的难度也越大。

3.6.4 小结

机器学习理论研究的是关于通过"计算"来进行"学习"的理论，即关于机器学习的理论基础。其目的是分析学习任务的困难本质，为学习算法提供理论保证，并根据分析结果指导算法设计。机器学习理论研究的一个关键是研究算法对应的假设空间是不是可以学习的。对于具体的假设空间，其可学习性指该假设空间泛化误差小于误差参数的概率是否在置信空间内。通过分析不同情况下假设空间泛化误差界的范围，可以了解该假设空间是否可以学习。

3.7 实验：基于 PCA 的特征脸提取

3.7.1 实验目的

（1）了解使用 PyCharm 作为开发环境的基本使用方法。
（2）了解基于 PCA 的特征脸提取的基本原理。
（3）使用 PCA 算法获取特征脸并重构人脸。
（4）运行程序，看到结果。

3.7.2 实验要求

（1）了解 PyCharm 的工作原理。
（2）了解特征脸的基本结构和功能。
（3）了解使用基于 PCA 进行特征脸提取的基本流程。
（4）理解 PyCharm 中的相关源码。

3.7.3 实验原理

PyCharm 是由 JetBrains 打造的一款 Python IDE，同时支持 Google App Engine、IronPython。这些功能在先进代码分析程序的支持下，使 PyCharm 成为 Python 专业开发人员和刚起步人员使用的有力工具。PyCharm 拥有一般 IDE 具备的功能，如调试、语法高亮、Project 管理、代码跳转、智能提示、自动完成、单元测试、版本控制。PyCharm 还提供了一些用于 Django 开发的很好的功能。

特征脸（Eigenface）是指用于机器视觉领域中的人脸识别问题的一组特征向量。使用特征脸进行人脸识别的方法首先由 Sirovich 和 Kirby 提出，并由 Matthew Turk 和 Alex Pentland 用于人脸分类。该方法被认为是第一种有效的人脸识别方法。这些特征向量是从高维矢量空间的人脸图像的协方差矩阵计算而来的。

一组特征脸可以通过在一大组描述不同人脸的图像上进行主成分分析（PCA）获得。任意一张人脸图像都可以被认为是这些标准脸的组合。例如，一张人脸图像可能是特征脸 1 的 10%，加上特征脸 2 的 55%，再减去特征脸 3 的 3%。值得注意的是，它不需要太多的特征脸来获得大多数脸的近似组合。

PyCharm 的操作界面如图 3-4 所示。

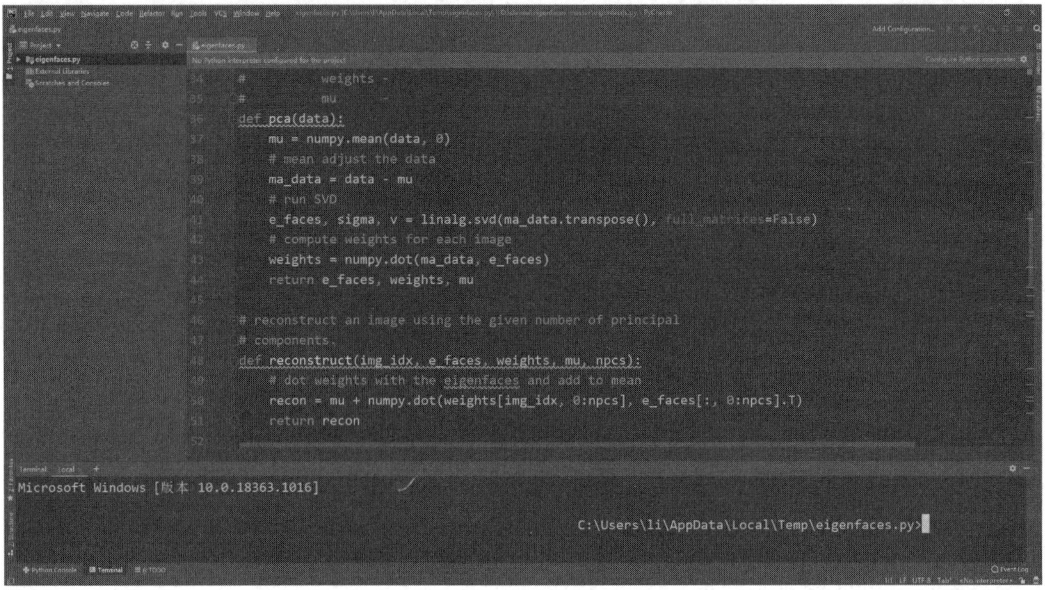

图 3-4　PyCharm 的操作界面

3.7.4　实验步骤

本实验环境：Windows10 操作系统、Python 语言、PyCharm 开发环境。

（1）准备一系列的人脸图像作为训练集，所有的人脸图像需要有相同的像素分辨率（$R \times C$），如图 3-5 所示训练集中的 6 张人脸图像。简单地将原始图像每一行的像素串联在一起，产生一个具有 $R \times C$ 个元素的行向量。将所有训练集的图像存储在一个矩阵 data 中，矩阵的每一行是一个图像。

（2）对人脸图像矩阵 data 进行 PCA 处理，具体步骤包括对所有人脸图像取平均得到平均脸 mu，所有人脸图像减去平均脸得到差值矩阵 ma_data，对差值矩阵做 SVD 处理就得到了特征脸 e_faces，最后差值矩阵 ma_data 和特征脸 e_faces 相乘得到权重矩阵 weights。

图 3-5　训练集人脸图像

```
mu = numpy.mean(data, 0)
# mean adjust the data
ma_data = data - mu
# run SVD
e_faces, sigma, v = linalg.svd(ma_data.transpose(), full_matrices=False)
# compute weights for each image
weights = numpy.dot(ma_data, e_faces)
return e_faces, weights, mu
```

（3）利用前面得到的特征脸、平均脸和权重矩阵重构人脸图像。

```
reconstruct(img_idx, e_faces, weights, mu, npcs):
# dot weights with the eigenfaces and add to mean
recon = mu + numpy.dot(weights[img_idx, 0:npcs], e_faces[:, 0:npcs].T)
return recon
```

3.7.5　实验结果

运行程序后，在文件夹中能得到特征脸、平均脸、人脸重构后的结果，分别如图3-6、图 3-7 和图 3-8 所示。

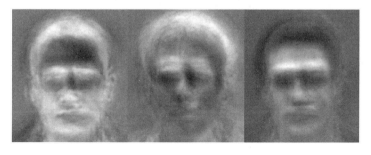

图 3-6　特征脸

图 3-6　特征脸（续）

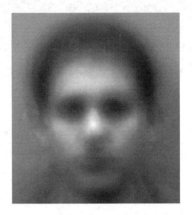

图 3-7　平均脸

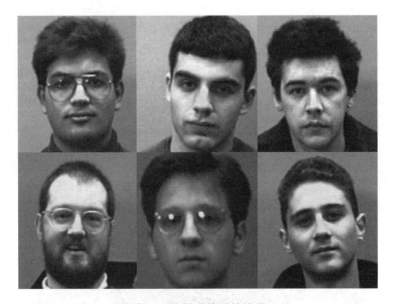

图 3-8　人脸重构后的结果

习题

1．简述良好的特征应具有的特点。

2．什么是降维？它具有哪些优点？

3．设 x_1, x_2, x_3 的协方差矩阵如下，求第一个主成分的贡献率。

$$\Sigma = \begin{bmatrix} 1 & -2 & 0 \\ -2 & 5 & 0 \\ 0 & 0 & 2 \end{bmatrix}$$

4．简述类脑智能的概念。

5．简述类脑智能的技术框架。

6．简述模式识别系统设计的步骤。

7．简述"无免费午餐"定理。

8．简述基本的 PAC 模型。

参考文献

[1]　[美]卡斯尔曼. 数字图像处理[M]. 朱志刚，译. 北京：电子工业出版社，1998.

[2]　张宝昌. 机器学习与视觉感知 [M]. 北京：清华大学出版社，2016.

[3]　王冲鹓. 人工智能的另一条发展路径：类脑智能技术初探[EB]. [2019-04-01]. https://mp.weixin.qq.com/s/v5wzOvzwbMf8rVsFEW6CqA.

[4]　中国脑计划破土，南北两中心并行[EB]. [2018-05-30]. http://baijiahao.baidu. com/s?id=1601894921206952131&wfr=spider&for=pc.

[5]　刘方义. 基于 Python 的人脸识别算法分析[J]. 智库时代，2018(21)：105-107.

[6]　张枝令. Python 实现基于深度学习的人脸识别[J]. 电子商务，2018(5)：47，96.

[7]　张毅宁. 基于 Python 语言的模式识别应用[J]. 鞍山师范学院学报，2016，18(2)：74-76，90.

[8]　王倩妮，邱菲尔，章圳琰，等. 基于 Python 与 Zbar 的无人机盘点条形码识别研究[J]. 物流工程与管理，2018，40(6)：76-78.

[9]　杨琰皓. Python 使用 PIL 库识别条码及其可译码度的研究[J]. 中国自动识别技术，2019(1)：68-71.

[10]　薛同来，赵冬晖，张华方，等. 基于 Python 的深度学习人脸识别方法[J]. 工业控制计算机，2019，32(2)：118-119.

[11]　杨雄. 基于 Python 语言和支持向量机的字符验证码识别[J]. 数字技术与应用，2017(4)：72-74.

[12]　ALI J B，FNAIECH N，SAIDI L，et al. Application of empirical mode decomposition and artificial neural network for automatic bearing fault diagnosis based on vibration signals[J]. Applied Acoustics，2015，89：16-27.

[13] HINTON G E，OSINDERO S，TEH Y W. A fast learning algorithm for deep belief nets. Neural Computation，2006（18）：1527-1554.

[14] SEVERYN A，MOSCHITTI A. Unitn: Training deep convolutional neural network for twitter sentiment classification[C]. Colorado: 9th International Workshop on Semantic Evaluation，2015.

[15] 王立威. 机器学习理论的回顾与展望[EB]. [2019-01-12]. https://www.leiphone.com/news/201703/nw3YCxMWbGw8RT1a. html.

[16] 周志华. 机器学习[M]. 北京：清华大学出版社，2016.

[17] 张玉宏. 深度学习之美[M]. 北京：电子工业出版社，2018.

[18] 张学工. 模式识别[M]. 3 版. 北京：清华大学出版社，2010.

[19] VAPNIK V. 统计学习理论[M]. 许建华，张学工，译. 北京：电子工业出版社，2004.

[20] [美]冈萨雷斯，等. 数字图像处理[M]. 3 版. 阮秋琦，阮宇智，等，译. 北京：电子工业出版社，2011.

第4章 线性分类模型

线性分类器是最简单的分类器且具有可计算性。一般情况下，线性分类器不是最优分类器。当各类样本空间发生重叠时，寻找线性分类器的迭代过程会延长，甚至产生振荡现象，这就是线性分类器的局限性。但是，由于简单高效，因此它应用比较广泛。在小样本情况下，它甚至能取得比复杂分类器更好的效果。采用不同的准则及不同的优化算法，会得到不同的线性判别方法。如果知道判别函数的形式，就可以设法从数据中直接估计这种判别函数中的参数，这就是基于样本直接进行分类器设计的思想。不同的判别函数类型、分类目标及不同的优化算法就决定了不同的分类模型设计方法。

本章首先介绍线性判别函数的准则，具体论述两类和多类的分类问题；然后对 Fisher 线性判别函数进行介绍，重点介绍基于感知器的线性判别函数；最后给出在 TensorFlow 平台上的感知器算法实现。

4.1 线性判别函数

判别函数是直接用来对样本进行分类的准则函数，也称为判决函数或决策函数（Decision Function）[1]，用 $d(x)$ 表示，它是用来描述决策规则的某种函数。

4.1.1 两类问题

类别数量为两类的线性判别函数的一般表达式为

$$d(x) = \omega^{\mathrm{T}} x + \omega_0 = \sum_{i=1}^{d} \omega_i x_i + \omega_0 \tag{4-1}$$

式中，ω_0 为常数，表示偏差量；x 为 d 维特征向量，又称为样本向量；ω 为权重向量。两个向量具体表示为

$$x = \begin{bmatrix} x_1 \\ x_2 \\ \vdots \\ x_d \end{bmatrix}, \quad \omega = \begin{bmatrix} \omega_1 \\ \omega_2 \\ \vdots \\ \omega_d \end{bmatrix} \tag{4-2}$$

对于两类问题的线性分类器，采用下述决策规则，使 $d(x) = d_1(x) - d_2(x)$，那么

$$\begin{cases} d(x) > 0, & x \text{属于第一类} \\ d(x) < 0, & x \text{属于第二类} \\ d(x) = 0, & x \text{属于其他或拒绝判决} \end{cases} \tag{4-3}$$

方程 $d(x) = 0$ 定义了一个决策面或分界面，如图 4-1 所示。当特征空间是一维空间

时，它是一个点；当特征空间是二维空间时，它是一条直线；当特征空间是三维空间时，它是一个平面；当特征空间是多维空间时，它是一个超平面。这样一个决策面将除自身之外的整个特征空间划分为 $d(x)>0$ 和 $d(x)<0$ 两个部分。对于两类问题来说，人们希望找到函数 $d(x)$ 和相应的决策面 $d(x)=0$，使得同一类别的所有样本都位于决策面的同一侧，而不同类别的样本应位于决策面的不同侧。如图 4-1 所示，属于第一类的所有样本都位于 $d(x)>0$ 一侧，也称为正侧；属于第二类的所有样本都位于 $d(x)<0$ 一侧，也称为负侧。当找到使所有样本都能被正确分类的函数 $d(x)$ 后，该分类问题就解决了。要找到这样的函数，需要解决两个问题：一是要确定 $d(x)$ 的函数类型，在本节，$d(x)$ 的函数形式是线性函数；二是要确定函数中所包含的参数。

图 4-1　用决策面将两类样本分开

假设 x_a 和 x_b 都在决策面 $d(x)=0$ 上，那么有 $\omega^{\mathrm{T}} x_a + \omega_0 = \omega^{\mathrm{T}} x_b + \omega_0 = 0$，即 $\omega^{\mathrm{T}}(x_a - x_b) = 0$，由于 $x_a - x_b$ 在决策面上，而 ω 与决策面上的向量正交，因此 ω 是决策面的法向量。当样本特征向量在决策面两侧时，有 $d(x)>0$ 和 $d(x)<0$，$d(x)$ 的值可以看作样本特征向量 x 到决策面的一种距离度量。设 x_p 是 x 在决策面上的射影向量，d_x 是 x 到决策面的垂直距离，$\dfrac{\omega}{\|\omega\|}$ 是 ω 方向上的单位向量，$\|\omega\|$ 是 ω 向量的长度，则 x 可以表示为

$$x = x_p + d_x \frac{\omega}{\|\omega\|} \tag{4-4}$$

将式（4-4）代入式（4-1）得到

$$d(x) = \omega^{\mathrm{T}}\left(x_p + d_x \frac{\omega}{\|\omega\|}\right) + \omega_0 = \omega^{\mathrm{T}} x_p + d_x \frac{\omega^{\mathrm{T}}\omega}{\|\omega\|} + \omega_0 = d_x \|\omega\| \tag{4-5}$$

根据图 4-2 容易得出原点到决策面的距离，即

$$d_0 = \frac{|\omega_0|}{\|\omega\|} = \frac{|\omega_0|}{\sqrt{\omega_a^2 + \omega_b^2}} \tag{4-6}$$

样本 x 到决策面的距离为

$$d_x = \frac{|g(x)|}{\|\omega\|} = \frac{|g(x)|}{\sqrt{\omega_a^2 + \omega_b^2}} \tag{4-7}$$

也就是说，$|d(x)|$ 是样本 x 到决策面的欧几里得距离。在 $\omega_0 = 0$ 的特殊情况下，决策面经过原点，$d(x) = \omega^{\mathrm{T}} x$。若 $\omega_0 > 0$，则说明原点在决策面的正侧；若 $\omega_0 < 0$，则说明原点在决策面的负侧。总之，利用线性判别函数判决两类问题，就是用一个决策面把特征空间分成两个决策区域，决策面的方向由权重向量 ω 确定，位置由 ω_0 确定。

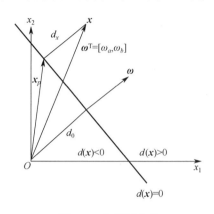

图 4-2　决策面示意

4.1.2　多类问题

实际应用中经常会遇到多类问题，如在手写数字识别中，有 0～9 这 10 个类别。解决多类问题有 3 种方法，前两种都是把多类问题转换为多个两类问题，通过多个两类分类器实现多个类别的分类；第三种是直接设计多类分类器。

第一种方法是"一对多"的做法，假设有 c 个类，共需要 $c-1$ 个两类分类器就可以实现 c 个类的分类。这种做法可能会遇到以下两个问题。一是假如多类别中各类的训练样本数目相当，那么在构造一对多的两类分类器时将面临训练样本不均衡的问题，即两类训练样本的数目差别过大，样本数目过于不均衡会导致决策面发生偏差，造成错误分类发生在样本数小的那个类上。在实际应用时需要注意，如果出现类似情况，要对算法采取适当的修正措施。二是用 $c-1$ 个线性分类器来实现 c 个类的分类，就是用 $c-1$ 个决策面把样本所在的特征空间划分成 c 个区域，这种划分一般不会恰好得到 c 个区域，而是多出一些区域，在这些区域内的分类会有歧义，如图 4-3 中的阴影部分所示。用两个 $(c-1)$ 决策面区别 3 个 (c) 类别，决策面 1 把类别一与其他类别分开，决策面 2 把类别二与其他类别分开，最后会多出一个区域。

第二种情况是对多类中的每两类构造一个分类器，将把类别一和类别二分开与把类别二和类别一分开考虑为一种情况，对于 c 个类别，需要 $\dfrac{c(c-1)}{2}$ 个两类分类器。显然，这种做法要比"一对多"的做法多出很多两类分类器，但不会出现两类样本数过于不均衡的问题，决策歧义的区域通常要比"一对多"的做法小，如图 4-4 中的阴影部分所示。

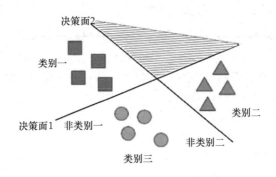

图 4-3　多个两类分类器划分时可能出现的歧义区域示意（一）

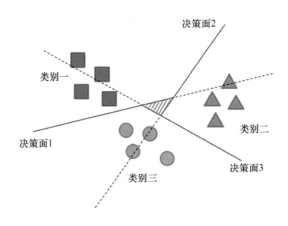

图 4-4　多个两类分类器划分时可能出现的歧义区域示意（二）

在多数线性分类器中，对于一个正确分类的样本，如果它离分类面越远，就代表分类器对它的类别判断越确定，因此可以把分类器的输出值看作对样本属于某一类别的一种评分。在多类决策时，如果只有一个两类分类器对一个样本属于某类给出了大于阈值的输出，而其余分类器的输出均小于阈值，那么就把这个样本分到该类，而且评分越高表示分类越精准；反之，则判断样本不属于该类。

如果样本本身是层次化的分类结构，那么可以用一个二叉树来解决分类问题，在这种树状结构的每一层上，都会有一个决策将某一类别与其他类别分开，如图 4-5 所示。可利用树状结构来构建多个两类分类器，这是一种最常见的层次结构决策树。实际应用中，在各层上还可以采用其他各种类型的"多分树"。

第三种情况是第二种情况的特例，即直接对 c 个类别设计 c 个判别函数。

$$d_i(\boldsymbol{x}) = \boldsymbol{w}_i^{\mathrm{T}}\boldsymbol{x} + \omega_{i0} \tag{4-8}$$

其中，$i=1,2,\cdots,c$。哪一类的判别函数最大则决策就为哪一类，若 $d_i(\boldsymbol{x}) > d_j(\boldsymbol{x})$，$\forall j \neq i$，则 $\boldsymbol{x} \in c_i$。与上面讨论的两种情况中用多个两类分类器进行多类别划分的方法相比，多类线性分类器可以保证不会出现有决策歧义的区域。三类线性判别示例如图 4-6 所示。

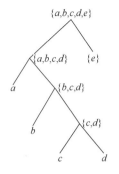
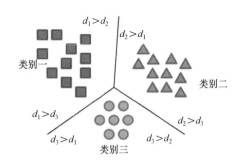

图 4-5　树状结构分解多类分类问题　　　　图 4-6　三类线性判别示例

假设存在一个能够把所有样本都正确分类的线性机器。在这种情况下，可以借鉴改进的感知器算法思想求解线性分类器，具体步骤如下。

（1）任意选择初始的权重向量 $\boldsymbol{\alpha}_i(0)$，$i=1,2,\cdots,c$，置 $t=0$。

（2）考查某个样本 $x^k \in c_i$，若 $\boldsymbol{\alpha}_i(t)^{\mathrm{T}} x^k > \boldsymbol{\alpha}_j(t)^{\mathrm{T}} x^k$，则所有权重向量不变；若存在某个类 j，使 $\boldsymbol{\alpha}_i(t)^{\mathrm{T}} x^k \leqslant \boldsymbol{\alpha}_j(t)^{\mathrm{T}} x^k$，则选择使 $\boldsymbol{\alpha}_j(t)^{\mathrm{T}} x^k$ 最大的类别 j，对各类的权值进行如下的修正。

$$\begin{cases} \boldsymbol{\alpha}_i(t+1) = \boldsymbol{\alpha}_i(t) + r_t x^k \\ \boldsymbol{\alpha}_j(t+1) = \boldsymbol{\alpha}_j(t) - r_t x^k \\ \boldsymbol{\alpha}_m(t+1) = \boldsymbol{\alpha}_m(t) \end{cases} \tag{4-9}$$

其中，r_t 为步长，必要时可以随 t 改变。

（3）若所有样本都分类正确，则停止；否则考查另一个样本，$t=t+1$，重复步骤（2）。

可以证明，若样本集线性可分，则该算法可以在有限步内收敛于一组解向量；当样本不是线性可分时，这种迭代不能收敛，人们可以对算法进行适当的调整，从而使算法能够停止在一个可以接受的解上，如通过逐渐减小步长来强制使算法收敛。

很多两类分类算法都可以转换成相应的多类分类算法，但它们多数在实际中的应用并不广泛。线性判别函数是形式最简单的判别函数且便于计算，因此在实际中应用广泛。在解决一个多类分类问题时，若是线性可分的情况，则很容易将两类分类问题推广，从而得到多类分类问题的设计标准和方法。如果某些实际问题并不是线性的，但由于样本数目较小或样本中包含较大的噪声，那么可以采用线性分类器，这在某些情况下会比更复杂的模型效果更好，尤其是具有更好的泛化能力。

4.2　Fisher 线性判别函数

Fisher 线性判别分析是 R.A.Fisher 于 1936 年提出来的方法[2]。两类的线性判别问题可以看作把所有样本都投影到一个方向上，然后确定一个分类的阈值。过了这个阈值点且与投影方向垂直的超平面就是两类样本的分类面。如何通过不同投影方向成功地将两类样本分开？

从图 4-7 中可以看出，按图 4-7（a）所示的方向投影后，两类样本混在一起，而按图 4-7（b）所示的方向投影后，两类样本很容易区分。显然，图 4-7（b）所示的投影方向是更好的选择。Fisher 线性判别的思想就是选择投影方向，使得投影后两类样本相隔尽可能远，同时使同一类别的样本尽可能聚集。

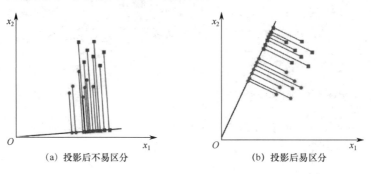

（a）投影后不易区分 　　　　　　　　（b）投影后易区分

图 4-7　样本投影后的区分程度比较

这里只讨论两类分类的问题。设训练样本集 $x=\{x_1,\cdots,x_N\}$，每个样本是一个 d 维向量，其中第一类样本 $x_1=\left\{x_1^1,\cdots,x_{N_1}^1\right\}$，第二类样本 $x_2=\left\{x_1^2,\cdots,x_{N_2}^2\right\}$。找一个投影方向 ω（ω 也是 d 维向量），投影以后的样本变为

$$y_i = \omega^{\mathrm{T}} x_i \tag{4-10}$$

其中，$i=1,2,\cdots,N$。在原样本空间中，类均值向量为

$$m_i = \frac{1}{N_i} \sum_{x_j \in x_i} x_j \tag{4-11}$$

其中，$i=1,2$。定义各类的类内离散度矩阵（Within-Class Scatter Matrix），即样本协方差矩阵为

$$S_i = \sum_{x_j \in x_i} (x_j - m_i)(x_j - m_i)^{\mathrm{T}} \tag{4-12}$$

总类内离散度矩阵（Pooled Within-Class Scatter Matrix）为

$$S_\omega = S_1 + S_2 \tag{4-13}$$

类间离散度矩阵（Between-Class Scatter Matrix）为

$$S_b = (m_1 - m_2)(m_1 - m_2)^{\mathrm{T}} \tag{4-14}$$

在投影后的一维空间中，两类的均值分别为

$$m_i = \frac{1}{N_i} \sum_{y_i \in Y_i} y_i = \frac{1}{N_i} \sum_{x_i \in X_i} \omega^{\mathrm{T}} x_i = \omega^{\mathrm{T}} m_i \tag{4-15}$$

其中，$i=1,2$。此时，类内离散度为

$$S_i^2 = \sum_{y_i \in Y_i} (y_i - m_i)^2 \tag{4-16}$$

其中，$i=1,2$。总类内离散度为 $S_\omega = S_1^2 + S_2^2$，而类间离散度就成为两类均值差的平方，即

$$S_b^2 = \left(m_1 - m_2\right)^2 \tag{4-17}$$

因为人们希望寻找到的投影方向可使投影后的两类样本尽可能分开，而各类内部又尽可能聚集，所以这一目标可以表示成如下的函数。

$$J_{F\max}(\boldsymbol{\omega}) = \frac{S_b^2}{S_\omega^2} = \frac{(m_1 - m_2)^2}{S_1^2 + S_2^2} \qquad (4\text{-}18)$$

这就是 Fisher 判别函数。

把式（4-10）代入式（4-16）和式（4-17）得到

$$S_b^2 = (m_1 - m_2)^2 = (\boldsymbol{\omega}^\mathrm{T} \boldsymbol{m}_1 - \boldsymbol{\omega}^\mathrm{T} \boldsymbol{m}_2)^2 = \boldsymbol{\omega}^\mathrm{T} \boldsymbol{S}_b \boldsymbol{\omega} \qquad (4\text{-}19)$$

以及

$$\begin{aligned}
\boldsymbol{S}_\omega &= \boldsymbol{S}_1^2 + \boldsymbol{S}_2^2 = \sum_{x_j \in x_1} (\boldsymbol{\omega}^\mathrm{T} \boldsymbol{x}_j - \boldsymbol{\omega}^\mathrm{T} \boldsymbol{m}_1)^2 + \sum_{x_j \in x_2} (\boldsymbol{\omega}^\mathrm{T} \boldsymbol{x}_j - \boldsymbol{\omega} \boldsymbol{m}_2)^2 \\
&= \sum_{x_j \in x_1} \boldsymbol{\omega}^\mathrm{T} (\boldsymbol{x}_j - \boldsymbol{m}_1)(\boldsymbol{x}_j - \boldsymbol{m}_1)^\mathrm{T} \boldsymbol{\omega} + \sum_{x_j \in x_2} \boldsymbol{\omega}^\mathrm{T} (\boldsymbol{x}_j - \boldsymbol{m}_2)(\boldsymbol{x}_j - \boldsymbol{m}_2)^\mathrm{T} \boldsymbol{\omega} \qquad (4\text{-}20) \\
&= \boldsymbol{\omega}^\mathrm{T} \boldsymbol{S}_1 \boldsymbol{\omega} + \boldsymbol{\omega}^\mathrm{T} \boldsymbol{S}_2 \boldsymbol{\omega} = \boldsymbol{\omega}^\mathrm{T} \boldsymbol{S}_\omega \boldsymbol{\omega}
\end{aligned}$$

因此 Fisher 判别函数变为

$$J_{F\max}(\boldsymbol{\omega}) = \frac{\boldsymbol{\omega}^\mathrm{T} \boldsymbol{S}_b \boldsymbol{\omega}}{\boldsymbol{\omega}^\mathrm{T} \boldsymbol{S}_\omega \boldsymbol{\omega}} \qquad (4\text{-}21)$$

应注意到，我们的目的是求使式（4-21）最大的投影方向 $\boldsymbol{\omega}$。由于对 $\boldsymbol{\omega}$ 幅值的调节并不会影响 $\boldsymbol{\omega}$ 的方向，即不会影响 $\boldsymbol{J}_F(\boldsymbol{\omega})$ 的值。因此，可以设定式（4-21）的分母为非零常数而最大化分子部分，即把式（4-21）的优化问题转化为

$$\max\ \boldsymbol{\omega}^\mathrm{T} \boldsymbol{S}_b \boldsymbol{\omega} \qquad \text{s.t.}\ \boldsymbol{\omega}^\mathrm{T} \boldsymbol{S}_\omega \boldsymbol{\omega} = c \neq 0 \qquad (4\text{-}22)$$

这是一个等式约束下的极值问题，可以通过引入拉格朗日（Lagrange）乘子转化成以下拉格朗日函数的无约束极值问题。

$$L(\boldsymbol{\omega}, \boldsymbol{\lambda}) = \boldsymbol{\omega}^\mathrm{T} \boldsymbol{S}_b \boldsymbol{\omega} - \lambda(\boldsymbol{\omega}^\mathrm{T} \boldsymbol{S}_\omega \boldsymbol{\omega} - c) \qquad (4\text{-}23)$$

在式（4-23）的极值处应满足

$$\frac{\partial L(\boldsymbol{\omega}, \boldsymbol{\lambda})}{\partial \boldsymbol{\omega}} = 0 \qquad (4\text{-}24)$$

由此可得，极值解 $\boldsymbol{\omega}^*$ 应满足

$$\boldsymbol{S}_b \boldsymbol{\omega}^* - \lambda \boldsymbol{S}_\omega \boldsymbol{\omega}^* = 0 \qquad (4\text{-}25)$$

假定 $\boldsymbol{S}_\omega$ 是非奇异的，把式（4-14）变为

$$\lambda \boldsymbol{\omega}^* = \boldsymbol{S}_\omega^{-1} (\boldsymbol{m}_1 - \boldsymbol{m}_2)(\boldsymbol{m}_1 - \boldsymbol{m}_2)^\mathrm{T} \boldsymbol{\omega}^* \qquad (4\text{-}26)$$

其中，$\boldsymbol{\omega}^*$ 的方向是由 $\boldsymbol{S}_\omega^{-1}(\boldsymbol{m}_1 - \boldsymbol{m}_2)$ 决定的。我们要求解的是 $\boldsymbol{\omega}^*$ 的方向，因此可以取

$$\boldsymbol{\omega}^* = \boldsymbol{S}_\omega^{-1} (\boldsymbol{m}_1 - \boldsymbol{m}_2) \qquad (4\text{-}27)$$

这就是 Fisher 判别准则下的最优投影方向。

需要注意的是，Fisher 线性判别函数最优的解本身只给出了一个投影方向，并没有给出我们要的决策面，想要得到决策面，需要在投影后的一维空间上确定一个分类阈值 ω_0。若不考虑先验概率的不同，则可以采用阈值 $\omega_0 = \tilde{m}$，其中 $\tilde{m}$ 是所有样本在投影后

的均值。

直观地解释，Fisher 线性判别就是把待决策的样本投影到 Fisher 线性判别的方向上，通过与两类均值投影的平分点进行比较做出分类判别。在先验概率相同的情况下，以该平分点为两类样本的分界点；在先验概率不同的情况下，分界点向先验概率小的一侧偏移。

Fisher 线性判别并不假设样本分布，但在很多情况下，当样本维数比较高且样本数较多时，投影到一维空间后，样本接近正态分布。此时可以在一维空间中用样本拟合正态分布，并用得到的参数来确定分类阈值。

4.3 感知器算法

Fisher 线性判别把线性分类器的设计分为两步：首先确定最优的投影方向；然后在这个投影方向上确定分类阈值。下面介绍一种可直接得到完整的线性判别函数 $d(x) = \omega^{\mathrm{T}}x + \omega_0$ 的方法——感知器（Perceptron）[3]。

为了讨论方便，把向量 x 增加一维，但其取值为常数，即定义为

$$y = \begin{bmatrix} 1 \\ x_1 \\ x_2 \\ \vdots \\ x_i \end{bmatrix} \qquad (4\text{-}28)$$

其中，x_i 为样本 x 的第 i 维分量；y 为增广的样本向量。相应地，定义增广的权向量为

$$\alpha = \begin{bmatrix} \omega_0 \\ \omega_1 \\ \omega_2 \\ \vdots \\ \omega_i \end{bmatrix} \qquad (4\text{-}29)$$

线性判别函数变为

$$d(y) = \alpha^{\mathrm{T}}y \qquad (4\text{-}30)$$

如果定义一个新的变量 y'，使对于第一类样本 $y'=y$，而对于第二类样本 $y'=-y$，即

$$y_i' = \begin{cases} y_i, & \text{样本属于第一类} \\ -y_i, & \text{样本属于第二类} \end{cases} \qquad (4\text{-}31)$$

其中，$i=1,2,\cdots,N$，则样本可分性条件就变成了存在 α，使

$$\alpha^{\mathrm{T}}y' > 0 \qquad (4\text{-}32)$$

这样定义的 y' 称为规范化增广样本向量。为了讨论方便，都采用规范化增广样本向量，并且把 y' 仍然记作 y。

对于线性可分的一组样本 $y_1, \cdots, y_N$，用规范化增广样本向量表示，若一个权向量 α^* 满足

$$\alpha^{*\mathrm{T}}y_i > 0 \qquad (4\text{-}33)$$

则称 $\pmb{\alpha}^*$ 为一个解向量。在权值空间中，所有解向量组成的区域称为解空间。

显然，权向量和样本向量的维数相同，对于一个样本 $\pmb{y}_i$，$\pmb{\alpha}^{\mathrm{T}}\pmb{y}_i = 0$ 定义了权空间中一个过原点的超平面。对于这个样本来说，处于超平面正侧的任何一个向量都能使 $\pmb{\alpha}^{\mathrm{T}}\pmb{y}_i > 0$，因而都是对这个样本的一个解。考虑样本集中的所有样本，解空间就是每个样本对应超平面正侧的交集，如图 4-8 中的阴影区域所示。

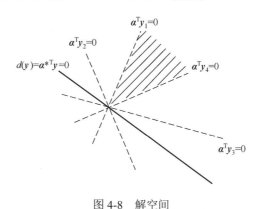

图 4-8   解空间

解空间中的任意一个向量都是解向量，都能把样本没有错误地分开。但是，从直观角度看，如果一个解向量靠近解空间的边缘，虽然所有样本都能满足 $\pmb{\alpha}^{\mathrm{T}}\pmb{y}_i > 0$，但某些样本的判别函数可能刚刚大于零，考虑到噪声误差等因素，靠近解空间中间的解向量应该是更加可信的。

所以要求余量 $b>0$，即把解空间向中间聚集，只考虑靠近中心的解，如图 4-9 中的阴影区域所示。以公式表示就是要求解向量满足

$$\pmb{\alpha}^{\mathrm{T}}\pmb{y}_i > b \tag{4-34}$$

如何找到一个解向量？对于权向量 $\pmb{\alpha}$，若某个样本 $\pmb{y}_k$ 被错误地分类，则 $\pmb{\alpha}^{\mathrm{T}}\pmb{y}_k \leqslant 0$。可以用对所有错分样本的求和来表示对错分样本的惩罚，即

$$J_{\mathrm{P}}\left(\pmb{\alpha}\right) = \sum_{\pmb{\alpha}^{\mathrm{T}}\pmb{y}_k \leqslant 0} \left(-\pmb{\alpha}^{\mathrm{T}}\pmb{y}_k\right) \tag{4-35}$$

这就是 Rosenblatt 提出的感知器准则函数[4]。

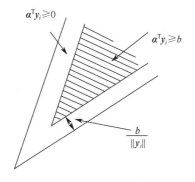

图 4-9   带余量的解空间

显然，当且仅当 $J_P(\boldsymbol{\alpha}^*) = \min J_P(\boldsymbol{\alpha}) = 0$ 时，$\boldsymbol{\alpha}^*$ 是解向量。感知器准则函数式（4-35）的最小化可以用梯度下降法迭代求解。

$$\boldsymbol{\alpha}(t+1) = \boldsymbol{\alpha}(t) - \rho_t \nabla J_P(\boldsymbol{\alpha}) \tag{4-36}$$

即下一次迭代的权向量是把当前时刻的权向量向目标函数的负梯度方向进行修正，其中 ρ_t 为修正的步长。目标函数 J_P 对权向量 $\boldsymbol{\alpha}$ 的梯度为

$$\nabla J_P(\boldsymbol{\alpha}) = \frac{\partial J_P(\boldsymbol{\alpha})}{\partial \boldsymbol{\alpha}} = \sum_{\boldsymbol{\alpha}^T \boldsymbol{y}_k \leqslant 0} (-\boldsymbol{y}_k) \tag{4-37}$$

因此，迭代修正的公式为

$$\boldsymbol{\alpha}(t+1) = \boldsymbol{\alpha}(t) - \rho_t \sum_{\boldsymbol{\alpha}^T \boldsymbol{y}_k \leqslant 0} \boldsymbol{y}_k \tag{4-38}$$

即在每一步迭代时，把错分的样本按照某个系数加到权向量上。

通常情况下，一次将所有错误样本都进行修正的做法并不是效率最高的，更常用的是每次只修正一个样本的固定增量法，其步骤如下。

（1）任意选择初始的权向量 $\boldsymbol{\alpha}(0)$，置 $t=0$。

（2）考查样本 $\boldsymbol{y}_j$，若 $\boldsymbol{\alpha}(t)^T \boldsymbol{y}_j \leqslant 0$，则 $\boldsymbol{\alpha}(t+1) = \boldsymbol{\alpha}(t) + \boldsymbol{y}_j$；否则继续。

（3）考查另一个样本，重复步骤（2），直至对所有样本都有 $\boldsymbol{\alpha}(t)^T \boldsymbol{y}_j > 0$，即 $J_P(\boldsymbol{\alpha}) = 0$。

若考虑余量 b，则只需将上面算法中的错分判断条件变成 $\boldsymbol{\alpha}(t)^T \boldsymbol{y}_j \leqslant b$ 即可。

这种单步的固定增量法采用的修正步长为 $\rho_t = 1$。为了减少迭代步数，还可以使用可变的步长。如绝对修正法就对错分样本 $\boldsymbol{y}_j$ 用下面的步长来调整权向量。

$$\rho_t = \frac{\left| \boldsymbol{\alpha}(k)^T \boldsymbol{y}_j \right|}{\boldsymbol{y}_j^2} \tag{4-39}$$

上述感知器算法只能解决线性可分的问题，因此在实际应用中，直接使用它的场合并不多，但它是很多更复杂算法的基础，如支持向量机和包含多层感知器的人工神经网络。

感知器算法要求样本是线性可分的，通过梯度下降法有限次的迭代后就可以收敛得到一个解。当样本非线性时，使用感知器算法不会收敛。若让算法任意地停止在某一时刻，则无法保证得到的解能够正确分类样本中的大多数。为了使感知器算法在样本集不是线性可分时仍能得到收敛的解，可以在梯度下降过程中让步长按照一定的规则逐渐缩小，这样就可以强制让算法收敛。如果只有小部分样本线性不可分，那么这种强制收敛的做法还是有效的。

4.4 最小平方误差算法

4.3 节介绍的感知器算法是在已知样本集线性可分的基础上采用的，但对于给定的样本集，往往不能预先知道是否线性可分。本节介绍的最小平方误差准则函数可以在训练

过程中判定训练模式集是否线性可分。最小平方误差准则函数引进了最小均方误差。

定义一个误差向量：

$$\boldsymbol{\varepsilon} = \boldsymbol{\omega}^{\mathrm{T}} \boldsymbol{x} - \boldsymbol{b} \tag{4-40}$$

由于最小平方误差以最小均方误差为准则，因此定义准则函数为

$$J(\boldsymbol{\omega}) = \boldsymbol{\varepsilon}^2 = \boldsymbol{\omega}^{\mathrm{T}} \boldsymbol{x} - \boldsymbol{b}^2 = \sum_{i=1}^{d} \left(\boldsymbol{\omega}^{\mathrm{T}} x_i - b_i \right)^2 \tag{4-41}$$

然后找一个使 $J(\boldsymbol{\omega})$ 极小化的 $\boldsymbol{\omega}$ 作为问题的解，即求解使 $J(\boldsymbol{\omega})$ 的梯度为 0 的 $\boldsymbol{\omega}$ 值。

首先对式（4-41）中的 $J(\boldsymbol{\omega})$ 求梯度，即

$$\nabla J(\boldsymbol{\omega}) = \sum_{i=1}^{d} 2 \left(\boldsymbol{\omega}^{\mathrm{T}} x_i - b_i \right) x_i = 2 \boldsymbol{x}^{\mathrm{T}} \left(\boldsymbol{\omega}^{\mathrm{T}} \boldsymbol{x} - \boldsymbol{b} \right) \tag{4-42}$$

令 $\nabla J(\boldsymbol{\omega}) = 0$，得

$$\boldsymbol{x}^{\mathrm{T}} \boldsymbol{x} \boldsymbol{\omega} = \boldsymbol{x}^{\mathrm{T}} \boldsymbol{b} \tag{4-43}$$

得到

$$\boldsymbol{\omega} = \left(\boldsymbol{x}^{\mathrm{T}} \boldsymbol{x} \right)^{-1} \boldsymbol{x}^{\mathrm{T}} \boldsymbol{b} = \boldsymbol{x}^* \boldsymbol{b} \tag{4-44}$$

式中，矩阵 $\boldsymbol{x}^* = (\boldsymbol{x}^{\mathrm{T}} \boldsymbol{x})^{-1} \boldsymbol{x}^{\mathrm{T}}$ 为矩阵 $\boldsymbol{x}$ 的规范逆矩阵；$\boldsymbol{\omega}$ 为式（4-41）所示的最小平方误差准则函数的解。可见，$\boldsymbol{\omega}$ 的解依赖于向量 $\boldsymbol{b}$，选择不同的 $\boldsymbol{b}$ 可以赋予解不同的性质，而且计算量很大，因为要求解矩阵的逆矩阵。为了避免上述缺点，可以采用梯度下降法。

梯度下降法计算过程如下。

（1）任意指定初始权向量：

$$\boldsymbol{\omega}(1) = \boldsymbol{x}^{\mathrm{T}} \boldsymbol{b}(1), \quad \boldsymbol{b}(1) > 0 \tag{4-45}$$

（2）如果第 k 步不能满足 $\boldsymbol{x}^{\mathrm{T}} \left(\boldsymbol{x} \boldsymbol{\omega}(k) - \boldsymbol{b}(k) \right) = 0$，那么按下式计算第 $k+1$ 步的权向量。

$$\boldsymbol{\omega}(k+1) = \boldsymbol{\omega}(k) - \rho \boldsymbol{x}^{\mathrm{T}} \left(\boldsymbol{x} \boldsymbol{\omega}(k) - \boldsymbol{b}(k) \right) \tag{4-46}$$

式中，ρ 为修正系数。这个算法产生的权向量 $\boldsymbol{\omega}(k)$ 满足方程 $\nabla J(\boldsymbol{\omega}) = 0$，且不管 $\boldsymbol{x}^{\mathrm{T}} \boldsymbol{x}$ 是否为奇异矩阵，这个梯度下降法总能产生一个解。

每次迭代时的误差向量 $\boldsymbol{\varepsilon}(k)$ 为

$$\boldsymbol{\varepsilon}(k) = \boldsymbol{x} \boldsymbol{\omega}(k) - \boldsymbol{b}(k) \tag{4-47}$$

式中，$\boldsymbol{\varepsilon}(k)$ 是判断样本集是否线性可分的重要指标。若满足 $\boldsymbol{\varepsilon}(k) \geq 0$（每个分量均为正值或零），则样本集是线性可分的；若满足 $\boldsymbol{\varepsilon}(k) < 0$，则样本集不是线性可分的，不具有收敛性。

4.5　Logistic 回归

在很多实际问题中，我们感兴趣的某个变量可能与其他变量有一种线性或近似线性的关系，如人的体重和身高，已知一组数据后求解这种关系的方法就称为线性回归。Logistic 回归[5]也称为对数概率回归，其名称虽然包含"回归"，实际上是一种二分类算

法，它用 Sigmoid 函数（也称 Logistic 函数）估计样本属于某一类的概率。这样的函数可以输出样本属于每一类的概率值，所以可以用作分类函数。

如果要用线性回归算法来解决一个分类问题[6]，对于二分类问题，y 取值为 0 或 1；而 Logistic 回归算法的输出值永远为 0～1。在分类问题中，我们希望分类器的输出值为 0～1，因此，我们希望有一个满足预测（输出）值为 0～1 的假设函数。Logistic 回归模型的假设为

$$h_{\boldsymbol{\theta}}(\boldsymbol{x}) = g(\boldsymbol{\theta}^{\mathrm{T}} \boldsymbol{x}) \tag{4-48}$$

式中，$\boldsymbol{x}$ 为特征向量；g 为 Logistic 函数。

一个常用的 Logistic 回归函数为 Sigmoid 函数，其公式为

$$g(z) = \frac{1}{1 + \mathrm{e}^{-z}} \tag{4-49}$$

该函数的图像如图 4-10 所示。

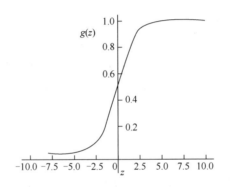

图 4-10   Sigmoid 函数的图像

$h_{\boldsymbol{\theta}}(\boldsymbol{x})$ 对于给定的输入变量，根据选择的参数计算输出变量等于 1 的可能性，即 $h_{\boldsymbol{\theta}}(\boldsymbol{x}) = P(y=1|\boldsymbol{x};\boldsymbol{\theta})$。例如，若对于给定的 $\boldsymbol{x}$，通过已经确定的参数计算得出 $h_{\boldsymbol{\theta}}(\boldsymbol{x}) = 0.8$，则表示有 80% 的概率 y 为正类，相应地，y 为负类的概率为 20%。

在 Logistic 回归中，可以假设当 $h_{\boldsymbol{\theta}}(\boldsymbol{x}) \geqslant 0.5$ 时，预测值 $y=1$；当 $h_{\boldsymbol{\theta}}(\boldsymbol{x}) < 0.5$ 时，预测值 $y=0$。根据图 4-10 中的 Sigmoid 函数的图像可知

$$\begin{cases} g(z) < 0.5, & z < 0 \\ g(z) = 0.5, & z = 0 \\ g(z) > 0.5, & z > 0 \end{cases} \tag{4-50}$$

又因为 $z = \boldsymbol{\theta}^{\mathrm{T}} \boldsymbol{x}$，所以

$$\begin{cases} \boldsymbol{\theta}^{\mathrm{T}} \boldsymbol{x} \geqslant 0, & y=1 \\ \boldsymbol{\theta}^{\mathrm{T}} \boldsymbol{x} < 0, & y=0 \end{cases} \tag{4-51}$$

当样本特征维数为 2 时，假设用一个模型

$$h_\theta(\boldsymbol{x}) = g(\theta_0 + \theta_1 x_1 + \theta_2 x_2) \tag{4-52}$$

来拟合 Logistic 回归模型的参数 $\boldsymbol{\theta}$ 的优化目标（或称代价函数），这便是监督学习问题中的 Logistic 回归模型的拟合问题。得到的拟合结果如图 4-11 所示。图 4-11 中，圆形样本点和方形样本点分别代表了两类样本，它们中的绝大部分数据（除两个方形样本点之外）都能用图中的直线（判别函数）进行正确的分类。

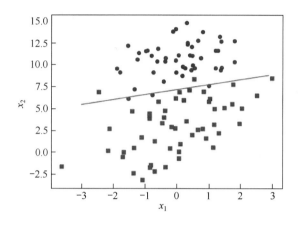

图 4-11　Logistic 回归模型的拟合结果

假设训练集为 $\{(\boldsymbol{x}^{(1)}, y^{(1)}),\ (\boldsymbol{x}^{(2)}, y^{(2)}), \cdots,\ (\boldsymbol{x}^{(n)}, y^{(n)})\}$，$y \in \{0, 1\}$，定义逻辑回归的代价函数为

$$J(\boldsymbol{\theta}) = \frac{1}{m} \sum_{i=1}^{m} \text{Cost}(h_\theta(\boldsymbol{x}^{(i)}), y^{(i)}) \tag{4-53}$$

其中，

$$\text{Cost}(h_\theta(\boldsymbol{x}), y) = \begin{cases} -\lg(h_\theta(\boldsymbol{x})), & y = 1 \\ \lg(1 - h_\theta(\boldsymbol{x})), & y = 0 \end{cases} \tag{4-54}$$

这样构建的 $\text{Cost}(h_\theta(\boldsymbol{x}), y)$ 函数的特点是：当实际的 $y = 1$ 且 $h_\theta(\boldsymbol{x})$ 也为 1 时，误差为 0，当 $y = 1$ 但 $h_\theta(\boldsymbol{x})$ 不为 1 时，误差随 $h_\theta(\boldsymbol{x})$ 变小而变大；同理，当实际的 $y = 0$ 且 $h_\theta(\boldsymbol{x})$ 也为 0 时，误差为 0，当 $y = 0$ 但 $h_\theta(\boldsymbol{x})$ 不为 0 时，误差随 $h_\theta(\boldsymbol{x})$ 的变大而变大。

式（4-54）可简化为

$$\text{Cost}(h_\theta(\boldsymbol{x}), y) = -y\lg(h_\theta(\boldsymbol{x})) - (1-y)\lg(1 - h_\theta(\boldsymbol{x})) \tag{4-55}$$

代入代价函数得到

$$J(\boldsymbol{\theta}) = \frac{1}{m} \sum_{i=1}^{m} \left[-y^{(i)}\lg\left(h_\theta\left(\boldsymbol{x}^{(i)}\right)\right) - \left(1 - y^{(i)}\right)\lg\left(1 - h_\theta\left(\boldsymbol{x}^{(i)}\right)\right) \right] \tag{4-56}$$

可以用梯度下降法来求使代价函数最小的参数 $\boldsymbol{\theta}$，更新规则为

$$\boldsymbol{\theta}_j := \boldsymbol{\theta}_j - \alpha \frac{\partial}{\partial \boldsymbol{\theta}_j} J(\boldsymbol{\theta}) \qquad (4\text{-}57)$$

由式（4-55）和式（4-56）得到

$$\begin{aligned}
\frac{\partial}{\partial \boldsymbol{\theta}_j} J(\boldsymbol{\theta}) &= \frac{\partial}{\partial \boldsymbol{\theta}_j}\left[-\frac{1}{m}\sum_{i=1}^{m}\left[-y^{(i)}\lg\left(1+\mathrm{e}^{-\boldsymbol{\theta}^{\mathrm{T}}\boldsymbol{x}^{(i)}}\right) - \left(1-y^{(i)}\right)\lg\left(1+\mathrm{e}^{\boldsymbol{\theta}^{\mathrm{T}}\boldsymbol{x}^{(i)}}\right)\right]\right] \\
&= -\frac{1}{m}\sum_{i=1}^{m}\left[-y^{(i)}\frac{-x_j^{(i)}\mathrm{e}^{-\boldsymbol{\theta}^{\mathrm{T}}\boldsymbol{x}^{(i)}}}{1+\mathrm{e}^{-\boldsymbol{\theta}^{\mathrm{T}}\boldsymbol{x}^{(i)}}} - \left(1-y^{(i)}\right)\frac{x_j^{(i)}\mathrm{e}^{\boldsymbol{\theta}^{\mathrm{T}}\boldsymbol{x}^{(i)}}}{1+\mathrm{e}^{\boldsymbol{\theta}^{\mathrm{T}}\boldsymbol{x}^{(i)}}}\right] \\
&= -\frac{1}{m}\sum_{i=1}^{m}\frac{y^{(i)}x_j^{(i)} - x_j^{(i)}\mathrm{e}^{\boldsymbol{\theta}^{\mathrm{T}}\boldsymbol{x}^{(i)}} + y^{(i)}x_j^{(i)}\mathrm{e}^{\boldsymbol{\theta}^{\mathrm{T}}\boldsymbol{x}^{(i)}}}{1+\mathrm{e}^{\boldsymbol{\theta}^{\mathrm{T}}\boldsymbol{x}^{(i)}}} \\
&= -\frac{1}{m}\sum_{i=1}^{m}\left(y^{(i)} - \frac{1}{1+\mathrm{e}^{-\boldsymbol{\theta}^{\mathrm{T}}\boldsymbol{x}^{(i)}}}\right)x_j^{(i)} \\
&= \frac{1}{m}\sum_{i=1}^{m}\left[h_{\boldsymbol{\theta}}\left(\boldsymbol{x}^{(i)}\right) - y^{(i)}\right]x_j^{(i)}
\end{aligned} \qquad (4\text{-}58)$$

为了拟合出参数，需要不断更新参数 $\boldsymbol{\theta}$，寻找使 $J(\boldsymbol{\theta})$ 取最小值的参数 $\boldsymbol{\theta}$。由式（4-57）和式（4-58）得更新参数的规则为

$$\boldsymbol{\theta}_j := \boldsymbol{\theta}_j - \alpha\frac{1}{m}\sum_{i=1}^{m}\left[h_{\boldsymbol{\theta}}\left(\boldsymbol{x}^{(i)}\right) - y^{(i)}\right]x_j^{(i)} \qquad (4\text{-}59)$$

当有 n 个特征时：

$$\boldsymbol{\theta} = \left[\theta_0, \theta_1, \cdots, \theta_n\right]^{\mathrm{T}} \qquad (4\text{-}60)$$

使用梯度下降法根据式（4-59）来更新这些参数。如果特征范围差距很大，那么可以进行特征归一化，这样可以使 Logistic 回归的梯度下降收敛更快。

上面介绍的是两类分类方法，当需要解决多类分类问题时，可以用 4.1.2 节中介绍过的"一对多"的方法。假如有 3 个类别，分别用 $y=1$、$y=2$、$y=3$ 来代表，将多个类中的其中一个类标记为正类（$y=1$），然后将其他类都标记为负类，这个模型记作 $h_{\boldsymbol{\theta}}^{(1)}(\boldsymbol{x})$。类似地，选择另一个类标记为正类（$y=2$），再将其他类都标记为负类，将这个模型记作 $h_{\boldsymbol{\theta}}^{(2)}(\boldsymbol{x})$，以此类推，最后得到一系列的模型，记为

$$h_{\boldsymbol{\theta}}^{(i)}(\boldsymbol{x}) = p(y=i \mid \boldsymbol{x}; \boldsymbol{\theta}), \quad i = 1, 2, 3 \qquad (4\text{-}61)$$

在预测时，选择使输入样本在所有的分类器中得到最高可能性的输出变量作为最终的分类结果，即在 3 个分类器中输入 $\boldsymbol{x}$，然后选择那个让 $h_{\boldsymbol{\theta}}^{(i)}(\boldsymbol{x})$ 值最大的类别 i，即 $\max_i h_{\boldsymbol{\theta}}^{(i)}(\boldsymbol{x})$。

选出可信度最高、效果最好的分类器，人们认为该分类器能得到一个正确的分类，无论 i 值是多少，都有最大的概率值，并预测 y 就是那个值。这就是多类分类问题，以及"一对多"的方法，通过这个方法可以将 Logistic 回归分类器用在多类分类问题上。

4.6　基于 Python 实现感知器算法

4.6.1　基于 sklearn 库实现感知器算法

本节在 Windows10 操作系统下，借助 TensorFlow，使用 Python 编写，利用 sklearn 库实现感知器算法。感知器模型是机器学习领域最基础的模型，训练一个机器学习模型的主要步骤如下[10]。

（1）选择特征，收集训练样本。

（2）选择性能指标。

（3）选择分类器和优化算法。

（4）评估模型性能。

（5）调整算法（调参）。

sklearn 库是非常强大的机器学习库，传统的机器学习任务是从获取数据开始的，sklearn 库强大的应用性体现为其拥有丰富的数据集，而且我们可以通过 sklearn 库创建所需要的数据集[11,12]。

取其中的 iris 数据演示如何进行导入数据集操作。

```
iris = datasets.load_iris()        # 导入数据集
X = iris.data                      # 获得其特征向量
y = iris.target                    # 获得样本 label
```

加载其他数据集的代码如下[13]。

```
load_boston([return_X_y])          # 加载波士顿房价数据集，用于回归问题
load_iris([return_X_y])            # 加载 iris 数据集，用于分类问题
load_diabetes([return_X_y])        # 加载糖尿病数据集，用于回归问题
load_digits([n_class, return_X_y]) # 加载手写数字数据集，用于分类问题
load_linnerud([return_X_y])        # 加载 Linnerud 数据集，用于多元回归问题
```

波士顿房价数据集：取自卡内基梅隆大学维护的 StatLib 库，如图 4-12 所示。

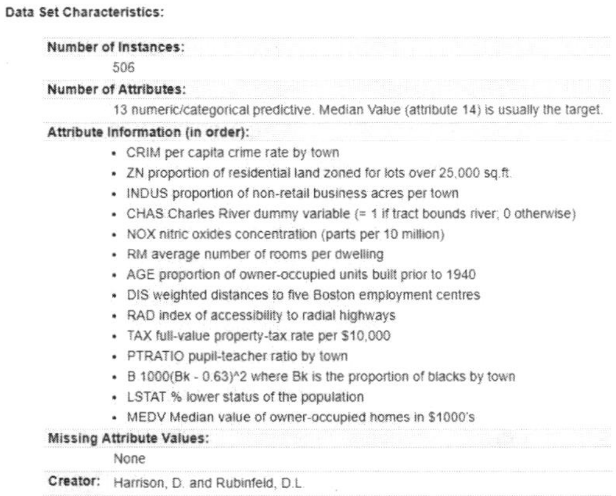

Data Set Characteristics:

Number of Instances:
506

Number of Attributes:
13 numeric/categorical predictive. Median Value (attribute 14) is usually the target.

Attribute Information (in order):
- CRIM per capita crime rate by town
- ZN proportion of residential land zoned for lots over 25,000 sq.ft.
- INDUS proportion of non-retail business acres per town
- CHAS Charles River dummy variable (= 1 if tract bounds river; 0 otherwise)
- NOX nitric oxides concentration (parts per 10 million)
- RM average number of rooms per dwelling
- AGE proportion of owner-occupied units built prior to 1940
- DIS weighted distances to five Boston employment centres
- RAD index of accessibility to radial highways
- TAX full-value property-tax rate per $10,000
- PTRATIO pupil-teacher ratio by town
- B 1000(Bk - 0.63)^2 where Bk is the proportion of blacks by town
- LSTAT % lower status of the population
- MEDV Median value of owner-occupied homes in $1000's

Missing Attribute Values:
None

Creator: Harrison, D. and Rubinfeld, D.L.

图 4-12　波士顿房价数据集

代码实现如下。

```
# 波士顿房价数据集
from sklearn.datasets import load_boston
from sklearn import linear_model
boston = load_boston()
data=boston.data
target = boston.target
print(data.shape)
print(target.shape)
print('系数矩阵:\n',linear_model.LinearRegression().fit(data,target).coef_)
```

糖尿病患者数据集：样本数据集的特征默认为(442,10)的矩阵，具体解释为 442 名糖尿病患者的 10 个基线变量（年龄、性别、体重、平均血压和 6 个血清测量值），如图 4-13 所示。

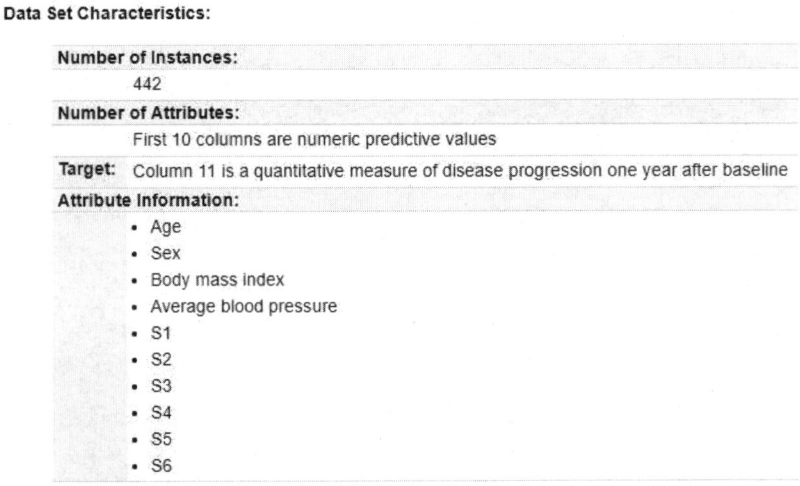

Data Set Characteristics:

Number of Instances:	
	442
Number of Attributes:	
	First 10 columns are numeric predictive values
Target:	Column 11 is a quantitative measure of disease progression one year after baseline
Attribute Information:	

- Age
- Sex
- Body mass index
- Average blood pressure
- S1
- S2
- S3
- S4
- S5
- S6

图 4-13　糖尿病患者数据集

代码实现如下。

```
# 糖尿病患者数据集
from sklearn.datasets import load_diabetes
from sklearn import linear_model
diabetes = load_diabetes()
data=diabetes.data
target = diabetes.target
print(data.shape)
print(target.shape)
print('系数矩阵:\n',linear_model.LinearRegression().fit(data,target).coef_)
```

手写数字数据集：每个手写数字数据使用 8×8 的矩阵存放，如图 4-14 所示。

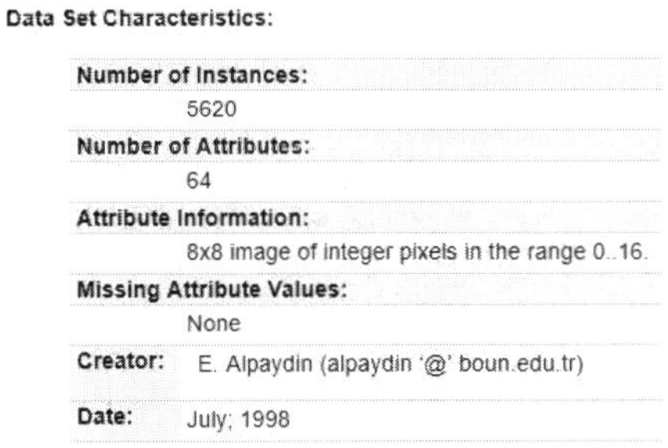

图 4-14　手写数字数据集

代码实现如下。

```
# 手写数字数据集
from sklearn.datasets import load_digits
import matplotlib.pyplot as plt
digits = load_digits()
data=digits.data
print(data.shape)
plt.matshow(digits.images[3])
plt.show()
```

Linnerud 数据集：样本数据集的特征默认为(20, 3)的矩阵，样本值为(20, 3)的矩阵，即 3 种特征，3 个输出结果，因此系数矩阵为(3, 3)，如图 4-15 所示。

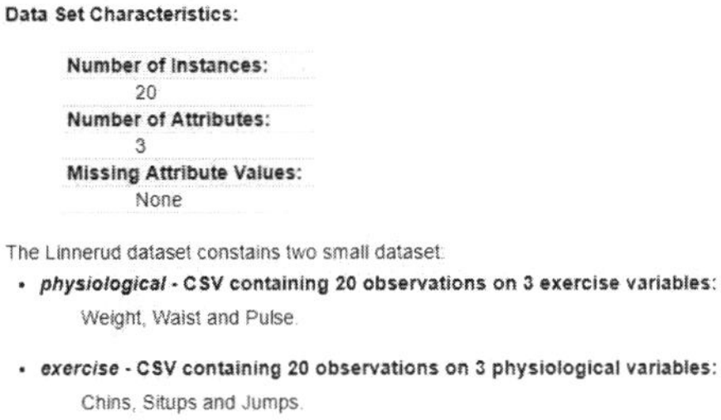

图 4-15　Linnerud 数据集

代码实现如下。

```
# Linnerud 数据集
from sklearn.datasets import load_linnerud
from sklearn import linear_model
linnerud = load_linnerud()
data=linnerud.data
target = linnerud.target
print(data.shape)
print(target.shape)
print('系数矩阵:\n',linear_model.LinearRegression().fit(data,target).coef_)
```

sklearn 库可以生成自定义的分类数据，由于每次生成的数据集不同，因此由代码生成的图片也不同。代码实现如下。

```
from sklearn import datasets
import matplotlib.pyplot as plt    # 画图工具
data,target=datasets.make_classification(n_samples=100, n_features=2, n_informative=2,
n_redundant=0,n_repeated=0, n_classes=2, n_clusters_per_class=1)
print(data.shape)
print(target.shape)
plt.scatter(data[:,0],data[:,1],c=target)
plt.show()
```

上述代码中的部分参数解释如下。

n_features：特征个数，等于 n_informative + n_redundant + n_repeated。

n_informative：多信息特征的个数。

n_redundant：冗余信息数目，冗余信息包含 informative 特征的随机线性组合。

n_repeated：重复信息数目，重复信息为随机提取的 n_informative 和 n_redundant 特征。

n_classes：分类类别数目。

n_clusters_per_class：构成某一类别的 cluster 数目。

随机数据集如图 4-16 所示。

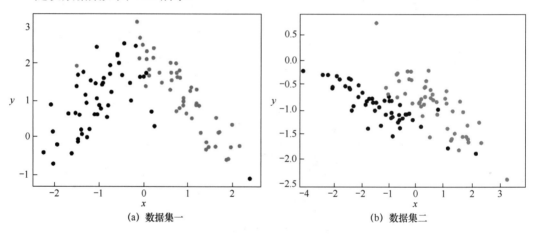

(a) 数据集一　　　　　　　　　　　(b) 数据集二

图 4-16　随机数据集

除了 sklearn.datasets.make_classification()函数，sklearn 库中还有其他生成分类样本的函数，如表 4-1 所示。

表 4-1　sklearn 库常用的分类函数及功能

函　　　数	功　　　能
make_blobs()	该函数会根据用户指定的特征数量、中心点数量、范围等生成几类数据，可用于测试聚类算法的效果
make_classification()	对于多类单标签数据集，为每个类分配一个或多个正态分布的点集；提供为数据集添加噪声的方式，包括维度相性、无效特征和冗余特征等
make_gaussian_quantiles()	该函数将一个单高斯分布的点集分为两个数量均等的点集，作为两类
make_hastie_10_2()	该函数利用 Hastie 算法生成一个相似的二元分类器数据集，有 10 个维度

根据所需的数据集类型，有以下 3 种主要数据集接口可用于获取数据集。

（1）数据集加载器：可用于加载小型标准数据集，如 Toy datasets section。

（2）数据集提取器：可用于下载和加载更大的数据集，如 Real world datasets section。

loaders 和 fetchers 函数都返回一个类似字典的对象，其中至少包含两项：一个数组是具有 key data（不包含 20 个 newsgroups）的 n_samples * n_features；另一个数组具有长度为 n_samples 的 numpy 排列，其中包含目标值和 key target。几乎所有函数都可以通过将返回值参数设置为 true 来将输出约束在仅包含数据和目标的元组中。数据集的 descr 属性中还包含完整的描述，有些数据集包含特征名称和目标名称。

（3）数据集生成函数：可用于生成受控合成数据集，如 Generated datasets section。该函数返回一个元组（x, y），其中，x 是一个 n_samples*n_features 的 numpy 数组，y 是一个长度为 n_samples 的数组。

在机器学习主要步骤中，sklearn 库的应用如下。

（1）数据集：针对具体实验任务操作过程使用的专用数据集。对学习来说，一方面，sklearn 库提供了一些常用的数据集，可以在网络上通过具体方法加载；另一方面，sklearn 库可以根据用户设定的参数生成所需要的数据（设定规模、噪声等）。

（2）数据预处理：包括降维、归一化、特征提取和特征转换等，在 sklearn 库中有很多可以实现此类操作的方法。

（3）选择模型并训练：sklearn 库中有很多机器学习的方法，可以通过 API 找到需要的方法，sklearn 库统一了所有模型调用的 API，操作简单易上手。

（4）模型评分：采用模型的 score 方法，最简单的模型评估方法是调用模型自己的方法；采用 sklearn 库的指标函数，该库提供了一些计算方法，常用的是 classification_report 方法；sklearn 库也支持用户自己开发评价方法。

（5）模型的保存与恢复：可以采用 Python 的 pickle 方法，也可以采用 joblib 方法。

4.6.2　实验结果分析

1. 实验数据

通过对感知器原理的介绍，可初步了解感知器的定义模型和基本功能，但对于初学者来说，这些仍然过于抽象。本次实验使用 sklearn 库来构建一个二维空间的感知器，由此来模拟感知器的实际应用效果。本次实验采用的算法均来自 sklearn 库。

2. 实验参数

使用 sklearn 库中的 make_classification 函数生成用来分类的样本。其中，make_classification 默认生成二分类的样本，在本节的代码示例中，x 代表生成的样本空间（特征空间），y 代表生成样本的类别，使用 1 和 0 分别表示正例和反例。

算法主要参数如表 4-2 所示。

表 4-2　算法主要参数

参　　　数	说　　　明
n_samples=1000	生成样本的数量
n_features=2	生成样本的特征个数
n_informative=1	多信息特征的个数
n_redundant=0	冗余信息个数
n_clusters_per_class=1	构成某一类别的 cluster 数目

注：n_features=n_informative + n_redundant + n_repeated；冗余信息包含 informative 特征的随机线性组合。

3．实验函数

在本示例中，具体函数名称及作用如表 4-3 所示。

表 4-3　函数名称及作用

函数名称	作　　　用
make_classification()	生成二分类样本
x/y_data_train = x[:800,:]	训练数据
x/y_data_test = x[800:,:]	测试数据
positive_x1/x2	正例
negetive_x1/x2	反例
clf = Perceptron()	定义感知器
clf.fit()	开始训练数据
clf.score()	利用测试数据进行验证
plt.scatter()	画出散点图
plt.plot()	画出超平面

4．实验结果与分析

本次实验根据上述步骤在 TensorFlow 平台上通过 Python 实现感知器算法，直接使用 sklearn 库中的函数进行操作。

根据实验结果可以发现：①make_classification()中的参数设置直接影响实验结果，且各结果差距较大；②经过多次实验，利用测试数据进行验证后输出的结果基本稳定在 0.9 以上，实验结果较为理想。

综上所述，本实验可以实现感知器算法的基本功能，并可以直观显示实验结果，易于初学者理解感知器算法。

4.7　实验：感知器算法实现

4.7.1　实验目的

（1）了解 TensorFlow 的基本操作环境。

（2）了解 TensorFlow 操作的基本流程。

（3）了解 TensorFlow 的设计流程。

（4）对如何利用 sklearn 库和 Python 实现感知器算法有整体认识。

（5）运行程序，查看结果。

4.7.2　实验要求

（1）了解 TensorFlow 中感知器算法的工作原理。

（2）了解 sklearn 库的组成。

（3）了解利用 Python 实现感知器算法的基本流程。

（4）理解 Python 示例中感知器算法的相关源码。

（5）能够迁移应用，使用 Python 实现感知器算法的原始形式和对偶形式。

4.7.3　实验原理及具体步骤

为了能更清晰地使用 Python 实现感知器算法，以下提供多个示例进行验证。

示例一：使用的函数库包括 sklearn、matplotlib、numpy，如下所示。

```
from sklearn.datasets import make_classification
from sklearn.linear_model import Perceptron
from matplotlib import pyplot as plt
import numpy as np
```

make_classification 函数默认生成二分类样本，在以下代码中，x 表示样本空间，y 表示样本类别，使用 1 和 0 分别表示正例和反例。

```
x,y=make_classification(n_samples=1000,n_features=2,n_redundant=0,n_informative=1,
n_clusters_per_class=1)
y=[0 0 0 1 0 1 1 1...1 0 0 1 1 0]
```

接下来进行数据训练和数据测试，并进行正、反例分类：

```
x_data_train = x[:800,:]    #二维数组切片
x_data_test = x[800:,:]
y_data_train = y[:800]
y_data_test = y[800:]


positive_x1 = [x[i,0] for i in range(1000) if y[i] == 1]
positive_x2 = [x[i,1] for i in range(1000) if y[i] == 1]
negetive_x1 = [x[i,0] for i in range(1000) if y[i] == 0]
negetive_x2 = [x[i,1] for i in range(1000) if y[i] == 0]
```

下面进行分类工作：

```
#定义感知器
clf = Perceptron(fit_intercept=False,n_iter=30,shuffle=False)
#使用训练数据进行训练
clf.fit(x_data_train,y_data_train)
#得到训练结果，即权重矩阵
print(clf.coef_)
```

```
#超平面的截距，此处输出为：[0.]
print(clf.intercept_)
```

由此，可得到训练后的感知器模型。接下来则是利用测试数据验证感知器的分类能力：

```
acc = clf.score(x_data_test,y_data_test)
print(acc)
```

为了直观感受感知器的测试结果，将结果用图像的形式表示出来：

```
plt.scatter(positive_x1,positive_x2,c='red')
plt.scatter(negetive_x1,negetive_x2,c='blue')
line_x = np.arange(-4,4)
line_y = line_x * (-clf.coef_[0][0] / clf.coef_[0][1]) - clf.intercept_
plt.plot(line_x,line_y)
plt.show()
```

运行上述程序后，会显示实验结果。

示例二：使用的函数库及具体模块如下。

```
from sklearn.datasets import load_iris
import numpy as np
from sklearn.model_selection import train_test_split
from sklearn.preprocessing import StandardScaler
from sklearn.linear_model import Perceptron
from sklearn.metrics import accuracy_score
from matplotlib.colors import ListedColormap
import matplotlib.pyplot as plt
```

首先进行数据导入：

```
iris = load_iris()
X = iris.data[:, [2, 3]]
y = iris.target
print(np.unique(y))
```

参考示例一进行训练集和测试集的划分：

```
X_train, X_test, y_train, y_test = train_test_split(X, y, test_size=0.3, random_state=0)
```

相比于示例一，增加标准化过程，然后计算生成样本的均值和标准差：

```
sc = StandardScaler()
sc.fit(X_train)
X_train_std = sc.transform(X_train)
X_test_std = sc.transform(X_test)
```

下面进行感知器分类并对模型进行预测，然后输出模型的准确率：

```
ppn = Perceptron(tol=40, eta0=0.1, random_state=0)
#max_iter\ tol 影响实验结果，下文中给出两种实验结果
ppn.fit(X_train_std, y_train)
y_pred = ppn.predict(X_test_std)
print('Accuracy:%.2f' % accuracy_score(y_test, y_pred))
```

最后，为了能够直观展示模型的运行结果，参考示例一绘制图像展示运行结果。绘制决策边界、决策面和样本，并对各类样本设置标记点和颜色：

```
print('Accuracy:%.2f' % accuracy_score(y_test, y_pred))
def plot_decision_regions(X, y, classifier, test_idx=None, resolution=0.02):
# 设置标记点和颜色
markers = ('s', 'x', 'o', '^', 'v')
colors = ('red', 'blue', 'lightgreen', 'gray', 'cyan')
cmap = ListedColormap(colors[:len(np.unique(y))])
# 绘制决策面
x1_min, x1_max = X[:, 0].min() - 1, X[:, 0].max() + 1
x2_min, x2_max = X[:, 1].min() - 1, X[:, 1].max() + 1
xx1, xx2 = np.meshgrid(np.arange(x1_min, x1_max, resolution), np.arange(x2_min, x2_max, resolution))
Z = classifier.predict(np.array([xx1.ravel(), xx2.ravel()]).T)
Z = Z.reshape(xx1.shape)
plt.contourf(xx1, xx2, Z, alpha=0.4, cmap=cmap)
plt.xlim(xx1.min(), xx1.max())
plt.ylim(xx2.min(), xx2.max())
# 绘制所有样本
X_test, y_test = X[test_idx, :], y[test_idx]
for idx, cl in enumerate(np.unique(y)):
plt.scatter(x=X[y == cl, 0], y=X[y == cl, 1], alpha=0.8, c=cmap(idx), marker=markers[idx], label=cl)
# 高亮预测样本
if test_idx:
X_test, y_test = X[test_idx, :], y[test_idx]
plt.scatter(X_test[:, 0], X_test[:, 1], c='', alpha=1.0, linewidths=1, marker='o', s=55, label='test set')
```

4.7.4　实验结果

本节中的示例是最基础的机器学习实验，程序相对简单，运行速度快。示例一的部分实验结果如图 4-17～图 4-19 所示。

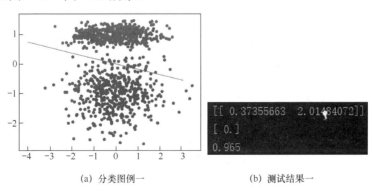

(a) 分类图例一　　　　　　　　(b) 测试结果一

图 4-17　示例一实验结果（1）

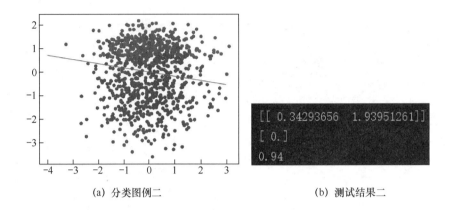

(a) 分类图例二   (b) 测试结果二

图 4-18　示例一实验结果（2）

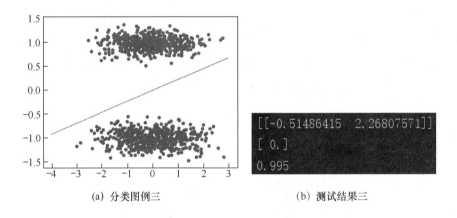

(a) 分类图例三   (b) 测试结果三

图 4-19　示例一实验结果（3）

示例二的程序中调整了实验参数，得到了如图 4-20 和图 4-21 所示的实验结果。

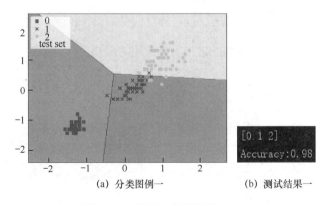

(a) 分类图例一   (b) 测试结果一

图 4-20　示例二实验结果（1）

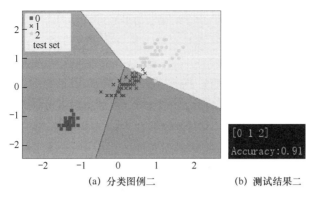

(a) 分类图例二　　　　　　　(b) 测试结果二

图 4-21　示例二实验结果（2）

习题

1．对于线性判别函数 $d(\pmb{x}) = 2x_1 + x_2 - 4$，画出 $d(\pmb{x}) = 0$ 的几何图形，将判别函数写成增广形式。

2．证明权重向量的系数对 Fisher 线性判别函数没有影响。

3．已知两类样本为 c_1：{0,0}，{1,0}，{2,1} 和 c_2：{1,4}，{3,3}，{0,2}，初始权向量为 $(-1, -1, 0)$，用感知器算法求解判别函数。

4．证明在几何上感知准则函数与被错分的样本到决策面距离之和成正比关系。

5．用 LMSE 算法求解习题 3 中两类分类问题的判别函数。

6．试用 Logistic 回归算法解决房价预测的问题。

参考文献

[1]　张学工. 模式识别[M]. 3 版. 北京：清华大学出版社，2010.

[2]　DUDA R，HART P，STROK D . Pattern Classification and Scene Analysis 2nd ed[J]. IEEE Transactions on Automatic Control，2003，19(4)：462-463.

[3]　FISHER R A . The use of multiple measurements in taxonomic problems [J]. Annals of Human Genetics，1936，7(2)：179-188.

[4]　ROSENBLATT F. The perceptron：a probabilistic model for information storage and organization in the brain[J]. Psychological Review，1958，65(6)：386-408.

[5]　DAVID W H，STANLEY L. Applied Logistic regression[M]. New Jersey： Wailey，2000.

[6]　ANDREW N. MachineLearning[EB/OL]. [2019-08-20]. https://www.coursera.org/learn/machine-learning.

[7]　李航. 统计学习方法[M]. 北京：清华大学出版社，2012.

[8]　Norlan. 利用 sklearn 学习《统计学习方法》：感知机（perceptron）[EB/OL]. [2017-05-28]. https://zhuanlan.zhihu.com/p/27152953.

[9]   SmileAda. Python 实现感知机（PLA）算法[EB/OL]. [2017-12-20]. https://www.jb51.net/article/131047.htm.

[10]   Amy_mm. sklearn 实现感知机（perceptron）[EB/OL]. [2018-03-28]. https://blog.csdn.net/amy_mm/article/details/79722685.

[11]   鹤鹤有明. 利用 sklearn 实现感知机（perceptron）算法[EB/OL]. [2018-02-28]. https://blog.csdn.net/u011630575/article/details/79396135.

[12]   fjssharpsword. sklearn 库感知器（perceptron）使用[EB/OL]. [2018-01-15]. https://blog.csdn.net/fjssharpsword/article/details/79061786.

[13]   数据架构师. Python 机器学习库 sklearn 生成样本数据[EB/OL]. [2018-04-08]. https://blog.csdn.net/luanpeng825485697/article/details/79808669.

第 5 章　非线性分类模型

在很多情况下，类别之间的分类边界并不是线性的。在很多实际问题中，数据的分布情况可能很复杂，需要采用复杂的非线性方法来分类。很多非线性方法是以第 4 章介绍的线性方法为基础发展起来的，如延续解决多类分类的思路来设计多个分类器，用分段线性逼近非线性。本章的神经网络建立在感知器算法的基础上；对于线性的支持向量机，可以使用核函数把线性方法映射为非线性方法。

本章首先介绍分段线性判别函数；然后介绍决策树和随机森林算法，以及基于支持向量机和贝叶斯决策的非线性判别函数、神经网络；最后在 TensorFlow 平台上实现决策树和随机森林算法。

5.1　分段线性判别函数

5.1.1　最小距离分类器

一个非线性函数可以用多段线性函数来逼近[1]，如图 5-1 所示。在图 5-1 中，虚线①是线性判别，有两个样本判别错误；虚线②是抛物线型的二次判别，虽然能区别两类样本，但计算量增大；实线③是分段线性判别，它既可以对样本进行恰当的区分，又可以简化计算。分段线性判别函数就采用了这种思想，用多个线性分类器来实现非线性分类。由于每段决策面都是线性的，因此可以采用第 4 章的线性判别函数进行设计；同时多个决策面组合可以逼近各种形状的决策面，能够适应复杂的数据分布情况，分段线性判别函数能够逼近任意已知形式的非线性判别函数。

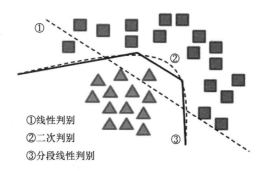

图 5-1　3 种判别函数

第 4 章中介绍的多类线性判别函数在特征空间中构成了一组分段线性的决策面。因此，求解两个类别之间的分段线性判别函数的基本思想是把各类划分成适当的子类，每个子类以它们的均值作为代表点，按距离划分。在两类的多个子类之间构建线性判别函数，然后把它们分段合并成分段线性判别函数。

以两类问题举例，以两类样本各自的均值向量为代表点，待判断样本离哪类代表点的距离近就判断它为哪一类。基于距离的分段线性判别函数的决策面（最小距离分类器）就是两类均值之间连线的垂直平分面（决策面），如图 5-2 所示。若有 $C_1, C_2, \cdots, C_c$ 个类别，各类的均值是 $\mu_i, i = 1, 2, \cdots, c$。对样本 $\boldsymbol{x}$，若 $\|\boldsymbol{x} - \mu_k\|^2 = \min\limits_{1,2,\cdots,c} \|\boldsymbol{x} - \mu_i\|^2$，则判断 $\boldsymbol{x}$ 属于 C_k 类。

每类数据的分布都是单峰的，在各维上的分布基本对称且各类先验概率基本相同的情况下，最小距离分类器是一种简单有效的分类方法。但是，由于代表点的选择问题，可能得到错误的分类，如图 5-3 所示。由于样本离类别一的代表点距离更近，因此被分类成类别一，但样本的真实类别是类别二。当各类的数据分布是多峰时，最小距离的代表点不一定可以代表该类。因此就要引入一般情况下的分段线性判别函数。

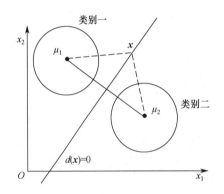

图 5-2 两类的最小距离分类器

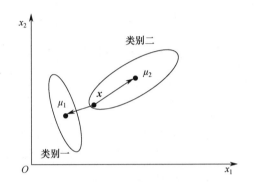

图 5-3 属于类别二的样本离类别一的代表点距离更近

5.1.2 一般的分段线性判别函数

5.1.1 节中提到的最小距离的代表点不一定可以代表那个类，这种情况下可以把每类划分成若干个子类，使每个子类是单峰的且尽可能在各维上分布对称[2]。每个子类取均值作为代表点，这样每个类就有多个代表点，两类问题就可以变为多类问题。比较待判断样本到各子类均值的距离，把它分到距离最近的子类所属于的类。这样所得到的决策面就是由多段决策面组成的，这种分类器称为分段线性距离分类器。同理，对多类分类问题也可以采用这种思路。

假设分段线性距离分类器属于 C_i 类，$i = 1, 2, \cdots, c$。其样本区域 R_i 划分为 m_i 个子区域 $R_i^m, m = 1, 2, \cdots, m_i$，每个子类的均值是 μ_i^m，对样本 $\boldsymbol{x}$，c_i 类的判别函数定义为

$$d_i(\boldsymbol{x}) = \min_{i=1,2,\cdots,m_i} \boldsymbol{x} - m_i^m \tag{5-1}$$

表示本类中离该样本最近的子类均值到样本的距离。决策规则为

$$d_k(\boldsymbol{x}) = \min_{i=1,2,\cdots,c} d_i(\boldsymbol{x}) \tag{5-2}$$

其中，$x \in c_k$。式（5-2）也可以表示为判断的类别，即 $k = \arg\min_i d_i(x)$，$i=1,2,\cdots,c$。
整体的思路就是先确定样本 x 与每个类别 c_i 的 m_i 个子类的最小距离，代表样本 x 与每个
类别 c_i 的距离［见式（5-1）］，再从这些距离中找到最小距离，样本离哪个类别（c_i）的距
离最近就判断其为哪个类别，如式（5-2）所示。

上面介绍的分段线性距离分类器是分段线性判别函数的特殊情况，适用于各子类在
各维分布基本对称的情形。一般情况下，可以对每个子类建立一般形式的线性判别函
数，即把每个类别划分成 m_i 个子类，$w_i = \left\{ w_i^1, w_i^2, \cdots, w_i^{m_i} \right\}$，$i=1,2,\cdots,c$。定义第 i 类的第
m 个线性判别函数为 $d_i^m(x) = w_i^{(m)\mathrm{T}} x + w_{i0}^m$，$m=1,2,\cdots,m_i$，$i=1,2,\cdots,c$。其中，$w_i^m$ 和 ω_{i0}^m 分
别为第 i 类第 m 段的权重向量和阈值。类别 c_i 的分段线性判别函数定义为

$$d_i(x) = \max_m d_i^m(x) \tag{5-3}$$

决策规则为

$$\text{若 } d_k(x) = \max_i d_i(x)，\text{则} x \in c_k \tag{5-4}$$

式（5-3）和式（5-4）中，$m=1,2,\cdots,m_i$，$i=1,2,\cdots,c$。如果第 i 类的第 a 个子类与第 j
类的第 b 个子类相邻，那么它们之间的决策面方程就是使两个判别函数相等，即
$d_i^a(x) = d_j^b(x)$。由于 $d_i^a(x)$ 和 $d_j^b(x)$ 都是由式（5-3）定义的分段线性判别函数，这个
决策面也是由多个分段的决策面组成的，其中的一段是一类中的某个子类和另一类中的
相邻子类之间的决策面。

在确定了子类的数量和划分之后，分段线性判别函数的设计就等同于多类分类器的
设计。所以需要考虑以下 3 种情况。

第一种情况是已知子类数量和子类划分，这可根据相关知识和对该领域的了解或用
聚类等方法确定。例如，在数字识别中，0~9 的每个数字可作为一个类，而同一个数字
又有不同的字体，可以把一种字体作为一个子类。

第二种情况是已知或可以先假设各类的子类数量，但不知道子类的划分，可以用修
正法在设计分类器的同时确定子类的划分。例如，已知共有 c 个类别 c_i，$i=1,2,\cdots,c$，并
且已知每个类别 c_i 应该划分成 m_i 个子类，每个类别都有一定数量的训练样本，可按以下
步骤划分子类。

（1）任意给定各子类的初始权重向量，通常可以选用小的随机数。

（2）在当前迭代 t 中，权重向量为 $w_i^m(t)$，本次迭代的训练样本 $x \in c_i$，找到 c_i 类别
的各子类中判别函数最大的子类，记为 s，相应地，判别函数为 $d_i^s(x)$。

①若 $d_i^s(x) > d_j^m(x)$，$m=1,2,\cdots,m_i$，$j=1,2,\cdots,c$，$i \neq j$，即样本 x 分类正确，说明权重
w_j^m 不影响样本 x 的分类，则所有权重向量不变。

②若某个 $j \neq i$，存在子类 m 使得 $d_i^s(x) \leq d_j^m(x)$，即样本 x 被当前权重向量错误分
类，则选取 $d_j^m(x)$ 中最大的子类，记作第 c_j 类的第 r 个子类，对权重向量进行如下修正。

$$\begin{cases} w_i^s(t+1) = w_i^s(t) + \rho_t x \\ w_j^r(t+1) = w_j^r(t) - \rho_t x \end{cases} \tag{5-5}$$

（3）重复步骤（2）的迭代过程，直到算法收敛或达到一定的迭代次数。

可以看出，这个算法与 5.1.1 节介绍的多类线性判别函数的修正算法类似，这里的子类相当于 5.1.1 节中考虑的多类中的一类。两者不同的是：这里的迭代过程实际上也是子类的划分过程，考查权重向量是否需要修正时，并不是考查样本 x 是否被分到某个特定的子类，而只是判断样本 x 是否被分到它所属类别的几个子类中的一个。

算法的终止条件是算法收敛，即对所有训练样本都分类正确或达到一定的迭代次数。这种算法只有在不同类别的各子类之间都线性可分的情况下才能保证收敛，如果算法不能收敛，可以用逐步缩小训练步长 ρ_t 的方法强制算法收敛。

第三种情况是无法确定子类数量和子类划分。虽然可以用不同的子类数量尝试第二种情况下的算法，但如果没有一定范围的参考，盲目地排列组合不同的子类数量，所需要的运算量巨大。此时可以采用树状分类决策分级划分子类和设计分段线性判别函数。如图 5-4 所示的两类分类问题，可先用两类线性判别函数算法找到决策面 H_1 的权重向量，决策面 H_1 把整个样本集分成两部分，因为该样本集不是线性可分的，所以每部分仍包含两类样本。接着找出第二个决策面 H_2、第三个决策面 H_3，把 H_1 分出的两部分又各分成两部分。若某一部分仍包含两类样本，则继续上述过程，直到某一个决策面把两类样本完全分开为止，这里是决策面 H_4。显然，该分类器也是分段线性的，决策面如图 5-4 中的实线所示，"→"表示权重向量的方向，它指向决策面的正侧，识别过程是一个树状结构，如图 5-5 所示。图 5-5 中，用虚线表示分类器对未知样本 x 的决策过程，经过 3 个树权，最后得到 x 属于类别一。

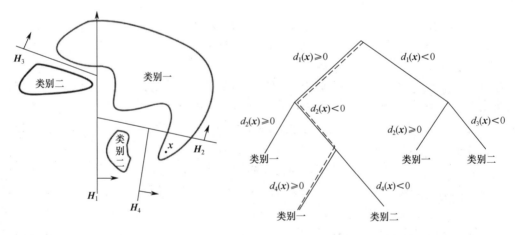

图 5-4 树状分段线性分类器   图 5-5 树状分段线性分类器的决策过程

在这种方法中，初始权重向量的选择很重要，初始权重向量的选择不同，结果差异会很大。通常可以选择属于两个类别的彼此之间距离最小的一对样本，取其垂直平分面的法向量作为决策面 H_1 权重向量的初始值，然后求得局部最优解并将其作为决策面 H_1 的法向量。对包含两类样本的各子类的划分也可以采用同样的方法。

5.2　决策树和随机森林

决策树（Decision Tree）属于一种基于训练后得到的规则进行多级决策的系统，其依次进行分类过程，直到最终得到希望的结果。随机森林（Random Forest）是一种集成学习算法，用多棵决策树进行预测，通过由训练样本集随机抽样构造的样本集进行训练。由于训练样本集和特征向量都是由随机抽样构造出来的，因此该算法被称为随机森林。

5.2.1　树状分类过程

决策树按照一定的树状嵌套规则，将特征空间分为与类对应的唯一区域，在树的每个决策节点处，根据判断结果进入一个分支，反复执行这种操作直到到达叶子节点，得到预测结果为止。

例如，某人想买一套合适的房子，为此需要考察房子的各项情况，这里的例子只理想化地考虑 3 项情况：房子年限、是否学区房和房子价格，决策前他会了解房子的这 3 项数据。如果把这个决策看作分类问题，把 3 个指标看作特征向量的 3 个分量，那么分类的类别标签是可以买和不会买。分类过程如下。

（1）判断房子的年限。若房子年限大于 10 年，则不会买；否则继续判断。

（2）判断房子是否为学区房。若不是学区房，则不会买；否则继续判断。

（3）判断房子的价格。若房子价格大于 200 万元，则不会买；否则可以买。

这个过程如果用画图表示就像一棵树，如图 5-6 所示。决策过程从树的根节点开始，在决策节点处做出判断，直到到达一个叶子节点处，得到决策结果为止。决策树由一系列分层嵌套的规则组成。

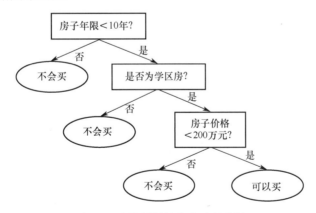

图 5-6　决策树树状分类过程举例

房子年限为数值型特征，可以比较大小，这种特征为整数或小数。学区房情况为类别型特征，取值为是学区房或不是学区房两种情况，这种特征可判断是与否。图 5-6 中，决策树所有的决策节点为矩形，叶子节点（决策结果）为椭圆形。决策树通常设计成二叉树，与树的叶子节点和非叶子节点对应，决策树的节点分为决策节点与叶子节点两种类型。

（1）决策节点（图 5-6 中的矩形节点）判断进入哪个分支，如用一个数值特征与设定的阈值比较大小。决策节点一定有两个子节点，它是非叶子节点。

（2）叶子节点（图 5-6 中的椭圆形节点）表示最终的决策结果，它们没有子节点。在图 5-6 中，叶子节点的值有两种，即可以买和不会买。对于分类问题，叶子节点中存储的是类别标签。

决策树是一个分层结构，可以为每个节点赋予一个层次数。根节点的层次数为 0，子节点的层次数为父节点层次数加 1。树的深度定义为所有节点的最大层次数，在图 5-6 中，决策树的深度为 3，要得到一个决策结果最多经过 3 次判定。典型的决策树有 ID3[3]、C4.5[4]、CART（Classification And Regression Tree，分类与回归树）[5]等。它们的区别在于树的结构与构造算法不同，包括以下方面。①问题集。对于每个决策节点，必须确定问题集，每个问题对应一个特定的二叉或多叉分支，它将决策节点分为两个或多个叶子节点，每个叶子节点与训练集的一个特定子集相关，拆分分支等价于将该特定子集拆分为两个或多个不相交的子集。对于二叉分支来说，其一个由问题（如是否为学区房、房子价格是否大于 200 万元）答案为"是"对应的向量组成，另一个由问题答案为"否"对应的向量组成，树的第一个节点（根节点）与训练集相关。②分支准则（Splitting Criterion）。它是从候选问题集中选择最佳分支的依据。③停止分支准则。它用于控制树的生长，并且决定何时将一个节点声明为终止节点。④为每个终止节点指定的特定类。

分类与回归树既支持分类问题，也可用于回归问题。决策树是一种判别模型，天然支持多类分类问题。决策树属于分段线性函数，具有非线性建模的能力。只要划分得足够细，分段线性函数可以以任意指定精度逼近闭区间上的任意函数。对于分类问题，如果决策树足够大，就可以将训练样本集的所有样本正确分类。

5.2.2　构造决策树

分类与回归树（CART）是二叉决策树，其从根节点开始，每次只对一个特征进行判断，然后进入左子节点或右子节点，直到到达一个叶子节点处，得到类别值为止。其预测算法的时间复杂度与树的深度有关，判定的执行次数不超过决策树的深度。

决策树最大的原则就是尽可能地对训练样本进行正确的预测。从根节点开始构造，建立判定规则，递归地用训练样本集将其分裂成左子树和右子树，直到不能再进行分裂为止，把节点标记为叶子节点，同时为它赋值，最后这棵树就能将训练集正确分类。

首先要确定分裂的判定规则以寻找最优分裂。对于分类问题，要保证分裂之后左、右子树的样本纯度高，即它们的样本尽可能属于不相交的某一类或几类。因此定义不纯度指标：当样本都属于某一类时，不纯度为 0；当样本均匀地属于所有类时，不纯度最大。满足这个条件的有熵不纯度、Gini 不纯度、误分类不纯度等。

不纯度指标通过计算样本集中每类样本出现的概率构造，即由训练样本集中的每类样本数除以总样本数得到。其中，N_i 为第 i 类样本数，N 为总样本数。

$$p_i = \frac{N_i}{N} \tag{5-6}$$

根据这个概率可以定义各种不纯度指标。

样本集 X 的熵不纯度定义为

$$E(X) = -\sum_i p_i \log_2 p_i \tag{5-7}$$

熵是信息论中的一个重要概念，用来度量一组数据包含的信息量大小。当样木只属于某一类时，熵最小；当样本均匀地分布在所有类中时，熵最大。那么使熵最小的分裂就是最优结果。

样本集 X 的 Gini 不纯度定义为

$$G(X) = 1 - \sum_i p_i^2 \tag{5-8}$$

当样本属于某一类时，Gini 不纯度的值最小，此时最小值为 0；当样本均匀地分布于所有类时，Gini 不纯度的值最大。

样本集 X 的误分类不纯度定义为

$$E(X) = 1 - \max(p_i) \tag{5-9}$$

如果把样本判定为出现频率最大的那一类，那么其他样本都会被错分，也就是 $\max(p_i)$ 是正确分类的概率。当样本只属于某一类时，误分类不纯度有最小值 0；当样本均匀地属于所有类时，误分类不纯度的值最大。

最优分裂是指分裂之后左、右子树的样本纯度最高，因此，将左、右子树的不纯度之和作为分裂的不纯度，通过权重把左、右子树的训练样本数包含其中，最后分裂的不纯度计算公式为

$$G = \frac{N_{\mathrm{L}}}{N} G(X_{\mathrm{L}}) + \frac{N_{\mathrm{R}}}{N} G(X_{\mathrm{R}}) \tag{5-10}$$

式中，$G(X_{\mathrm{L}})$ 为左子集的不纯度；$G(X_{\mathrm{R}})$ 为右子集的不纯度；N 为总样本数；N_{L} 为左子集的样本数；N_{R} 为右子集的样本数。若采用 Gini 不纯度指标，则将 Gini 不纯度的计算公式代入式（5-10），可以得到

$$
\begin{aligned}
G &= \frac{N_{\mathrm{L}}}{N}\left(1 - \sum_i p_{\mathrm{L},i}^2\right) + \frac{N_{\mathrm{R}}}{N}\left(1 - \sum_i p_{\mathrm{R},i}^2\right) \\
&= \frac{N_{\mathrm{L}}}{N}\left(1 - \frac{\sum_i N_{\mathrm{L},i}^2}{N_{\mathrm{L}}^2}\right) + \frac{N_{\mathrm{R}}}{N}\left(1 - \frac{\sum_i N_{\mathrm{R},i}^2}{N_{\mathrm{R}}^2}\right) \\
&= \frac{1}{N}\left(N_{\mathrm{L}} - \frac{\sum_i N_{\mathrm{L},i}^2}{N_{\mathrm{L}}} + N_{\mathrm{R}} - \frac{\sum_i N_{\mathrm{R},i}^2}{N_{\mathrm{R}}}\right) \\
&= 1 - \frac{1}{N}\left(\frac{\sum_i N_{\mathrm{L},i}^2}{N_{\mathrm{L}}} + \frac{\sum_i N_{\mathrm{R},i}^2}{N_{\mathrm{R}}}\right)
\end{aligned}
\tag{5-11}
$$

式中，$N_{\mathrm{L},i}$ 为左子树节点中的第 i 类样本数；$N_{\mathrm{R},i}$ 为右子树节点中的第 i 类样本数；N、N_{L} 和 N_{R} 均为常数。目标是使 Gini 不纯度最小化，计算每个阈值对样本集进行分裂后式（5-11）的值，该值最小时对应的分裂就是最优结果。如果是数值型特征，对于每个特征，将 N 个训练样本按照该特征的值从小到大排序，假设排序后的值为

$x_1, x_2, \cdots, x_N$，那么从 x_1 开始，依次用每个 x_i 作为阈值，将样本分成左、右子树，计算式（5-11）的不纯度值，该值最小的那个分裂阈值就是此特征的最优分裂阈值。计算每个特征的最优分裂阈值和不纯度值，比较所有不纯度值的大小，其最小值对应的分裂为所有特征的最优分裂，最后选择最优分裂作为当前节点的分裂。对单个变量寻找最优分裂阈值的过程如图 5-7 所示。

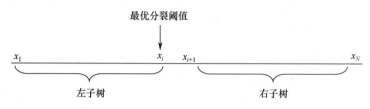

图 5-7 对单个变量寻找最优分裂阈值的过程

若不能继续分裂，则将该节点设置为叶子节点，分类问题中叶子节点的值设为本节点的训练样本集中出现概率最大的那个类。

若决策树的结构过于复杂，则可能导致过拟合问题。此时，需要对决策树进行剪枝，消掉某些节点让决策树变得更简单。剪枝的关键问题是确定剪掉哪些节点及剪掉它们之后如何进行节点合并。决策树的剪枝算法可分为预剪枝和后剪枝两类。预剪枝是指在训练过程中通过一定的规则停止分裂，达到剪除无用节点的目的，这个规则可以是树的高度或分裂所带来的不纯度降低的最小值等。后剪枝是指先构造一棵完整的树，然后通过某种规则消除部分节点，并用叶子节点替代。分类与回归树采用的后剪枝算法是代价复杂度剪枝（Cost-Complexity Pruning，CCP）[6]方法。

从训练好的决策树 T_0 开始生成一个子树序列 $\{T_0, T_1, T_2, \cdots, T_n\}$，其中 T_{i+1} 是通过裁剪 T_i 中误差增加最小的分支产生的，即剪掉 T_i 中以 α 值最小的那个节点为根的子树并用一个叶子节点替代，得到 T_{i+1}。从子树序列中根据子树的真实误差估计选择最佳决策树。代价是指剪枝后导致的误差的变化值，实际上，当一棵树 T_i 在节点 n 处剪枝时，它的误差增加为

$$E(n) - E(n_t) \tag{5-12}$$

式中，$E(n)$ 为节点 n 的子树被裁剪后节点 n 的误差；$E(n_t)$ 为节点 n 的子树没有被裁剪时子树的误差。

复杂度是指决策树的规模，$|L(T_i)|$ 为 T_i 子树的叶子节点数，剪枝后减少了 $|L(T_i)| - 1$（整个子树剪掉后用一个叶子节点替代），考虑到复杂度，T_i 剪枝后误差增加率 α 可以由下式决定。

$$\alpha = \frac{E(n) - E(n_t)}{|L(T_i)| - 1} \tag{5-13}$$

误差 $E(n)$ 计算公式为

$$E(n) = \frac{N - \max(N_i)}{N} \tag{5-14}$$

式中，N 为节点的总样本数；N_i 为第 i 类样本数。这就是式（5-9）定义的样本集 X 的

误分类不纯度。子树的误差为树的所有叶子节点误差之和。剪掉 α 值最小的节点，得到剪枝后的树，然后重复这种操作，直至根节点。

5.2.3　森林分类过程

随机森林是一种集成学习算法，它用多棵决策树进行联合预测，这种集成可以提高模型的精度。集成学习（Ensemble Learning）是机器学习中的一种思想，其通过组合多个模型形成一个更高精度的模型，参与组合的模型称为弱分类器。在预测时，使用这些弱分类器联合进行预测。在 5.3 节中介绍的 AdaBoost 算法也是集成学习的一个例子。

对于 5.2.1 节中买房子的问题，如果一个人无法决定，那么他可以多找几个朋友帮忙决定。其做法是让每个朋友做一个判断，然后收集他们的结果并进行投票，得票最多的结果作为最终的判断依据。Bagging（Bootstrap aggregating）抽样算法可对训练样本集进行多次有放回的抽样。

抽样是指从一个样本集中随机选取一些样本，形成新的数据集。这里有两种选择：无放回抽样和有放回抽样。无放回抽样是指一个样本被抽中之后就被从样本集中去除了，下次不会参与抽样，所以一个样本最多只会被抽中一次；有放回的抽样是指一个样本被抽中之后会被放回去，下次抽样时该样本还是有可能被抽中的。如果样本集中共有 N 个样本，那么一个样本每次被抽中的概率为 $1/N$。

用每次抽样形成的数据集训练一个弱分类器，得到多个独立的弱分类器，最后用它们的组合进行预测。弱分类器有很多种，如果是决策树，那么这种方法就是随机森林。随机森林由 Breiman 等[7]提出，对于分类问题，一个测试样本会送到每棵决策树中进行预测，投票后得票最多的类为最终的分类结果。

随机森林依次训练每棵决策树，每棵决策树的训练样本都是对样本集进行随机抽样得到的，训练时，每个节点所用的特征也是随机抽样得到的，唯一不同的是训练决策树的每个节点只使用随机抽取的部分特征。

样本的随机抽样可以用均匀分布的随机数构造，假设有 N 个训练样本，每次抽取样本时生成一个 $[0, N{-}1]$ 的随机数 i，然后选择编号为 i 的样本。

特征的随机抽样是无放回抽样，可以用随机洗牌算法实现。不仅要根据样本集规模和具体问题确定决策树的数量，还要通过实验确定每次分裂时选用的特征数量。

正是因为有了随机抽样的过程，随机森林可以在一定程度上消除过拟合，如果不进行随机抽样，那么每次用完整的训练样本集训练出来的决策树都是相同的。利用训练时没有被选中的样本统计预测误差，这种误差被为袋外误差（Out-of-bag Error）。这种做法与交叉验证类似，二者都是把样本集切分成多份，轮流用其中的一部分样本进行训练，用剩下的样本进行测试。可以使用这种误差作为泛化误差的估计，对于分类问题，袋外误差定义为被错分的袋外样本数与总袋外样本数的比值。

$$E_{\mathrm{o}} = \frac{N_{\mathrm{eo}}}{N_{\mathrm{o}}} \tag{5-15}$$

式中，E_{o} 为袋外误差；N_{eo} 为被错分的袋外样本数；N_{o} 为总袋外样本数。人们可以通过观察误差来决定何时终止训练，在训练误差几乎不变之后停止训练。

5.3 支持向量机

支持向量机（Support Vector Machine, SVM）是一种基于统计论的机器学习算法[11]，建立在统计学习理论的结构风险最小化原则之上。针对两类分类问题，SVM 在高维空间中寻找一个超平面来作为两类的分割，以保证最小的分类错误率。与超平面最接近的那些训练样本称为支持向量，可决定泛化性能。SVM 有分类间隔（Margin）、对偶（Duality）及核函数 3 个关键概念。

5.3.1 线性可分情况

SVM 是从线性可分情况下的最优分类发展而来的，如图 5-8 所示。图中，方点和圆点各代表一类样本，线 $\langle w, x \rangle + b = 0$ 为分类线，线 $\langle w, x \rangle + b = -1$ 和线 $\langle w, x \rangle + b = +1$ 分别为通过两类样本中距离分类线最近的样本点，并且平行于分类线的直线，线 $\langle w, x \rangle + b = -1$ 和线 $\langle w, x \rangle + b = +1$ 之间的距离称为分类间隔。最优分类线要求分类线在将两类样本正确分开的同时使得分类间隔最大。

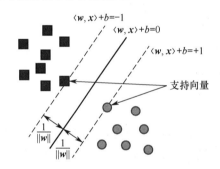

图 5-8　线性可分情况下的 SVM 各面示意

假设存在训练样本 (x_i, y_i)，$i = 1, 2, \cdots, N$，$x_i \in \mathbf{R}^n$，$y_i \in \{-1, +1\}$，在线性可分情况下，有一个超平面使得这两类样本完全分开。n 维空间中线性判别函数的一般形式为

$$d(x) = \langle w, x \rangle + b \tag{5-16}$$

则超平面为

$$\langle w, x \rangle + b = 0 \tag{5-17}$$

式中，$\langle w, x \rangle$ 为 n 维向量空间中的两个向量的内积，其中 w 是超平面的法向量。判别函数满足以下条件：

$$\begin{cases} \langle w, x_i \rangle + b \geqslant 0, & y_i = +1 \\ \langle w, x_i \rangle + b < 0, & y_i = -1 \end{cases} \tag{5-18}$$

将判别函数进行归一化，使两类所有样本都满足 $|d(x)| \geqslant 1$，则判别函数变为

$$y_i(\langle w, x_i \rangle + b) - 1 \geqslant 0 \tag{5-19}$$

点 $\boldsymbol{x}$ 到超平面的距离为

$$d = \frac{\left|\langle \boldsymbol{w}, \boldsymbol{x}_i \rangle + b\right|}{\|\boldsymbol{w}\|} \tag{5-20}$$

两类样本到超平面的最小距离之和为

$$d_{\min} = \frac{1}{\|\boldsymbol{w}\|}\left(\min_{\boldsymbol{x}_i : y_i = 1}\left|\langle \boldsymbol{w}, \boldsymbol{x}_i \rangle + b\right| + \min_{\boldsymbol{x}_i : y_i = -1}\left|\langle \boldsymbol{w}, \boldsymbol{x}_i \rangle + b\right|\right) \tag{5-21}$$

由式（5-19）可知，$\left|\langle \boldsymbol{w}, \boldsymbol{x}_i \rangle + b\right|$ 的最小值为 1，所以此时样本点到超平面的最小距离为 $\dfrac{1}{\|\boldsymbol{w}\|}$，分类间隔最小为 $\dfrac{2}{\|\boldsymbol{w}\|}$，使分类间隔最大等价于使 $\|\boldsymbol{w}\|$ 最小，为了使求解最优化问题更简便，可变为求 $\dfrac{1}{2}\|\boldsymbol{w}\|^2$ 最小。满足式（5-19）并使 $\|\boldsymbol{w}\|^2$ 最小的决策面称为最优决策面，线 $\langle \boldsymbol{w}, \boldsymbol{x} \rangle + b = -1$ 和线 $\langle \boldsymbol{w}, \boldsymbol{x} \rangle + b = +1$ 上的训练样本点称为支持向量。

于是，要求解的最优化问题如下。

$$\min_{\boldsymbol{w}, b} \frac{1}{2}\|\boldsymbol{w}\|^2 \tag{5-22}$$
$$\text{s.t.} \, y_i\left(\langle \boldsymbol{w}, \boldsymbol{x}_i \rangle + b\right) - 1 \geqslant 0, \quad i = 1, 2, \cdots, N$$

利用 Lagrange 优化方法可以将式（5-22）所示的问题转化为其对偶问题。

$$\min_{\alpha} \frac{1}{2}\sum_{i=1}^{N}\sum_{j=1}^{N}\alpha_i\alpha_j y_i y_j\left(\boldsymbol{x}_i \cdot \boldsymbol{x}_j\right) \tag{5-23}$$
$$\text{s.t.}\sum_{i=1}^{N}\alpha_i y_i = 0, \quad \alpha_i \geqslant 0, \quad i = 1, 2, \cdots, N$$

式中，α_i 为每个样本对应的 Lagrange 乘子。这是一个在等式约束和不等式约束下的凸二次优化问题，存在唯一解，且解中只有一部分 α_i 不为零，其对应的样本就是支持向量。此时判别函数为

$$f(\boldsymbol{x}) = \text{sgn}\left\{\langle \boldsymbol{w}, \boldsymbol{x} \rangle + b\right\} = \text{sgn}\left\{\sum_{i=1}^{N}\alpha_i y_i\langle \boldsymbol{x}, \boldsymbol{x}_i \rangle + b\right\} \tag{5-24}$$

其中，

$$\text{sgn}(x) = \begin{cases} 1, & x > 0 \\ 0, & x = 0 \\ -1, & x < 0 \end{cases} \tag{5-25}$$

式（5-24）的求和计算取 α_i 中不为零的值；可以利用任一支持向量来满足式（5-19）中的等于 0 的情况，从而求得 b。

5.3.2　线性不可分情况

对于线性不可分情况，可以在条件中增加松弛项 $\xi_i \geqslant 0$，约束条件从式（5-19）变为

$$y_i\left(\langle \boldsymbol{w}, \boldsymbol{x}_i \rangle + b\right) - 1 \geqslant \xi_i \tag{5-26}$$

此时，目标函数变为

$$\min_{\boldsymbol{w},b,\xi}\frac{1}{2}\|\boldsymbol{w}\|^2+C\sum_{i=1}^{N}\xi_i$$

$$\text{s.t.} y_i\left(\langle\boldsymbol{w},\boldsymbol{x}_i\rangle+b\right)-1\geqslant 0,\ i=1,2,\cdots,N \tag{5-27}$$

式中，C 为可调参数，表示对错误的惩罚程度，C 越大，惩罚越重。与 5.3.1 节类似，该问题可以转为对偶问题。

$$\min_{\alpha}\frac{1}{2}\sum_{i=1}^{N}\sum_{j=1}^{N}\alpha_i\alpha_j y_i y_j\left(\boldsymbol{x}_i\cdot\boldsymbol{x}_j\right)-\sum_{j=1}^{N}\alpha_j$$

$$\text{s.t.}\sum_{i=1}^{N}\alpha_i y_i=0,\ 0\leqslant\alpha_i\leqslant C,\ i=1,2,\cdots,N \tag{5-28}$$

非线性 SVM 问题的基本思想是通过非线性变换将非线性问题转换为某个高维空间中的线性问题，在变换空间求最优分类面。新空间维数一般高于原空间维数。这种映射可表示为将 $\boldsymbol{x}$ 做变换，即 $\phi(\boldsymbol{x})$：$\mathbf{R}^n\to H$（H 为高维 Hilbert 空间）。对偶问题中只涉及训练样本之间的内积运算，根据泛函相关理论，只要核函数满足 Mercer 条件，它就对应某一变换空间中的内积。核函数为

$$K(\boldsymbol{x}_i\boldsymbol{x}_j)=\left\langle\phi\left(\boldsymbol{x}_i\right),\phi\left(\boldsymbol{x}_j\right)\right\rangle \tag{5-29}$$

那么最大间隔非线性支持向量机的最优化问题就变为

$$\min_{\alpha}\frac{1}{2}\sum_{i=1}^{N}\sum_{j=1}^{N}\alpha_i\alpha_j y_i y_j K\left(\boldsymbol{x}_i\cdot\boldsymbol{x}_j\right)-\sum_{j=1}^{N}\alpha_j$$

$$\text{s.t.}\sum_{i=1}^{N}\alpha_i y_i=0,\ 0\leqslant\alpha_i\leqslant C,\ i=1,2,\cdots,N \tag{5-30}$$

相应的判别函数为

$$f\left(\boldsymbol{x}\right)=\text{sgn}\left\{\langle\boldsymbol{w},\phi(\boldsymbol{x})\rangle+b\right\}=\text{sgn}\left\{\sum_{i=1}^{N}\alpha_i y_i K\langle\boldsymbol{x},\boldsymbol{x}_i\rangle+b\right\} \tag{5-31}$$

采用不同的内积核函数将形成不同的算法，常用的核函数有以下几种。

（1）多项式函数，表达式为

$$K\left(\boldsymbol{x},\boldsymbol{x}'\right)=\left(\boldsymbol{x},\boldsymbol{x}'+c\right)^q \tag{5-32}$$

此时，支持向量机是一个 q 阶多项式学习机器。当 $c>0$ 时，该核函数称为非齐次多项式核；当 $c=0$ 时，该核函数称为齐次多项式核。

（2）高斯径向基函数（RBP），表达式为

$$K\left(\boldsymbol{x},\boldsymbol{x}'\right)=\exp\left(-\frac{1}{2\sigma^2}\|\boldsymbol{x}-\boldsymbol{x}'\|^2\right) \tag{5-33}$$

（3）Sigmoid 函数，表达式为

$$K\left(\boldsymbol{x},\boldsymbol{x}'\right)=\tanh\left(\mu\langle\boldsymbol{x},\boldsymbol{x}'\rangle+v\right) \tag{5-34}$$

其中，$\mu>0$，$v<0$。

上面讨论的都是两类分类问题，但实际应用时还会遇到多类分类问题。对于多类 SVM 分类问题，目前主要有以下两种策略（假设类别数为 n）。

（1）一对多。训练 n 个 SVM 分类器，用每个 SVM 来区分其中一类和其他所有类。

（2）一对一。训练 $n(n-1)$ 个 SVM 分类器，每个 SVM 进行两两区分。

SVM 是一种有坚实理论基础的小样本学习方法，其最终的判别函数由少数的支持向量确定，相当于剔除了大量冗余样本，计算的复杂性取决于支持向量的数目而不是样本空间的维数，在某种意义上避免了"维数灾难"。由于 SVM 借助二次规划来求解支持向量，因此求解二次规划将涉及 n 阶矩阵的计算（n 为样本的个数）。当样本很多时，该计算将非常耗时，针对该问题的改进方法有 John C. Platt 提出的 SMO 算法[12]、Mangasarian 提出的 SOR 算法等[13]。

5.4　贝叶斯分类网络

贝叶斯（Bayes）决策是统计决策理论中的一个基本方法，这个方法进行分类时要求各类别总体的概率分布是已知的，并且分类的类别数是一定的。其对部分未知的状态用主观概率估计，用贝叶斯公式进行修正，最后利用期望值和修正概率做出最优决策。

5.4.1　贝叶斯决策的相关概念

设 Ω 是随机试验的基本空间（指所有可能的试验结果或基本事件的全体构成的集合，也称为样本空间）[14]。A 为随机事件，$P(A)$ 是定义在所有随机事件组成的集合上的实函数，若 $P(A)$ 满足以下条件，则称函数 $P(A)$ 为事件 A 的概率。

（1）对任一事件 A 有 $0 \leqslant P(A) \leqslant 1$。

（2）$P(\Omega) \leqslant 1$，Ω 为事件的全体。

（3）对于两两互斥的事件 $A_1, A_2, \cdots, A_n$ 有 $P(A_1, A_2, \cdots, A_n) = P(A_1) + P(A_2) + \cdots + P(A_n)$。

概率的性质如下。

（1）不可能事件的概率为零。

（2）$P(A) = 1 - P(A)$。

（3）$P(A \cup B) = P(A) + P(B) - P(AB)$，其中，$P(AB)$ 为事件 A、B 同时发生的联合概率。

若事件 A、B 是两个随机事件，且 $P(B) > 0$，则在事件 B 发生的条件下事件 A 发生的条件概率为

$$P(A \mid B) = \frac{P(AB)}{P(B)} \tag{5-35}$$

条件概率的 3 个重要公式如下。

（1）概率乘法公式。若 $P(B) > 0$，则联合概率为

$$P(AB) = P(B)P(A \mid B) = P(A)P(B \mid A) \tag{5-36}$$

（2）全概率公式。假如事件 $A_1, A_2, \cdots, A_n$ 两两互斥，且

$$\sum_{i=1}^{n} A_i = \Omega, \quad P(A) > 0 \tag{5-37}$$

其中，$i=1,2,\cdots,n$，则对任一事件 B 有

$$P(B)=\sum_{i=1}^{n}P(A_i)P(B\,|\,A_i) \tag{5-38}$$

（3）贝叶斯公式。在全概率公式的条件下，若 $P(B)>0$，则将式（5-36）和式（5-38）代入式（5-35）得到

$$P(A_i\,|\,B)=\frac{P(A_iB)}{P(B)}=\frac{P(A_i)P(B\,|\,A_i)}{\sum\limits_{i=1}^{n}P(A_i)P(B\,|\,A_i)} \tag{5-39}$$

在模式识别中，常用的 3 个概率如下。

（1）先验概率 $P(c_i)$ 是指根据之前的知识和经验得出的 c_i 类样本出现的概率。

（2）后验概率 $P(c_i\,|\,x)$ 与先验概率相对应，指收到数据 x 后，根据这批样本提供的信息统计的 c_i 类出现的概率，表明了样本 x 属于 c_i 类的概率。

（3）条件概率 $P(x\,|\,c_i)$ 是指属于 c_i 类的样本 x 发生某种事件的概率，也称为类概率密度函数，在统计学中称为似然函数。

贝叶斯决策适用于下列场合。

（1）样本数量不充分多，类别总数已知。

（2）在试验之前已有先验信息，各类参考样本的概率分布是已知的，即每类参考样本出现的先验概率 $P(c_i)$ 和各类概率密度函数 $P(x\,|\,c_i)$ 是已知的。

5.4.2 最小错误率贝叶斯决策

在模式识别问题中，人们希望尽量减少分类的错误，即使错误率最小。从最小错误率的要求出发，利用贝叶斯公式就能得出使错误率最小的分类决策，这就是最小错误率贝叶斯决策[15]。根据类别数目的不同，下面分两类情况和多类情况进行介绍。

1. 两类情况

两类情况是多类情况的基础。

（1）用 c_i（$i=1,2$）表示样本 x 所属的两个类别。

（2）假设先验概率 $P(c_1)$ 和 $P(c_2)$ 已知。先验概率可以从训练样本集中估算出来，即如果 N 是训练总样本数，其中 N_1 个样本属于 c_1 类，N_2 个样本属于 c_2 类，则先验概率为

$$P(c_1)\approx\frac{N_1}{N}，\quad P(c_2)\approx\frac{N_2}{N} \tag{5-40}$$

（3）假设类条件概率密度函数 $P(x\,|\,c_i)$ （$i=1,2$）已知，用于描述每类中特征向量的分布情况。若类条件概率密度函数未知，则可以从可用的训练数据中估计。那么根据贝叶斯公式就可以得到后验概率 $P(c_1\,|\,x)$ 和 $P(c_2\,|\,x)$。

两类情况的判别规则为

$$\begin{cases}若P(c_1\,|\,x)>P(c_2\,|\,x)，则x\in c_1\\若P(c_1\,|\,x)<P(c_2\,|\,x)，则x\in c_2\end{cases} \tag{5-41}$$

2．多类情况

（1）用 c_i（$i=1,2,\cdots,n$）表示样本 x 所属的 n 个类别。

（2）先验概率 $P(c_i)$（$i=1,2,\cdots,n$）已知。

（3）假设类条件概率密度函数 $P(x|c_i)$（$i=1,2,\cdots,n$）已知，后验概率为

$$P(c_i|x) > P(c_j|x), \quad \forall j \neq i, \; j = 1,2,\cdots,n \tag{5-42}$$

则 $x \in c_i$。

这样的决策可使分类错误率最小，因此称为最小错误率贝叶斯决策。

错误率为平均错误概率，指将应属于某一类的模式错分到其他类中的概率，表示为

$$P(e) = \int_{-\infty}^{\infty} P(e|x)P(x)\mathrm{d}x \tag{5-43}$$

对于两类问题，设 R_1 和 R_2 分别为 c_1 和 c_2 类别的判决区域，所有可能发生的错误为将来自 c_1 类的样本错分到 c_2 类中，以及将来自 c_2 类的样本错分到 c_1 类中。错误率表示为两种错误之和，如式（5-44）所示，在图 5-9 中，则是斜线面积和交叉线面积。

$$\begin{aligned}
P(e) &= P(x \in R_1, c_2) + P(x \in R_2, c_1) \\
&= \int_{R_2} P(x|c_1)P(c_1)\mathrm{d}x + \int_{R_1} P(x|c_2)P(c_2)\mathrm{d}x \\
&= P(c_1)\int_{R_2} P(x|c_1)\mathrm{d}x + P(c_1)\int_{R_2} P(x|c_1)\mathrm{d}x \\
&= P(c_1)P(e_1) + P(c_2)P(e_2)
\end{aligned} \tag{5-44}$$

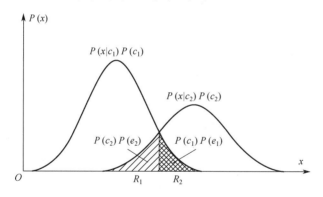

图 5-9　两类问题的贝叶斯决策错误率

对于多类问题的错误率，因为错分可能性的组合数量较多，所以采用平均正确分类准确率间接计算：

$$P(e) = 1 - \sum_{i=1}^{n} \int_{R_i} P(x|c_i)P(c_i)\mathrm{d}x \tag{5-45}$$

5.4.3　最小风险贝叶斯决策

在某些情况下，宁可扩大错误率，也要使损失减小，避免产生严重的后果，因此引入风险的概念。若每个决策都使其风险最小，则对所有的样本做出决策时风险也必然最

小，这样的决策就是最小风险贝叶斯决策。在 n 个条件风险中选一个最小的，将其类别作为最后的分类结果，这就是基于最小风险的贝叶斯决策规则。

$$L\left(c_i \mid x\right) = \min_{i=1,2,\cdots,n} L\left(c_i \mid x\right) \qquad (5\text{-}46)$$

则有 $c = c_i$。其中，条件风险 $L\left(c_i \mid x\right)$ 的计算为

$$L\left(c_i \mid x\right) = \sum_{j=1}^{n} \lambda_{ij}\left(x\right) P\left(c_j \mid x\right) \qquad (5\text{-}47)$$

$$\sum_{j=1}^{n} \lambda_{ij}\left(x\right) = \begin{cases} 0, & i = j \\ \text{正值}, & i \neq j \end{cases} \qquad (5\text{-}48)$$

其中，$i = 1, 2, \cdots, n$。

已知 $P\left(c_i\right)$、$P\left(x \mid c_i\right)(i = 1, 2, \cdots, n)$ 及待分类的 x，根据贝叶斯公式得到后验概率：

$$P\left(c_j \mid x\right) = \frac{P\left(c_j\right) P\left(x \mid c_j\right)}{\sum_{j=1}^{n} P\left(c_j\right) P\left(x \mid c_j\right)} \qquad (5\text{-}49)$$

可以看出，将样本 x 判为 c_i 类引起的条件平均风险是将各后验概率 $P\left(c_j \mid x\right)$ 用相应的 $\lambda_{ij}\left(x\right)$ 做加权平均。每个样本有 n 个可能的类别，最小风险贝叶斯决策对每个样本分别计算归属于每个类别的条件平均风险 $L\left(c_1 \mid x\right), L\left(c_2 \mid x\right), \cdots, L\left(c_n \mid x\right)$，然后将样本 x 判定成具有最小风险的那个类别。若

$$\sum_{j=1}^{n} \lambda_{ij}\left(x\right) = \begin{cases} 0, & i = j \\ 1, & i \neq j \end{cases} \qquad (5\text{-}50)$$

其中，$i = 1, 2, \cdots, n$，则最小风险贝叶斯决策等价于最小错误率贝叶斯决策，最小错误率贝叶斯决策就是在 $0 \sim 1$ 的 $\lambda_{ij}\left(x\right)$ 条件下的最小风险贝叶斯决策，是最小风险贝叶斯决策的特例。

5.4.4　正态分布贝叶斯分类

正态分布广泛存在于生活中的众多领域，具有许多良好的性质。如果特征空间中的某一类样本较多地分布在其均值附近，远离均值点的样本比较少，那么就可以用正态分布作为概率模型。前面介绍的贝叶斯方法应用范围很广，但事先必须求出 $P\left(c_i\right)$ 和 $P\left(x \mid c_i\right)$ 才能做出判决，而当 $P\left(x \mid c_i\right)$ 呈正态分布时，只需知道它的均值向量 $\boldsymbol{M}$ 和协方差矩阵 $\boldsymbol{C}$ 就可以进行分类。

单变量正态分布的概率密度函数定义为

$$P(x) = \frac{1}{\sqrt{2\pi}\sigma} \exp\left\{-\frac{(x-\mu)^2}{2\sigma^2}\right\}, \quad -\infty < x < \infty \qquad (5\text{-}51)$$

式中，μ 为随机变量 x 的期望；σ^2 为 x 的方差；σ 为 x 的标准差。当 μ 一定时，曲线的形状由 σ 确定，σ 越大，曲线越"矮胖"；反之，曲线越"瘦高"，表明总体分布越集中。单变量正态分布的概率密度函数曲线如图 5-10 所示。

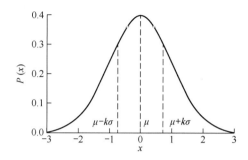

图 5-10　单变量正态分布的概率密度函数曲线

将最小错误率贝叶斯判别函数 $P(c_i)P(x|c_i)$ 取对数形式，有

$$d_i(x) = \ln P(c_i) + \ln P(x|c_i) \tag{5-52}$$

多变量正态分布的概率密度函数为

$$P(x|c_i) = \frac{1}{2\pi^{n/2}|C|^{1/2}} \exp\left\{-\frac{1}{2}(x-\mu_i)^{\mathrm{T}} C^{-1}(x-\mu_i)\right\} \tag{5-53}$$

式中，μ_i 为随机变量 x 的期望；C 为协方差矩阵。将式（5-53）代入式（5-52）得到

$$d_i(x) = \ln P(c_i) - \frac{n}{2}\ln 2\pi - \frac{1}{2}\ln|C| - \frac{1}{2}(x-\mu_i)^{\mathrm{T}} C^{-1}(x-\mu_i)，\quad i=1,2,\cdots,N \tag{5-54}$$

在两类分类的情况下，决策面方程为

$$d_i(x) = d_j(x) \tag{5-55}$$

即 $d_i(x) - d_j(x) = 0$ 确定的一个超平面，通过判断样本在超平面哪侧可得到该样本类别。

5.5　神经网络

科学家用人工神经网络（Artificial Neural Networks，ANN；以下简称神经网络）探索和模拟人脑活动机制。神经网络模型模拟人脑神经细胞的工作特点，即单元间的广泛连接、并行分布式的信息存储与处理、自适应的学习能力等。神经网络目前在模式识别、计算机视觉、信号处理、生物医学工程等领域已有广泛的应用。

人的大脑里大约有 1.4×10^{11} 个神经元，每个神经元轴突与 100~1000 个其他神经元相连进行信息传递，最终构成了高度复杂的人脑神经系统，支撑人类进行丰富的思考与行动。1942 年，心理学家 M.McCulloch 和数学家 W.H.Pitts 通过实验提出了人工神经元最早的数学模型[16]，从而开启了对神经网络至今长达 70 多年的研究。

5.5.1　神经网络基本单元

人工神经元是对人脑神经元的简化和模拟，是神经网络的基本处理单元，单个人工神经元模型如图 5-11 所示。

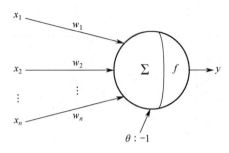

图 5-11　单个人工神经元模型

人工神经元是多输入、单输出的非线性单元，输入与输出关系可表示为

$$y = f\left(\sum_{i=1}^{n} w_i x_i - \theta\right) \tag{5-56}$$

其中，$x_1, x_2, \cdots, x_n$ 是从外界或其他神经元传来的输入信号；$w_1, w_2, \cdots, w_n$ 是与输入对应的权值；θ 为神经元的阈值；f 为激活函数，输出当前神经元的值。

常用的激活函数有阶跃函数和 Sigmoid 函数等，阶跃函数为

$$f(x) = \begin{cases} 1, & x \geqslant 0 \\ 0, & x < 0 \end{cases} \tag{5-57}$$

Sigmoid 函数的计算公式为

$$f(x) = \frac{1}{1 + e^{-x}} \tag{5-58}$$

当大量的人工神经元中采用上面的非线性输出函数连成一个网络运行时，就构成了一个模拟人脑工作机制的非线性复杂系统。这样的系统具有高维性（大量神经元）、自组织性、模糊性和容错性等优点。虽然人类对人脑的复杂理论了解还不够多，人工神经元本身也是将生物神经元进行极度简化后得到的，但神经网络仍然表现出一系列良好的特性和实用效果。

5.5.2　前馈神经网络

神经网络是由大量的人工神经元互相连接而成的网络。根据网络的拓扑结构不同，神经网络可分为层次型网络和网状结构网络。在层次型网络模型中，神经元按层次结构分成若干层并顺序相连，如前馈神经网络；在网状结构网络模型中，任意两个神经元之间都可能互相连接。

单层前馈神经网络没有中间层，输入、输出均为 3 个节点的单层前馈网络。由于输入层只接收外界输入，无任何计算功能，因此不纳入层数的计算中。这里的"单层"是指具有计算节点的输出层。单层前馈神经网络的结构如图 5-12 所示。

多层前馈网络有一个或多个隐藏层，隐藏层节点的输入和输出都是在网络内部的，隐藏层节点具有计算功能，所以纳入层数的计算中。多层前馈神经网络的结构如图 5-13 所示。

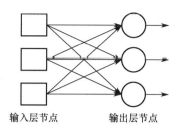

图 5-12　单层前馈神经网络的结构

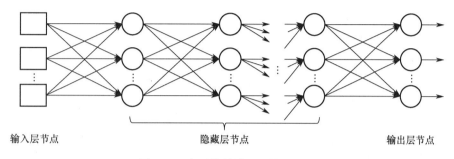

图 5-13　多层前馈神经网络的结构

神经网络的构成与应用包括训练和测试两个阶段。

（1）训练阶段：给定训练样本集，按一定的学习规则调整权系数，使某种代价函数达到最小，也就是使权值系数收敛到最优值。

（2）测试阶段：在训练后处理输入信息，利用训练阶段得到的权值系数产生相应的输出。

训练过程可分为有监督学习和无监督学习。对每个输入训练样本，都有一个期望得到的输出值（也称为真实值），有监督学习将它和实际输出值进行比较，根据两者之间的差值不断调整网络的连接权值，直到差值小到我们所希望的阈值门槛；无监督学习完全是一种自我调整的过程，不存在真实值，网络按照一定的规则反复地自动调整网络结构和连接权值，使网络最终具有分类的功能。

训练规则又称为学习规则，训练过程就是不断调整网络的连接权值。假设 y_j 为神经元 j 的输出，x_i 为神经元 i 对神经元 j 的输入，w_{ij} 是神经元 i 与神经元 j 之间的连接权值，Δw_{ij} 为连接权值 w_{ij} 的修正值，即 $w_{ij}(n+1) = w_{ij}(n) + \Delta w_{ij}$。下面介绍修正权值的算法。

① Hebb 学习规则假定当两个神经元同时被激活时，它们之间的连接强度应该加强，连接权值的学习规则按下式计算。

$$\Delta w_{ij} = \eta y_j x_i \tag{5-59}$$

式中，η 为学习速率参数。

② 梯度下降法的学习规则按下式计算。

$$\Delta w_{ij} = -\eta \frac{\partial E}{\partial w_{ij}} \tag{5-60}$$

式中，E 为误差函数。

③ 感知器的学习规则按下式计算。

$$\Delta w_{ij} = \eta\left(y'_j - y_j\right)x_i \tag{5-61}$$

式中，y'_j 为神经元 j 的期望响应；$y'_j - y_j$ 为误差信号。

图 5-12 所示的网络也称为单层感知器网络，只含有输入层和输出层。输入模式为三维矢量 $\boldsymbol{x} = \left(x_1, x_2, x_3\right)^{\mathrm{T}}$，此时输入层包含 3 个节点，输出类别为 3 个，输入节点 i 和输出节点 j 的连接权值为 w_{ij}，$i = 1, 2, 3$，$j = 1, 2, 3$，输出层第 j 个神经元的输出为

$$y_j = f\left(\sum_{i=1}^{3} w_{ij}x_i - \theta_j\right) \tag{5-62}$$

其中，传递函数 f 采用 sgn 函数。

单层感知器网络的输入层和输出层之间加入一层或多层隐藏层单元，就构成了多层感知器网络。多层感知器网络可以解决线性不可分的输入向量的分类问题。BP（Back Propagation）网络是采用误差反向传播算法的多层前馈网络，其中神经元的激活函数为 Sigmoid 函数，网络的输入和输出是一种非线性映射关系，训练规则采用梯度下降法。训练过程：把输出层节点的期望输出（真实输出）与实际输出的均方误差逐层向输入层反向传播，并分配给各连接节点，然后计算各连接节点的误差，据此调整各连接权值，从而使网络的期望输出与实际输出的均方误差达到最小。

第 i 个样本的均方误差为

$$E_i = \frac{1}{2}\sum_{k=1}^{n}e_{i,k}^2 = \frac{1}{2}\sum_{k=1}^{n}\left(y'_{j,k} - y_{i,k}\right)^2 \tag{5-63}$$

其中，n 为输出层的节点数。输入的第 i 个样本在第 k 个节点的期望输出与实际输出的差值为 $e_{i,k} = y'_{i,k} - y_{i,k}$。

连接权值调整主要有逐个处理和批量处理两种方法。逐个处理是指每输入一个样本就调整一次连接权值；批量处理是指一次性输入一批训练样本，首先计算总误差，然后调整连接权值。当采用逐个处理方法时，根据误差的负梯度修改连接权值，连接权值修正方法为

$$\begin{cases} \boldsymbol{W}_{r,t+1}^{(h)} = \boldsymbol{W}_{r,t}^{(h)} + \Delta\boldsymbol{W}_{r,t}^{(h)} \\ \Delta\boldsymbol{W}_{r,t}^{(h)} = -\eta\dfrac{\partial E_t}{\partial\boldsymbol{W}_{r,t}^{(h)}} \end{cases} \tag{5-64}$$

式中，t 为迭代次数；$\boldsymbol{W}_{r,t}^{(h)}$ 为第 h 层（输入层 $h=0$，第一个隐藏层 $h=1$）的连接权值 $\boldsymbol{W}^{(h)}$ 的第 r 行，即 $\boldsymbol{W}_{r,t}^{(h)}$ 是由第 $h-1$ 层各节点到第 h 层的第 r 个节点的所有连接权值组成的矩阵；η 为学习步长，$0 < \eta < 1$；E_t 为第 t 次迭代的均方误差。

假设 BP 网络有 l 个隐藏层，根据神经元的输入与输出关系有

$$y_{i,t} = f_{l+1}\left(\overline{y}_{i,t}\right) = f_{l+1}\left(\sum_{j=1}^{n_l}w_{i,j}h_{j,t}^l\right) \tag{5-65}$$

式中，$f_{l+1}\left(\overline{y}_{i,t}\right)$ 为输出层的激活函数；$\overline{y}_{i,t}$ 为最后一个隐藏层各节点到输出层第 i 个节点

的加权和；n_l 为最后一个隐藏层的节点数；$w_{i,j}$ 为最后一个隐藏层的第 j 个节点和输出层的第 i 个节点之间的权值；$h_{j,t}^l$ 为第 l 个隐藏层的第 j 个节点的输出。

输出层连接权值矩阵 $\boldsymbol{W}^{(l+1)}$ 的第 r 行 $\boldsymbol{W}_{r,t}^{(l+1)}$ 的修正方法为

$$
\begin{aligned}
\Delta \boldsymbol{W}_{r,t}^{(l+1)} &= -\eta \frac{\partial E_t}{\partial \boldsymbol{W}_{r,t}^{(l+1)}} = -\eta \frac{\partial e_{i,k}^2}{\partial \boldsymbol{W}_{r,t}^{(l+1)}} \\
&= -\eta \frac{\partial e_{i,k}^2}{\partial y_{i,t}} \cdot \frac{\partial f_{l+1}\left(\overline{y}_{i,t}\right)}{\partial \overline{y}_{i,t}} \cdot \frac{\partial \overline{y}_{i,t}}{\partial \boldsymbol{W}_{r,t}^{(l+1)}} \\
&= \eta e_{r,t} f_{l+1}'\left(\overline{y}_{i,t}\right) \hat{h}_t^{(l)} \\
&= \eta \varepsilon_{r,t}^{(l+1)} \hat{h}_t^{(l)}
\end{aligned}
\tag{5-66}
$$

式中，$\varepsilon_{r,t}^{(l+1)}$ 为第 t 次迭代中输出的局部误差，它取决于输出误差 $e_{r,t}$ 和输出层激活函数的偏导 $f_{l+1}'\left(\overline{y}_{i,t}\right)$；$\hat{h}_t^{(l)}$ 为第 l 个隐藏层各神经元的输出。

$$
\varepsilon_{r,t}^{(l+1)} = e_{r,t} f_{l+1}'\left(\overline{y}_{i,t}\right)
\tag{5-67}
$$

第 $h-1$ 个隐藏层各节点到第 $h(h=1,2,\cdots,l)$ 层第 r 个节点的加权和为

$$
\overline{h}_{r,t}^{(h)} = \sum_{j=1}^{n_{h-1}} w_{j,r}^{(h)} \hat{h}_{j,t}^{h-1}
\tag{5-68}
$$

式中，n_{h-1} 为第 $h-1$ 个隐藏层的节点数；$w_{j,r}^{(h)}$ 为第 $h-1$ 个隐藏层的第 j 个节点和第 h 个隐藏层的第 r 个节点之间的权值；$\hat{h}_{j,t}^{h-1}$ 为第 $h-1$ 个隐藏层的第 j 个节点的输出。对第 h 个隐藏层，连接权值矩阵 $\boldsymbol{W}^{(h)}$ 的第 r 行 $\boldsymbol{W}_{r,t}^{(h)}$ 的修正方法为

$$
\begin{aligned}
\Delta \boldsymbol{W}_{r,t}^{(h)} &= -\eta \frac{\partial E_t}{\partial \boldsymbol{W}_{r,t}^{(h)}} = -\eta \frac{\partial E_k}{\partial \overline{h}_{r,t}^{(h)}} \cdot \frac{\partial \overline{h}_{r,t}^{(h)}}{\partial \boldsymbol{W}_{r,t}^{(h)}} \\
&= -\eta \frac{\partial E_k}{\partial \overline{h}_{r,t}^{(h)}} \hat{h}_t^{(h-1)} = \eta \varepsilon_{r,t}^{(h)} \hat{h}_t^{(h-1)}
\end{aligned}
\tag{5-69}
$$

式中，$\varepsilon_{r,t}^{(h)}$ 为第 t 次迭代中第 h 个隐藏层输出的局部误差；$\hat{h}_t^{(h-1)}$ 为第 $h-1$ 个隐藏层各神经元的输出，局部误差具体计算如下。

$$
\begin{aligned}
\varepsilon_{r,t}^{(h)} &= -\frac{\partial E_k}{\partial \overline{h}_{r,t}^{(h)}} = -\frac{\partial E_k}{\partial \hat{h}_{r,t}^{(h)}} \frac{\partial \hat{h}_{r,t}^{(h)}}{\partial \overline{h}_{r,t}^{(h)}} \\
&= -\frac{\partial E_k}{\partial \hat{h}_{r,t}^{(h)}} f_h'\left(\overline{h}_{r,t}^{(h)}\right) = f_h'\left(\overline{h}_{r,t}^{(h)}\right) \frac{1}{n_{h+1}} \sum_{i=1}^{n_{h+1}} \varepsilon_{r,t}^{(h+1)} w_{r,i}^{(h+1)}
\end{aligned}
\tag{5-70}
$$

式中，$\dfrac{\partial E_k}{\partial \hat{h}_{r,t}^{(h)}}$ 为 BP 网络的误差反向传播；$f_h'\left(\overline{h}_{r,t}^{(h)}\right)$ 为第 h 个隐藏层的激活函数的导数。

逐个处理的 BP 算法训练步骤如下。

（1）初始化：根据实际问题，确定输入变量和输出变量的个数、隐藏层的数量、各

层神经元的个数，并随机设置所有的连接权值为较小的任意值。

（2）输入一个样本，用现有的权值计算网络中各神经元的实际输出。

（3）根据式（5-67）和式（5-70）计算局部误差。

（4）根据式（5-66）和式（5-69）更新相应的权值。

（5）输入另一个样本，转至步骤（2）。

训练样本是随机输入的，如果没有特殊设置，那么训练集中所有样本都要进入网络训练，直到网络收敛且均方误差小于设定的阈值时结束训练，训练结束后，神经网络就可以用于分类问题了。批量处理时，将全部 N 个样本依次输入，累加 N 个输出误差后对连接权值进行一次调整。

BP 算法是神经网络中最常用的方法之一，由于其在权值调整上采用梯度下降法作为优化算法，因此有可能收敛到一个局部极小点，不能保证得到全局最优解，并且该学习算法的收敛速度较慢。

5.5.3　Hopfield 反馈神经网络

反馈网络与前馈网络的不同在于：反馈网络的输出层有反馈环路，可将网络的输出信号反馈到输入层。无隐藏层的反馈网络由单层神经元构成，每个神经元都将其输出反馈到其他神经元。单层反馈网络有多种，其中最典型的是 Hopfield 反馈神经网络。

人类具有很强的模式识别能力，这与人类拥有联想记忆的能力有很大的关系，人们可以根据记忆中模式的部分信息进行正确的分类。例如，人们能根据身影和走路的姿态认出人群中自己熟悉的朋友，这种特性使人们的识别能力具有很强的容错性。根据这种联想记忆特性开发出的 Hopfield 反馈神经网络模型的结构如图 5-14 所示。

当 Hopfield 反馈神经网络中的神经元都是二值神经元（+1 或−1）时，其称为离散 Hopfield 网络，简称 DHNN。其中，每个神经元的输出通过加权与下面各神经元的输入端连接，记忆样本存储在神经元之间的连接权值上。若有 N 个类别，并设 $\boldsymbol{X}^c = \left[x_1^c, x_2^c, \cdots, x_N^c \right]^{\mathrm{T}}$ 是第 c 类的记忆样本，N 个类的记忆样本分别是网络的 N 个输出状态，构成网络的状态集 $\{\boldsymbol{X}^c, c = 1, 2, \cdots, N\}$。为了存储 N 个记忆样本，神经元 i 和神经元 j 之间的权值 $w_{i,j}$ 为

$$w_{i,j} = \begin{cases} \sum_{c=1}^{N} x_i^c x_j^c, & i \neq j \\ 0, & i = j \end{cases} \tag{5-71}$$

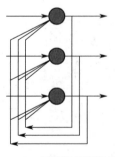

图 5-14　Hopfield 反馈神经网络模型的结构

若神经元 i 的输入为 x_i，输出为 x'_i（神经元 i 的状态），则有

$$x'_i = f(x_i) = f\left(\sum_{j=1}^{n} w_{i,j} x'_j\right) \tag{5-72}$$

$f(x_i)$ 定义为

$$f(x_i) = \begin{cases} +1, & x_i > 0 \\ -1, & x_i < 0 \end{cases} \tag{5-73}$$

定义网络的能量函数为

$$E = -\frac{1}{2}\sum_{i=1}^{n}\sum_{j=1}^{n} w_{i,j} x'_j x'_i \tag{5-74}$$

由式（5-74）可知，E 随 x'_i 的变化而变化，由某一神经元状态的变化量 x'_i 引起的 E 的变化量为

$$\Delta E = -\frac{1}{2}\left(\sum_{j=1}^{n} w_{i,j} x'_j\right)\Delta x'_i \tag{5-75}$$

其中，$w_{i,j} = w_{j,i}$，$w_{i,i} = 0$。

由式（5-72）可知，当式（5-75）中的 $\sum(\cdot)$ 项为正值时，$\Delta x'_i$ 也为正值；当 $\sum(\cdot)$ 项为负值时，$\Delta x'_i$ 也为负值，说明不论 x'_i 如何变化，E 的变化量总小于零。因为 E 是有界的，所以算法最终使网络达到一个不随时间变化的稳定状态。

Hopfield 反馈神经网络算法的具体步骤如下。

（1）根据式（5-71）给神经元的连接权值赋值，即存储记忆样本。

（2）输入未知类别的 X，设置成网络的初始状态。若 $x'_i(t)$ 表示神经元 i 在 t 时刻的输出状态，则 $x'_i(t)$ 的初始值 $x'_i(0)$ 为 x_i。

（3）根据式（5-72）用迭代算法计算 $x'_i(t+1)$，直到算法收敛为止。当神经元的输出不随迭代变化时算法收敛，此时神经元的输出为与未知类别的样本匹配最好的记忆样本（类别）。

（4）转到步骤（2），输入新的 X。

Hopfield 反馈神经网络的局限在于，如果记忆的样本太多，网络可能收敛于一个非匹配的输出；如果记忆中的某一样本的分量与其他记忆样本的分量相同，这个记忆样本可能造成网络的错误收敛。

Hopfield 反馈神经网络的优势在于联想记忆（存储）性能，它实际上是一种联想存储器，其基本功能是将以前存入的典型样本根据输入值完整地检索出来。

5.6　基于 Python 实现决策树和随机森林算法

5.6.1　决策树和随机森林算法的基本特征

决策树和随机森林都是常用的分类算法，它们的判断逻辑与人的思维方式类似，研究者在遇到有多个条件组合的问题时，可通过画出决策树来进行决策判断。

1. 决策树

决策树是一种非线性有监督分类模型。通过训练数据构建决策树，可以高效地对未知的数据进行分类。决策树表现了对象属性和属性值之间的一种映射关系。决策树中的节点表示某个对象，分支路径表示某个可能的属性值，而叶节点对应从根节点到该叶节点所经历的路径所表现的对象值。在数据挖掘中，常使用决策树进行数据分类和预测。

决策树有以下 3 种算法。

1）信息增益：ID3

特征 A 的信息增益为 $g(D, A) = H(D) - H(D \mid A)$，信息增益就是给定训练集 D 时，特征 A 和训练集 D 的互信息 $I(D, A)$，选取信息增益最大的特征作为分支的节点。其中，条件熵 $H(D \mid A)$ 的计算公式为

$$
\begin{aligned}
H(D \mid A) &= -\sum_{i,k} p(D_k, A_i) \lg p(D_k \mid A_i) \\
&= -\sum_{i,k} p(A_i) p(D_k \mid A_i) \lg p(D_k \mid A_i) \\
&= -\sum_{i=1}^{n} \sum_{k=1}^{K} p(A_i) p(D_k \mid A_i) \lg p(D_k \mid A_i) \\
&= -\sum_{i=1}^{n} p(A_i) \sum_{k=1}^{K} p(D_k \mid A_i) \lg p(D_k \mid A_i) \\
&= -\sum_{i=1}^{n} \frac{|D_i|}{|D|} \sum_{k=1}^{K} \frac{|D_{ik}|}{|D_i|} \lg \frac{|D_{ik}|}{|D_i|}
\end{aligned}
\tag{5-76}
$$

信息增益的缺点：对数目较多的属性有偏好，且生成的决策树层次多、深度浅。

2）信息增益率：C4.5

C4.5 是机器学习算法中的一个分类决策树算法，它是决策树的核心算法，也是 ID3 的改进算法。相比于 ID3，C4.5 改进的地方有：C4.5 用信息增益率来选择属性；C4.5 能够对非离散数据和不完整数据进行处理。信息增益率等于信息增益/属性 A 的熵：

$$
g_{\mathrm{r}}(D, A) = g(D, A) / H(A)
\tag{5-77}
$$

信息增益率的缺点：对数目较少的属性有偏好。

3）CART 基尼指数

基尼指数可以简单理解为 $y = -\ln x$ 在 $x = 1$ 处的一阶展开，基尼指数越大，样本的不确定性就越大。其计算公式为

$$
\begin{aligned}
\mathrm{Gini}(p) &= \sum_{k=1}^{K} p_k (1 - p_k) \\
&= 1 - \sum_{k=1}^{K} p_k^2 \\
&= 1 - \sum_{k=1}^{K} \left(\frac{|C_k|}{|D|} \right)^2
\end{aligned}
\tag{5-78}
$$

决策树有以下两大优点。

（1）决策树模型的可读性好，具有描述性，有助于人工分析。

（2）决策树只需一次构建，就可反复使用，每次预测的最大计算次数不超过决策树的深度，效率高。

若决策树的深度过大，则会引起过拟合现象，避免过拟合现象的方案如下。

（1）剪枝：先剪枝和后剪枝（可以在构建决策树时通过指定深度和每个叶子的样本数来达到剪枝的目的）。

（2）随机森林：构建大量的决策树，组成森林来防止过拟合；虽然单棵树可能存在过拟合现象，但通过增加广度就会消除过拟合现象。

2．随机森林

随机森林的字面意思为：用随机的方式建立一个森林，森林由众多决策树组成，随机森林的每棵决策树之间没有关联，如图 5-15 所示。因此，随机森林是指利用多棵树对样本进行训练并预测的一种分类器，是一个包含多个决策树的分类器。其输出类别是由个别树输出类别的众数决定的。在得到森林之后，当有一个新的输入样本时，使森林中的每棵决策树分别判断这个样本属于哪一类，随后观察哪一类被选择最多，由此预测新样本为被选择最多的一类。一般来说，随机森林的判决性能优于决策树。

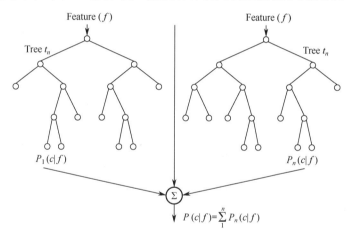

图 5-15　随机森林示意

随机森林是一种新兴的机器学习算法，它有如下优点。

（1）在数据集上表现良好。

（2）在当前的很多数据集上，相比于其他算法有很大的优势。

（3）能够处理很高维度（More Feature）的数据，并且不用做特征选择。

（4）在训练完后，能够给出哪些 Feature 比较重要。

（5）训练速度快。

（6）在训练过程中，能够检测 Feature 间的互相影响。

（7）容易做成并行化方法。

（8）实现比较简单。

5.6.2 实验结果分析

1．实验数据

在 Windows 10 操作系统下，借助 TensorFlow 平台，使用 Python 语言实现多数据集情况下决策树和随机森林算法的可视化与实际应用。实验中用到的数据集包括 iris 数据集、KDD99 数据集、ADFA-LD 数据集及使用 sklearn 库生成的随机数据。其中，iris 数据集由 sklearn 库提供；KDD99 数据集是 KDD 竞赛在 1999 年举行时采用的数据集；ADFA-LD 数据集是澳大利亚国防学院对外发布的一套主机级入侵检测数据集。

2．实验参数

在实验的 4 个示例中，使用的函数库基本相同，部分参数与第 4 章的实验类似。实验主要参数如表 5-1 所示。

表 5-1　实验主要参数

参　　数	说　　明
n_samples=1000	生成样本的数量
n_features=10	生成样本的特征个数
centers = 100	类别数
random_state = 0	随机数种子
max_depth = None	用来解决过拟合
min_samples_split=2	若样本量数量级非常大，则推荐增大这个值
n_estimators=10	决策树的数目，默认为 10
max_depth = None	决策树的最大深度
min_samples_split=2	分割内部节点所需要的最小样本数量

3．实验模块

本实验中的主要模块名称及作用如表 5-2 所示。

表 5-2　主要模块名称及作用

模 块 名 称	作　　用
make_blobs	聚类数据生成器
DecisionTreeClassifier	决策树算法模块
RandomForestClassifier	随机森林分类器
CountVectorizer	文本特征提取及特征计算
Cross_val_score	交叉验证
Pydotplus	画图插件

4．实验结果与分析

通过 Python 实现决策树和随机森林算法非常简便，很多应用模块和插件都拥有 Python 接口。

从实验中的 4 个示例的运行结果可以看出：①决策树和随机森林算法的判断逻辑与人类思维方式接近，对于解决实际问题作用巨大；②两者适用于现有的绝大多数数据集，相对其他算法有很大的优势；③两者的训练速度快，且对于随机森林，在训练时树与树之间是相对独立的。

5.7　实验：决策树和随机森林算法实现

5.7.1　实验目的

（1）了解 TensorFlow 的基本操作环境。
（2）了解 TensorFlow 操作的基本流程。
（3）了解 TensorFlow 中两种算法实现的流程。
（4）对通过 Python 实现决策树和随机森林算法有整体感知。
（5）运行程序，查看结果。

5.7.2　实验要求

（1）了解 TensorFlow 中决策树和随机森林算法的工作原理。
（2）了解利用 graphviz 实现决策树可视化的过程。
（3）了解利用 Python 实现决策树和随机森林算法的基本流程。
（4）理解 Python 示例中决策树和随机森林算法的相关源码。
（5）能够根据算法原理，使用 Python 检测 POP3 和 FTP 暴力破解。

5.7.3　实验原理及步骤

示例一：使用决策树对 iris 数据集进行数据分类和预测。这里使用 sklearn 库下的 tree 模块，并利用 graphviz 工具实现决策树可视化，且以 PDF 的形式存储。具体代码如下。

```
# 使用决策树对 iris 数据集进行分类
from sklearn.datasets import load_iris
from sklearn import tree
import pydotplus
import os
os.environ["PATH"] + =os.pathsep +
'C:/Users/lenovo/Downloads/graphviz-2.38/release/bin/'    #注意修改路径
#导入 iris 数据集
iris = load_iris()
#初始化 DecisionTreeClassifier
clf = tree.DecisionTreeClassifier()
#适配数据
```

```
clf = clf.fit(iris.data, iris.target)
#将决策树以 PDF 格式可视化
dot_data = tree.export_graphviz(clf, out_file=None)
graph = pydotplus.graph_from_dot_data(dot_data)
graph.write_pdf("可视化决策树一.pdf")
```

通过示例一可以感受到，相较于其他的分类算法，决策树产生的结果更加直观，也更加符合人类的思维方式。

示例二：使用决策树检测 POP3 暴力破解。使用 KDD99 数据集中 POP3 相关的数据让决策树学习如何识别数据集中有关 POP3 暴力破解的信息，具体源码如下。

```
#使用决策树检测 POP3 暴力破解
import re
import matplotlib.pyplot as plt
from sklearn.feature_extraction.text import CountVectorizer
from sklearn.model_selection import cross_val_score
import os
from sklearn.datasets import load_iris
from sklearn import tree
import pydotplus
import os
os.environ["PATH"] += os.pathsep +
'C:/Users/lenovo/Downloads/graphviz-2.38/release/bin/'    #注意修改路径
#加载 KDD 99 数据集
def load_kdd99(filename):
    X=[]
    with open(filename) as f:
        for line in f:
            line = line.strip('\n')
            line = line.split(',')
            X.append(line)
    return X
#找到训练数据集
def get_guess_passwdandNormal(x):
    v=[]
    features=[]
    targets=[]
    #找到标记为 guess-passwd 和 normal 且是 POP3 协议的数据
    for x1 in x:
        if ( x1[41] in ['guess_passwd.','normal.'] ) and ( x1[2] == 'pop_3' ):
```

```
            if x1[41] == 'guess_passwd.':
                targets.append(1)
            else:
                targets.append(0)
        #挑选与 POP3 密码破解相关的网络特征和 TCP 协议内容的特征作为样本特征
        x1 = [x1[0]] + x1[4:8]+x1[22:30]
        v.append(x1)
    for x1 in v :
        v1=[]
        for x2 in x1:
            v1.append(float(x2))
        features.append(v1)
    return features,targets
if __name__ == '__main__':
    v = load_kdd99("C:/PycharmProjects/决策树 2/kddcup.data/kddcup.data.corrected")
   # v=load_kdd99("../../data/kddcup99/corrected")
    x,y=get_guess_passwdandNormal(v)
    clf = tree.DecisionTreeClassifier()
    print(cross_val_score(clf, x, y, n_jobs=-1, cv=10))
    clf = clf.fit(x, y)
    dot_data = tree.export_graphviz(clf, out_file=None)
    graph = pydotplus.graph_from_dot_data(dot_data)
    graph.write_pdf("POP3Detector.pdf")
```

根据实验结果中的 PDF 数据，可以直观理解决策树的结构。

示例三：决策树和随机森林算法的准确率对比。利用 sklearn 库随机生成的一些数据进行决策树和随机森林算法的对比，源码如下。

```
# 准确率对比
from sklearn.model_selection import cross_val_score
from sklearn.datasets import make_blobs
from sklearn.ensemble import RandomForestClassifier
from sklearn.ensemble import ExtraTreesClassifier
from sklearn.tree import DecisionTreeClassifier
X,y = make_blobs(n_samples = 10000,n_features=10,centers = 100,random_state = 0)
clf = DecisionTreeClassifier(max_depth = None,min_samples_split=2,random_state = 0)
scores = cross_val_score(clf,X,y)
print("决策树准确率；",scores.mean())
clf = RandomForestClassifier(n_estimators=10,
max_depth = None,min_samples_split=2,random_state = 0)
```

```
scores = cross_val_score(clf,X,y)
print("随机森林准确率：",scores.mean())
```

从实验结果可以看出，随机森林算法的准确率略高于决策树。

示例四：使用随机森林算法检测 FTP 暴力破解。使用 ADFA-LD 数据集中关于 FTP 的数据，使用随机森林算法建立一个随机森林分类器。ADFA-LD 数据集内记录了函数调用序列，每个文件包含函数调用的序列个数都不一样。其源码如下。

```python
#使用随机森林算法检测 FTP 暴力破解
import re
import matplotlib.pyplot as plt
from sklearn.feature_extraction.text import CountVectorizer
from sklearn.model_selection import cross_val_score
import os
from sklearn import tree
import pydotplus
import numpy as np
from sklearn.ensemble import RandomForestClassifier
def load_one_flle(filename):
    x=[]
    with open(filename) as f:
        line=f.readline()
        line=line.strip('\n')
    return line
def load_adfa_training_files(rootdir):
    x=[]
    y=[]
    list = os.listdir(rootdir)
    for i in range(0, len(list)):
        path = os.path.join(rootdir, list[i])
        if os.path.isfile(path):
            x.append(load_one_flle(path))
            y.append(0)
    return x,y
def dirlist(path, allfile):
    filelist = os.listdir(path)
    for filename in filelist:
        filepath = path+filename
        if os.path.isdir(filepath):
            #处理路径异常
```

```
            dirlist(filepath+'/', allfile)
        else:
            allfile.append(filepath)
    return allfile
def load_adfa_hydra_ftp_files(rootdir):
    x=[]
    y=[]
    allfile=dirlist(rootdir,[])
    for file in allfile:
        #正则表达式匹配 Hydra 异常 FTP 文件
        if re.match(r"C:/PycharmProjects/决策树 2
/ADFA-LD/Attack_Data_Master/Hydra_FTP_\d+/UAD-Hydra-FTP*",file):
            x.append(load_one_flle(file))
            y.append(1)
    return x,y
if __name__ == '__main__':
    x1,y1=load_adfa_training_files("C:/PycharmProjects/决策树 2
/ADFA-LD/Training_Data_Master/")
    x2,y2=load_adfa_hydra_ftp_files("C:/PycharmProjects/决策树 2
/ADFA-LD/Attack_Data_Master/")
    x=x1+x2
    y=y1+y2
    vectorizer = CountVectorizer(min_df=1)
    x=vectorizer.fit_transform(x)
    x=x.toarray()
    #clf = tree.DecisionTreeClassifier()
clf = RandomForestClassifier(n_estimators=10,
        max_depth=None,min_samples_split=2, random_state=0)
clf = clf.fit(x,y)
    score = cross_val_score(clf, x, y, n_jobs=-1, cv=10)
    print(score)
    print('平均准确率为：',np.mean(score))
```

最后，随机森林分类器的平均准确率约 98.5%。

5.7.4　实验结果

上述 4 个示例程序相对简单，由于数据集较大，因此运行速度会受到一定的影响。
示例一的实验结果如图 5-16 所示。

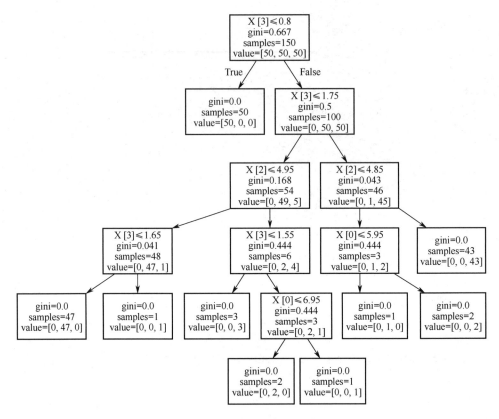

图 5-16 数据分类和预测

示例二的实验结果如图 5-17 所示。

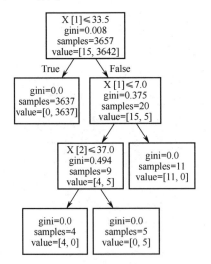

图 5-17 检测 POP3 暴力破解

示例三的实验结果如图 5-18 所示。

```
决策树准确率： 0.9794087938205586
随机森林准确率： 0.9996078431372549
```

图 5-18　决策树和随机森林算法的准确率对比

示例四的实验结果如图 5-19 所示。

```
[1.         0.99009901 0.98       0.97979798 0.97979798 0.93939394
 0.98989899 0.98989899 1.         1.        ]
平均准确率为： 0.9848886888688868
```

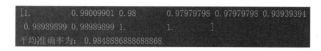

图 5-19　检测 FTP 暴力破解的平均准确率

习题

1．简述线性判别函数与分段线性判别函数的区别和联系。

2．随机森林和支持向量机分别适用于什么情况？在不同情况下如何选择分类器？

3．为什么需要把集成学习思想纳入分类算法中？

4．已知各类先验概率，最小错误率贝叶斯决策规则应如何表示？

5．假定在某种疾病识别中，患病的先验概率 $P(w_+)=0.1$，正常细胞的先验概率 $P(w_-)=0.9$。一位待识别患者的观察值为 X，从类条件概率密度分布曲线上查得 $P(X|w_+)=0.6$、$P(X|w_-)=0.1$，试对该患者是否患有该疾病进行分类。

6．试设计一个可以进行三类分类识别的 BP 网络。

参考文献

[1] DUDA R O，FOSSUM H. Pattern Classification by Iteratively Determined Linear and Piecewise Linear Discriminant Functions[J]. IEEE Transactions on Electronic Computers，1966，EC-15(2)：220-232.

[2] 张学工. 模式识别[M]. 3 版. 北京：清华大学出版社，2010.

[3] QUINLAN J R. Induction of decision trees [J]. Machine Learning，1986，1(1)：81-106.

[4] QUINLAN J R. C4. 5：programs for machine learning[M]. CA：Morgan Kaufmann Publishers，1992.

[5] BREIMAN L，FRIEDMAN J，OLSHEN R，et al. Classification and Regression Trees [M]. New York：Chapman&Hall (Wadsworth，Inc)，1984.

[6] EIBE F. Pruning Decision Trees and Lists[D]. New Zealand：University of Waikato，2000.

[7] BREIMAN L. Random Forests[J]. Machine Learning，2001，45(1)：5-32.

[8] FREUND Y. Boosting a weak learning algorithm by majority[J]. Informatation and Computation，1995：121(2)：256-285.

[9]   FREUND Y. An adaptive version of the boost by majority algorithm[C]. Proceedings of the Twelfth Annual Conference on Computational Learning Theory，1999.

[10] FREUND Y，SCHAPIRE R E. A short in trod uction to boosting[J]. Journal of Japanese Society for Artificial Intelligence，1999，14 (5)：771-780.

[11] CORTES C，VAPNIK V. Support-vector networks[J]. Machine Learning，1995，20(3)：273-297.

[12] PLATT J C. Fast training of support vector machines using sequential minimal optimization[M]. Boston: MIT Press, 1999.

[13] MANGASARIAN O L，MUSICANT D R. Successive over relaxation for support vector machines[J]. IEEE Transactions on Neural Networks，1999，10(5)：1032-7.

[14] 齐敏，李大健，郝重阳. 模式识别导论[M]. 北京：清华大学出版社，2009.

[15] WEBB A. Statistical Pattern Recognition[M]. West Sussex：John Wiley &. Sons Ltd.，2002.

[16] MCCULLOCH W S，PITTS W H. A logical Calculus of Ideas Immanent in Nervous Activity[J]. The Bulletin of Mathematical Biophysics，1942，5：115-133.

[17] TravisZeng Python. 决策树和随机森林算法实例详解[EB/OL]. [2018-01-30]. https://www. jb51.net/article/133990.htm.

[18] 剑昙说. Python 实现决策树、随机森林的简单原理[EB/OL]. [2018-03-26]. https://www. jb51.net/article/137104.htm.

[19] youngxiao's Blog. 决策树和随机森林用 Python tree interpreter 实现[EB/OL]. [2017-11-18]. https://blog.csdn.net/u010986080/article/details/78571465.

[20] 创益科技资讯. Python 机器学习——随机森林算法（Random Forest）[EB/OL]. [2018-09-24]. https://baijiahao.baidu.com/s?id=1612329431904493042&wfr=spider&for=pc.

[21] CuteLad. 关于决策树和随机森林的学习[EB/OL]. [2017-11-18]. https://www.cnblogs. com/ jiangpengcheng/archive/2018/05/26/9093023.html.

第6章 时间序列预测模型

时间序列预测对大数据分析处理及工程控制应用具有重大意义，也是目前各行业所关注的痛点和学者所研究的热点问题之一。其主要思想是根据时间序列当前值及历史数据，挖掘和提取重要信息，分析它们之间的隐含关系，构建合适的数学模型来预测未来值的动态趋势，重点是建立精准的预测模型，以预测其发展趋势，从而为决策者提供参考。它已被广泛用于军事科学、气象、金融、工业、生命医学和国民经济管理等诸多领域，特别是用于日常生活中的国民经济发展、金融数据分析、股票投融资、交通流量、信号处理、自动控制、网络流量及风电功率等方面的预测。实时准确的预测对生活中各个方面都具有极大的影响力，现今准确的预测在经济活动中尤为关键。本章在简述时间序列预测概念的基础上，对已有时间序列预测模型和方法进行深入分析和比较其优势；然后以股票为例，利用 Python 语言对股票数据进行预测，包括数据预处理、构建模型、模型比较和模型优化等过程，以指导读者进行实践操作，并以此来理解各种模型的工作原理。

6.1 时间序列预测概述

20 世纪 40 年代，Norbort Wiener 和 Andrei Kolmogonov 首次提出了时间序列分析（Time Series Analysis）[1]，随后 Box 和 Jenkins 等在 20 世纪 60 年代末提出了一套相对完善的时间序列分析建模理论和方法，并得到迅速发展[2,3]。近 30 年来，大数据技术和计算机的发展给时间序列分析带来了新的活力，使其成为自然科学和社会科学领域不可或缺的数据分析工具。作为未来的数据分析和处理工作人员，也需要掌握时间序列分析方法。

6.1.1 时间序列

时间序列是指各时间点上形成的数值序列，时间序列分析就是通过观察历史数据预测未来值[3]。这里需要强调的是，时间序列分析并不是关于时间的回归，它主要是研究自身变化规律的。时间序列由于具有很强的序列行，而且数据前后一般存在依赖、周期等关系，因此可以通过统计学的知识根据现有数据对未来数据进行预测。时间序列的应用背景十分广泛，依照不同场景需要，数据收集可以按小时、天、周、月或年等时间间隔进行，现在更有以秒为时间间隔的高频时间序列。

时间序列是对某些统计指标按时间顺序排列的序列。时间序列是时间 t 的函数，若用 Y 表示，则有

$$Y = Y(t) \tag{6-1}$$

时间序列根据其不同的指标可分为绝对时间序列、相对时间序列和平均时间序列。绝对时间序列是基本序列，可以分为时期序列和时点序列。时期序列是指反映某一段时期某社会经济现象发展的一系列综合指标组成的序列，如每年的国民生产总值。时点序

列是指反映某一特定时点某社会经济现象发展的一系列指标组成的序列，如每年年底的总人口数。下面的例子说明了不同领域中时间序列的实际案例。

（1）2000 年第一季度至 2017 年第一季度中国季度国内生产总值（GDP）（单位：亿元）如图 6-1 所示。

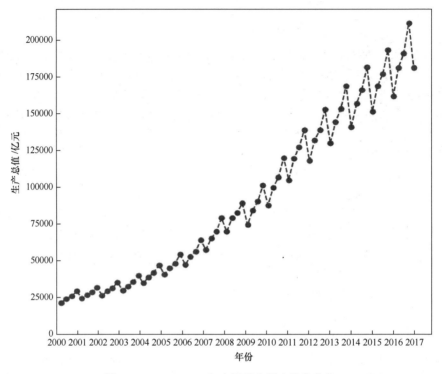

图 6-1　2000—2017 年中国季度国内生产总值

（2）图 6-2 绘制了从 1980 年 1 月 2 日至 2015 年 8 月 10 日美元与印度卢比之间的汇率。该数据集包含了 13730 条记录，显示了各时间点 1 美元对卢比的汇率。

图 6-2　1980—2015 年美元与印度卢比之间的汇率

（3）图 6-3 给出了 2009 年 1 月 1 日至 2018 年 11 月 6 日上证 A 股指数日数据（除去节假日）时序图。

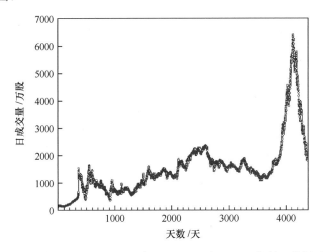

图 6-3　2009 年 1 月 1 日至 2018 年 11 月 6 日上证 A 股指数日数据时序图

（4）图 6-4 给出了 2007—2018 年我国全社会用电量及其增速。从图中可以看出，2018 年我国全社会用电量增长 5.5%左右，将达到 66546 亿千瓦时[4]。

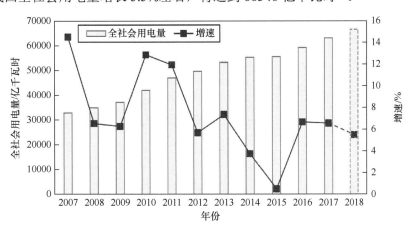

图 6-4　2007—2018 年我国全社会用电量及其增速

6.1.2　编制时间序列的原则

为了保证时间序列分析预测的准确性，需要保证同一时间序列中各指标值具有特定的可比性。此外，时间序列数据在编制时应遵循以下原则[5]。

1. 时间长短（间隔）一致

时间序列各项数据所表示的时间间隔或时间长短应当一致，并且需要连续。

2. 计算口径一致

时间序列各项数据的总体范围应当一致，指标的内容也应当一致。

3．计算方法和计量单位一致

统计指标数据的计算方法和计量单位应当一致。

6.1.3 时间序列预测方法

时间序列预测分析利用过去事件的时间特征来预测未来某段时间事件的特征。时间序列预测的具体操作方法是将预测对象的历史数据按时间顺序排列成时间序列，然后分析其随时间的变化趋势，推算预测对象的未来值。与回归预测模型不同，时间序列模型依赖于事件发生的先后，当相同大小的值改变顺序输入到模型中时将产生不同的结果。例如，根据某只股票过去两年的日股票收盘价数据，推测未来一周的日收盘价的变化趋势；或者根据某店过去两年每周购物者数量预测未来一周购物者数量等。由于时间是一个连续变量，在实际中，序列值通常以固定的时间间隔记录。预测问题通常按时间尺度分为短期预测问题、中期预测问题和长期预测问题。短期预测问题可以预测未来几个时间点（天、周、月、小时）的事件；中期预测问题可以预测 1～2 年；长期预测问题可能持续多年。经过几十年的研究，研究者将时间序列预测方法大致分为线性预测方法、非线性预测方法、小波变换方法及其他预测方法等。下面简述常用的时间序列预测方法。

1．线性预测方法

线性预测方法是最基本的时间序列预测方法。线性预测方法建立一个线性函数来模拟时间序列。近年来，自回归（Auto Regression，AR）、向量自回归（Vector Auto Regression，VAR）、滑动平均（Moving Average，MA）、自回归滑动平均（Auto Regressive Moving Average，ARMA）[5,6]、自回归积分滑动平均（Auto Regressive Integrated Moving Average，ARIMA）[5,6]、自回归条件异方差（Auto Regressive Conditional Heteroskedasticity，ARCH）和广义自回归条件异方差（Generalized Auto Regressive Conditional Heteroskedasticity，GARCH）等线性预测方法应用广泛[5,6]。这些方法遵循由 Box 和 Jenkins 于 1970 年提出的 Box-Jenkins 时间序列分析规则[2]。Box-Jenkins 时间序列分析规则的迭代过程如图 6-5 所示。

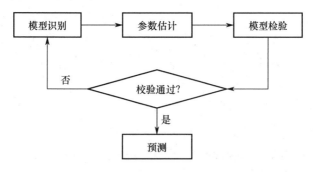

图 6-5　Box-Jenkins 时间序列分析规则的迭代过程

2．非线性预测方法

非线性预测方法是通过构造非线性函数来预测时间序列的方法。构造函数通常是多个非线性分量的线性组合，其参数需要确定。根据函数搜索的特性，非线性预测方法可分为全局方法或局部方法[7]。全局方法有人工神经网络（Artificial Neural Networks，ANN）、遗传规划（Genetic Programming，GP）、支持向量机（Support Vector Machines，SVM）、长短期记忆网络（Long Short-Term Memory network，LSTM）；局部方法有近邻（Nearest Neighbors，NN）法。

1）人工神经网络

人工神经网络最初是由 McCulloch 和 Pitts 于 1943 年提出的[8]。这种方法摒弃了大多数技术的渐进式应用，使用了受人脑启发的系统来寻找问题的解决方案。人工神经网络有一种由简单的互联单元（神经元）组成的特殊智能。这些神经元并行工作，可以解决预测、优化、模式识别和控制等多项任务。人工神经网络在求解非线性和不确定性问题上具有良好的效果。这是因为人工神经网络的自学习能力使其能够根据周围环境的变化适应自身的结构，从而更好地训练样本。神经网络模型具有多种形式，主要取决于神经网络的拓扑结构、神经元的特征函数和学习算法。

2）遗传规划

遗传算法（Genetic Algorithm，GA）是一种基于自然选择的随机搜索算法[9]，可用于求解计算数学中的搜索优化问题。遗传算法是一种进化算法，因为它能有效地利用与上一代相关的信息。这一事实基础允许人们在解空间中寻找新的点，并试图通过其演化获得更好的模型。遗传规划（GP）作为遗传算法的一个分支，也是遗传算法的自然演化[10,11]。由于 GP 的个体是一个计算机程序，GP 是遗传算法的一种特殊形式，因此 GP 基因以树形结构表达。与遗传算法的序列结构相比，GP 具有更强的扩展性和更丰富的变异性。

3）支持向量机

支持向量机（SVM）方法最早于 1992 年提出，并得到了广泛应用和快速拓展[12]。支持向量机已成为机器学习和数据挖掘领域广泛接受的标准。支持向量机的学习过程是一个可以用二次规划方法求解的最优化问题，其结果是唯一的解。这使得该方法在求解问题上比经典人工神经网络模型更具优势。用于时间序列预测的支持向量机通常称为支持向量回归（Support Vector Regression，SVR）[12]。它在抗噪声方面的鲁棒性使 SVR 更加实用。此外，利用损失函数，支持向量机可以很容易地解决回归问题。

4）长短期记忆网络

为了解决循环神经网络（Recurrent Neural Network，RNN）中的梯度消失或梯度爆炸问题，Hochreiter 和 Schmidhuber 于 1997 年提出了一种长短期记忆网络（LSTM）[13]。LSTM 是一种时间递归神经网络，它可以学习长期依赖性，记忆不定时间长度的值，适用于长时间间隔、延迟大等时间序列事件的处理和预测。LSTM 在许多领域和时间序列问题中都是非常有效的，并且被广泛应用。一般来说，LSTM 优于时间递归神经网络和隐马尔可夫模型（HMM）。LSTM 可以作为复杂的非线性单元来构造一个更大的深度神经网络[13]。

5）近邻法

近邻法根据以往已知的观测数据对新数据进行预测或分类。近邻法模型最早于 1967 年由 Cover 和 Hart 提出[14]，已成为最流行的方法之一。近邻法可以推广到 k-最近邻（k-NN），因此可以简单地选择 k 个最近邻来预测每种情况。此外，还可以通过增加邻居的重要性来扩展，从而为最近的邻居提供更大的权重。

3．小波变换方法

线性预测方法与非线性预测方法都是从时域角度进行分析的，但时间序列也可以从频域角度进行分析，即采用傅里叶变换和傅里叶相关变换，如短时傅里叶变换（Short-Time Fourier Transform，STFT）、快速傅里叶变换（Fast Fourier Transform，FFT）和离散傅里叶变换（Discrete Fourier Transform，DFT）。另外，适合时间序列分析的技术还有小波变换。小波变换有两种不同类型：离散小波变换（Discrete Wavelet Transform，DWT）和连续小波变换（Continuous Wavelet Transform，CWT）[15,16]。虽然这两种类型都可用于频谱分析，但连续小波变换在时间序列分析中具有更大优势。DWT 通常用于具有很大变化和不连续性的时间序列数据。张新红[15]提出了用连续小波网络对进出口贸易额建立时间序列预测模型，取得了较好的效果。

4．其他预测方法

一些研究人员还提出了许多新的预测方法，但它们并不能归为上述任何一类。例如，张冬青等[16]提出了一种基于小波域隐马尔可夫模型的时间序列分析方法，验证了该方法在经济领域时间序列分析中的有效性等；魏少岩等[17]提出了一种将灰色模型与卡尔曼平滑法相结合的方法，可预测未来两天某地区的多母线负荷；Alvarez FM 等[18]提出了模式序列相似性（Pattern Sequence Similarity，PSF）法。另外，组合预测模型（Hybrid Forecasting Model）一直以来也是提升时间序列分析和预测精度的重要研究方向与研究热点之一。牛东晓等[19]根据单一预测模型（SVM、ANN、ARMA 和 GARCH）的预测误差，采用模糊神经网络聚类方法确定组合模型的权重；Shi 等[20]提出了两种组合预测方法（ARIMA-ANN 和 ARIMA-SVM），分别预测风速时间序列和风力发电时间序列。

6.1.4　时间序列预测流程

1．数据的收集与整理

收集历史资料，将其整理和预处理成时间序列，根据时间序列绘制统计图。时间序列分析通常将所有可能发生影响因素分为 4 类：长期趋势（T）、季节变动（S）、循环变动（C）、不规则变动（I）。长期趋势是指一些基本因素在较长时期内形成的总体变化趋势；季节变动是指一年内发生的有季节性的、有规律的变化；循环变动是指几年内的规律性变化；不规则变动是指可以遵循的规律性变化，即各种不可预见、突然或不可预测的因素引起的变化。

2．时间序列成分的观察与分析

时间序列中每个周期的数值是许多不同因素同时作用的综合结果。应确定存在哪些影响因素，然后根据其组成进行分析，作为选择合适模型的依据。

3. 数据的预处理

计算时间序列的长期趋势、季节变动、循环变动、不规则变动，并选取近似的数学模型来表示。对于数学模型中的未知参数，使用适当的技术和方法来计算其值。根据预测的需要，对数据进行清理和转换，使序列特征更加明显，便于模型的选择，使数据更符合模型的要求。

4. 预测模型的选择

利用时间序列数据寻找包含一个或多个长期趋势、季节变动、循环变动和不规则变动因素的数学模型，可以预测未来的长期趋势值 T、季节变动值 S 或循环变动值 C，并在可能的情况下预测不规则变动值 I，然后利用以下模式计算未来时间序列的预测值 Y。一般有两种模式：一种是加法模式（$Y = T + S + C + I$）；另一种是乘法模式（$Y = T \times S \times C \times I$）。

如果难以获得不规则变动值 I，或者所检验的时间序列数据没有循环变动，那么只求长期趋势值 T 和季节变动值 S，以两者相乘之积或相加之和为时间序列的预测值。如果经济现象本身没有季节变动或不需要预测季节性和月度数据，那么长期趋势的预测值等于时间序列的预测值，即 $Y = T$。一般来说，在任何时间序列中都会有不规则的成分，但是在业务和管理数据中，通常只考虑趋势和季节性成分，而不考虑周期性因素。时间序列类型和预测方法的选择流程如图 6-6 所示。

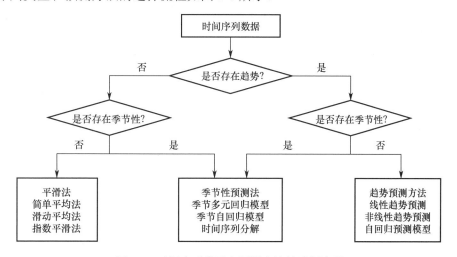

图 6-6　时间序列类型和预测方法的选择流程

5. 模型的评价与优化

模型评价应与模型分析研究的目标相结合，预测是时间序列分析的重要目标之一。因此，预测精度是评价模型质量的重要指标。此外，虽然预测误差是不可避免的，但如果超出了允许的范围，就应分析误差产生的原因，以确定预测模型是否需要优化。

6.1.5　时间序列预测模型评估

在选择特定的预测方法时，需要对其预测效果和精度进行评价。通常用于评价的主要方法就是找出预测值和实际值之间的预测误差。预测误差越小，预测模型的性能越好。常用的预测误差计算方法有平均误差（Mean Error，ME）、平均绝对误差（Mean Absolute Deviation，MAD）、均方误差（Mean Square Error，MSE）、平均百分比误差（Mean Percentage Error，MPE）、平均绝对百分比误差（Mean Absolute Percentage Error，MAPE）。假设观测值为 Y，预测值为 F，预测值的个数为 n，计算各种预测误差的公式如下。

1. 平均误差（ME）

$$ME = \frac{1}{n}\sum_{i=1}^{n}(Y_i - F_i) \tag{6-2}$$

由于预测误差有正有负，因此求和后的结果可能相互抵消，此时平均误差可能被低估。

2. 平均绝对误差（MAD）

$$MAD = \frac{1}{n}\sum_{i=1}^{n}|Y_i - F_i| \tag{6-3}$$

平均绝对误差用绝对值避免了相互抵消的问题，能够准确反映实际的预测误差。

3. 均方误差（MSE）

$$MSE = \frac{1}{n}\sum_{i=1}^{n}(Y_i - F_i)^2 \tag{6-4}$$

均方误差是通过平方消除误差符号计算出的平均误差。

4. 平均百分比误差和平均绝对百分比误差

ME、MAD 和 MSE 的大小受时间序列数据水平和测量单位的影响，有时它们不能真正反映预测模型的性能。平均百分比误差（MPE）和平均绝对百分比误差（MAPE）可以消除时间序列数据水平和测量单位的影响，即反映误差大小的相对值。

$$MPE = \frac{100}{n}\sum_{i=1}^{n}\left(\frac{Y_i - F_i}{Y_i}\right) \tag{6-5}$$

$$MAPE = \frac{100}{n}\sum_{i=1}^{n}\left(\frac{|Y_i - F_i|}{Y_i}\right) \tag{6-6}$$

6.2 指数平滑法

指数平滑法（Exponential Smoothing，ES）是生产预测常用的方法之一，它既有移动平均法的优点又有全期平均法的优点，并且没有放弃过去的数据。然而，它只提供了一个弱化的影响程序，数据随观测时间呈指数递减。指数平滑法是在移动平均法的基础上发展起来的一种时间序列预测方法。其通过计算指数平滑值，结合一定的时间序列预测模型，预测未来的发展。其原理是，任意周期的指数平滑值为当前实际观测值和前期指数平滑值的加权平均值。指数平滑的目的是通过"平滑"序列分离基本模式和随机成分。指数平滑法有 3 种，即一次指数平滑、二次指数平滑和三次指数平滑。一般来说，可根据原始散列图的趋势选择合适的指数平滑法。当时间序列无明显变化趋势时，则选择一次指数平滑预测；当数据为线性时，则选择二次指数平滑预测；当数据为抛物线趋势，或者当时间序列数据经二次指数平滑处理后仍为曲线时，则选择三次指数平滑预测。

6.2.1 一次指数平滑

一次指数平滑可以用来平滑时间序列，以消除随机波动，找出时间序列的变化趋势。一次指数平滑只有一个平滑系数，观测值离预测时间越远，权重越小。例如，将当前周期的预测值和观察值的线性组合用作第 $t+1$ 期的预测值，其预测模型为

$$\hat{y}_{t+1} = \alpha y_t + (1-\alpha)\hat{y}_t \tag{6-7}$$

式中，$\hat{y}_{t+1}$ 为第 $t+1$ 期的预测值；y_t 为第 t 期的实际观测值；$\hat{y}_t$ 为第 t 期的预测值；α 为平滑系数，其取值范围为 $0 \leqslant \alpha \leqslant 1$，具体取值根据预测要求来确定。

对于一次指数平滑预测，由于开始预测时第一期并没有预测值 $\hat{y}_t$，因此一般将第一期的预测值 $\hat{y}_t$ 设置为第一期的实际观测值，即 $\hat{y}_1 = y_1$。

第二期的预测值为 $\hat{y}_2 = \alpha y_1 + (1-\alpha)\hat{y}_1 = \alpha y_1 + (1-\alpha)y_1 = y_1$。

第三期的预测值为 $\hat{y}_3 = \alpha y_2 + (1-\alpha)\hat{y}_2 = \alpha y_2 + (1-\alpha)y_1$。

预测精度用误差均方来衡量，其公式为

$$\hat{y}_{t+1} = \alpha y_t + (1-\alpha)\hat{y}_t = \alpha y_t + \hat{y}_t - \alpha\hat{y}_t = \hat{y}_t + \alpha(y_t - \hat{y}_t) \tag{6-8}$$

由式（6-8）可知，$\hat{y}_{t+1}$ 由第 t 期的预测值 $\hat{y}_t$ 和通过 α 调整的第 t 期的预测误差 $(y_t - \hat{y}_t)$ 构成。

6.2.2 二次指数平滑

因为一次指数平滑只适用于没有明显趋势变化的历史数据预测，而不适用于有曲度或线性趋势的历史数据预测，所以二次指数平滑是在一次指数平滑的基础上再进行一次平滑。基于一次指数平滑的二次指数平滑公式为

$$S_t^{(2)} = \alpha S_t^{(1)} + (1-\alpha)S_{t-1}^{(2)} \tag{6-9}$$

式中，$S_t^{(2)}$ 为第 t 期的二次指数平滑值；$S_t^{(1)}$ 为第 t 期的一次指数平滑值；$S_{t-1}^{(2)}$ 为第 $t-1$ 期的二次指数平滑值；α 为平滑系数，也称为加权系数。

二次指数平滑是指对一次指数平滑值再做一次平滑的指数平滑法。二次指数平滑必须与一次指数平滑相结合，才能构建一个预测模型，然后可利用该模型来确定预测值。其具体步骤如下。

（1）计算一次指数平滑值和二次指数平滑值的差值。

（2）将这个差值添加到一次指数平滑值上。

（3）考虑趋势变动值。

二次指数平滑数学模型为

$$\hat{y}_{t+T} = \alpha_t + b_t T \tag{6-10}$$

式中，$\hat{y}_{t+T}$ 为 $t+T$ 期的预测值；T 为 t 期到预测期的间隔期数；α_t、b_t 均为参数，其分

别定义为 $\alpha_t = 2S_t^{(1)} - S_t^{(2)}$，$b_t = \dfrac{\alpha}{1-\alpha}(S_t^{(1)} - S_t^{(2)})$。

6.2.3 三次指数平滑

若时间序列的变动呈现二次曲线趋势，则需要采用三次指数平滑进行预测。三次指数平滑是在二次指数平滑的基础上再进行一次平滑。基于二次指数平滑的三次指数平滑公式为

$$S_t^{(3)} = \alpha S_t^{(2)} + (1-\alpha) S_{t-1}^{(3)} \tag{6-11}$$

式中，$S_t^{(3)}$ 为第 t 期的三次指数平滑值；$S_t^{(2)}$ 为第 t 期的二次指数平滑值；$S_{t-1}^{(3)}$ 为第 $t-1$ 期的三次指数平滑值；α 为平滑系数，也称为加权系数。

三次指数平滑的预测模型为

$$\hat{y}_{t+T} = \alpha_t + b_t \cdot T + c_t \cdot T^2 \tag{6-12}$$

$$\alpha_t = 3S_t^{(1)} - 3S_t^{(2)} + S_t^{(3)} \tag{6-13}$$

$$b_t = \frac{\alpha}{2 \times (1-\alpha)^2}[(6-5\alpha)S_t^{(1)} - 2 \times (5-4\alpha)S_t^{(2)} + (4-3\alpha)S_t^{(3)}] \tag{6-14}$$

$$c_t = \frac{\alpha^2}{2 \times (1-\alpha)^2}[S_t^{(1)} - 2S_t^{(2)} + S_t^{(3)}] \tag{6-15}$$

式中，$\hat{y}_{t+T}$ 为 $t+T$ 期的预测值；T 为 t 期到预测期的间隔期数；α_t、b_t、c_t 均为模型参数。

6.2.4 平滑系数的选择

在指数平滑法中，平滑系数 α 的选择是预测成功的关键，不同的平滑系数 α 对预测结果有不同的影响。α 值规定了新数据和原预测值在新预测值中的比例，α 值越大，新数据所占比例越大，原预测值所占比例越小；反之亦然。当时间序列呈稳定的水平趋势时，α 取值较小，应为 0.1～0.3；当时间序列波动较大或长期趋势变化较大时，α 取值应为 0.3～0.5；当时间序列有明显的上升或下降趋势时，α 取值较大，应为 0.6～0.8。在实际应用中，可采用多个 α 值进行试计算和比较，最终选择得到最小预测误差的 α 值。

6.3 自回归滑动平均模型

指数平滑法不需要时间序列中连续值之间的相关性。如果用指数平滑法计算预测区间，预测误差也必须是无关的，并且必须服从零均值和方差不变的正态分布。尽管指数平滑法不需要时间序列连续值之间的相关性，但在某些情况下，有必要通过考虑数据之间的相关性来建立一个更好的预测模型。自回归滑动平均（ARMA）模型是一种常用的平稳时间序列预测模型，由自回归（AR）模型和滑动平均（MA）模型组成，它具有应用范围广、预测误差小的特点[21,22]。例如，在市场研究中，它经常被用来研究长期跟踪

资料；在 Panel 面板数据模型研究中，它被用来研究消费者行为模式的变化；在零售研究中，它被用来预测具有季节性变化特征的销售量和市场规模等。

6.3.1　自回归模型

自回归（AR）模型是处理时间序列的一种统计方法，用变量 X 之前各期预测当期 X，即用 X_1 至 X_{t-1} 来预测本期 X_t，并假定它是线性关系。自回归模型在自然现象、经济学、信息学等领域预测方面应用广泛，p 阶自回归模型公式为

$$X_t = \sum_{i=1}^{p} \varphi_i X_{t-i} + \varepsilon_t \tag{6-16}$$

式中，φ_i 为自回归（自相关）系数；ε_t 为零均值的白噪声序列，满足 $N(0,\sigma^2)$，即假设它是一个均数等于 0、标准差等于 σ 的随机误差值，且假设 σ 对于任何时间 t 都不变。因此，此式可以简单地理解为 X 的当前值等于一个或多个后期 X 的线性组合加上随机误差。自回归模型是通过自身变量序列进行预测的，如果变量是自相关的，且自相关系数小于 0.5，则不应采用自回归模型；否则，预测结果是非常不准确的，自回归模型只适用于与自身前期相关的数据现象的预测。

6.3.2　滑动平均模型

通过对一段时间内的白噪声序列进行加权求和，可以得到滑动平均方程。q 阶滑动平均模型公式为

$$X_t = \varepsilon_t - \sum_{i=1}^{q} \phi_i \varepsilon_{t-i} \tag{6-17}$$

式中，ϕ_i 为滑动平均系数；ε_t 为不同时间点的白噪声。

6.3.3　自回归滑动平均模型表示

在某些应用中，需要高阶自回归模型和滑动平均模型来充分描述数据的动态结构，这将使模型复杂化。为了克服这一困难，可采用自回归滑动平均（ARMA）模型。其基本思想是将自回归模型与滑动平均模型相结合，使所使用的参数数目保持很小。自回归滑动平均模型（ARMA(p, q)）是时间序列中最常用的模型之一。它由自回归（AR）模型和滑动平均（MA）模型两部分组成，用 AR(p) 代表 p 阶自回归模型，用 MA(q) 代表 q 阶滑动平均模型，其公式为

$$X_t = \sum_{i=1}^{p} \varphi_i X_{t-i} + \varepsilon_t - \sum_{i=1}^{q} \phi_i \varepsilon_{t-i} \tag{6-18}$$

由式（6-18）可以看出，自回归滑动平均模型结合了自回归模型和滑动平均模型的特点。AR 模型解决了当前数据与后期数据间的关系问题，而 MA 模型解决了随机变化或噪声的问题。实际上，AR 模型和 MA 模型是 ARMA 模型的特例。当 $q = 0$ 时，ARMA 模型为 AR(p)；当 $p = 0$ 时，ARMA 模型为 MA(q)。因此简化的 ARMA 模型可以

用式（6-19）表示。

$$\varphi_p(B)X_t = \phi_q(B)\varepsilon_t \qquad (6\text{-}19)$$

其中，$\varphi_p(B) = 1 - \sum_{i=1}^{p}\varphi_i B^i$；$\phi_q(B) = 1 - \sum_{i=1}^{q}\phi_i B^i$。

根据 ARMA 模型的形式和特点，以及自相关函数（Auto Correlation Function，ACF）和偏自相关函数（Partial Auto Correlation Function，PACF）的特点，比较 3 种回归模型的特征，如表 6-1 所示。

表 6-1　3 种回归模型特征比较

特征	模型		
	ARMA(p,q)	AR(p)	MA(q)
模型方程	$\varphi(B)X_t = \phi(B)\varepsilon_t$	$\varphi(B)X_t = \varepsilon_t$	$X_t = \phi(B)\varepsilon_t$
平衡性条件	$\varphi(B) = 0$ 的根在单位圆外	$\varphi(B) = 0$ 的根在单位圆外	无
可逆性条件	$\phi(B) = 0$ 的根在单位圆外	无	$\phi(B) = 0$ 的根在单位圆外
自相关函数	拖尾	拖尾	q 步截尾
偏自相关函数	拖尾	p 步截尾	拖尾

6.3.4　自回归滑动平均模型建模

1．数据的平稳性检验与处理

如果时间序列满足以下要求：①对于任何时间 t，其平均值为常数；②对于任何时间 t 与 s，此时间序列的相关系数由两个时间点之间的时间段确定，两个时间点的起点不会造成任何影响，则该时间序列是一个平稳时间序列。若 AR 模型是一个平稳过程，则其特征方程根的绝对值应该在单位圆之外，而 MA 模型本身是由一组平稳的、有限的白噪声线性组合而成的，所以 MA 模型是平稳的。由于 ARMA 模型是 AR 模型和 MA 模型的结合，而 MA 模型本身是稳定的。因此，对 ARMA 模型的平稳性，只需验证 AR 模型部分的平稳性即可。

2．模型识别和定阶

一般来说，模型识别有自相关函数和偏自相关函数两种方法[21,22]。它们都是识别 ARMA 模型最有效的方法。两个函数的截尾特性可以用来判断模型的类型。表 6-2 展示了模型的自相关函数和偏自相关函数的理论模式。

表 6-2　ARMA(p,q) 模型自相关函数和偏自相关函数的理论模式

识别函数	模型		
	AR(p)	MA(q)	ARMA(p,q)
自相关函数	衰减趋于零	q 阶后截尾	q 阶后截尾衰减趋于零
偏自相关函数	p 阶后截尾	衰减趋于零	p 阶后截尾衰减趋于零

当用自相关函数和偏自相关函数的截尾来确定模型为 ARMA 模型时，不能确定 p 和 q。为了更准确地确定 p 和 q，可以将其与常用的定阶准则结合。使用最广泛的定阶

准则有最小信息量准则（Akaike Information Criterion，AIC）和贝叶斯信息准则（Bayesian Information Criterion，BIC）[21,22]。

AIC 是参数个数和拟合精度的加权函数，求使 AIC 函数最小值化的模型即最优模型。假设用 AR(n)模型来描述一时间序列样本 $\{X_t, 1 \leq t \leq N\}$，$\hat{\sigma}_\varepsilon^2$ 表示拟合残差，AIC 函数定义为式（6-20）。若某一数 p_0 满足式（6-21），则取 p_0 为自回归模型的最佳阶数，$M(N) = \sqrt{N}$ 或 $M(N) = \dfrac{N}{10}$。

$$\text{AIC}(n) = N \ln \hat{\sigma}_\varepsilon^2(n) + 2 \times (n+1) \tag{6-20}$$

$$\text{AIC}(p_0) = \min_{1 \leq n \leq M(N)} \text{AIC}(n) \tag{6-21}$$

BIC 与 AIC 相似，也用于模型选择，其公式定义为式（6-22），若某一阶数 q_0 满足式（6-23），则 q_0 为最佳滑动平均模型阶数，$M(N) = \sqrt{N}$ 或 $M(N) = \dfrac{N}{10}$。

$$\text{BIC}(n) = N \ln \hat{\sigma}_\varepsilon^2(n) + \frac{n}{N} \ln N \tag{6-22}$$

$$\text{BIC}(q_0) = \min_{1 \leq n \leq M(N)} \text{BIC}(n) \tag{6-23}$$

3. 自回归滑动平均模型建模流程与步骤

自回归滑动平均建模流程如图 6-7 所示。

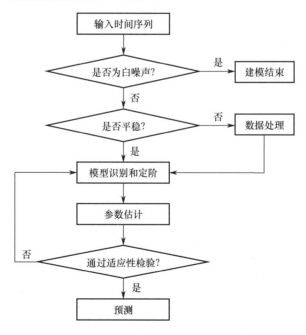

图 6-7　自回归滑动平均模型建模流程

自回归滑动平均模型建模步骤如下。

（1）对输入数据进行判断，判断输入数据是否为平稳的、非纯随机序列。若它是平稳序列，则执行步骤（2）；若它是非平稳序列，则需要进行数据处理后再转到步骤（2）。

（2）利用自相关函数和偏自相关函数，结合 AIC 或 BIC 对构建的新模型进行识别和定阶。

（3）模型识别和定阶完成后，进入模型的参数估计阶段。

（4）完成参数估计后，对拟合的模型进行适应性检验。若拟合模型通过检验，则进入预测阶段；若拟合模型没有通过检验，则重新进行模型的识别和检验，即重复步骤（2），重新选择模型。

（5）对该序列利用适应性强的拟合模型来预测其未来趋势。

6.4　自回归积分滑动平均模型

自回归滑动平均模型是针对平稳序列的，但在实际应用中，时间序列往往是非平稳的，不能用自回归滑动平均模型直接描述。只有在特定的数据处理之后，才能生成平稳的新序列，并应用自回归滑动平均模型。当一个具有短期趋势的非平稳序列通过差分变成平稳序列时，可采用 ARMA(p,q) 模型作为其相应的模型。此时，原始时间序列称为自回归积分滑动平均时间序列，即自回归积分滑动平均（Auto Regressive Integrated Moving Average，ARIMA）模型序列，它是一种常用于预测时间序列的统计模型。自回归积分滑动平均模型具有模型简单、只需内生变量而无须其他外生变量的优点，但也有其局限性：①要求时间序列数据是稳定的或在差分后是稳定的；②本质上只能适用于线性关系，而不能适用于非线性关系。

6.4.1　自回归积分滑动平均模型表示

自回归积分滑动平均模型有 3 个参数，即 p、d、q。其中，p 表示预测模型中使用的时间序列数据本身的滞后阶数，称为自回归项；d 表示时间序列数据需要进行 d 阶差分后才能稳定，称为积分项；q 表示预测模型中使用的预测误差的滞后阶数，称为移动平均项。假设参数 p、d、q 已知，ARIMA 模型的公式为

$$\hat{X}_t = \sum_{i=1}^{p} \varphi_i X_{t-i} + \varepsilon_t - \sum_{i=1}^{q} \phi_i \varepsilon_{t-i} \tag{6-24}$$

式中，φ_i 为自回归系数；ϕ_i 为移动平均系数。

6.4.2　自回归积分滑动平均模型建模

自回归积分滑动平均模型利用 Box-Jenkins 建模思想，其建模步骤如下。

（1）获取所需要预测的时间序列数据。

（2）绘制时间序列数据图形，看它是否为平稳时间序列数据。若是平稳时间序列数据，则可以使用 ARMA(p,q) 模型；若是非平稳时间序列数据，首先需要通过 d 阶差分运算将其处理成平稳时间序列数据，通过差分处理后的时间序列数据若为平稳时间序列数据，则获得了 ARIMA(p,d,q) 模型的阶数 d。

（3）对平稳时间序列数据分别通过自相关函数和偏自相关函数获取参数 q、p，实际操作是通过分析自相关图和偏自相关图获取最优自回归阶数 p 和平均移动阶数 q。

（4）进行模型的诊断分析和检验，以验证所选模型是否与所观察数据的特征相符，若不相符，则返回步骤（3）。

（5）利用构建好的 ARIMA(p,d,q)模型预测实际问题的未来趋势。

6.4.3　案例分析

本节以雅虎金融股票数据为例，分析如何处理时间序列数据，并将 ARIMA 模型应用于时间序列预测。首先，获取并分析雅虎金融股票从 2008 年 1 月 1 日至 2018 年 12 月 31 日的历史数据，然后利用 ARIMA 模型进行 2018 年度的此股票日收盘价趋势预测。由于股票数据受政策等环境的影响，因此趋势波动大，预测效果并不太好。本节只是想通过一个案例来简单说明 ARIMA 模型的使用。在运行代码之前，需要安装 pandas、pandas_datareader、fix_yahoo_finance、matplotlib、statsmodels、scipy、patsy 等工具包。

1．获取股票数据

股票数据集中提供的字段有交易日期（Date）、开盘价（Open）、最高价格（High）、最低价格（Low）、收盘价（Close）、恢复前的收盘价（Adj Close）、成交量（Volume）。首先获取股票信息，然后利用 pandas 对数据进行存储和处理，提取收盘价属性，按照时间排序将其转化为时间序列。其源代码如下。

```
#导入相关包
import pandas as pd
import pandas_datareader
import fix_yahoo_finance as yf
import matplotlib.pyplot as plt
import datetime
from statsmodels.graphics.tsaplots import plot_acf,plot_pacf
from statsmodels.tsa.arima_model import ARIMA
#获取 2008 年 1 月 1 日到 2018 年 12 月 31 日雅虎股票数据
start = datetime.datetime(2008,1,1)
end = datetime.datetime(2019,1,1)
yf.pdr_override()      #此函数表示修复
stock_data = pandas_datareader.data.get_data_yahoo("SPY",start,end) #股票数据
print(stock_data)
#数据可视化
plt.rcParams['font.sans-serif'] = 'SimSun'      #设置字体为宋体
plt.rcParams['axes.unicode_minus'] = False      #设置中文显示
stock_data['Close'].plot(color='r',label='日期')
plt.title('股票每日收盘价')
plt.show()
```

2008 年 1 月 1 日到 2018 年 12 月 31 日雅虎股票数据的每日收盘价结果如图 6-8 所示。

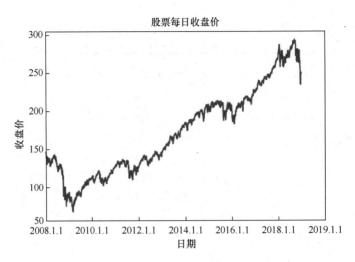

图 6-8　2008 年 1 月 1 日到 2018 年 12 月 31 日雅虎股票数据的每日收盘价

2．按周进行重采样

其代码如下。

```
#对 Close 列按照每周的均值进行重采样
stock_week = stock_data['Close'].resample('W-MON').mean()
#划分训练集
train_data = stock_week['2008':'2018']    #训练数据为 2008—2018 年
#数据可视化
train_data.plot(color='g',label='日期')
plt.title('股票每周收盘价均值')
plt.show()
```

对 Close 列按照每周的均值进行重采样，效果如图 6-9 所示。从图中可以看出，数据的波动比较大，需要通过差分来平稳化以得到平稳时间序列数据。

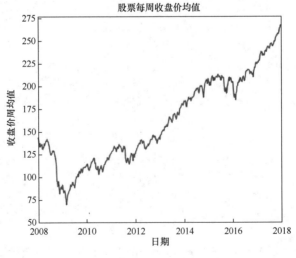

图 6-9　股票每周收盘价均值

3．差分

进行一阶差分，使时间序列平稳化，代码如下。

```
diff_data = train_data.diff(1)        #一阶差分
diff_data.dropna(inplace=True)   #去除空值
diff_data.plot()
#绘制一阶差分图
plt.title('一阶差分')
plt.show()
```

一阶差分和二阶差分（二阶差分的源代码同上，只需使 diff_data = train_data. diff(2) 即可）的效果分别如图 6-10 和图 6-11 所示。从图中可以看出，二阶差分后的时间序列与一阶差分相差不大，并且二者的时间序列均值和方差随时间的推移保持不变，故本案例的差分阶数 d 取值为 1。

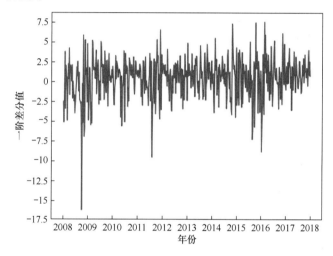

图 6-10　一阶差分

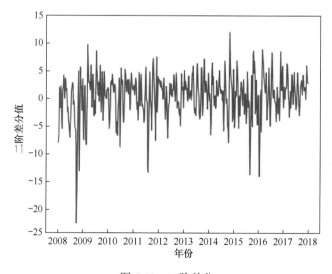

图 6-11　二阶差分

4．自相关函数与偏自相关函数

获取的时间序列现在已是平稳时间序列，然后选择合适的 ARIMA 模型，即确定 ARIMA 模型中 p 和 q 两个参数。通过绘制平稳时间序列的自相关图和偏自相关图来确定 p 和 q。

```
#绘制 ACF 图，确定移动平均阶数 q
acf = plot_acf(diff_data,lags=25)
plt.title('ACF')
acf.show()
#绘制 PACF 图，确定自回归阶数 p
pacf = plot_pacf(diff_data,lags=25)
plt.title('PACF')
pacf.show()
plt.show()
```

运行后股票数据的自相关图和偏自相关图分别如图 6-12 和图 6-13 所示。从图中可以得出 p、q 分别取 1。当然，这里也可以结合 AIC 和 BIC 进行不同组合实验，使 AIC 和 BIC 值最小，进而确定模型阶数 p、q 的值。

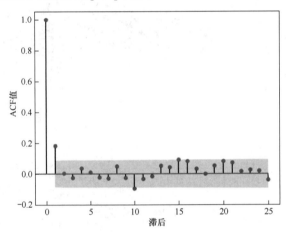

图 6-12　自相关图

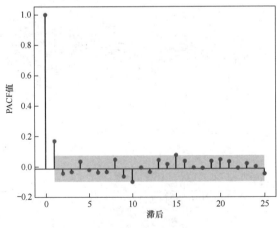

图 6-13　偏自相关图

5．调用 ARIMA 模型预测

其代码如下。

```
#训练，order=(1,1,1) 中的数值分析对应 p、d、q
model = ARIMA(train_data,order=(1,1,1),freq='W-MON')
arima = model.fit()
#预测 2018 年 1 月 1 日至 2018 年 12 月 31 日的日收盘价
pre_data = arima.predict('20180101','20181231',dynamic=True,typ='levels')
#可视化对比
stock_con = pd.concat([stock_week,pre_data],axis=1,keys=['origin value','predict value'])
stock_con.plot()
plt.title('预测情况')
plt.show()
```

2018 年 1 月 1 日至 2018 年 12 月 31 日的日收盘价预测结果如图 6-14 所示。由图 6-14 可知，ARIMA(1,1,1)模型的拟合效果不是很理想，主要是由于股票数据受政策和其他环境的影响，波动太大，因此在建模时还应考虑股票的波动，建议考虑结合使用自回归条件异方差（ARCH）模型。

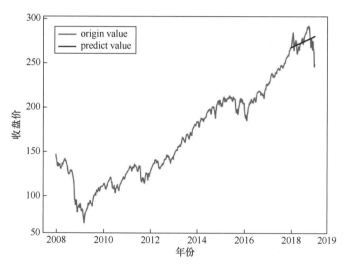

图 6-14　ARIMA 模型预测股票的日收盘价结果

6.5　长短期记忆网络模型

长短期记忆网络（LSTM）是循环神经网络（RNN）的一种特殊类型，它由 Hochreiter 和 Schmidhuber 于 1997 年提出[23]，并得到了广泛应用和改良[24-27]。长短期记忆网络适用于处理和预测具有较长时间间隔于与延迟的事件，并且已经在科技领域有了多种应用，如用于机器人、机器翻译、手写识别、文本预测、图像识别、疾病预测、语音识别和合成音乐等[25-27]。

6.5.1 循环神经网络

循环神经网络（RNN）通常是指时间递归神经网络，主要用于处理时间序列数据，该网络结构如图 6-15 所示[27-29]。其一般包括输入层、隐藏层和输出层，输出由激活函数控制，层与层之间通过权值进行全连接，输入层和输出层中的节点是无连接的，但隐藏层中的节点是有连接的，其输入不仅包括输入层的输出，还包括上一时刻隐藏层的输出。

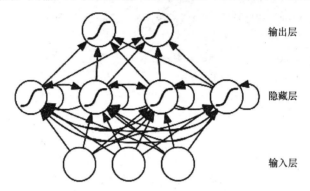

图 6-15　循环神经网络的结构

简单循环神经网络的输出计算公式为

$$\boldsymbol{y}_t = g(\boldsymbol{W}_y \boldsymbol{h}_t + \boldsymbol{b}_0) \tag{6-25}$$

$$\boldsymbol{h}_t = \sigma(\boldsymbol{W}_h \boldsymbol{h}_{t-1} + \boldsymbol{W}_x \boldsymbol{x}_t) \tag{6-26}$$

式中，$\boldsymbol{W}_y$、$\boldsymbol{W}_h$ 和 $\boldsymbol{W}_x$ 分别为隐藏层输出 $\boldsymbol{h}_t$、上一时刻隐藏层的输出 $\boldsymbol{h}_{t-1}$ 和输入层 $\boldsymbol{x}_t$ 的权重矩阵。式（6-26）中引入了时间递归，使用了逻辑函数 $\sigma(\cdot)$ 来连接当前隐藏层输出 $\boldsymbol{h}_t$ 与上一时刻隐藏层的输出 $\boldsymbol{h}_{t-1}$，表现为非线性关系。$\sigma(\cdot)$ 为 Sigmoid 函数，$g(\cdot)$ 为 tanh 函数。

6.5.2 长短期记忆网络

由于梯度减小或爆炸问题，简单循环神经网络难以训练，隐藏层输出 $\boldsymbol{h}_t$ 与 $\boldsymbol{h}_{t-1}$ 之间存在非线性关系。长短期记忆网络在其记忆细胞 $\boldsymbol{c}_t$ 和过去的 $\boldsymbol{c}_{t-1}$ 之间引入了线性依赖性，通过引入控制门和记忆单元来解决梯度减小或爆炸问题。长短期记忆网络中每个神经元都具有存储记忆单元和 3 个控制门（输入门、输出门和遗忘门），其中输入门和输出门分别应用于输入端的非线性函数和输出端的非线性函数。每个控制门都对前个神经元的存储单元赋予权重。长短期记忆网络模型公式为

$$\boldsymbol{z}_t = g(\boldsymbol{W}_x \boldsymbol{x}_t + \boldsymbol{b}_z) \tag{6-27}$$

$$\boldsymbol{i}_t = \sigma(\boldsymbol{W}_{xi} \boldsymbol{x}_t + \boldsymbol{W}_{hi} \boldsymbol{h}_{t-1} + \boldsymbol{W}_{ci} \boldsymbol{c}_{t-1} + \boldsymbol{b}_i) \tag{6-28}$$

$$\boldsymbol{f}_t = \sigma(\boldsymbol{W}_{xf} \boldsymbol{x}_t + \boldsymbol{W}_{hf} \boldsymbol{h}_{t-1} + \boldsymbol{W}_{cf} \boldsymbol{c}_{t-1} + \boldsymbol{b}_f) \tag{6-29}$$

$$\boldsymbol{c}_t = \boldsymbol{f}_t \odot \boldsymbol{c}_{t-1} + \boldsymbol{i}_t \odot g(\boldsymbol{W}_{xc} \boldsymbol{x}_t + \boldsymbol{W}_{hc} \boldsymbol{h}_{t-1} + \boldsymbol{b}_c) \tag{6-30}$$

$$\boldsymbol{o}_t = \sigma(\boldsymbol{W}_{xo} \boldsymbol{x}_t + \boldsymbol{W}_{ho} \boldsymbol{h}_{t-1} + \boldsymbol{W}_{co} \boldsymbol{c}_t + \boldsymbol{b}_o) \tag{6-31}$$

$$\boldsymbol{y}_t = \boldsymbol{o}_t \odot g(\boldsymbol{c}_t) \tag{6-32}$$

式中，c_t、i_t、f_t、o_t 分别为记忆细胞、输入门、输出门和遗忘门；通常情况下，$\sigma(\cdot)$ 为 Sigmoid 函数，用于门的激活；$g(\cdot)$ 为 tanh 函数，用于 block 的输入和输出的激活。

LSTM 变体的结构如图 6-16 所示[29]。

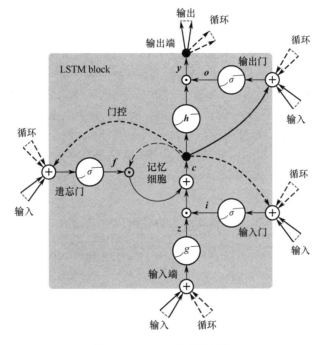

图 6-16　LSTM 变体的结构

6.6　实验：基于 LSTM 的股票最高价预测

本节将实现利用 LSTM 根据股票的多个特征和历史数据预测股票下一日的最高价，即根据股票历史数据中的 open（开盘价）、close（收盘价）、low（最低价）、high（最高价）、volume（成交量）、money（成交金额）、change（涨跌幅）等特征，预测下一日此股票的最高价。

6.6.1　实验目的

（1）了解股票数据的结构。
（2）利用 TensorFlow 搭建 LSTM 框架。
（3）利用 TensorFlow 框架构建和实现基于 LSTM 的股票预测模型。
（4）运行程序，分析结果。

6.6.2　实验要求

（1）了解 TensorFlow 构建 LSTM 的步骤。
（2）会使用股票数据集。

（3）理解实现股票预测的程序流程。

（4）实现利用 LSTM 预测股票下一日的最高价。

6.6.3 实验原理

1. 数据集

本实验数据选用了上证指数股票 sh000001 自 1990 年 12 月至 2015 年 12 月共 6109 个样本数据信息作为输入。本数据信息的元素维度为 10 个，即 10 个影响股票价格的数据字段：index_code（股票代码）、date（时间）、open（开盘价）、close（收盘价）、low（最低价）、high（最高价）、volume（成交量）、money（成交金额）、change（涨跌幅）、label（下一日股票最高价）。样本预测目标就是标签（label），即下一日股票最高价，数据来源于 KAGGLE 开源数据，即需要对开盘价、收盘价、最低价、最高价、成交量、成交金额、涨跌幅 7 个特征标准化后预测下一日股票的最高价。数据集中的部分数据如表 6-3 所示。

表 6-3　上证指数 sh000001 数据集中的部分数据

index_code	date	open	close	low	high	volume	money	change	label
sh000001	1990/12/20	104.3	104.39	99.98	104.39	197000	85000	0.04410882	109.13
sh000001	1990/12/21	109.07	109.13	103.73	109.13	28000	16100	0.04540665	114.55
sh000001	1990/12/24	113.57	114.55	109.13	114.55	32000	31100	0.04966554	120.25
sh000001	1990/12/25	120.09	120.25	114.55	120.25	15000	6500	0.04975993	125.27
sh000001	1990/12/26	125.27	125.27	120.25	125.27	100000	53700	0.04174636	125.28
sh000001	1990/12/27	125.27	125.28	125.27	125.28	66000	104600	7.98E−05	126.45
sh000001	1990/12/28	126.39	126.45	125.28	126.45	108000	88000	0.00933908	127.61
sh000001	1990/12/31	126.56	127.61	126.48	127.61	78000	60000	0.00917359	128.84
sh000001	1991/1/2	127.61	128.84	127.61	128.84	91000	59100	0.00963874	130.14
sh000001	1991/1/3	128.84	130.14	128.84	130.14	141000	93900	0.01009003	131.44
sh000001	1991/1/4	131.27	131.44	130.14	131.44	420000	261900	0.00998924	132.06
sh000001	1991/1/7	131.99	132.06	131.45	132.06	217000	141700	0.00471698	132.68
sh000001	1991/1/8	132.62	132.68	132.06	132.68	2926000	1806900	0.00469484	133.34
sh000001	1991/1/9	133.3	133.34	132.68	133.34	5603000	3228700	0.00497437	133.97
sh000001	1991/1/10	133.93	133.97	133.34	133.97	9990000	5399500	0.00472476	134.61
sh000001	1991/1/11	134.61	134.6	134.51	134.61	13327000	7115700	0.00470255	135.19
sh000001	1991/1/14	134.11	134.67	134.11	135.19	12530000	6883600	0.00052006	134.74
sh000001	1991/1/15	134.21	134.74	134.19	134.74	1446000	1010400	0.00051979	134.74
sh000001	1991/1/16	134.19	134.24	134.14	134.74	509000	270100	−0.0037109	134.25
sh000001	1991/1/17	133.67	134.25	133.65	134.25	658000	334200	7.45E−05	134.25
sh000001	1991/1/18	133.7	134.24	133.67	134.25	3004000	1570800	−7.45E−05	134.24
sh000001	1991/1/21	133.7	134.24	133.66	134.24	2051000	1029300	0	134.24
sh000001	1991/1/22	133.72	133.72	133.66	134.24	354000	180800	−0.0038737	133.72
sh000001	1991/1/23	133.17	133.17	133.14	133.72	1095000	575900	−0.0041131	133.17
sh000001	1991/1/24	132.61	132.61	132.57	133.17	1857000	917400	−0.0042052	132.07
sh000001	1991/1/25	132.05	132.05	132.03	132.07	3447000	1722200	−0.0042229	131.55
sh000001	1991/1/28	131.46	131.46	131.46	131.55	5107000	2565600	−0.004468	130.97
sh000001	1991/1/29	130.95	130.95	130.95	130.97	1387000	710700	−0.0038795	130.95
sh000001	1991/1/30	130.44	130.44	130.41	130.95	527000	260700	−0.0038946	130.46
sh000001	1991/1/31	129.93	129.97	129.93	130.46	510000	244700	−0.0036032	129.97
sh000001	1991/2/1	129.5	129.51	129.45	129.97	345000	140900	−0.0035393	129.58
sh000001	1991/2/4	129.05	129.05	129.05	129.58	553000	273700	−0.0035518	128.58
sh000001	1991/2/5	128.56	128.58	128.53	128.58	8562000	4250100	−0.003642	129.15

2. 构建 LSTM

在本实验中，利用 TensorFlow 搭建一个简单的 LSTM，包括一个输入层、两个隐藏层和一个输出层。输入层神经元数为 7 个；隐藏层神经元数为 10 个；输出层神经元数

为 1 个。LSTM 的学习率设置为 0.0006；输入层权重和输出层权重初始化为随机数，且
服从正态分布；偏置值的初始化值为 0.1，迭代次数为 2000，每隔 200 次就保存一次模
型。使用搭建好的 LSTM 训练数据集，用训练好的模型对测试集数据进行趋势预测，一
个批次训练 80 个样本（包含该样本及其后续 15 个样本），即输入包含从某一样本往后
的连接 15 个样本，每个样本包含 7 个特征。实验中模型性能的评价采用平均绝对百分
比误差（MAPE），网络参数优化和股票预测损失函数（loss）都在均方根误差
（RMSE）的基础上进行，所以 loss 值越低，说明模型拟合效果越好。

6.6.4　实验步骤

1. 实验环境

本实验环境为 TensorFlow2.2.0 + Python3.6.5，IDE 为 Python 自带的 IDLE。

2. 所用 Python 包

安装 pandas、numpy、matplotlib、tensorflow 等包。

若没有安装这些包，则可在 Windows 操作系统的"命令提示符"（Mac 操作系统的
"终端"）下输入"pip install'包名'"进行安装，如 pip install tensorflow。

3. 程序源代码

（1）导入相关包，定义 LSTM 的超参数并初始化 LSTM 变量，源代码如下。

```
#导入相关包，定义 LSTM 的超参数并初始化 LSTM 变量
import pandas as pd
import numpy as np
import matplotlib.pyplot as plt
import tensorflow as tf
# 定义 LSTM 的超参数
rnn_unit=10          #隐藏层神经元个数
lstm_layers=2        #隐藏层层数
input_size=7         #输入层神经元个数
output_size=1        #输出层神经元个数
lr=0.0006            #学习率
#初始化 LSTM 输入层权重、输出层权重为服从正态分布的随机数，偏置值全部为 0.1
weights = {
    'in': tf.Variable(tf.random_normal([input_size, rnn_unit])),
    'out': tf.Variable(tf.random_normal([rnn_unit, 1]))
}
biases = {
    'in': tf.Variable(tf.constant(0.1, shape=[rnn_unit, ])),
    'out': tf.Variable(tf.constant(0.1, shape=[1, ]))
}
```

（2）考虑到真实的训练环境，每个批次训练样本数（batch_size）、时间步（time_
step）、训练集的开始行数（train_begin）和结束行数（train_end）设定为函数参数，使

得训练更加机动。训练集取数据集前 5800 行，余下数据为测试集。训练集和测试集数据标准化后的值为

$$x_s = (x - \mu)/\sigma^2 \qquad (6\text{-}32)$$

式中，x 为样本值；μ 为样本均值；x_s 为样本标准化后的值；σ^2 为样本标准差。

定义获取训练集函数 get_train_data，即通过函数传值，函数参数有 batch_size（批大小）、time_step（时间步）、train_begin（训练起始点）、train_end（训练终止点）；函数返回值有 batch_index（批索引）、train_x（训练数据特征）train_y（训练数据标签）。定义获取测试集 get_test_data 函数，函数参数代码含义同获取训练集函数，函数返回值有 mean（均值）、 std（标准差）、test_x（测试数据特征）、test_y（测试数据标签）。定义获取训练集和测试集的函数代码如下。

```
#定义获取训练集函数，默认为0～5800行
def get_train_data(batch_size=60, time_step=20, train_begin=0, train_end=5800):
    batch_index = []
    data_train = data[train_begin:train_end]    #训练数据开始至结束
    normalized_train_data = (data_train - np.mean(data_train, axis=0)) / np.std(data_train, axis=0)
                                                 #标准化
    train_x, train_y = [], []                    #训练集输入与输出变量
    #以下是获取训练集，并进行标准化，最后返回该函数的值
    for i in range(len(normalized_train_data) - time_step):
        if i % batch_size == 0:
            batch_index.append(i)
        x = normalized_train_data[i:i + time_step, :7]    #前7列为输入维度数据
        y = normalized_train_data[i:i + time_step, 7, np.newaxis]
        #最后一列标签为y，是预测标签，先比较再反向求参数
        train_x.append(x.tolist())
        train_y.append(y.tolist())
    batch_index.append((len(normalized_train_data) - time_step))
    return batch_index, train_x, train_y
#定义测试集函数，该获取数据从5800行开始到最后
def get_test_data(batch_size=60, time_step=20, test_begin=5800):
    data_test = data[test_begin:]
    mean = np.mean(data_test, axis=0)    #均值
    std = np.std(data_test, axis=0)      #标准差
    normalized_test_data = (data_test - mean) / std          # 标准化
    size = (len(normalized_test_data) + time_step) // time_step  #有size个样本
    test_x, test_y = [], []
    for i in range(size - 1):
        x = normalized_test_data[i * time_step:(i + 1) * time_step, :7]
        y = normalized_test_data[i * time_step:(i + 1) * time_step, 7]
        test_x.append(x.tolist())
        test_y.extend(y)
```

```
test_x.append((normalized_test_data[(i + 1) * time_step:, :7]).tolist())
test_y.extend((normalized_test_data[(i + 1) * time_step:, 7]).tolist())
return mean, std, test_x, test_y
```

（3）构建 LSTM 模型，计算前将 tensor 转换为二维向量，计算后将结果作为隐含层的输入数据，然后将 tensor 转换成三维向量，作为 LSTM 记忆细胞的输入，记忆细胞的输出经过与输出权重矩阵相乘并加入偏置后，得到最终输出。构建 lstm(X)函数的代码如下。

```
#构建 LSTM
def lstm(X):
    batch_size = tf.shape(input=X)[0]
    time_step = tf.shape(input=X)[1]
    w_in = weights['in']
    b_in = biases['in']
    input = tf.reshape(X, [-1, input_size])
#需要将 tensor 转成二维进行计算，计算后的结果作为隐藏层的输入
    input_rnn = tf.matmul(input, w_in) + b_in
    input_rnn = tf.reshape(input_rnn, [-1, time_step, rnn_unit])
#将 tensor 转成三维，作为 lstm cell 的输入
    cell = tf.compat.v1.nn.rnn_cell.LSTMCell(rnn_unit)
    init_state = cell.zero_state(batch_size, dtype=tf.float32)

    #output_rnn 记录 lstm 每个输出节点的结果，final_states 是最后一个 cell 的结果
    output_rnn, final_states = tf.compat.v1.nn.dynamic_rnn(cell, input_rnn, initial_state=init_state,
dtype=tf.float32)
    output = tf.reshape(output_rnn, [-1, rnn_unit])    #作为输出层的输入
    w_out = weights['out']
    b_out = biases['out']
    pred = tf.matmul(output, w_out) + b_out
    return pred, final_states
```

（4）训练模型。对构建的 LSTM 利用训练集数据进行训练，即从训练样本的第 1～5785个样本中，按每个批次为 80、每次取 15 个数据进行训练模型，并保存训练好的模型参数，以便预测时使用。定义训练模型函数 train_lstm 的代码如下。

```
#训练模型
def train_lstm(batch_size=80,time_step=15,train_begin=0,train_end=5800):
    loss_s=[]
    X=tf.compat.v1.placeholder(tf.float32, shape=[None,time_step,input_size])
    Y=tf.compat.v1.placeholder(tf.float32, shape=[None,time_step,output_size])
    batch_index,train_x,train_y=get_train_data(batch_size,time_step,train_begin,train_end)
    print(np.array(train_x).shape)
    print(batch_index)
    with tf.compat.v1.variable_scope("sec_lstm"):
        pred,_=lstm(X)
#定义损失函数
```

```
loss=tf.reduce_mean(input_tensor=tf.square(tf.reshape(pred,[-1])-tf.reshape(Y, [-1])))
train_op=tf.compat.v1.train.AdamOptimizer(lr).minimize(loss)#使用 Adam 算法的 Optimizer 优化器
saver=tf.compat.v1.train.Saver(tf.compat.v1.global_variables(),max_to_keep=10) #保存模型
with tf.compat.v1.Session() as sess:
    sess.run(tf.compat.v1.global_variables_initializer())
    #迭代次数设为 2000
    for i in range(2000):
            #每次进行训练时，每个 batch 训练 batch_size 个样本
            for step in range(len(batch_index)-1):
_,loss_=sess.run([train_op,loss],feed_dict={X:train_x[batch_index[step]:batch_index[step+1]],Y:train_y[batch_index[step]:batch_index[step+1]]})
            print("Number of iterations:", i, " loss:", loss_)
            loss_s.append(loss_)
            if (i+1) % 200 == 0:
                    print("保存模型：",saver.save(sess,'model/stock2.model',global_step=i+1))
    #以折线图表示 loss
    plt.figure()
    los, = plt.plot(loss_s,color='r')
    plt.legend([los],["loss"],loc='upper center',frameon=False)   #去掉图例边框
    #plt.legend([los],["loss"],loc='upper center')
    plt.show()
```

（5）根据训练好的 LSTM 模型和测试集数据预测股票下一日的最高价，并与真实值进行比较。定义预测模型函数 prediction 的代码如下。

```
##预测模型
def prediction(time_step=20):
    X = tf.compat.v1.placeholder(tf.float32, shape = [None,time_step,input_size])
    mean, std, test_x, test_y = get_test_data(time_step)
    with tf.compat.v1.variable_scope("sec_lstm",reuse=True):
        pred, _ = lstm(X)
    saver = tf.compat.v1.train.Saver(tf.compat.v1.global_variables())
    with tf.compat.v1.Session() as sess:
        #参数恢复
        module_file = tf.train.latest_checkpoint('model')
        saver.restore(sess, module_file)
        test_predict = []
        for step in range(len(test_x)-1):
            prob=sess.run(pred,feed_dict = {X:[test_x[step]]})
            predict = prob.reshape((-1))
            test_predict.extend(predict)
        test_y = np.array(test_y)*std[7]+mean[7]
        test_predict = np.array(test_predict)*std[7]+mean[7]
        MAPE = np.average(np.abs(test_predict-test_y[:len(test_predict)])/test_y[:len(test_predict)]) #偏差
```

```
print('Mean Absolute Percentage Error(MAPE) is ', MAPE*100)
#以折线图表示结果
plt.figure()
p1, = plt.plot(list(range(len(test_predict))), test_predict, color='b')
p2, = plt.plot(list(range(len(test_y))), test_y, color='r')
plt.legend([p2, p1],["Real value", "predict value"],loc='upper left')
plt.show()
```

（6）导入上证指数股票 sh000001 的所有数据，通过调用 get_train_data 函数和 get_test_data 函数获取训练集和测试集，然后调用 train_lstm 函数训练构建的 LSTM 模型，最后调用 prediction 函数预测下一日股票的最高价。其程序主代码如下。

```
#导入数据
f=open('stock_data.csv')    #上证指数股票 sh000001
df=pd.read_csv(f)           #读入股票数据
print(df.head())
data=df.iloc[:,2:10].values #取第 3～10 列，data 实际数据大小为 6109 × 8
#调用 train_lstm()函数，利用训练数据对 LSTM 模型进行训练
train_lstm()
#调用 prediction()函数，利用测试数据预测下一日股票的最高价
prediction()
```

6.6.5　实验结果

实验运行结果如图 6-17 所示。从图中可以看出，评价 LSTM 模型性能的平均绝对百分比误差（MAPE）约为 1.32%，效果良好。

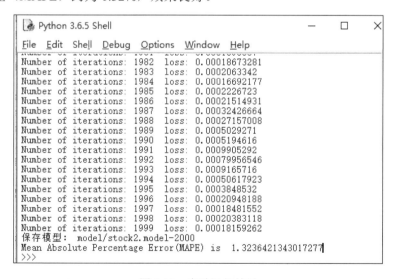

图 6-17　实验运行结果

LSTM 模型的误差值（loss）曲线如图 6-18 所示。从图中可以看出，随着迭代次数的增加，误差值波动范围逐步收敛，模型的拟合度越来越好，经过 500 轮的迭代学习

141

后，误差基本稳定，趋于最小值，即可进行下一阶段的预测。

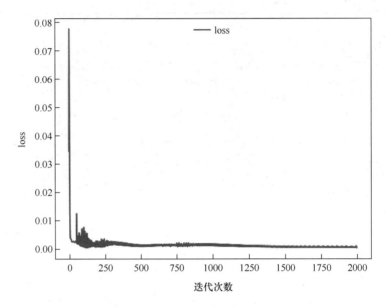

图 6-18 LSTM 模型的误差值（loss）曲线

预测趋势与真实趋势对比曲线如图 6-19 所示。此图强化了真实数据与预测数据的误差对比，从对比中可以看出，LSTM 模型的预测数据和真实数据的曲线趋势基本一致，二者之间的误差幅度很小，这与图 6-17 实验运行结果得出的 MAPE 值（约 1.32%）是一致的。

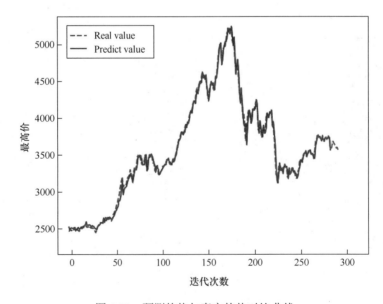

图 6-19 预测趋势与真实趋势对比曲线

习题

1．什么是时间序列预测？编制时间序列的原则有哪些？

2．常用的时间序列预测方法有哪些？

3．常用的时间序列预测模型评估指标有哪些？

4．什么是 ARIMA 模型？简述 ARIMA 模型的优、缺点。判断时间序列数据稳定的方法有哪些？

5．利用 6.6 节实验中的上证指数股票 sh000001 自 1990 年 12 月至 2015 年 12 月共 6109 个样本数据信息，根据股票的多个特征和历史数据，利用 ARIMA 模型预测股票下一日的最高价。

6．在雅虎网站下载从 1950 年到现在 SP500 股票每天的历史走势情况，假设只关心每日收盘价（Close），请利用 LSTM 模型实现预测 SP500 股票自 2018 年以来的每日收盘价，并画出预测趋势图以对比其预测效果。

参考文献

[1]　安鸿志，陈兆国，杜金观，等. 时间序列的分析与应用[M]. 北京：科学出版社，1983.

[2]　BOX G E P，JENKINS G M，REINSEL G C，et al. Time series analysis：forecasting and control，5th Edition[J]. Journal of the Operational Research Society，2015，22(2)：199-201.

[3]　TIAO G C，BOX G E P. Modeling Multiple time series with application[J]，Journal of America Statistical Association，1981，76：802-816.

[4]　中国电力企业联合会. 2017—2018 年度全国电力供需形势分析预测报告[EB]. [2018-02-01]. http://www.cec.org.cn/guihuayutongji/gongz uodongtai/2018-02-01/177584.htm.

[5]　刘文抒. 基于灰色模型和 ARIMA 模型的上证指数研究[D]. 南京：河海大学，2005.

[6]　杨颖梅. 基于 ARIMA 模型的北京居民消费价格指数预测[J]. 统计与决策，2015(4)：76-78.

[7]　MARTÍNEZ-ÁLVAREZ F，TRONCOSO A，ASENCIO-CORTÉS G，et al. A survey on data mining techniques applied to electricity-related time series forecasting[J]. Energies，2015，8(11)：13162-13193.

[8]　MCCULLOCH W S，PITTS W. A logical calculus of the ideas immanent in nervous activity[J]. The bulletin of mathematical biophysics，1943，5(4)：115-133.

[9]　叶林，陈政，赵永宁，等. 基于遗传算法–模糊径向基神经网络的光伏发电功率预测模型[J]. 电力系统自动化，2015(16)：16-22.

[10]　KOZA J R. Genetic programming：on the programming of computers by means of natural selection[M]. NY：MIT Press，1992.

[11]　徐光虎. 运用遗传规划法进行电力系统中长期负荷预测[J]. 电力系统保护与控制，

2004，32(12)：21-24.

[12] CORTES C. Support Vector Network[J]. Machine Learning，1995，20(3)：273 -297.

[13] GERS F A，SCHRAUDOLPH N N，SCHMIDHUBER J. Learning Precise Timing with LSTM Recurrent Networks[J]. Journal of Machine Learning Research，2002，3：115-143.

[14] COVER T M，HART P E. Nearest neighbor pattern classification [J]. IEEE Transactions on Information Theory，1967，13(1)：21 -27.

[15] 张新红. 经济时间序列的连续参数小波网络预测模型[J]. 运筹与管理，2007，16(2)：72-77.

[16] 张冬青，韩玉兵，宁宣熙，等. 基于小波域隐马尔可夫模型的时间序列分析——平滑、插值和预测[J]. 中国管理科学，2008，16(2)：122-127.

[17] 魏少岩，吴俊勇. 基于灰色模型和 Kalman 平滑器的多母线短期负荷预测[J]. 电工技术学报，2010，25(2)：158-162.

[18] ALVAREZ F M，TRONCOSO A，RIQUELME J C，et al. Energy time series forecasting based on pattern sequence similarity[J]. IEEE Transactions on Knowledge and Data Engineering，2011，23(8)：1230-1243.

[19] 牛东晓，魏亚楠. 基于 FHNN 相似日聚类自适应权重的短期电力负荷组合预测[J]. 电力系统自动化，2013，37(3)：54-57.

[20] SHI J，GUO J，ZHENG S. Evaluation of hybrid forecasting approaches for wind speed and power generation time series[J]. Renewable & Sustainable Energy Reviews，2012，16(5)：3471-3480.

[21] WALTER E. 应用计量经济学：时间序列分析[M]. 2 版. 杜江，谢志超，译. 北京：高等教育出版社，2006.

[22] RUEY S T. 金融时间序列分析[M]. 3 版. 王远林，译. 北京：人民邮电出版社，2012.

[23] HOCHREITER S，SCHMIDHUBER J. Long short-term memory[J]. Neural computation，1997，9(8)：1735-1780.

[24] MIKOLOV T，JOULIN A，CHOPRA S，et al. Learning longer memory in recurrent neural networks[J]. arXiv preprint arXiv：1412. 7753，2014.

[25] SRIVASTAVA R K，GREFF K，SCHMIDHUBER J. Training very deep networks[C]. Advances in neural information processing systems. 2015：2377-2385.

[26] HE K，ZHANG X，REN S，et al. Deep residual learning for image recognition[C]. Proceedings of the IEEE Conferenceon Computer Vision and Pattern Recognition, 2016：770-778.

[27] GREFF K，SRIVASTAVA R K，KOUTNÍK J，et al. LSTM：A search space odyssey[J]. IEEE Transactions on Neural Networks and Learning Systems，2017，28(10)：2222-2232.

[28] GRAVES A. Generating sequences with recurrent neural networks[J]. arXiv：1308. 0850 [cs. NE]，2013.

[29] YAO K S，COHN T，VYLOMOVA K，et al. Depth-Gated Recurrent Neural Networks [J]. arXiv：1508. 03790v2 [cs. NE]，2015.

第 7 章　混合模型

混合模型（Hybrid Model）是由几个不同的模型组成的。它允许一个项目沿着最有效的路径发展，也可以定义为由固定效应和随机效应（不包括随机误差）两部分组成的统计分析模型。例如，由几个高斯分布混合起来的模型称为高斯混合模型，由几个线性模型混合在一起的模型称为线性混合模型。一般地，被模拟的系统几乎不可能按照一种模式一步一步地运行，会受到很多外界因素的干扰，而混合模型能够适应不同系统和不同情况的需要。混合模型的使用分为分析、综合、运行和废弃 4 个阶段。

本章对高斯混合模型（Gaussian Mixture Model，GMM）、贝叶斯混合模型（Naive Bayes Mixture Model，NBMM）、Boosting 模型和 AdaBoost 模型等进行深入分析，并比较这些混合模型的优势和适应场景；然后以某种疾病预测为例，利用 Python 语言对该疾病数据进行预测，包括数据预处理、构建模型、模型比较和模型优化等过程，以指导读者进行实践操作，并以此来理解模型的工作原理。

7.1　高斯模型与高斯混合模型

高斯混合模型（GMM）是一种广泛应用于工业领域的聚类算法。该方法以高斯分布为参数模型，采用期望最大化（Expectation Maximization，EM）算法训练[1-3]。在图像处理中，高斯混合模型使用 M 个（3 个或 5 个）高斯模型来表示图像中每个像素的特征，并在获得新的帧图像后进行更新高斯混合模型，将当前图像中的每个像素与混合模型匹配，若成功，则确定该点为背景点；否则确定该点为前景点。

7.1.1　高斯模型

高斯模型利用高斯概率密度函数（正态分布曲线）精确地量化事物，并基于高斯概率密度函数将事物分解成若干模型。单高斯模型（Single Gaussian Model，SGM）反映一种相关变量的统计规律，在自然界中普遍存在。高斯模型还具有良好的数学性质和各阶导数，广泛应用于许多领域。高斯分布的概率密度分布函数为

$$N(x; \mu, C) = \frac{1}{\sqrt{(2\pi)^n |C|}} \exp\left[-\frac{1}{2}(x - \mu)^\mathrm{T} C^{-1}(x - \mu) \right] \tag{7-1}$$

对于单高斯模型，由于可以清楚地看出训练样本是否属于高斯模型，因此通常 μ 用训练样本的均值表示，而 C 用样本的方差 σ 表示。在整个高斯模型中，其主要由方差和均值来决定，采用不同的学习机制进行这两个参数的学习将直接影响模型的准确性、收敛性和稳定性。若应用高斯分布进行模式分类，且训练样本属于该类别，则式（7-1）可以修改为

$$N(\boldsymbol{x}/K) = \frac{1}{\sqrt{(2\pi)^n |\boldsymbol{C}|}} \exp\left[-\frac{1}{2}(\boldsymbol{x}-\boldsymbol{\mu})^{\mathrm{T}} \boldsymbol{C}^{-1}(\boldsymbol{x}-\boldsymbol{\mu})\right] \tag{7-2}$$

式（7-2）表示样本属于类别 K 的概率，因此当对任何一个测试样本使用式（7-2）时，都可以得到一个标量，然后用阈值 T 确定样本是否属于该类别。阈值 T 可以通过经验值或实验确定，通常为 $0.7 \sim 0.75$。在几何上，单高斯模型一般近似为二维空间的椭圆或三维空间的椭球。但是，在许多分类问题中，属于同一类的样本点并不一定满足"椭圆"分布特征。因此，需要使用高斯混合模型。

7.1.2 高斯混合模型

高斯混合模型（GMM）是单高斯模型的推广。例如，观测数据 $X = \{\boldsymbol{x}_1, \boldsymbol{x}_2, \cdots, \boldsymbol{x}_M\}$ 在 d 维数空间中不是椭球体，因此不适合用单高斯模型来表示这些数据点的概率密度函数。在这种情况下，可以采用一种灵活的方案，即假设每个点都是由单个高斯分布生成的，并且数据是由 M 个（确定的）单高斯模型生成的。然而，数据 $\boldsymbol{x}_i$ 所属的单高斯模型尚不清楚，高斯混合模型中每个单高斯模型所占比例 α_j 也不清楚。将来自不同分布的数据点混合起来称为高斯混合分布。在数学上，可以认为这些数据分布的概率密度函数是由式（7-3）所示的加权函数表示的。

$$p(\boldsymbol{x}_i) = \sum_{j=1}^{M} \alpha_j N_j(\boldsymbol{x}_i; \boldsymbol{\mu}_j, \boldsymbol{C}_j) \tag{7-3}$$

其中，权重系数 α_j 满足 $\sum\limits_{j=1}^{M} \alpha_j = 1$；$N_j(\boldsymbol{x}_i; \boldsymbol{\mu}_j, \boldsymbol{C}_j) = \dfrac{1}{\sqrt{(2\pi)^n |\boldsymbol{C}_j|}} \exp\left[-\dfrac{1}{2}(\boldsymbol{x}_i-\boldsymbol{\mu}_j)^{\mathrm{T}} \boldsymbol{C}_j^{-1}(\boldsymbol{x}_i-\boldsymbol{\mu}_j)\right]$ 表示第 j 个单高斯分布的概率密度函数。

令 $\varphi_j = (\alpha_j, \boldsymbol{\mu}_j, \boldsymbol{C}_j)$，高斯混合模型共有 M 个单高斯函数，通过样本集 X 来估计 GMM 的所有参数 $\boldsymbol{\Phi} = (\varphi_1, \cdots, \varphi_M)$，样本集 X 的概率公式为

$$p(X|\boldsymbol{\Phi}) = \prod_{i=1}^{N} \sum_{j=1}^{M} \alpha_j N_j(\boldsymbol{x}_i; \boldsymbol{\mu}_j, \boldsymbol{C}_j) \tag{7-4}$$

通常用期望最大化算法对高斯混合模型参数进行估计。算法流程如下。

（1）初始化。

方案 1：将协方差矩阵 $\boldsymbol{C}_{j0}$ 设置为单位矩阵，每个模型比例的先验概率 $\alpha_{j0} = 1/M$，均值 $\boldsymbol{\mu}_{j0}$ 设置为随机数。

方案 2：采用 K 均值聚类算法对样本进行聚类，利用各类均值 $\boldsymbol{\mu}_{j0}$ 计算 $\boldsymbol{C}_{j0}$，而 α_{j0} 为每类样本占样本总数的比例。

（2）估计步骤（E-Step）。模型比例 α_j 的后验概率用式（7-5）表示。

$$\beta_{ij} = \frac{\alpha_j N_j(\boldsymbol{x}_i; \boldsymbol{\Phi})}{\sum\limits_{k=1}^{M} \alpha_k N_k(\boldsymbol{x}_i; \boldsymbol{\Phi})}, \quad 1 \leqslant i \leqslant n, \quad 1 \leqslant j \leqslant M \tag{7-5}$$

（3）最大化步骤（M-Step）。更新权值 α_j、均值 $\boldsymbol{\mu}_j$ 和方差矩阵 $\boldsymbol{C}_j$，公式分别如

式（7-6）、式（7-7）和式（7-8）所示。

$$\alpha_j = \frac{\sum_{i=1}^{N} \beta_{ij}}{N} \tag{7-6}$$

$$\mu_j = \frac{\sum_{i=1}^{N} x_i \beta_{ij}}{\sum_{i=1}^{N} \beta_{ij}} \tag{7-7}$$

$$C_j = \frac{\sum_{i=1}^{N} \beta_{ij}(x_i - \mu_j^{\mathrm{T}})(x_i - \mu_j^{\mathrm{T}})^{\mathrm{T}}}{\sum_{i=1}^{N} \beta_{ij}} \tag{7-8}$$

（4）收敛条件。不断迭代步骤式（7-2）和式（7-3），并利用式（7-6）～式（7-8）更新权值 α_j、均值 μ_j 和方差矩阵 C_j，直到 $|p(X|\Phi) - p(X|\Phi)'| < \varepsilon$，其中 $p(X|\Phi)'$ 为更新参数后的值，即若变更前后两次迭代的结果小于 ε，则终止迭代，一般 $\varepsilon = 10^{-5}$。

（5）聚类。高斯混合作为一种聚类算法，每个高斯模型都是一个聚类中心。也就是说，在只有样本点而不知道样本分类（包括隐变量）的情况下，模型参数的权重 α_j、均值 μ_j 和方差矩阵 C_j 可以通过期望最大化算法的 4 个步骤来计算。用训练好的高斯混合模型预测样本所属分类，方法如下。

① 随机选择 M 个单高斯模型中的一个，被选中的概率是 α_j。

② 将样本代入新选择的单高斯模型中，确定样本是否属于该类别。若不属于，则返回步骤①。

7.2　贝叶斯混合模型

贝叶斯混合模型（Naive Bayes Mixture Model，NBMM）是朴素贝叶斯模型的一个推广，是一种无监督算法，样本无标签，故标签 z 作为隐变量需要估算，参数 ϕ_z、$\phi_{j|z=1}$、$\phi_{j|z=0}$ 也需要估算。本节利用期望最大化算法对标签和参数进行求解，具体按式（7-9）～式（7-13）进行计算。

（1）估计步骤。

用 $Q_i(z_i^j)$ 表示未知类别属性的估计概率，其计算公式为

$$Q_i(z_i^j) = P(z_i = 1 | x_i; \phi_z, \phi_{j|z}) = \frac{P(x_i | z_i = 1)P(z_i = 1)}{\sum_{j=0}^{1} P(x_i | z_i = 1)P(z_i = 1)} \tag{7-9}$$

（2）最大化步骤（M-Step）。

M-Step 需要最大化的函数为

$$\arg\max_{\phi,\mu,\sigma} \sum_{i=1}^{m}\sum_{j=1}^{k} Q_i(z_i^j) \lg \frac{P(x_i, z_i^j; \phi_z, \phi_{j|z})}{Q_i(z_i^j)} \tag{7-10}$$

利用式（7-10）分别对 ϕ_z、$\phi_{j|z=1}$、$\phi_{j|z=0}$ 求偏导并令偏导数值为 0，则可得

$$\phi_z = \frac{\sum_{i=1}^{m} Q_i(z_i^j)}{m} \tag{7-11}$$

$$\phi_{j|z=1} = \frac{\sum_{i=1}^{m} Q_i(z_i^j) I\{x_j^i = 1\}}{\sum_{i=1}^{m} Q_i(z_i^j)} \tag{7-12}$$

$$\phi_{j|z=0} = \frac{\sum_{i=1}^{m} (1 - Q_i(z_i^j)) I\{x_j^i = 1\}}{\sum_{i=1}^{m} (1 - Q_i(z_i^j))} \tag{7-13}$$

注意：虽然期望最大化算法可很好地拟合混合模型，但在高斯混合模型和贝叶斯混合模型中，若想获取良好的模型性能，则需要满足一个前提条件，即数据量需要足够多（mn 足够大，其中 n 为每个样本的维度，m 为样本数），否则会出现模型性能很差的问题。

7.3 集成学习

集成学习（Ensemble Learning）也称为多分类器系统，通过构建和组合多个学习器来完成学习任务，如图 7-1 所示。集成学习是机器学习中一个非常重要且热门的分支，其用多个基（弱）学习器构成一个强学习器，一般基学习器可由决策树、神经网络、k-近邻、支持向量机、贝叶斯分类器等构成。已有学者从理论上证明了集成学习思想是可提升分类器性能[4-6]的。一般集成学习可分为用于减少方差的 Bagging、用于减少偏差的 Boosting 和用于提升预测结果的 Stacking 三大类。集成学习也可分为串行集成学习方法和并行集成学习方法两大类，串行集成学习方法利用基础模型间的依赖，通过给错分样本较大权重来提升性能，如 AdaBoost；并行集成学习方法利用基础模型的独立性，通过平均权重降低误差，如随机森林（Random Forest）。本节主要介绍 Boosting 集成学习方法和 Boosting 中的经典学习算法 AdaBoost。

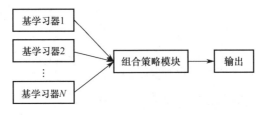

图 7-1　集成学习结构

7.3.1 Boosting

Boosting 的基本思路是采用重赋权法迭代训练基分类器，即对每一轮的训练数据样本赋予一个权重，并且每一轮样本的权值分布依赖上一轮的分类结果。基分类器之间采用序列式的线性加权方式进行组合，具体步骤如下。

（1）先从初始训练集中训练一个基学习器。

（2）根据基学习器的表现调整训练样本的分布，更多地关注在以往基学习器训练中存在错误的训练样本，即对错误率较高的样本给予更大的权重。

（3）利用调整样本分布后的训练样本训练下一个基学习器。

（4）重复以上步骤，直至基学习器的数目达到指定值 T，最终将这 T 个基学习器进行加权调整。

Boosting 的架构如图 7-2 所示。

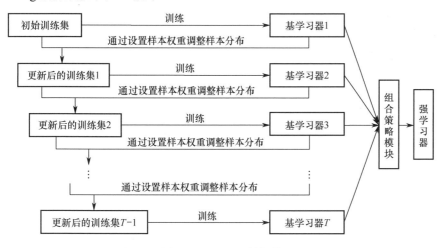

图 7-2　Boosting 的架构

注意：Boosting 每一轮的训练集不变，只是训练集中每个样例在分类器中的权重发生变化，而权重根据上一轮的分类结果进行调整，错误率越大则权重越大，同时每一轮训练都要检查当前生成的基学习器是否满足基本条件，如是否比随机猜测好，如果条件不满足，那么当前学习器被抛弃，学习过程终止。如果是因学习轮数未达到 T 而导致效果不好，那么可使用重采样法重新启动学习。另外，每个基分类器都有相应的权重，分类误差小的分类器会有更大的权重，而且各个预测函数只能顺序生成，因为后一个模型参数需要使用前一轮模型的结果，所以 Boosting 的优点是精度高，对弱分类选择范围广，可减缓过拟合；但由于每次训练是给分类错误的样本赋予更高的权重和进行串行训练，因此它具有对异常值敏感、效率不高的缺点。

7.3.2 AdaBoost

Boosting 存在两个问题：一是如何调整训练集，使训练集上训练的基学习器能够执行；二是如何将训练的基学习器通过组合策略变成强学习器。针对这两个问题，

Freund 和 Chapire 提出了一种基于在线分配的 AdaBoost 算法。AdaBoost（Adaptive Boosting）算法是一种基于 Boosting 思想的机器学习算法，并解决了以上两个问题：一是用加权后的训练样本代替随机抽取的训练样本，使训练的核心集中在错分的训练样本上；二是将基学习器组合，用加权投票机制代替平均投票机制，使学习效果好的基学习器权重较大，而学习效果差的基学习器权重较小。与 Boosting 不同，AdaBoost 算法不需要事先知道基学习器精度的下限，即基学习器误差，而最终强学习器的性能精度依赖于所有基学习器的性能精度，这样可以深入挖掘基学习器算法的能力。

1. AdaBoost 分类算法

AdaBoost 分类算法的基本思想是调整每个训练集样本的相应权重来实现最终分类。初始化时，每个样本的权重都相同，在此训练样本分布下训练，得到基分类器 1；接着增加用此基分类器错分样本的权重，同时减少正确分类样本的权重，以便突出错分的训练样本，从而获得新的训练样本分布。用新的训练样本分布训练基分类器，得到基分类器 2。依次迭代，通过 T 次循环后，得到 T 个基分类器，然后根据一定的权重策略组合将基分类器叠加，得到最终所需的强分类器。AdaBoost 分类算法的步骤如下。

输入：假设训练数据集 $\{(x_1, y_1), \cdots, (x_i, y_i), \cdots, (x_N, y_N)\}$ 有 N 个样本，$x_i \in \chi \subseteq \mathbf{R}^n$，$y_i \in \{-1, +1\}$；基（弱）分类器。

输出：最终分类器 $G(\boldsymbol{x})$。

（1）初始化训练样本权重。

赋予训练数据中每个样本一个权重，即样本权重，用向量 $\boldsymbol{D}$ 表示。假设训练集的权值分布均匀，则初始化样本权重为相同的数值，即 $\boldsymbol{D}_1 = (w_{11}, \cdots, w_{1i}, \cdots, w_{1N})$，$w_{1i} = \dfrac{1}{N}$ 表示第 i 个样本当前迭代的权重，$i = 1, 2, \cdots, N$。

（2）重复以下步骤①②，直到迭代 T 次。对于迭代次数 $t = 1, 2, \cdots, T$，每迭代一次产生一个基分类器，最终产生 T 个基分类器。

① 用权值 D_t 更新训练数据集的分布并训练基分类器，得到基分类器 $G_t(\boldsymbol{x}): \chi \to \{-1, +1\}$。

② 计算 $G_t(\boldsymbol{x})$ 在训练集上的分类误差率，即未正确分类的样本数与所有样本数之比，用概率分布公式表示为

$$\varepsilon_t = P(G_t(x_i) \neq y_i) = \sum_{i=1}^{N} w_{ti} I(G_t(x_i) \neq y_i) \tag{7-14}$$

其中，w_{ti} 表示第 i 个样本第 t 轮迭代的权值，$\sum_{i=1}^{N} w_{ti} = 1$，即 $G_t(\boldsymbol{x})$ 在带权重训练集上的分类误差是被 $G_t(\boldsymbol{x})$ 错分样本的权值之和。

③ 计算基分类器 $G_t(\boldsymbol{x})$ 的系数 α_t，即 $G_t(\boldsymbol{x})$ 在最终分类器 $G(\boldsymbol{x})$ 中的权重，计算公式为

$$\alpha_t = \frac{1}{2} \ln\left(\frac{1 - \varepsilon_t}{\varepsilon_t}\right) \tag{7-15}$$

由式（7-15）可知，当 $\varepsilon_t \leqslant \dfrac{1}{2}$ 时，$\alpha_t \geqslant 0$，且 α_t 随 ε_t 减小而增大。也就是说，分类误差越小、分类效果越好的基分类器在最终分类器中的权重就越大。

④ 更新训练集样本的权重向量 $\boldsymbol{D}_{t+1} = (w_{t+1,1}, \cdots, w_{t+1,i}, \cdots, w_{t+1,N})$，从而调整训练集样本的分布，权重更新公式为式（7-16）。在第一次学习完成后，需要重新调整样本的权重，以使得在第一分类中被错分样本的权重，在以后的学习中能重点进行学习。

$$w_{t+1,i} = \begin{cases} \dfrac{w_{ti}}{Z_t} e^{-\alpha_t}, & G_t(x_i) = y_i \\[2mm] \dfrac{w_{ti}}{Z_t} e^{\alpha_t}, & G_t(x_i) \neq y_i \end{cases} = \dfrac{w_{ti} \exp(-\alpha_t y_i G_t(x_i))}{Z_t} \tag{7-16}$$

其中，$G_t(x_i) = y_i$ 表示对第 i 个样本训练正确，$G_t(x_i) \neq y_i$ 表示分类错误。$Z_t = \displaystyle\sum_{i=1}^{N} w_{ti} \exp(-\alpha_t y_i G_t(x_i))$ 是一个规范化因子，它能使 $\boldsymbol{D}_{t+1}$ 成为一个概率分布。

由此可见，基分类器 $G_t(\boldsymbol{x})$ 误分类的样本权值会被放大 $e^{2\alpha_t} = \dfrac{1-\varepsilon_t}{\varepsilon_t}$ 倍，而正确分类的样本权值会减少。因此，误分类的样本将在下一轮学习中发挥更大的作用。也就是说，AdaBoost 分类算法的特点是，在不改变训练数据集的情况下，改变训练数据集中样本的权重，就能使训练集中的数据在基分类器的学习中起不同作用。

（3）构建基分类器的线性组合 $f(\boldsymbol{x})$，以实现 T 个基分类器的加权表决，其公式为

$$f(\boldsymbol{x}) = \sum_{t=1}^{T} \alpha_t G_t(x) \tag{7-17}$$

（4）输出最终分类器 $G(\boldsymbol{x})$，$f(\boldsymbol{x})$ 的符号决定了样本 x_i 的所属类别，其公式为

$$G(\boldsymbol{x}) = \mathrm{sgn}(f(\boldsymbol{x})) = \mathrm{sgn}\left(\sum_{t=1}^{T} \alpha_t G_t(x)\right) \tag{7-18}$$

上面是针对二分类问题的，如果是 AdaBoost 多分类算法，其原理与二分类类似，主要是基分类器系数不同，多分类时的基分类器系数公式为 $\alpha_t = \dfrac{1}{2}\ln\left(\dfrac{1-\varepsilon_t}{\varepsilon_t}\right) + \ln(K-1)$，其中 K 为多分类问题的类别数。可以看出，当 $K = 2$ 时，多分类算法的基分类器系数与二分类算法中的基分类器系数一样。

AdaBoost 分类算法的简化运行图如图 7-3 所示。

2. AdaBoost 回归算法

AdaBoost 回归算法变种很多，下面以 AdaBoost R2 为例描述 AdaBoost 回归算法，具体步骤如下。

输入：训练数据集 $\{(x_1, y_1), \cdots, (x_i, y_i), \cdots, (x_N, y_N)\}$ 有 N 个样本；基学习器；基学习器迭代次数 T。

输出：最终回归器 $f(\boldsymbol{x})$。

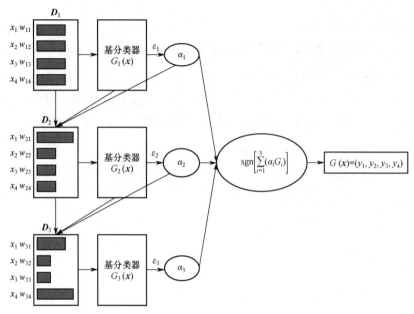

图 7-3　AdaBoost 分类算法的简化运行图

（1）初始化训练样本权重向量 $\boldsymbol{D}_1 = (w_{11}, \cdots, w_{1i}, \cdots, w_{1N})$，$w_{1i} = \dfrac{1}{N}$，$i = 1, 2, \cdots, N$。

（2）重复以下步骤②～⑥，直到迭代 T 次。对于迭代次数 $t = 1, 2, \cdots, T$，每迭代一次产生一个基学习器，最终产生 T 个基学习器。

① 通过权值 D_t 更新分布的训练数据集并进行学习，得到基学习器 $G_t(\boldsymbol{x})$。

② 计算训练集上的最大误差，即

$$E_t = \max \left| y_i - G_t(x_i) \right| \tag{7-19}$$

③ 计算每个样本的相对误差。

若是线性误差，则

$$\varepsilon_{ti} = \frac{\left| y_i - G_t(x_i) \right|}{E_t}$$

若是平方误差，则

$$\varepsilon_{ti} = \frac{\left(y_i - G_t(x_i) \right)^2}{E_t^2}$$

若是指数误差，则

$$\varepsilon_{ti} = 1 - \exp\left(\frac{-\left| y_i - G_t(x_i) \right|}{E_t} \right)$$

④ 计算回归误差率为

$$\varepsilon_t = \sum_{i=1}^{N} w_{ti} \varepsilon_{ti}$$

⑤ 计算基学习器的系数 $\ln \dfrac{1}{a_t}$，即基学习器在最终强学习器中的权重为 $\ln \dfrac{1}{a_t}$，

$$\alpha_t = \frac{\varepsilon_t}{1-\varepsilon_t}。$$

⑥ 更新训练集样本的权重向量 $\boldsymbol{D}_{t+1} = (w_{t+1,1},\cdots,w_{t+1,i},\cdots,w_{t+1,N})$，从而调整训练集样本的分布，权重更新公式为

$$w_{t+1,i} = \frac{w_{ti}}{Z_t}\alpha_t^{1-\varepsilon_{ti}} \tag{7-20}$$

其中，$Z_t = \sum_{i=1}^{N} w_{ti}\alpha_t^{1-\varepsilon_{ti}}$ 为一个规范化因子，它能使 $\boldsymbol{D}_{t+1}$ 成为一个概率分布。

（3）在加权的基学习器中，取权重中位数对应的基学习器作为强学习器，构建强回归器 $f(\boldsymbol{x})$，其公式为

$$f(\boldsymbol{x}) = G_t * (\boldsymbol{x}) \tag{7-21}$$

其中，$G_t * (\boldsymbol{x})$ 表示所有基学习器的权重 $\ln\frac{1}{a_t}$ 中的中位数对应序号为 t^* 的基学习器，$t = 1,2,\cdots,T$。

3．AdaBoost 算法的正则化

为了避免 AdaBoost 算法过拟合，通常需要添加正则化项，即步长（学习率）v，对基学习器的迭代 $f_t(\boldsymbol{x}) = f_{t-1}(\boldsymbol{x}) + \alpha_t G_t(\boldsymbol{x})$ 加上正则化项后，可得到

$$f_t(\boldsymbol{x}) = f_{t-1}(\boldsymbol{x}) + v\alpha_t G_t(\boldsymbol{x})$$

其中，学习率取值范围为 $0 < v \leqslant 1$。对于同样的训练集学习效果来说，较小的 v 需要更多的基学习器迭代次数，通常通过学习率和迭代最大次数一起控制算法的拟合效果。

4．AdaBoost 算法的优缺点

AdaBoost 算法作为分类器时，分类精度很高，可使用各种回归分类模型构建弱学习器，非常灵活；作为简单的二元分类器时，构造简单，结果可理解，不容易发生过拟合。但它对异常样本敏感，从而会影响最终分类器的准确性；基学习器数目不好确定，而且预测效果依赖于基学习器的选择。

7.4　实验：基于 AdaBoost 算法的乳腺癌分类

scikit-learn（sklearn）库整合了多种机器学习算法，本节主要实现利用 sklearn 库中的 AdaBoostClassifier 框架构建 AdaBoost 分类模型，并以乳腺癌数据集为例，分析比较模型各参数（如学习率、迭代次数、基分类器、模型算法等）的设置对模型性能的影响。

7.4.1　实验目的

（1）了解乳腺癌数据结构。
（2）利用 sklearn 库构建 AdaBoost 分类模型及进行参数设置。
（3）利用 AdaBoost 算法构建和实现乳腺癌分类模型。
（4）运行程序，分析结果。

7.4.2 实验要求

（1）掌握利用 sklearn 库构建 AdaBoost 分类模型的步骤。
（2）会使用乳腺癌数据集。
（3）理解使用 AdaBoost 算法实现乳腺癌分类的流程。
（4）实现乳腺癌分类程序，并对比模型各参数对其性能的影响。

7.4.3 实验原理

1. 数据集

本实验采用由 569 个样本数组成的乳腺癌数据集（Breast Cancer），每个样本包括 30 个特征属性和一个目标诊断类别，其中诊断类别为 0（WDBC-Benign）表示良性，有 212 个样例；诊断类别为 1（WDBC-Malignant）表示恶性，有 357 个样例。特征属性是实验室测量的数值型结果，包括 Radius（半径）、Texture（质地）、Perimeter（周长）、Area（面积）、Smoothness（光滑度）、Compactness（致密性）、Concave points（凹点）、Concavity（凹度）、Fractal dimension（分形维数）和 Symmetry（对称性）10 个不同的特征，将这些特征的均值（Mean）、最差值（Worst）和标准差（Error）组合构成乳腺癌数据集的 30 个特征属性。乳腺癌数据集中的部分数据如表 7-1 所示。

表 7-1 乳腺癌数据集中的部分数据

	mean radius	mean texture	mean perimeter	mean area	mean smoothness	mean compactness	mean concavity	mean concave	mean symmean	mean fractal	radius error	texture error	worst symmetry	worst fractal	category
0	17.99	10.38	122.8	1001	0.1184	0.2776	0.3001	0.1471	0.2419	0.07871	1.095	0.9053	0.4601	0.1189	0
1	20.57	17.77	132.9	1326	0.08474	0.07864	0.0869	0.07017	0.1812	0.05667	0.5435	0.7339	0.275	0.08902	0
2	19.69	21.25	130	1203	0.1096	0.1599	0.1974	0.1279	0.2069	0.05999	0.7456	0.7869	0.3613	0.08758	0
3	11.42	20.38	77.58	386.1	0.1425	0.2839	0.2414	0.1052	0.2597	0.09744	0.4956	1.156	0.6638	0.173	0
4	20.29	14.34	135.1	1297	0.1003	0.1328	0.198	0.1043	0.1809	0.05883	0.7572	0.7813	0.2364	0.07678	0
5	12.45	15.7	82.57	477.1	0.1278	0.17	0.1578	0.08089	0.2087	0.07613	0.3345	0.8902	0.3985	0.1244	0
6	18.25	19.98	119.6	1040	0.09463	0.109	0.1127	0.074	0.1794	0.05742	0.4467	0.7732	0.3063	0.08368	0
7	13.71	20.83	90.2	577.9	0.1189	0.1645	0.09366	0.05985	0.2196	0.07451	0.5835	1.377	0.3196	0.1151	0
8	13	21.82	87.5	519.8	0.1273	0.1932	0.1859	0.09353	0.235	0.07389	0.3063	1.002	0.4378	0.1072	0
9	12.46	24.04	83.97	475.9	0.1186	0.2396	0.2273	0.08543	0.203	0.08243	0.2976	1.599	0.4366	0.2075	0
10	16.02	23.24	102.7	797.8	0.08206	0.06669	0.03299	0.03323	0.1528	0.05697	0.3795	1.187	0.2948	0.08452	0
11	15.78	17.89	103.6	781	0.0971	0.1292	0.09954	0.06606	0.1842	0.06082	0.5058	0.9849	0.3792	0.1048	0
12	19.17	24.8	132.4	1123	0.0974	0.2458	0.2065	0.1118	0.2397	0.078	0.9555	3.568	0.3176	0.1023	0
13	15.85	23.95	103.7	782.7	0.08401	0.1002	0.09938	0.05364	0.1847	0.05338	0.4033	1.078	0.2809	0.06287	0
14	13.73	22.61	93.6	578.3	0.1131	0.2293	0.2128	0.2069	0.07682	0.2121	1.169	0.3596	0.1431	0	
15	14.54	27.54	96.73	658.8	0.1139	0.1595	0.1639	0.07364	0.2303	0.07077	0.37	1.033	0.4218	0.1341	0
16	14.68	20.13	94.74	684.5	0.09867	0.072	0.07395	0.05259	0.1586	0.05922	0.4727	1.24	0.3029	0.08216	0
550	10.86	21.48	68.51	360.5	0.07431	0.04227	0	0	0.1661	0.05948	0.3163	1.304	0.2458	0.06592	1
551	11.13	22.44	71.49	378.4	0.09566	0.08194	0.04824	0.02257	0.203	0.06552	0.28	1.467	0.3169	0.08032	1
552	12.77	29.43	81.35	507.9	0.08276	0.04234	0.01997	0.01499	0.1539	0.05637	0.2409	1.367	0.2407	0.06484	1
553	9.333	21.94	59.01	264	0.0924	0.05605	0.03996	0.01282	0.1692	0.06576	0.3013	1.879	0.2435	0.07393	1
554	12.88	28.92	82.5	514.3	0.08123	0.05824	0.06195	0.02343	0.1566	0.05708	0.2116	1.36	0.2372	0.07242	1
555	10.29	27.61	65.67	321.4	0.0903	0.07658	0.05999	0.02738	0.1593	0.06127	0.2199	2.239	0.2226	0.08283	1
556	10.16	19.59	64.73	311.7	0.1003	0.07504	0.005025	0.01116	0.1791	0.06331	0.2441	2.09	0.2262	0.06742	1
557	9.423	27.88	59.26	271.3	0.08123	0.04971	0	0	0.1742	0.06059	0.5375	2.927	0.2475	0.06969	1
558	14.59	22.68	96.39	657.1	0.08473	0.133	0.1029	0.03736	0.1454	0.06147	0.2254	1.108	0.2258	0.08004	1
559	11.51	23.93	74.52	403.5	0.09261	0.1021	0.1112	0.04105	0.1388	0.0657	0.2388	2.904	0.2112	0.08732	1
560	14.05	27.15	91.38	600.4	0.09929	0.1126	0.04462	0.04304	0.1537	0.06171	0.3645	1.492	0.225	0.08321	1
561	11.2	29.37	70.67	386	0.07449	0.03558	0	0	0.106	0.05502	0.3141	3.896	0.1566	0.05905	1
562	15.22	30.62	103.4	716.9	0.1048	0.2087	0.255	0.09429	0.2128	0.07152	0.2602	1.205	0.4089	0.1409	0
563	20.92	25.09	143	1347	0.1099	0.2236	0.3174	0.1474	0.2149	0.06879	0.9622	1.026	0.2929	0.09873	0
564	21.56	22.39	142	1479	0.111	0.1159	0.2439	0.1389	0.1726	0.05623	1.176	1.256	0.206	0.07115	0
565	20.13	28.25	131.2	1261	0.0978	0.1034	0.144	0.09791	0.1752	0.05533	0.7655	2.463	0.2572	0.06637	0
566	16.6	28.08	108.3	858.1	0.08455	0.1023	0.09251	0.05302	0.159	0.05648	0.4564	1.075	0.2218	0.0782	0
567	20.6	29.33	140.1	1265	0.1178	0.277	0.3514	0.152	0.2397	0.07016	0.726	1.595	0.4087	0.124	0
568	7.76	24.54	47.92	181	0.05263	0.04362	0	0	0.1587	0.05884	0.3857	1.428	0.2871	0.07039	1

2. AdaBoostClassifier 框架说明

1）AdaBoostClassifier 参数说明

为了保证 AdaBoostClassifier 分类模型的分类效果，需要设置模型参数以提升其性能，AdaBoostClassifier 分类器常用参数及说明如表 7-2 所示。另外，在实际应用中，除了调整模型本身的参数，还可以调整基分类器的参数。基分类器参数的调整与基分类器单模型参数的调整一致，若选择基分类器为支持向量机（SVM），则该基分类器参数的调整和支持向量机分类器参数的调整一样，可以设置核函数、惩罚因子等参数。

表 7-2　AdaBoostClassifier 分类器常用参数及说明

参数名称	说　明
base_estimator	基分类器，默认为 CART 决策树 DecisionTreeClassifier，在该分类器上进行 Boosting，理论上可为任意分类器，但若为其他分类器时，则需指明样本权重。另外，若算法为 SAMME.R，则基分类器还需支持概率预测
n_estimators	基分类器提升（循环）次数，默认为 50 次，该值过大，模型容易过拟合；该值过小，模型容易欠拟合。可以设置为其他值，如 n_estimators=100
learning_rate	学习率，表示梯度收敛速度，默认为 1。如果该值过大，容易错过最优值；如果该值过小，收敛速度会很慢。在实际调整参数时，常将 learning_rate 和 n_estimators 一起考虑，进行权衡，当分类器迭代次数较少时，学习率可以小一些；当分类器迭代次数较多时，学习率可适当放大
algorithm	Boosting 算法，也就是模型提升准则，有 SAMME 和 SAMME.R 两种方式，默认为 SAMME.R，两者的区别主要是基学习器权重的度量，前者对样本集预测错误的概率进行划分，后者对样本集预测错误的比例（错分率）进行划分
random_state	随机种子设置。相同随机种子编号产生相同的随机结果，不同的随机种子编号产生不同的随机结果，默认为 None

2）AdaBoostClassifier 对象属性说明

AdaBoostClassifier 对象属性可以提供分类器相关数据信息，常用对象属性及说明如表 7-3 所示。

表 7-3　AdaBoostClassifier 常用对象属性及说明

对象属性名称	说　明
estimators	以列表的形式返回所有分类器
classes	类别标签
estimator_weights	每个分类器的权重
estimator_errors	每个分类器的错分率，与分类器权重相对应
feature_importances	特征重要性，这个参数使用的前提是基分类器支持该属性

3）AdaBoostClassifier 方法说明

AdaBoostClassifier 常用方法及说明如表 7-4 所示。

表 7-4　AdaBoostClassifier 常用方法及说明

方法名称	说　明
decision_function(X)	返回决策函数值（如 SVM 中的决策距离）
fit(X,Y)	在数据集（X,Y）上训练模型
get_parms()	获取模型参数
predict(X)	预测数据集 X 的结果
predict_log_proba(X)	预测数据集 X 的对数概率
predict_proba(X)	预测数据集 X 的概率值
score(X,Y)	输出数据集（X,Y）在模型上的准确率
staged_decision_function(X)	返回每个基分类器的决策函数值
staged_predict(X)	返回每个基分类器的预测数据集 X 的结果
staged_predict_proba(X)	返回每个基分类器的预测数据集 X 的概率结果
staged_score(X, Y)	返回每个基分类器的预测准确率

3．AdaBoostRegressor 框架说明

为了保证 AdaBoostRegressor 回归模型的预测效果，需要设置模型参数以提升其性能，回归模型常用参数及说明如表 7-5 所示。另外，AdaBoostRegressor 对象属性和方法大部分与 AdaBoostClassifier 类似，此处不再赘述。

表 7-5　AdaBoostRegressor 回归模型常用参数及说明

参数名称	说　　明
base_estimator	基分类器，默认为 CART 回归树 DecisionTreeRegressor，理论上可为任意回归学习器，但若为其他回归学习器时，则需指明样本权重
n_estimators	基分类器提升（循环）次数，默认为 50 次。该值过大，模型容易过拟合；该值过小，模型容易欠拟合
learning_rate	学习率，表示梯度收敛速度，默认为 1。该值过大，容易错过最优值；该值过小，收敛速度会很慢。在实际调整参数时，常将 learning_rate 和 n_estimators 一起考虑，进行权衡，当分类器迭代次数较少时，学习率可以小一些；当分类器迭代次数较多时，学习率可适当放大
loss	AdaBoost R2 算法需要用到该参数，该参数的属性值有线性（Linear）、平方（Square）和指数（Exponential）3 种，默认为线性，一般使用线性即可
random_state	随机种子设置。相同随机种子编号产生相同的随机结果，不同的随机种子编号产生不同的随机结果，默认为 None

7.4.4　实验内容

1．实验环境

本实验环境为 TensorFlow2.2.0 + Python3.6.5，IDE 为 Python 自带的 IDLE。

2．所用 Python 包

安装 numpy、matplotlib、sklearn 等库包。

若没有安装这些包，则可在 Windows 操作系统的"命令提示符"（Mac 操作系统的"终端"）下输入"pip install'包名'"进行安装，如 pip install sklearn。

3．程序源代码

（1）导入相关包，源代码如下。

```
import matplotlib.pyplot as plt
import numpy as np
# 导入 sklearn 自带标准化数据预处理模块
from sklearn.preprocessing import StandardScaler
# 导入 sklearn 自带数据集和集成学习方法模块
from sklearn import datasets,ensemble
# 导入 sklearn.model_selection 中的 train_test_split 模块，用于分割数据
from sklearn.model_selection import train_test_split
# 导入高斯朴素贝叶斯模块
from sklearn.naive_bayes import GaussianNB
# 导入支持向量机模块
from sklearn.svm import SVC
```

（2）加载乳腺癌数据集，并划分训练集和测试集，25%的随机采样数据作为测试集，剩下 75%的数据作为训练集，随机种子设置为 5。其源代码如下。

```
#加载乳腺癌数据，并划分训练集和测试集
def load_data_classification():
    cancer=datasets.load_breast_cancer()
    #25%的随机采样数据作为测试集，剩下 75%的数据作为训练集
    return train_test_split(cancer.data,cancer.target,test_size=0.25,random_state=5)
```

（3）使用基本 AdaBoostClassifier 分类器构建分类模型，并绘图进行分析，源代码如下。

```
#使用 AdaBoostClassifier 类构建分类模型
def test_AdaBoostClassifier(*data):
    X_train,X_test,y_train,y_test=data
    #设置 AdaBoostClassifier 参数：学习率为 0.1，迭代次数默认为 50，基分类器默认为决策树
    clf=ensemble.AdaBoostClassifier(learning_rate=0.1)
    #建模：利用训练集训练 AdaBoostClassifier 分类器模型
    clf.fit(X_train,y_train)
    #输出数据集在模型上的准确率
    print('Training Accuracy is',clf.score(X_train,y_train))
    print('Testing Accuracy is',clf.score(X_test,y_test))

    #绘图：Score 表示分类器的精确度，Estimator Num 表示迭代次数
    fig=plt.figure()
    ax=fig.add_subplot(1,1,1)
    estimators_num=len(clf.estimators_)   #estimators_num 表示以列表的形式返回所有的分类器
    X=range(1,estimators_num+1)
    #staged_score(X, Y)表示返回每个基分类器的准确率
    ax.plot(list(X),list(clf.staged_score(X_train,y_train)),label='Training score',linestyle = '--')
    ax.plot(list(X),list(clf.staged_score(X_test,y_test)),label='Testing score')
    ax.set_xlabel('Estimator Num')
    ax.set_ylabel('Score')
    ax.legend(loc='best')
    ax.set_title('AdaBoostClassifier')
    plt.show()

#调用 load_data_classification 函数加载数据
X_train,X_test,y_train,y_test=load_data_classification()
#调用 test_AdaBoostClassifier 函数进行乳腺癌数据分类
test_AdaBoostClassifier(X_train,X_test,y_train,y_test)
```

程序运行后，AdaBoost 分类器中训练集和测试集的准确率曲线如图 7-4 所示。从图 7-4 中可以看出两个数据集在模型上的最终准确率。

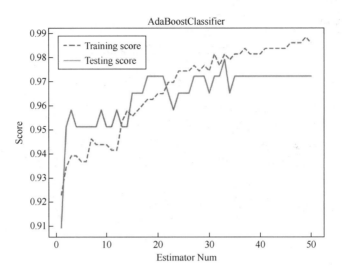

图 7-4　AdaBoost 分类器中训练集和测试集的准确率曲线

（4）对比不同类型的基分类器对 AdaBoost 分类器模型性能的影响，代码如下。

```
#不同类型的基分类器对模型性能的影响
def test_AdaBoostClassifier_base_classifier(*data):
    X_train,X_test,y_train,y_test=data
    fig=plt.figure()
    ax=fig.add_subplot(3,1,1)
    #默认的基分类器，即决策树基分类器
    clf=ensemble.AdaBoostClassifier(learning_rate=0.1)
    clf.fit(X_train,y_train)
    #输出数据集在模型上的准确率
    print('Decision Tree Training Accuracy is',clf.score(X_train,y_train))
    print('Decision Tree Testing Accuracy is',clf.score(X_test,y_test))
    #绘图
    estimators_num=len(clf.estimators_)
    X=range(1,estimators_num+1)
    ax.plot(list(X),list(clf.staged_score(X_train,y_train)),
        label='Training score' ,linestyle = '--')
    ax.plot(list(X),list(clf.staged_score(X_test,y_test)),
        label='Testing score')
    ax.set_xlabel('Estimator num')
    ax.set_ylabel('Score')
    ax.legend(loc='lower right')
    ax.set_ylim(0,1)
    ax.set_title('AdaBoostClassifier with Decision Tree')

    #Gaussian Naive Bayes 高斯朴素贝叶斯基分类器
    ax=fig.add_subplot(3,1,2)
```

```
clf=ensemble.AdaBoostClassifier(learning_rate=0.1, base_estimator=GaussianNB())
clf.fit(X_train,y_train)
#输出数据集在模型上的准确率
print('GaussianNB Training Accuracy is',clf.score(X_train,y_train))
print('GaussianNB Testing Accuracy is',clf.score(X_test,y_test))
#绘图
estimators_num=len(clf.estimators_)
X=range(1,estimators_num+1)
ax.plot(list(X),list(clf.staged_score(X_train,y_train)), label='Training score',linestyle = '--')
ax.plot(list(X),list(clf.staged_score(X_test,y_test)), label='Testing score')
ax.set_xlabel('Estimator num')
ax.set_ylabel('Score')
ax.legend(loc='lower right')
ax.set_ylim(0,1)
ax.set_title('AdaBoostClassifier with Gaussian Naive Bayes')
#支持向量机基分类器
ax=fig.add_subplot(3,1,3)
clf=ensemble.AdaBoostClassifier(learning_rate=0.1,
base_estimator=SVC(C=100, kernel='rbf', gamma=0.0001),algorithm='SAMME')
clf.fit(X_train,y_train)
#输出数据集在模型上的准确率
print('SVM Training Accuracy is',clf.score(X_train,y_train))
print('SVM Testing Accuracy is',clf.score(X_test,y_test))
#绘图
estimators_num=len(clf.estimators_)
X=range(1,estimators_num+1)
ax.plot(list(X),list(clf.staged_score(X_train,y_train)),
    label='Training score',linestyle = '--')
ax.plot(list(X),list(clf.staged_score(X_test,y_test)),
    label='Testing score')
ax.set_xlabel('estimator num')
ax.set_ylabel('score')
ax.legend(loc='lower right')
ax.set_ylim(0,1)
ax.set_title('AdaBoostClassifier with SVM')
plt.tight_layout()    #自动调整 subplot 间的参数
plt.show()
```

test_AdaBoostClassifier_base_classifier(X_train,X_test,y_train,y_test)

　　程序运行后，采用不同类型的基分类器得到的训练集和测试集的准确率曲线如图 7-5
所示。

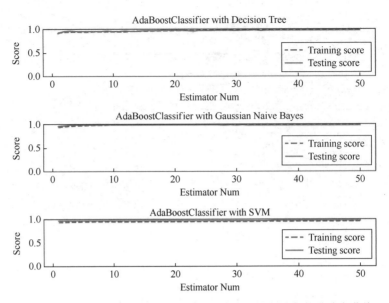

图 7-5　采用不同类型的基分类器得到的训练集和测试集的准确率曲线

（5）对比不同学习率对 AdaBoost 分类器模型性能的影响，代码如下。

```
#不同学习率对模型性能的影响
def test_AdaBoostClassifier_learning_rate(*data):
    X_train,X_test,y_train,y_test=data
    learning_rates=np.linspace(0.01,1)
    fig=plt.figure()
    #SAMME.R 算法
    ax=fig.add_subplot(2,1,1)
    training_scores=[]
    testing_scores=[]
    for learning_rate in learning_rates:
        clf=ensemble.AdaBoostClassifier(learning_rate=learning_rate,
            n_estimators=500)
        clf.fit(X_train,y_train)
        training_scores.append(clf.score(X_train,y_train))
        testing_scores.append(clf.score(X_test,y_test))
    ax.plot(learning_rates,training_scores,label='Training score')
    ax.plot(learning_rates,testing_scores,label='Testing score')
    ax.set_xlabel('Learning rate')
    ax.set_ylabel('Score')
    ax.legend(loc='best')
    ax.set_title('AdaBoostClassifier(SAMME.R)')
    #SAMME 算法
    ax=fig.add_subplot(2,1,2)
    training_scores=[]
    testing_scores=[]
    for learning_rate in learning_rates:
```

```
    clf=ensemble.AdaBoostClassifier(learning_rate=learning_rate,
        n_estimators=500, algorithm='SAMME')
    clf.fit(X_train,y_train)
    training_scores.append(clf.score(X_train,y_train))
    testing_scores.append(clf.score(X_test,y_test))
  ax.plot(learning_rates,training_scores,label='Training score')
  ax.plot(learning_rates,testing_scores,label='Testing score')
  ax.set_xlabel('Learning rate')
  ax.set_ylabel('Score')
  ax.legend(loc='best')
  ax.set_title('AdaBoostClassifier(SAMME)')
  plt.tight_layout()    #自动调整 subplot 间的参数
plt.show()
test_AdaBoostClassifier_learning_rate(X_train,X_test,y_train,y_test)
```

程序运行后，采用不同学习率得到的准确率曲线如图 7-6 所示。

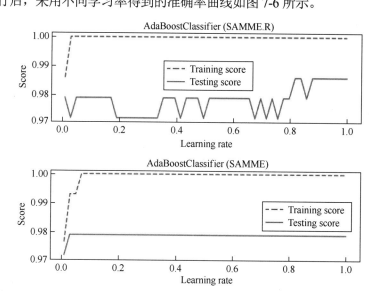

图 7-6　采用不同学习率得到的准确率曲线

（6）对比不同算法和学习率对 AdaBoost 分类器模型性能的影响，代码如下。

```
def test_AdaBoostClassifier_algorithm(*data):
    X_train,X_test,y_train,y_test=data
    algorithms=['SAMME.R','SAMME']
    linestyles1 = ['-','--']
    linestyles2 = ['-.',':']
    fig=plt.figure()
    learning_rates=[0.05,0.1,0.5,0.9]
    for i,learning_rate in enumerate(learning_rates):
        ax=fig.add_subplot(2,2,i+1)
        for i,algorithm in enumerate(algorithms):
```

```
            clf=ensemble.AdaBoostClassifier(learning_rate=learning_rate,
                algorithm=algorithm)
            clf.fit(X_train,y_train)
            estimators_num=len(clf.estimators_)
            X=range(1,estimators_num+1)
            ax.plot(list(X),list(clf.staged_score(X_train,y_train)),
                label='%s:Training score'%algorithms[i], linestyle ='%s'%linestyles1[i])
            ax.plot(list(X),list(clf.staged_score(X_test,y_test)),
                label='%s:Testing score'%algorithm[i], linestyle ='%s'%linestyles1[i])
        ax.set_xlabel('Estimator num')
        ax.set_ylabel('Score')
        ax.legend(loc='lower right')
        ax.set_title('Learning rate:%f'%learning_rate)
    plt.tight_layout()   #自动调整 subplot 间的参数
    plt.suptitle('AdaBoostClassifier')
    plt.show()

test_AdaBoostClassifier_algorithm(X_train,X_test,y_train,y_test)
```

程序运行后，采用不同算法和学习率得到的准确率曲线如图 7-7 所示。

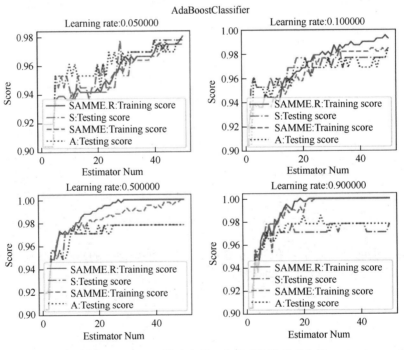

图 7-7　采用不同算法和学习率得到的准确率曲线

7.4.5　实验结果

实验运行结果如图 7-8 所示。从图中可以看出，利用 AdaBoostClassifier 分类器对乳腺癌数据进行分类预测，效果良好。

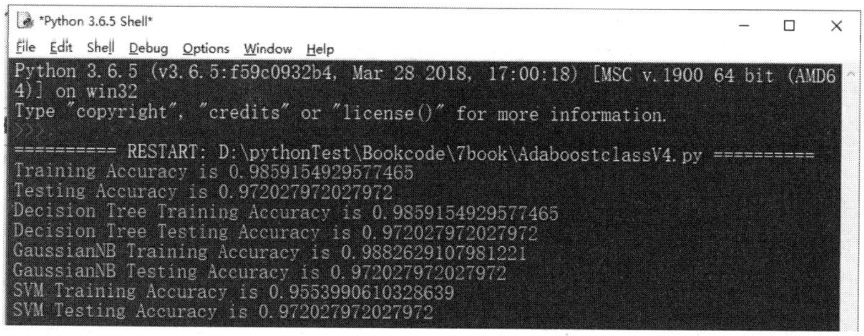

图 7-8　实验运行结果

习题

1．用高斯混合模型做聚类时，怎样确定组件的个数？

2．简述高斯混合模型的原理及操作步骤。

3．简述贝叶斯混合模型的原理及操作步骤。

4．集成学习如何生成个体分类器？如何衡量个体学习器的多样性？

5．集成学习中的不同个体学习器之间如何结合？结合策略有哪些？

6．利用 sklearn 库中的 AdaBoostRegressor 框架构建和实现 AdaBoost 回归模型，并利用 datasets.load_boston()加载波士顿房价数据集，分析比较回归模型各参数（如学习率、迭代次数、不同基回归学习器等）的设置对模型性能的影响。

参考文献

[1]　LOURENS S，ZHANG Y，LONG J D，et al. Bias in estimation of a mixture of normal distributions[J]. Journal of biometrics & biostatistics，2013，4(11).

[2]　CLARK，PETER K. A subordinated stochastic process model with finite variance for speculative prices[J]. Econometrica：journal of the Econometric Society，1973，41：135-155.

[3]　ZIVKOVIC Z. Improved adaptive Gaussian mixture model for background subtraction [C]. Proceedings of the 17th International Conference on. IEEE，2004.

[4]　李航. 统计学习方法[M]. 北京：清华大学出版社，2012.

[5]　HASTIE T，TIBSHIRANI R，FRIEDMAN J H，et al. The Elements of Statistical Learning [M]. 北京：世界图书出版公司，2015.

[6]　周志华. 机器学习[M]. 北京：清华大学出版社，2016.

第8章 图像识别

数字图像处理（以下简称图像处理）是利用计算机信息处理技术或其他数字信号处理技术，对图像进行某些数学运算预处理操作及各种深层信息处理操作，以改善图像视觉表达效果和提高图像可用性的处理过程[1-2]。图像识别是通过数字图像处理，让计算机具有认识或识别图像的过程。在图像处理技术领域的许多应用中，如何对图像中某种物体或目标进行有效识别是图像处理的研究重点。由于图像中包含了丰富的信息，通过现有技术对获取的图像直接进行模式分类和目标识别的可行性不高，因此在进行识别之前必须对特征进行提取与选择。若提取的特征不恰当，则分类的结果很可能不精确，最后根本无法完成目标识别。在图像处理技术领域的许多应用中，图像特征提取与选择对图像识别来说是很关键的一个环节[3]。

本章将首先介绍数字图像处理系统；其次介绍图像特征描述和图像特征提取过程，同时阐述图像分类和识别的基础知识、基本概念及基本方法；最后给出水泥路面裂缝检测与识别处理的实验。

8.1 数字图像处理系统

以数字格式保存的图像称为数字图像。自然界现有的各种图片、画像、图标、广告等均属于模拟图像[4]。由模拟图像转化为数字图像需要利用数字化的方法和设备，进行图像信息感知与获取。目前，将模拟图像数字化的主流设备有扫描仪、数码照相机、摄像头等；将视频画面数字化的设备有视频采集卡。模拟图像经扫描仪进行数字化或由数码照相机获取的图像，如自然景物、人像等，在计算机中均是以数字格式存储的。

8.1.1 图像感知与获取

随着计算机数据处理性能的提高，微型图像处理系统得到迅速发展。微型图像处理系统一般由图像感知与获取部分、图像处理的硬件和软件平台及图像输出设备等组成，如图 8-1 所示[5]。

图 8-1 微型图像处理系统

图像感知与获取部分是一种将景物的活动影像转换成计算机可以获取的数字图像的图像采集设备。

1．电视摄像机

电视摄像机（Television Camera）是指把光学图像转换成便于传输的视频信号的设备，是目前使用最广泛的图像获取设备。电视摄像机的核心部件是光电转换装置，也称为固态阵。电荷耦合器件是目前应用最广泛的感光基元，也称为 CCD（Charge Coupled Device）[6]。CCD 可以将照射在其上的光信号转换为对应的电信号。

2．扫描仪

扫描仪（Scanner）将各种形式的图像信息（如图片、照片、胶片及文稿资料等）转换成能被计算机识别的数字信息，其特点是精度和分辨率高。目前，1200 点/in（每英寸点数）以上精度的扫描仪很常见。由于扫描仪良好的精度和低廉的价格，因此已成为当今应用最广泛的图像数字化设备。

3．数字相机

数字相机（Digital Camera）也称为数码照相机，是一种能够进行景物拍摄，并以数字格式存放拍摄图像的特殊照相机。数码照相机的核心部件是 CCD 图像传感器，数码照相机用红、绿和蓝 3 个彩色滤镜来确定每一个像素点的颜色。CCD 生成的数字图像被传送到照相机的一块内部芯片上，然后把生成的图像（JPG 格式）保存在存储卡中，数码照相机可通过 USB 接口与计算机相连，将拍摄的图像下载到计算机中。

4．遥感图像获取设备

获取卫星遥感图像常用的设备有 3 种：一是光学摄影设备，如摄像机、多光谱像机等；二是红外摄影设备，如红外辐射计、红外摄像仪、多通道红外扫描仪、多光谱扫描仪（MSS）；三是微波设备，如微波辐射计、侧视雷达、真空孔径雷达、合成孔径雷达（SAR）。

5．图像输入卡

通常图像输入卡（采集卡）安装于计算机主板扩展槽中，主要包括图像存储器单元、显示查找表（LUT）单元、CCD 摄像头接口（A/D）、监视器接口（D/A）和 PC 总线接口单元。

8.1.2　图像处理硬件

1．硬件平台

图像处理的主要特点是数据量大、运算时间长，因而对系统硬件配置要求较高。为了加快图像的显示和处理速度，用于图像处理的 PC 配置应尽可能高一些。当然，有条件时最好采用图形工作站进行图像处理。

2．高速图像处理卡

实用图像处理系统分为在线处理系统和离线处理系统两种形式。在研究中，多采用离线图像处理系统，主要用于开发和验证图像处理与分析的算法。在线图像处理系统除了上述设备，还需要用图像处理专用硬件代替图像采集卡，以构成自动处理系统，可以对生产现场采集的图像进行实时处理，并对其处理结果进行监控。

8.1.3 图像处理软件

目前，图像处理系统开发的主流工具为 MathWorks 公司的 MATLAB 和 Microsoft 公司的 VC++。各国的科学家和研究机构开发了不少专用的图像处理软件环境，下面仅对主要的几种进行简单介绍。

1. MATLAB 的图像处理工具箱

MATLAB 是由美国 MathWorks 公司推出的数值计算和模拟仿真工具，它具有强大的数值运算功能，并且提供了丰富的图像处理工具箱和图像处理函数。人们使用 MATLAB 进行图像处理工作，可大大节省设计和编写程序的时间 [7]。但是，MATLAB 强大的功能只能在安装有 MATLAB 系统的机器上使用图像处理工具箱中的函数或自编的 m 文件来实现，实际应用极为不便，且 MATLAB 使用行解释方式执行代码，执行速度很慢。

2. VC++软件开发工具

VC++是 Microsoft 公司开发的软件设计平台，它具有可视化、高度综合等特点。相较于其他软件开发工具，用 VC++开发出来的程序有着较快的计算速度、较强的可移植性等优点。

3. AVS 和 SPIDER

AVS（Application Visualization System，可视化处理系统）是为了对科学计算的结果进行可视化（Scientific Visualization）处理而开发的系统，现在已经在医学图像、资源探索、数据表示与分析等领域中广泛应用。

SPIDER（Subroutine Package for Image Data Enhancement and Recognition）是由日本通产省工业技术院电子技术综合研究所开发的图像处理程序库。由于 SPIDER 包含了图像处理领域中的基本算法和实现方法，因此得到了很高的评价，之后又追加了基本的图像分析算法，以及立体图像、距离图像、文本、画面处理等领域的算法。

4. IUE

IUE（Image Understanding Environment）是以美国为主，日本和欧洲共同参加开发的图像处理系统。该系统可以实现图像理解计算模型的确立，进行严密的几何学描述，能应用于各种类型的图像，从而提高研究效率，促进技术积累和技术转移。

针对上述目标，IUE 有效利用现有软件，开发了运行在 UNIX 工作站上（SunOS、Linux）的面向对象的程序（C++），并从 LaTeX 自动生成 C++源代码，以满足实际需要。

8.1.4 图像的显示和存储

1. 显示卡

显示卡是记忆和保存图像的地方，通常存储的图像要随时出现在显示器上。PC 多采用 800×600 或 1024×768 个像素点。在图像处理装置中，红（R）、绿（G）、蓝（B）各占

8 位（bit），共计 24 位，可以表示 1670 万种颜色，这种显示卡称为真彩色显示卡。

2．图像存储装置

图像数据量庞大，早期其存储成为问题。到目前为止，除大容量磁盘可供存储图像数据之外，MO、CD、DVD 等光学存储装置及 SAN、NAS 等网络存储系统也为存储海量图像数据提供了极好的支持。

8.2　图像特征描述

图像特征是用于区分一个图像内部的最基本属性或特征。图像的特征有很多种，主要包括人工特征和自然特征。人工特征是指人们根据需求主观设置的图像特征，如直方图、频谱特征和其他的图像统计特征（均值、方差、标准差、图像的熵）等。自然特征是指图像固有的客观特征，如图像中的边缘、角点、纹理、形状和颜色等[8]。

在现有的文献中，有很多描述图像特征的方法。根据特征的形式，图像特征可分为点特征、线特征和区域特征；根据特征提取的区域大小，图像特征可以分为全局特征和局部特征[9-10]。依据不同的图像特征属性和特征提取方法可以得到不同的描述参数。近年来，国际专业人士从各自的研究方向出发，提出了适合于各个领域的图像特征描述方式，如描述图像部分结构的特征和基础特征、基于结构元素的 GLCM（Gray-Level Co-occurrence Matrix，灰度共生矩阵）纹理特征和基于功率谱分析法等。近年来，一些研究人员通过引入数学工具的方式提出了一些新的描述方法，如直方图分布描述、小波分析、分形等[11]。本节将从图像的几何特征、形状特征、颜色特征和纹理特征等方面进行图像的特征描述。

8.2.1　几何特征

图像的几何特征尽管比较直观，但有着非常重要的作用。提取图像的几何特征之前，一般要对图像进行二值化，即只有 0 和 1 两种值的黑白图像。下面介绍一些常用的几何特征。

1．位置

图像中的物体通常并不是一个点，因此，一般情况下，用物体的面积中心点（Area Center Point，ACP）作为物体的位置。面积中心点就是在质量保持恒定的条件下，单位面积相同图形的质心 O，如图 8-2 所示。

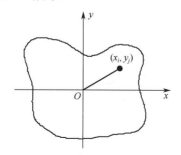

图 8-2　物体位置用质心表示

因为二值图像质量分布是均匀的，所以质心和形心重合。若图像中的物体对应的像素位置坐标为 (x_i, y_j)（$i=0,1,\cdots,n-1$；$j=0,1,\cdots,m-1$），则用下式计算质心位置坐标。

$$\overline{x} = \frac{1}{mn} \sum_{i=0}^{n-1} \sum_{j=0}^{m-1} x_i, \quad \overline{y} = \frac{1}{mn} \sum_{i=0}^{n-1} \sum_{j=0}^{m-1} y_j \tag{8-1}$$

基于分割技术的几何特征提取的核心内容是通过分割像素区域提取指向性明显的对象，根据不同区域像素点的颜色分布信息提取图像特征，适合于区域能够较为精准地分割出来、各区域像素点颜色分布较为均匀的图像。例如，DT（Deformable Templates，可变形模板）技术的应用，为用户提供形状模板，并配对图像资源库的形状。因为两者需要进行对比，所以在具有较高精准度的同时，也增加了数据计算量。另外，SEM（Shape Elastic Matching，形状弹性匹配）算法的第一步是明确该地区的利益，在这些领域的 Hill Climbing 获得的图像边缘与代表的形状的对象边缘。这种方法的优点是对像素区域的边缘位置进行了筛查，缺点是需要人为干涉。近年来，基于区域的图像检索方法已经成为基于内容的图像检索的一大研究热点[12]。

2. 方向

人们不仅需要知道图像中物体的位置，还需要知道物体在图像中的方向。确定物体的方向有一定难度，若物体是细长的，则可把较长方向的轴定为物体的方向，如图 8-3 所示。通常，将最小二阶矩轴（最小惯量轴在二维平面上的等效轴）定义为较长物体的方向[13]，也就是说，要找出一条轴方向直线，使式（8-2）定义的 E 值最小。

$$E = \iint r^2 f(x,y) \mathrm{d}x \mathrm{d}y \tag{8-2}$$

式中，E 为最小惯量；r 为点 (x,y) 到直线的垂直距离。

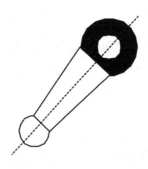

图 8-3　物体的方向

3. 周长

区域的周长即区域最外的边界长度。环绕目标所有像素的区域最外围边界长度被称为周长。通常，测量这个周长长度时包含了许多 90°的转弯，从而夸大了周长值。区域的周长在区别具有简单或复杂形状物体时特别有用。由于周长的表示方法不同，因此计算方法也不同。

当把图像中的像素点视为具有单位面积的矩形时，图像中的区域和背景均由单位面积矩形组成。区域周长为目标区域和背景图像的裂缝长度之和，此时，对象的边界用隙码表示，计算周长可用隙码的长度来表示；也可把像素视为一个个点，此时周长可用链码表示[14]。在链码值为奇数的情况下，周长记作 $\sqrt{2}$；在链码值为偶数的情况下，周长记作 1。周长 p 为

$$p = N_e + \sqrt{2}N_o \tag{8-3}$$

式中，N_e 和 N_o 分别为边界链码（8 方向）中走偶步与走奇步的数目。

4．面积

面积是衡量物体所占范围的一种方便的客观度量。面积只与该物体的边界有关，而与其内部灰度级的变化无关。一个形状简单的物体可用相对较短的周长来包围它所占有的面积。最简单的（未校准的）面积计算方法是统计边界内部（也包括边界上）像素的数目之和，其计算公式为

$$A = \sum_{x=1}^{N} \sum_{y=1}^{M} f(x,y) \tag{8-4}$$

对二值图像而言，若用 1 表示物体，用 0 表示背景，则其面积就是统计 $f(x,y) = 1$ 的个数。

5．长轴和短轴

当物体的边界已知时，用其外接矩形的尺寸来刻画它的基本形状是最简单的方法，如图 8-4 所示。求物体在坐标系方向上的外接矩形，只需计算物体边界点的最大和最小坐标值，就可得到物体的水平和垂直跨度。对任意朝向的物体，水平和垂直并非是我们感兴趣的方向。这时，就有必要确定研究对象的主轴，然后计算主轴方向上的长度和与之垂直方向上的宽度，即研究对象的最小外接矩形（Minimum Enclosing Rectangle，MER）[15]。

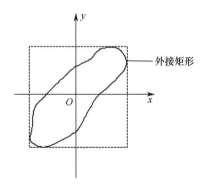

图 8-4　物体的外接矩形

6．距离

图像中两点 $P(x, y)$ 和 $Q(u, v)$ 之间的距离是重要的几何性质，常用欧几里得距离、市区距离和棋盘距离 3 种方法测量。其中，欧几里得距离为

$$d_e(P,Q) = \sqrt{(x-u)^2 + (y-v)^2} \tag{8-5}$$

8.2.2 形状特征

人的视觉系统测量和判断物体的基础是对象的形状。形状是阐述图像最核心的特征，同时也是一个最难以表达的特征。形状特征提取是为了寻找一些几何元素恒定量。形状特征表达有轮廓特征和区域特征两种，图像的轮廓特征主要是图像的边界特征，而图像的区域特征主要与图像的整体区域形状有关。

1. 矩形度

矩形度反映物体对其外接矩形的充满程度，用物体的面积与其最小外接矩形（MER）面积的比来表示，即

$$R = \frac{A_O}{A_{\mathrm{MER}}} \tag{8-6}$$

式中，R 为矩形度；A_O 为该物体的面积；A_{MER} 为最小外接矩形的面积。R 的值为 0～1，当物体为矩形时，R 取得最大值 1.0；当物体为圆形时，R 取值为 $\pi/4$；当物体为细长的、弯曲的形状时，R 的取值变小。另外，一个与形状有关的特征是长宽比 r：

$$r = \frac{W_{\mathrm{MER}}}{L_{\mathrm{MER}}} \tag{8-7}$$

式中，r 为最小外接矩形宽与长的比值。利用 r 可以将细长的物体与圆形或方形的物体区分开来。

2. 圆形度

圆形度用来刻画物体边界的复杂程度，有致密度 C、边界能量 E、圆形性、面积与平均距离平方的比值 4 种。度量圆形度最常用的是致密度，即周长(P)的平方与面积(A)的比

$$C = \frac{P^2}{A} \tag{8-8}$$

3. 球状性

球状性（Sphericity）既可以描述二维目标，也可以描述三维目标，球状性 S 定义为

$$S = \frac{r_i}{r_c} \tag{8-9}$$

在二维目标情况下，r_i 代表区域内切圆（Inscribed Circle）的半径，而 r_c 代表区域外接圆（Circumscribed Circle）的半径，两个圆的圆心都在区域的重心上，如图 8-5 所示。

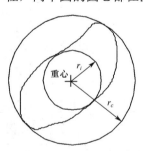

图 8-5　球状性定义示意

当区域为圆时，球状性的值 S 达到最大值 1.0，而当区域为其他形状时，则有 $S<1.0$。球状性 S 不受对象的平移、旋转和尺度伸缩等影响。

4．不变矩

图像的几何矩能反映图像的几何特征量，如图像的大小、形心、质心和旋转等。由于图像的几何矩对平移、旋转、尺度伸缩都是不变的，因此又称为不变矩。若用有界函数 $f(x,y)$ 表达图像信息，则矩的定义为

$$M_{jk} = \int_{-\infty}^{+\infty} \int_{-\infty}^{+\infty} x^j y^k f(x,y) \mathrm{d}x\mathrm{d}y \quad (j,k=0,1,2,\cdots) \tag{8-10}$$

几何矩的核函数是笛卡儿坐标系下像素点坐标的幂。由于 j 和 k 可取所有的非负整数值，因此形成了一个矩的无限集。而且，这个集合完全可以确定函数 $f(x,y)$ 本身。换句话说，集合 $\{M_{jk}\}$ 对于函数 $f(x,y)$ 是唯一的，也只有 $f(x,y)$ 才具有这种特定的矩集。

为了描述物体的形状，假设 $f(x,y)$ 研究对象的值为 1，背景为 0，即函数忽略内部的灰度级细节，只反映物体的形状；参数 $j+k$ 称为矩的阶。特别地，零阶矩是物体的面积，即

$$M_{00} = \sum_x \sum_y x^0 y^0 f(x,y) = \sum_x \sum_y f(x,y) \tag{8-11}$$

当把所有的一阶矩和高阶矩与 M_{00} 相除后，其结果与图像的大小无关。对于二值的图像表达，当 $j=1$、$k=0$ 时，M_{10} 就是物体上 x 坐标的总和；类似地，M_{01} 就是物体上 y 坐标的总和，即

$$\overline{x} = \frac{M_{10}}{M_{00}}, \quad \overline{y} = \frac{M_{01}}{M_{00}} \tag{8-12}$$

二阶几何矩 (M_{20}, M_{02}, M_{11}) 称为惯性矩，表示图像的大小及方向。为了获得矩的不变特征，往往采用中心矩及归一化的中心矩。中心矩的定义为

$$M'_{jk} = \sum_{x=1}^{N} \sum_{y=1}^{M} (x-\overline{x})^j (y-\overline{y})^k f(x,y) \tag{8-13}$$

相对于主轴计算并用面积归一化的中心矩，在物体放大、平移、旋转时保持不变。只有三阶或更高阶的矩经过这样的归一化后才能保持不变性。对于 $j+k=2,3,4,\cdots$ 的高阶矩，可以定义归一化的中心矩为

$$\mu_{jk} = \frac{M'_{jk}}{(M_{00})^r}, \quad r = \left(\frac{j+k}{2}+1\right) \tag{8-14}$$

利用归一化的中心矩，可以获得不变矩组合。这些不变矩组合对于平移、旋转、尺度伸缩等图像处理过程都是不变的。图像的形状、大小、方向及位置等很多几何关键特征都与矩有着必然的联系。因此，不变矩可用来描述图像的关键特征信息。

5．边界链码描述

链码是对边界点的一种编码表示方法，其特点是利用一系列具有特定长度和方向的、相连的直线段来表示目标的边界。在实际应用中，线段的长度是固定的，且线段方向的数目是确定的，因此需要确定边界起点的位置，这就用到了绝对坐标的概念；除此之外的点可以依据连续的方向来表示偏移量。但是，一个坐标值的表示需要的比特位较

多。因此，人们一般使用链码表达，这样可有效减少边界表示所需的数据量。

一般情况下，可按照间距不变的网格来获取数字图像，因此只须追踪边界并赋予每两个相邻像素的连接线一个方向值，就可以得到最简单的链码。常用链码类型包括 4 方向链码和 8 方向链码，其方向定义分别如图 8-6 (a)、(b)所示。它们的共同特点是直线段的长度固定，方向数有限。

对图 8-6 (c)所示的边界编码图形，设起始点 O 的坐标为（5，5），则 4 方向边界链码为（5，5）1 1 1 2 3 2 3 2 3 0 0，8 方向边界链码为（5，5）2 2 2 4 5 5 6 0 0。在实际应用中，直接进行边界编码有可能出现码串比较长和噪声干扰等问题。现有的改进方法是将原边界点最接近的大网格点定为新的边界点，并以较大的网格重新采样。

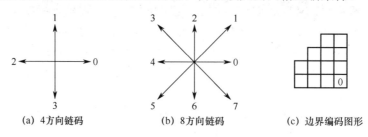

| (a) 4方向链码 | (b) 8方向链码 | (c) 边界编码图形 |

图 8-6　码值与方向的对应关系

8.2.3　颜色特征

颜色特征是图像的一个基本特征，描述的是图像或图像区域的某种表面性质。与图像的其他基本特征相比，颜色特征对图像的视觉、方向、尺寸等不敏感。

1. 颜色模型

自然界的颜色可看作 3 种基本颜色按照不同的比例的组合，这 3 种颜色是红（Red，R）、绿（Green，G）和蓝（Blue，B）。此外，人们提出了各种颜色模型。目前常用的颜色模型按用途可分为计算颜色模型、视觉颜色模型和工业颜色模型 3 类。

常见的计算颜色模型有 RGB 模型、CIE XYZ 模型、Lab 模型等，这些模型一般用于进行有关颜色的理论研究。常见的视觉颜色模型有 HSI 模型、HSV 模型和 HSL 模型，主要用于对色彩的理解。工业颜色模型包括彩色显示系统、彩色传输系统及电视传输系统等，如 CMYK 模型（应用于印刷）、YUV 模型（应用于电视系统）、YCbCr 模型（应用于彩色图像压缩）等，侧重于实际应用。

RGB 模型通过一个点的三维空间数值来表示一种颜色，如图 8-7 所示。每个点有 3 个分量，分别代表红（R）、绿（G）、蓝（B）的亮度值，亮度值限定在 [0，1]。原点所对应的颜色为黑色，其 RGB 模型的 3 个分量值都为零。相应地，距离原点最远的点对应白色，此处 RGB 模型的 3 个分量值都为 1。立方体内其余各点对应不同的颜色。

2. 颜色的属性

颜色有色调（Hue，H）、饱和度（Saturation，S）、亮度（Intensity，I）3 个基本属性。因此，人们又提出了一种颜色模型——HSI 模型。HSI 模型的 3 个属性定义了一个三维柱形空间，如图 8-8 所示。

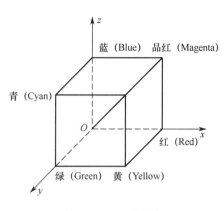

图 8-7 RGB 模型

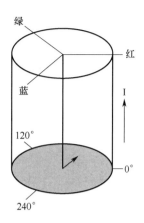

图 8-8 HSI 模型

色调由角度表示，一般假定红色表示 0，绿色表示 120°，蓝色表示 240°。色调反映该彩色最接近的光谱波长，0～240°覆盖的是彩色的可见光光谱。饱和度是指颜色的鲜明程度，饱和度越高，颜色越深。亮度则沿着图 8-8 中的轴线从底部的黑变到顶部的白。

3．颜色直方图

颜色直方图（Color Histogram）描述的是不同的颜色在整个图像中占的比例。虽然颜色直方图统计了图像颜色分布的特性，但不能确定物体在整体图像中的具体位置。颜色直方图适用于对图像进行自动分割。最常用的颜色直方图方法有 RGB 颜色空间统计方法和 HSV（Hue, Saturation, Value）色彩空间统计方法。在颜色模型 HSV 中，H 表示色调（Hue），S 表示饱和度（Saturation），V 表示明度（Value）。颜色直方图 h 定义为

$$h_{A,B,C}[r_1, r_2, r_3] = N \cdot P(A = r_1, B = r_2, C = r_3) \tag{8-15}$$

式中，A、B、C 均为 RGB 的颜色通道或 HSV 的颜色通道；N 为图像的总像素数；P 为概率；r_1、r_2、r_3 均为颜色值。将图像中的颜色进行量化后，再统计每种颜色出现的个数，便可得到颜色直方图。

8.2.4 纹理特征

一般来说，纹理（Texture）由许多相互接近的、互相编织的元素构成。纹理特征是图像的一个重要特征，图像纹理特征一般具有周期性。纹理特征描述方法可分为以下 4 类。

1．统计法

统计法的核心思想是用灰度直方图的矩来统计灰度分布的随机特性，可分为灰度差分统计法和行程长度统计法。灰度差分统计法是统计图像中的一点(x, y)与同它只有微小距离的点$(x+\Delta x, y+\Delta y)$的灰度差值，即

$$g_{\Delta}(x, y) = g(x, y) - g(x + \Delta x, y + \Delta y) \tag{8-16}$$

式中，g_{Δ} 为灰度差值。设灰度差分的所有可能取值共有 m 级，令点(x, y)在整个画面上移动，累计得到 $g_{\Delta}(x, y)$取各个数值的次数，从而可制作灰度差值的直方图。由灰度差值

直方图可以知道 $g_\Delta(x, y)$ 取值的概率 $p_\Delta(i)$。当采用较小 i 值的概率 $p_\Delta(i)$ 较大时，说明纹理较粗糙；当概率较小时，说明纹理较细。

行程长度统计法会统计从任一点出发的一方向上连续 n 个点都具有灰度值 f 这种情况发生的概率，记为 $p(f, n)$。将在某一方向上具有相同灰度值的像素个数称为行程长度。

2. 结构法

结构法的基本思想是假定纹理模式由纹理基元以一定的、有规律的形式重复排列组合而成，从而可确定这些基元并定量分析它们的排列规则。结构法常用纹理的粗糙性来描述。例如，在相同的观看条件下，毛料织物要比丝织品粗糙。粗糙性的大小与局部结构的空间重复周期有关，周期大的纹理细。用空间自相关函数进行纹理测度的方法如下。

设图像为 $f(m, n)$，自相关函数 $C(\varepsilon, \eta, j, k)$ 可由下式定义。

$$C(\varepsilon, \eta, j, k) = \frac{\sum\limits_{m=j-w}^{j+w} \sum\limits_{n=k-w}^{k+w} f(m,n)f(m-\varepsilon, n-\eta)}{\sum\limits_{m=j-w}^{j+w} \sum\limits_{n=k-w}^{k+w} [f(m,n)]^2} \tag{8-17}$$

式中，(j, k) 为像素点坐标，ε, η 均为偏离值。$C(\varepsilon, \eta, j, k)$ 是计算窗口 $(2w+1) \times (2w+1)$ 内的每个点与 $\varepsilon, \eta = 0, \pm1, \pm2, \cdots, \pm T$ 的像素之间的相关值。一般来说，纹理粗糙性与自相关函数的扩展成正比。

3. 模型法

模型法会利用一些成熟的数学模型，如联合概率矩阵法、马尔可夫随机模型、子回归（Simultaneous Autoregressive, SA）模型等。这些模型都是通过少量的参数来表征纹理的。

1973 年，Haralick 等提出了用联合概率矩阵来描述纹理特征的方法[16]。联合概率矩阵法是统计图像的所有像素及其灰度分布的一种方法。联合概率矩阵法也称为灰度共生矩阵法。取灰度图像中任意一点 (x, y) 及偏离的另一点 $(x+a, y+b)$，设该点对的灰度值为 (g_1, g_2)。令点 (x, y) 在整个画面上移动，则会得到各种 (g_1, g_2) 值。对于整个图像，统计得到的 (g_1, g_2) 值可排列成一个方阵，再用 (g_1, g_2) 出现的总次数将它们归一化，记为联合概率矩阵 $p(g_1, g_2)$，如图 8-9 所示。

4. 频谱法

频谱法用来计算图像的频域特性，所用的方法有傅里叶功率谱法、小波变换法等。频谱法有 3 个常用的性质：①频谱中突起的峰值对应纹理主方向；②峰值的位置对应纹理的基本周期；③非周期性纹理可用统计方法描述。

为了简便起见，可把频谱用极坐标系的函数 $S(r, \theta)$ 表示，如图 8-10 所示。给定 θ，可分析 $S_\theta(r)$ 的方向特性；给定 r，可分析 $S_r(\theta)$ 的行为特性。把 $S_\theta(r)$ 累加即可得到更为全局性的描述，即

$$S(r) = \sum_{\theta=0}^{\pi} S_\theta(r) \tag{8-18}$$

$$S(\theta) = \sum_{r=1}^{R} S_r(\theta) \tag{8-19}$$

式中，R 为以原点为中心的圆的半径。$S(r)$ 和 $S(\theta)$ 构成整个图像或图像区域纹理频谱能量的描述。图 8-10（a）、（b）给出了两个纹理区域和相应的频谱示意。比较两条频谱曲线可以看出两种纹理的朝向区别，还可以从频谱曲线计算它们最大值的位置等。

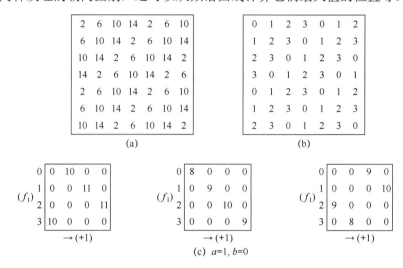

图 8-9　联合概率矩阵计算示意法

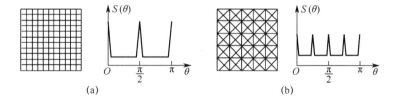

图 8-10　两个纹理区域和相应的频谱示意

8.3　图像特征提取

8.3.1　基于 Hu 不变矩的形状特征提取

1．Hu 不变矩的定义及其性质

1962 年，M.K.Hu 首次提出 7 个矩不变量，其是由低阶（三阶及以下）中心矩构成的，称为 Hu 不变矩[17]。在图像进行旋转、平移、尺度变化时，Hu 不变矩具有不变的特性。因此，Hu 不变矩可用于图像目标的识别及匹配。对于二维数字图像 $f(x,y)$ 来说，其 $p+q$ 阶矩定义如下。

$$m_{pq} = \sum_{x} \sum_{y} x^p y^q f(x,y) \tag{8-20}$$

其中，p,q=0,1,2,3,$\cdots$。于是，$p+q$ 阶中心矩可定义为

$$\mu_{pq} = \sum_x \sum_y (x - x_0)^p (y - y_0)^q f(x, y) \qquad (8\text{-}21)$$

其中，$x_0 = \dfrac{m_{10}}{m_{00}}$，$y_0 = \dfrac{m_{01}}{m_{00}}$，$m_{00}$ 为目标的像素总量；(x_0, y_0) 为目标的质心坐标；x_0、y_0 分别为灰度图像在水平和垂直方向上的重心。

可通过零阶中心矩对各阶中心矩进行归一化，实现几何矩的尺度不变性。图像的归一化中心矩为

$$\eta_{pq} = \frac{\mu_{pq}}{\mu_{00}^r} \qquad (8\text{-}22)$$

$$r = \frac{(p+q+2)}{2} \qquad (8\text{-}23)$$

其中，$p+q = 2,3,4,\cdots$。利用二阶及三阶归一化中心矩可得到 7 个不变矩组，用式（8-24）表示。

$$
\begin{cases}
\varphi_1 = \eta_{20} + \eta_{02} \\
\varphi_2 = (\eta_{20} - \eta_{02})^2 + 4\eta_{11}^2 \\
\varphi_3 = (\eta_{30} - 3\eta_{12})^2 + (3\eta_{21} - \eta_{03})^2 \\
\varphi_4 = (\eta_{30} + \eta_{12})^2 + (\eta_{21} + \eta_{03})^2 \\
\varphi_5 = (\eta_{30} - 3\eta_{12})(\eta_{30} + \eta_{12})\left[(\eta_{30} + \eta_{12})^2 - 3(\eta_{21} + \eta_{03})^2\right] + \\
\qquad (3\eta_{21} - \eta_{03})(\eta_{21} + \eta_{03})\left[3(\eta_{30} + \eta_{12})^2 - (\eta_{21} + \eta_{03})^2\right] \\
\varphi_6 = (\eta_{20} - \eta_{02})\left[(\eta_{30} + \eta_{12})^2 - (\eta_{21} + \eta_{03})^2\right] + \\
\qquad 4\eta_{11}(\eta_{30} + \eta_{12})(\eta_{21} + \eta_{03}) \\
\varphi_7 = (3\eta_{21} - \eta_{03})(\eta_{30} + \eta_{12})\left[(\eta_{30} + \eta_{12})^2 - 3(\eta_{21} + \eta_{03})^2\right] + \\
\qquad (3\eta_{12} - \eta_{30})(\eta_{21} + \eta_{03})\left[3(\eta_{30} + \eta_{12})^2 - (\eta_{21} + \eta_{03})^2\right]
\end{cases}
\qquad (8\text{-}24)
$$

2. 基于 Hu 不变矩的形状特征提取

由于 Hu 不变矩特征不受图像的位置、方位、大小的影响，因此 Hu 不变矩是一种比较经典的图像特征提取方法。其提取的基本过程如图 8-11 所示。

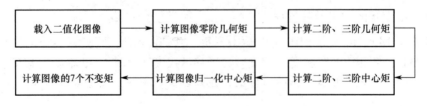

图 8-11 基于 Hu 不变矩的形状特征提取基本过程

Hu 不变矩虽然属于基于区域的面矩，但其并不能体现图像的细节特征。从实际应用中可以看出，Hu 不变矩方法在小样本数据的图像分类应用中会出现错误，效果不太理想。

8.3.2　基于联合概率矩阵法的纹理特征提取

1. 联合概率矩阵的概念和定义

联合概率矩阵用 $P_d(i,j)$ 表示。其中，i，j 分别为像素的灰度；d 为两个像素间的空间位置关系，如图 8-12 所示。

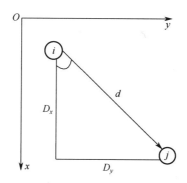

图 8-12　联合概率矩阵像素对

当联合概率矩阵像素对的位置关系 d 选定后，就可以生成一定关系 d 下的联合概率矩阵。

$$\boldsymbol{P}_d = \begin{bmatrix} P_d(0,0) & P_d(0,1) & \cdots & P_d(0,j) & \cdots & P_d(0,L-1) \\ P_d(1,0) & P_d(1,1) & \cdots & P_d(1,j) & \cdots & P_d(1,L-1) \\ \vdots & \vdots & & \vdots & & \vdots \\ P_d(i,0) & P_d(i,1) & \cdots & P_d(i,j) & \cdots & P_d(i,L-1) \\ \vdots & \vdots & & \vdots & & \vdots \\ P_d(L-1,0) & P_d(L-1,1) & \cdots & P_d(L-1,j) & \cdots & P_d(L-1,L-1) \end{bmatrix} \tag{8-25}$$

2. 联合概率矩阵的特征参数

灰度共生矩阵表示元素值的能量 ASM，反映图像分布的均匀程度和纹理的粗糙度。图像的纹理越粗糙，其能量越大；相反，其能量越小。灰度共生矩阵元素值的能量 ASM 定义为

$$\text{ASM} = \sum_i \sum_j P(i,j)^2 \tag{8-26}$$

对比度（CON）可反映图像的清晰度。对比度小，则沟纹浅，效果模糊；反之亦然。CON 定义为

$$\text{CON} = \sum_i \sum_j (i-j)^2 P(i,j) \tag{8-27}$$

相关性（COR）反映的是一些灰度值沿着一定方向延伸的长度，可用来度量灰度的线性关系。COR 定义为

$$COR = \frac{\sum_i \sum_j (i-\bar{x})(j-\bar{y})P(i,j)}{\sigma_x \sigma_y} \tag{8-28}$$

其中，

$$\begin{cases} \bar{x} = \sum_i i \sum_j P(i,j) \\ \bar{y} = \sum_j j \sum_i P(i,j) \\ \sigma_x^2 = \sum_i (i-\bar{x}) \sum_j P(i,j) \\ \sigma_y^2 = \sum_j (j-\bar{y}) \sum_i P(i,j) \end{cases} \tag{8-29}$$

熵（ENT）可表征图像灰度级别的混乱程度。若灰度共生矩阵的元素随机性较大，表明共生矩阵中的元素分布较分散，则其熵就相对较大。ENT 定义为

$$ENT = -\sum_i \sum_j P(i,j) \lg P(i,j) \tag{8-30}$$

8.3.3 分块颜色直方图特征提取

1. 颜色直方图理论基础

颜色直方图用于统计图像中各种颜色出现的频数，不依赖于图像的尺寸、位置和方向的变化。颜色直方图算法一般使用 HSV 模型。HSV 颜色空间则用色调（H）、饱和度（S）和明度（V）来表示颜色。HSV 模型符合人眼对色彩的理解。基于颜色直方图的特征提取过程如图 8-13 所示。

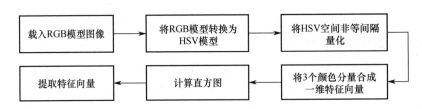

图 8-13 基于颜色直方图的特征提取过程

2. HSV 非均匀量化

在进行彩色图像的直方图计算时，需要对直方图矢量进行降维。h、s、v 3 个分量被非等间隔量化，即把色调 h 分成 8 份，把饱和度 s 分成 3 份，把明度 v 分成 3 份。根据色彩的不同范围和主观颜色感知对 3 个分量进行量化，量化后的色调、饱和度和明度分别用式（8-31）、式（8-32）和式（8-33）表示。

$$H = \begin{cases} 0, & h \in (315,360] \text{ 或 } h \in (0,20] \\ 1, & h \in (20,40] \\ 2, & h \in (40,75] \\ 3, & h \in (75,155] \\ 4, & h \in (155,190] \\ 5, & h \in (90,270] \\ 6, & h \in (270,295] \\ 7, & h \in (295,315] \end{cases} \qquad (8\text{-}31)$$

$$S = \begin{cases} 0, & s \in [0,0.2] \\ 1, & s \in (0.2,0.7] \\ 2, & s \in (0.7,1] \end{cases} \qquad (8\text{-}32)$$

$$V = \begin{cases} 0, & v \in [0,0.2] \\ 1, & v \in (0.2,0.7] \\ 2, & v \in (0.7,1] \end{cases} \qquad (8\text{-}33)$$

根据以上的量化级构造的一维特征向量为

$$L = HQ_S Q_V + SQ_V + V \qquad (8\text{-}34)$$

其中，Q_S、Q_V 分别为 S 和 V 的量化级数，即 $Q_S = 3$，$Q_V = 3$，则式（8-34）可以表示为

$$L = 9H + 3S + V \qquad (8\text{-}35)$$

颜色直方图不包含图像的形状、位置、纹理等信息，只能识别颜色的组合。因此，颜色特征还不能完全刻画物体的关键特征，其在图像处理方面并没有得到充分的重视和利用。

8.3.4　基于小波变换的图像特征提取

1. 小波变换理论基础

小波变换（Wavelet Transform）是在傅里叶变换基础上发展起来的时频域变换工具[18]。小波分析的窗口面积是固定不变的，但其形状是可改变的，从而使得小波变换对信号处理具有很好的自适应性[19]。

Gabor 变换继承了小波变换的优点。Gabor 变换可以使信号在空间域和频率域测量的同时，具有明显的方向选择和频率选择特性。基于 Gabor 小波变换的图像特征提取的基本过程如图 8-14 所示。

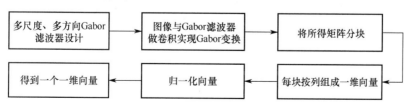

图 8-14　基于 Gabor 小波变换的图像特征提取的基本过程

2. 二维 Gabor 小波变换

二维 Gabor 小波有频率、带宽、滤波器方向等参数，具有很强的时域和频域分辨力。不同频率和方向的选择会产生多组二维 Gabor 小波，可多方面、多角度对图像进行分析。二维 Gabor 小波变换的核函数为[20]

$$\psi_{u,v}(z) = \frac{\left\| \boldsymbol{k}_{u,v} \right\|^2}{\sigma^2} \exp\left(-\frac{\left\| \boldsymbol{k}_{u,v} \right\|^2 \left\| z \right\|^2}{2\sigma^2} \right) \left[\exp\left(\mathrm{i} \boldsymbol{k}_{u,v} z \right) - \exp\left(-\frac{\sigma^2}{2} \right) \right] \tag{8-36}$$

$$\boldsymbol{k}_{u,v} = \begin{bmatrix} k_v \cos\varphi_u \\ k_v \sin\varphi_u \end{bmatrix} \tag{8-37}$$

式中，z 为像素点的空间坐标值；$\boldsymbol{k}_{u,v}$ 为波向量；u 和 v 分别为图像不同方向和尺度的灰度值；φ_u 为二维小波变换的方向；k_v 为采样尺度；$\phi_u = \pi u/v$ 为整个滤波器的滤波方向。其中，$\left\| \boldsymbol{k}_{u,v} \right\|^2 / \sigma^2$ 可补偿能量谱衰减，而 $\exp\left(-\left\| \boldsymbol{k}_{u,v} \right\|^2 \left\| z \right\|^2 / 2\sigma^2 \right)$ 可看作高斯包络。$\exp\left(\mathrm{i} \boldsymbol{k}_{u,v} z \right)$ 为一个负指数函数，其实部为余弦平面波 $\cos\left(\boldsymbol{k}_{u,v} z \right)$，虚部为一个正弦平面波 $\sin\left(\boldsymbol{k}_{u,v} z \right)$。在复指数函数实部中减去一个分量 $\exp\left(-\sigma^2/2 \right)$，可计算原始图像中的直流成分。二维 Gabor 小波定义式为

$$\sigma = \sqrt{2\ln 2} \left(\frac{2^\phi + 1}{2^\phi - 1} \right) \tag{8-38}$$

式中，ϕ 为与小波频率带宽有关的半峰带宽，用倍频程方式来表示。ϕ 为 0.5 倍频时，$\sigma \approx 2\pi$；ϕ 为 1 倍频时，$\sigma \approx \pi$；ϕ 为 1.5 倍频时，$\sigma \approx 2.5$。二维 Gabor 小波可选择 5 个尺度和 4 个方向，对应范围为 $v \in \{0,1,2,3,4\}$，$u \in \{0,1,2,3\}$。k_v 和 φ_u 满足

$$k_v = \frac{k_{\max}}{f^v} \tag{8-39}$$

$$\varphi_u = u\frac{\pi}{4} \tag{8-40}$$

式中，$k_{\max}$ 为最大采样频率；f 为每个小波内核的间隔因子。二维 Gabor 小波具备自相似性。根据 u 和 v 的取值，可以得到在频率、方向和空间位置上不同的分量。图像的二维信息通过与 Gabor 滤波器做卷积来实现 Gabor 小波变换。设图像为 $I(z)$，则 Gabor 小波的卷积运算为

$$O_{u,v}(z) = I(z) * \psi_{u,v}(z) \tag{8-41}$$

式中，$v \in \{0,1,2,3,4\}$，$u \in \{0,1,2,3\}$，$O_{u,v}(z)$ 表示 Gabor 核函数的图像卷积运算操作。

8.4 目标识别

本节中的目标识别是指单个图像区域为目标、对象或模式的识别。图像的目标识别方法主要有结构判别方法和决策理论方法两类。结构判别方法处理的大部分是由定性描述子描述的各种模式，如相关性、相似性和拓扑关系等；决策理论方法处理的是使用定

量描述子描述的各种模式，定量描述子包括长度、面积和纹理等[21]。

8.4.1　结构判别方法

结构判别方法从模式图形的一些结构关系来判别图像目标。本节将介绍结构性方法，并通过对这些类型的关系进行适当估计来实现模式识别。

1．模板匹配

模板匹配是指用一个较小的图像，即模板与原图像进行比较，以确定在原图像中是否存在与该模板相同或相似的区域。若该区域存在，则说明找到了与该模板相同的目标，同时可以确定其位置并提取该区域。如图 8-15 所示，首先输入图像中对象的眼部识别目标，并建立眼部目标的模板；其次在原图像中通过一定的算法来寻找相同的尺寸、方向和图像像素；最后找到与眼部识别目标相同的区域，并确定其坐标位置。

（a）原图像　　　　　　　　　（b）模板

图 8-15　模板匹配

模板匹配常用的一种测度算法为模板与原图像对应区域的误差平方和。设 $f(x,y)$ 为原图像（$M \times N$），$t(j,k)$ 为模板图像（$J \times K$，$J \leq M$，$K \leq N$），则误差测度为

$$D(x,y) = \sum_{j=0}^{J-1} \sum_{k=0}^{K-1} [f(x+j, y+k) - t(j,k)]^2 \tag{8-42}$$

将式（8-42）展开可得

$$D(x,y) = \sum_{j=0}^{J-1} \sum_{k=0}^{K-1} [f(x+j, y+k)]^2 - 2\sum_{j=0}^{J-1} \sum_{k=0}^{K-1} t(j,k) f(x+j, y+k) + \sum_{j=0}^{J-1} \sum_{k=0}^{K-1} [t(j,k)]^2 \tag{8-43}$$

式中，$\sum_{j=0}^{J-1} \sum_{k=0}^{K-1} [f(x+j, y+k)]^2$ 记为 $\mathrm{DS}(x,y)$，为原图像与模板相应区域的能量；

$\sum_{j=0}^{J-1} \sum_{k=0}^{K-1} t(j,k) f(x+j, y+k)$ 记为 $\mathrm{DST}(x,y)$，为原图像与模板相应区域的互相关；当模板和

原图像中匹配的区域取最大值时，$\sum_{j=0}^{J-1} \sum_{k=0}^{K-1} [t(j,k)]^2$ 为模板的能量，其与图像像素位置 (x, y)

无关。

基于上述分析，若设 DS(x, y)为常数，则用 DST(x, y)便可进行图像匹配。当 DST(x, y)为最大值时，模板与图像是匹配的。但是，仅假设 DS(x,y)为常数会产生误差，可用归一化互相关作为误差测度。归一化的误差测度为

$$R(x,y) = \frac{\sum_{j=0}^{J-1}\sum_{k=0}^{K-1} t(j,k)f(x+j,y+k)}{\sqrt{\sum_{j=0}^{J-1}\sum_{k=0}^{K-1}[f(x+j,y+k)]^2}\sqrt{\sum_{j=0}^{J-1}\sum_{k=0}^{K-1}[t(j,k)]^2}} \tag{8-44}$$

模板匹配示意如图 8-16 所示，其中假设原图像 $f(x,y)$ 和模板图像 $t(k,l)$ 的原点都在左上角。对任何一个 $f(x,y)$ 中的(x,y)，根据式（8-44）都可算得一个 $R(x,y)$。当 $t(j,k)$ 在原图像区域中移动时，可得出 $R(x,y)$ 相应的值。当 $R(x,y)$ 取最大值时，就可得到与 $t(j,k)$ 匹配的最佳位置和匹配的图像。

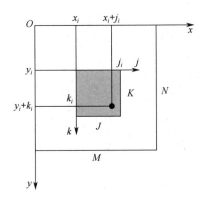

图 8-16　模板匹配示意

用归一化互相关求匹配的计算量非常大，因为模板要在$(M-J+1)×(N-K+1)$个参考位置上做相关计算，所以有必要对其进行改进。常用的方法有序贯相似性检测算法、幅度排序相关算法、FFT 相关算法、分层搜索序贯判决算法等。模板匹配的主要局限性在于它只能进行平行移动，若原图像中要匹配的目标发生旋转或大小变化，则该算法无效；若原图像中要匹配的目标只有部分可见，则该算法也无法完成匹配。

2．直方图匹配

常用的颜色空间有 R、G、B 和 H、S、I，在实践中，基于 H、S、I 的颜色空间检索的效果更好一些。本节主要以 R、G、B 空间为例实现图像颜色特征的统计直方图。为了减少运算量，可采用 R、G、B 3 个分量的均值来表达颜色直方图信息。其匹配的特征向量 f 为

$$f = [\mu_R \quad \mu_G \quad \mu_B] \tag{8-45}$$

式中，μ_R、μ_G、μ_B 分别为 R、G、B 3 个分量直方图的零阶矩。采用阿基米德距离法来计算图像 Q 和目标图像 D 之间的匹配值：

$$d(Q,D) = \sqrt{(f_Q - f_D)^2} = \sqrt{\sum_{R,G,B}(\mu_Q - \mu_D)^2} \tag{8-46}$$

3．形状匹配

形状也是描述图像的一个重要特征，利用形状进行匹配需要考虑 3 个问题：①形状常与目标联系在一起，所以要先对目标和背景进行分割；②形状的描述是图像处理中非常复杂的问题之一，至今还没找到与人的感觉相一致的图像形状定义；③需要解决图像的平移、尺度、旋转变换不变性的问题，从而使从不同视角获取的图像形状都一致。

目前，常用的形状匹配方法主要有基于全局性的几何特征法、基于变换域的特征法、不变矩法、边界方向直方图法等。

8.4.2　决策理论方法

使用决策理论方法的识别是基于决策（或判别）函数的识别。简单地说，所谓判别分析问题，就是在已有给定的若干个模式类（若干个总体）观察资料的基础上，构造一个或多个判别函数，并由此函数对未知其所属类别的模式做出判断，决定其应属于哪个模式类[22]。图 8-17 所示为三类的分类问题示意，其中的边界线就是分类函数。

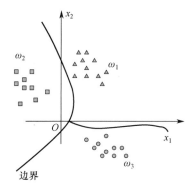

图 8-17　三类的分类问题示意

判别函数包含线性判别函数和非线性判别函数，线性判别函数中又包含广义线性判别函数。所谓广义线性判别函数，就是把非线性判别函数映射到另一个空间变成线性判别函数。

1．线性分类

假设对一模式 $\boldsymbol{X}$ 已提取 n 个特征，$\boldsymbol{X}$ 是 n 维空间的一个向量，则表示为

$$\boldsymbol{X} = (x_1, x_2, x_3, \cdots, x_n)^{\mathrm{T}} \tag{8-47}$$

分类问题就是根据 n 个特征或指标来判别模式 $\boldsymbol{X}$ 属于 $\omega_1, \omega_2, \cdots, \omega_m$ 中的哪一类。这里主要讨论两类问题，取两个特征向量，即

$$\boldsymbol{\omega}_i = (\omega_1, \omega_2)^{\mathrm{T}}, \; M = 2 \tag{8-48}$$

在这种情况下，判别函数为

$$g(x) = w_1 x_1 + w_2 x_2 + w_3 \tag{8-49}$$

式中，w_1 和 w_2 均为参数；x_1 和 x_2 均为坐标变量。在两类别情况下，判别函数 $g(x)$ 具有以下性质。

$$\begin{cases} g(x) > 0, & \boldsymbol{X} \in \omega_1 \\ g(x) < 0, & \boldsymbol{X} \in \omega_2 \end{cases} \tag{8-50}$$

当 $n=2$ 时，二维情况的判别边界为一直线，如图 8-18 所示。

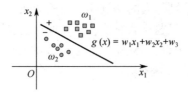

图 8-18　二维情况的判别边界

当 $n>2$ 时，即 n 维情况，现提取 n 个特征为

$$\boldsymbol{X} = (x_1, x_2, x_3, \cdots, x_n)^{\mathrm{T}} \tag{8-51}$$

判别函数为

$$g(x) = w_1 x_1 + w_2 x_2 + \cdots + w_n x_n + w_{n+1} \tag{8-52}$$

$\boldsymbol{W}_0 = (w_1, w_2, \cdots, w_n)^{\mathrm{T}}$ 为权向量，$\boldsymbol{X} = (x_1, x_2, \cdots, x_n)^{\mathrm{T}}$ 为模式向量。模式分类：

$$\begin{cases} g(x) = \boldsymbol{W}^{\mathrm{T}} \boldsymbol{X} > 0, & \boldsymbol{X} \in \omega_1 \\ g(x) = \boldsymbol{W}^{\mathrm{T}} \boldsymbol{X} < 0, & \boldsymbol{X} \in \omega_2 \end{cases} \tag{8-53}$$

其中，$g(x) = \boldsymbol{W}^{\mathrm{T}} \boldsymbol{X} = 0$ 为判别边界。当 $n=2$ 时，二维情况的判别边界为一直线；当 $n=3$ 时，判别边界为一平面；当 $n>3$ 时，判别边界为一超平面。

对于多类问题，模式有 $\omega_1, \omega_2, \cdots, \omega_m$ 个类别。最简单的情况就是每一模式类与其他模式类之间可用单个判别平面分开。在这种情况下，M 类可有 M 个判别函数，且具有以下性质。

$$\begin{cases} g_i(x) = \boldsymbol{W}_i^{\mathrm{T}} \boldsymbol{X} > 0, & \boldsymbol{X} \in \omega_i \\ g_i(x) = \boldsymbol{W}_i^{\mathrm{T}} \boldsymbol{X} < 0, & \text{其他}, \quad i = 1, 2, \cdots, M \end{cases} \tag{8-54}$$

式中，$\boldsymbol{W}_i = (w_{i1}, w_{i2}, \cdots, w_{in}, w_{in+1})^{\mathrm{T}}$ 为第 i 个判别函数的权向量。如图 8-19 所示，每个类别可用单个判别边界与其他类别分开。若一模式 $\boldsymbol{X}$ 属于 ω_1，则由图中可清楚地看出，$g_1(x)>0$，$g_2(x)<0$，$g_3(x)<0$。ω_1 类与其他类之间的边界由 $g_1(x)=0$ 确定。

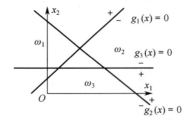

图 8-19　多个判别平面的分类

例如，已知三类 ω_1、ω_2、ω_3 的判别函数分别为

$$\begin{cases} g_1(x) = -x_1 + x_2 \\ g_2(x) = x_1 + x_2 - 5 \\ g_3(x) = -x_2 + 1 \end{cases} \tag{8-55}$$

则 3 个判别边界为

$$\begin{cases} g_1(x) = -x_1 + x_2 = 0 \\ g_2(x) = x_1 + x_2 - 5 = 0 \\ g_3(x) = -x_2 + 1 = 0 \end{cases} \tag{8-56}$$

对于任一模式 X，若 $g_1(x)>0$，$g_2(x)<0$，$g_3(x)<0$，则该模式属于 ω_1 类。相应 ω_1 类的区域由直线 $-x_1+x_2=0$ 的正边、直线 $x_1+x_2-5=0$ 和直线 $-x_2+1=0$ 的负边来确定。需要指出的是，若某个 X 使两个以上的判别函数 $g_i(x)>0$，则此模式 X 无法做出准确的判决，如图 8-20 所示的 IR1、IR3、IR4 区域；在 IR2 区域，判别函数都为负值。IR1、IR2、IR3、IR4 都为不确定区域。当 $x=(x_1,x_2)$，$W=(6,5)^T$ 时，有

$$\begin{cases} g_1(x) = -x_1 + x_2 \\ g_2(x) = x_1 + x_2 - 5 \\ g_3(x) = -x_2 + 1 \end{cases} \tag{8-57}$$

代入公式计算，得出结果：$g_1(x)=-1$，$g_2(x)=6$，$g_3(x)=-4$。结论：$g_1(x)<0$，$g_2(x)>0$，$g_3(x)<0$，所以它属于 ω_2 类。

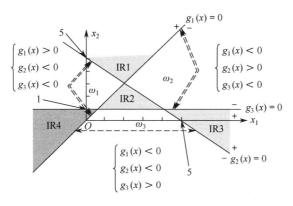

图 8-20　三分类的判别平面

2．非线性分类

非线性分类函数在解决小样本、非线性及高维模式识别中表现出许多特有的优势。支持向量机（Support Vector Machine，SVM）是一个较典型的非线性分类函数，也是一个凸二次规划问题，能够找到全局最优解[23]。设 $\{(x_i,y_i),i=1,2,\cdots,n\}$，$x_i \in \mathbf{R}^d$，$y_i \in \{-1,1\}$ 为两类数据样本集，线性判别函数的一般表示形式为 $f(x)=wx+b$，则其所对应的分类方程为

$$wx + b = 0 \tag{8-58}$$

要使满足式（8-58）的分类面对所有的数据样本都能正确分类，就必须满足下面的不等式。

$$y_i[wx_i + b] - 1 \geqslant 0, \quad i = 1, \cdots, n \tag{8-59}$$

此时的分类间隔为 $d = \dfrac{2}{\|w\|}$，要使分类间隔最大，则 $\|w\|^2$ 最小，相当于使 $\dfrac{1}{2}\|w\|^2$ 最小。为此，定义如下的拉格朗日（Lagrange）函数。

$$L(w, b, \alpha) = \frac{1}{2}\|w\|^2 - \sum_{i=1}^{n} \alpha_i [y_i(wx_i + b) - 1] \tag{8-60}$$

求式（8-60）的最小值：

$$\begin{cases} \dfrac{\partial L}{\partial w} = 0 \Rightarrow w = \sum_{i=1}^{n} \alpha_i y_i x_i \\[2mm] \dfrac{\partial L}{\partial b} = 0 \Rightarrow \sum_{i=1}^{n} \alpha_i y_i = 0 \\[2mm] \dfrac{\partial L}{\partial w} \Rightarrow \alpha_i [y_i(wx_i + b) - 1] = 0 \end{cases} \tag{8-61}$$

求解上述最优分类面问题可转化为求解在式（8-60）的约束条件下凸二次规划寻优的对偶问题。

$$\begin{cases} \max \sum_{i=1}^{n} \alpha_i - \dfrac{1}{2} \sum_{i=1}^{n} \sum_{j=1}^{n} \alpha_i \alpha_j y_i y_j (x_i, x_j) \\[2mm] \text{s.t. } \alpha_i \geqslant 0, \quad i = 1, \cdots, n \\[2mm] \sum_{i=1}^{n} y_i \alpha_i = 0 \end{cases} \tag{8-62}$$

其中，$\alpha_i \geqslant 0$ 为 Lagrange 乘子。式（8-62）表示二次函数寻最优唯一解的问题。如果 α^* 为其最优解，那么有

$$w^* = \sum_{i=1}^{n} \alpha_i^* y_i x_i \tag{8-63}$$

其中，α^* 不为零的样本就是支持向量。因此，支持向量的线性组合就是最优分类面的权系数向量。如果在 $\alpha_i [y_i(wx_i + b) - 1] = 0$ 的约束下求解分类域值 b^*，那么上述问题的最优分类面函数为

$$g(x) = \text{sgn}(wx + b) = \text{sgn}(\sum_{i=1}^{n} \alpha_i^* y_i (x_i x) + b^*) \tag{8-64}$$

8.5　基于区域生长法的图像识别

8.5.1　区域生长法的基本原理

图像分割是图像识别的一个关键技术，而区域生长（Region Grow）法是一种提出较早的图像分割方法[24]。本节的水泥路面裂缝识别实验选用的就是区域生长法。区域生长法的主要思想是将相同或相似特征的像素点构成一集合域。简单来说，区域生长法是

指将相同像素或区域发展成更大区域的过程，如图 8-21 所示。

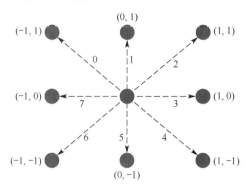

图 8-21　区域生长法示意

在实际应用区域生长法时需要解决 3 个问题[25]：①正确选择一组具有代表性的种子像素；②确定能包含相邻像素的门限或准则；③确定让生长过程停止的条件。

利用迭代的方法从大到小收缩是一种典型的方法，它不仅对 2D 图像适用，而且对 3D 图像也适用。通常情况下，像素种子（Seed）一般选取图像中亮度等级最高的像素点，或者使用数学工具依据生长所用准则对每个像素点进行相应的计算。

区域生长法的实现步骤如图 8-22 所示。首先得到图像各像素点的属性，并将其转化为属性数值；然后人工选取种子起点(x_0, y_0)，对其 8 邻域像素点(x, y)进行阈值判定，合并种子区域；最后当所有人工选取的点都生长完毕时，图像分割结束[26]。

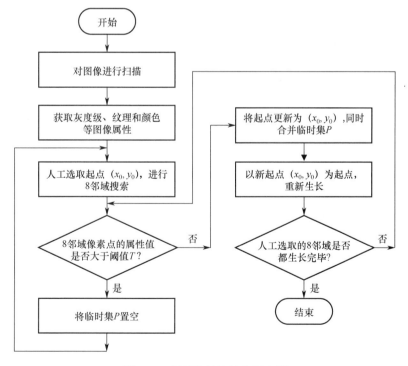

图 8-22　区域生长法的实现步骤

裂缝图像信息中含有大量的色彩信息，为了让计算机进行有效的计算，需要对彩色进行转化。灰度值（Gray-Scale Value）通常作为像素的属性。可将各像素点的 R、G、B 参数值转换为灰度浮点值：

$$Gray = 0.3R + 0.59G + 0.11B \tag{8-65}$$

本节中选择基于区域灰度差的生长准则，用新像素所在区域的平均灰度值与各邻域像素的灰度值进行差值比较。假设有一个包含 N 像素的图像区域 R，图像均值为

$$m = \frac{1}{N}\sum_R f(x, y) \tag{8-66}$$

对像素的比较为

$$\max |f(x, y) - m| < T \tag{8-67}$$

式中，T 为阈值。若区域是均值的，则区域内的灰度变化应当尽量小；若区域是非均值的，并且这两部分像素在 R 中所占比例分别为 q_1 和 q_2，灰度值分别为 m_1 和 m_2，则其均值为 $q_1 m_1 + q_2 m_2$。值为 m_1 的像素点与区域均值的差为

$$S_m = m_1 - (q_1 m_1 + q_2 m_2) \tag{8-68}$$

可知正确判决的概率为

$$P(T) = \frac{1}{2}\Big[p(|T - S_m|) + p(|T + S_m|) \Big] \tag{8-69}$$

这表明，当考虑灰度均值时，不同部分像素间的灰度差距应该尽量大[27]。

8.5.2　基于区域生长法的裂缝识别系统

本节的实验是利用 TensorFlow 和 OpenCV 进行图像识别。OpenCV 提供了 Python、Ruby、MATLAB 等语言的接口，可实现图像处理、模式识别和计算机视觉方面的算法。基于区域生长法的裂缝识别系统主要包括图像预处理、图像分割（区域生长法）、图像特征分析等部分，其流程如图 8-23 所示。

图 8-23　裂缝识别流程

图像预处理过程通过 PreProcess 模块完成。首先从路径读取图像，读取图像的类型默认为 cv.IMREAD_GRAYSCALE，这时为 BGR 图像。我们通过 OpenCV.cvtColor 函数实现色彩空间转换，转换后的图像类型默认为 COLOR_BGR2GRAY 的 RGB 图像。为了有效提高裂缝识别的准确性，尽可能使用高像素相机垂直拍摄。对于实际工程中拍摄的图片，我们需要进行预处理。在计算机中，图片是按照不同颜色（红、绿、蓝，即 R、G、B）分层存储的，如图 8-24 所示。

对于检测的图片，只需要一层色彩（黑白图片）就可以体现裂缝的细节，这个过程称为图像灰度转换。RGB 图像的一个像素需要用 3 字节来表达。经过转换以后的灰度图像中，每个像素的灰度值为 0～255。将得到的灰度图像经过滤波、均衡、归一化、二值化等处理，得到图像的灰度直方图。一维直方图的结构表示为

$$H(p) = [h(x_1), h(x_2), \cdots, h(x_n)] \tag{8-70}$$

$$h(x_i) = \frac{s(x_i)}{\sum_j s(x_j)} \tag{8-71}$$

式中，$s(x_i)$ 为某像素个数；$\sum_j s(x_j)$ 为总像素个数。在图像收集、传输、处理过程中会有一定程度的噪声干扰，并且观察灰度图像时会发现混凝土、裂缝、阴影的灰度比较接近。对此，需要对图像进行滤波处理，使灰度细化，并使提取的图像特征更加明显。

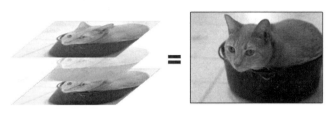

图 8-24　图像的分层存储

图像处理完成之后，需要进行图像分割，这一过程是实验的关键。本节的分割过程是基于相似性分割的区域生长法进行的[28]。区域生长法需要先在每个分割的区域找出一个种子作为生长的起点。种子可以通过人工选取，也可以通过一些方法自动选取，而本裂缝识别系统手动指定了种子位置。

图像特征分析就是裂缝的识别过程，本裂缝识别系统通过 Feature 模块完成特征分析。定义 get_area_pos() 函数获取区域面积及位置，并通过定义 connected_region_label() 函数对二值图像进行连通性分析，得到每个连通的区域。

8.5.3　实验结果分析

1．实验数据

在本实验中，首先需要下载解压的数据，将其作为裂缝图像（.jpg 或.png 等）。对这些文件进行一些前期处理，将其变为裂缝识别系统需要的数据，这些数据一般分为与图像识别模型相关的数据和与计算机视觉模型相关的数据。

2．实验参数

读取的图像默认为 BGR 图像，在将其转换为灰度图像之前，要使用 cv.cvtColor() 函数转换图像的颜色空间，将 BGR 图像转换为 RGB 图像。裂缝识别系统的主要参数如表 8-1 所示。

表 8-1　裂缝识别系统的主要参数

参　　数	说　　明
Color_code=cv.IMREAD_GRAYSCALE	读取图像，默认为 cv.IMREAD_GRAYSCALE
width=800	调整图像后的宽度默认为 800
Code=cv.COLOR_BGR2GRAY	OpenCV 颜色转换，默认为 COLOR_BGR2GRAY
ksize=10	图像过滤器，默认为 10
thresh=0.15	阈值设置为 0.15

3．实验模块

本实验通过 DataTool.py、Feature.py、PreProcess.py、RegionGrow.py、main.py 5 个模块来实现，主要模块及作用如表 8-2 所示。

表 8-2　裂缝识别系统的主要模块及作用

模 块 名 称	作　　用
DataTool.py	计算像素点距离
Feature.py	获取指定区域信息
PreProcess.py	图像预处理
RegionGrow.py	使用区域生长法进行图像分割
main.py	主函数

4．实验函数

在 DataTool.py、Feature.py、PreProcess.py、RegionGrow.py 模块中定义和调用函数，函数及作用如表 8-3 所示。

表 8-3　函数及作用

函 数 名 称	作　　用
distance_calc()	计算两点的距离
min_distace()	找到距离中心点最近的点
get_area_pos()	从图形中获取区域面积及位置
connected_region_label()	对二值图像进行连通性分析
read_image()	从路径读取图片
convert_color_gray()	将 BGR 图像转换为灰度图像
resize_img()	调整图像大小
convert_color()	转换图像的颜色空间
center_avg_imp()	通过图像中心像素平均值来改善图像像素
equalize_hist()	均衡 hist 以改善图像
med_blur()	对图像进行中值滤波
adj_gamma()	对图像进行归一化处理
binary_image()	对图形进行二值化
region_grow()	基于区域生长法进行图像分割

5．实验结果与分析

本实验根据上述步骤在 TensorFlow 平台上搭建裂缝识别系统，用区域生长法作为图像分割方法，通过读取不同裂缝图像测试系统性能。本系统不需要经过训练，可以直接进行裂缝识别实验流程：首先在平台上将要识别的图像导入系统，然后运行 main.py 模块进行裂缝识别。根据结果可以发现：①系统可以将彩色图像比较准确地转换为灰度图像，使裂缝特征更加明显；②系统可以识别横向和纵向裂缝，并显示最大和最小宽度。

由实验数据可得到结论：①本系统可以成功识别裂缝，并显示裂缝特征；②本系统可以导出裂缝特征明显的灰度图像。

8.6　实验：水泥面裂缝检测

8.6.1　实验目的

（1）了解 TensorFlow 的基本操作环境。

（2）了解 TensorFlow 操作的基本流程。

（3）了解 TensorFlow 中水泥面裂缝识别的流程。

（4）对 TensorFlow 如何通过 OpenCV 实现裂缝识别有整体感知。

（5）运行程序，看到结果。

8.6.2　实验要求

（1）了解 TensorFlow 中区域生长法的工作原理。

（2）了解 OpenCV 函数库的组成。

（3）了解 TensorFlow 实现裂缝识别的流程。

（4）理解 TensorFlow 中区域生长法相关的源码。

（5）用代码实现水泥面裂缝的识别。

8.6.3　实验原理

测试样本使用搜集到的部分裂缝图像，如图 8-25 所示，图像可以为 JPG、PNG、GIF 等格式。

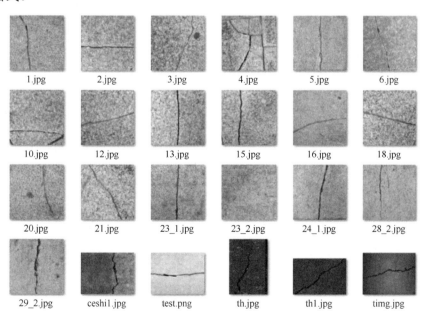

图 8-25　部分裂缝测试样本

在进行裂缝识别前，首先查看 OpenCV 函数库使用手册。

底层源码包括 DataTool.py、Feature.py、PreProcess.py、RegionGrow.py、main.py。PreProcess.py 用来处理图像文件，获取灰度直方图；RegionGrow.py 定义了区域生长法，可对灰度图像进行处理；Feature.py 用于分析图像信息；main.py 可导入图像，进行裂缝识别。

在 Feature.py 模块中，find_min_max_width()函数将会返回 max_width、min_width。执行 connected_region_label()函数将会返回连通区域总数和标记的每个连通区域。get_area_pos ()函数可从图形中获取区域面积及位置。

```
def find_min_max_width(contour):
def connected_region_label(img, flag=False):
def get_area_pos(img, filter_size=1000, flag=False):
```

在 PreProcess.py 模块中，read_image()函数读取原始图像；convert_color_gray()函数将 BGR 图像转换为灰度图像；center_avg_imp()、equalize_hist()、med_blur()等函数提高图像像素质量；adj_gamma()函数执行归一化处理；binary_image()函数对图像进行二值化处理。

```
def read_image(path, color_code=cv.IMREAD_GRAYSCALE):
def convert_color_gray(image):
def center_avg_imp(img, ksize=10, flag=False):
def equalize_hist(img, flag=False):
def med_blur(img, ksize=3, flag=False):
def adj_gamma(img, flag=False):
def binary_image(img, thresh=0.15, flag=False):
```

在 RegionGrow.py 模块中，region_grow()函数可对图像进行分割；min_pos()函数可返回每个选定区域的位置列表。

```
def region_grow(self, mode=8):
def min_pos(self):
```

8.6.4 实验步骤

本实验的实验环境为 TensorFlow 2.2.0+Python 3.6，并使用 TensorFlow 中集成的 OpenCV 函数库。部分代码如下。

```
# main.py
if __name__ == "__main__":
        origin = PreProcess.read_image("test_img/4.jpg",
        color_code=cv.IMREAD_ANYCOLOR)
        origin = PreProcess.resize_img(origin)
        print(origin.shape)
        img = PreProcess.convert_color(origin)
```

运行上述程序后，会显示识别结果。

8.6.5 实验结果

本系统不需要经过训练，可直接识别图像中的裂缝，部分识别输出如图 8-26～图 8-28 所示。

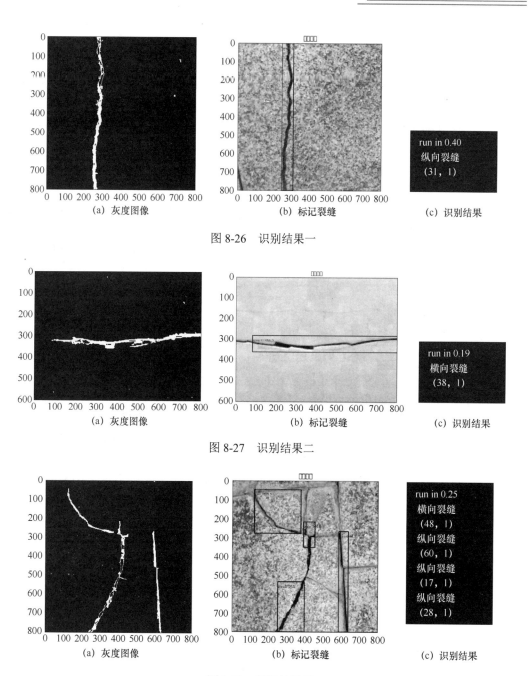

图 8-26　识别结果一

图 8-27　识别结果二

图 8-28　识别结果三

习题

1. 简述数字图像处理系统的组成部分，以及各组成部分的作用。

2. 图像特征的描述方法有哪些？每种描述方法有哪些具体的特征？

3. 图像特征提取的本质是什么？其方法有哪些？

4．什么是结构判别方法？结构判别方法和决策理论方法有什么不同？

5．简述模板匹配算法的思路，并画出流程图。

6．有一个两类问题，其判别函数为 $g(x)=3x_1+5x_2-6x_3-2$。试将下面 3 个模式分别进行分类：$X_1=[4\ 7\ 1]^T$，$X_2=[1\ -5\ 2]^T$，$X_3=[4\ 4\ 5]^T$。

7．请在 TensorFlow 平台上搭建一个简单的图像处理系统，能实现图像的读入、显示和写入等操作功能。

8．图像的存储格式有哪些？请在 TensorFlow 平台上将 JPG 格式的图像转为灰度图像。

9．请在 TensorFlow 平台上将一幅 RGB 图像转换成 HSV 图像，并分别将各个成分进行可视化显示。

10．简述区域生长法的工作原理，请在 TensorFlow 平台上实现区域生长法的分割程序。

参考文献

[1] 杨杰. 数字图像处理及 MATLAB 实现[M]. 北京：电子工业出版社，2010.

[2] 李俊山. 数字图像处理概述[EB/OL]. [2019-01-01]. https://wenku.baidu.com/view/cc0c1e57e21af45b207a84d.html.

[3] 孙即祥. 现代模式识别[M]. 长沙：国防科技大学出版社，2002.

[4] 袁强强. 数字图像处理概述[EB/OL]. [2013-01-01]. https://wenku.baidu.com/view/cb65f5da49649 b6648d747ef.html.

[5] 何东健. 数字图像处理[M]. 3 版. 西安：西安电子科技大学出版社，2015.

[6] 电脑故障以及解决百科全书[EB/OL]. [2019-01-01]. http://www.360doc.com/content/14/0816/16/502486_402387062.shtml.

[7] 肖龙飞，李金龙，杨凯，等. 基于 MATLAB 的数字图像处理教学软件的设计[J]. 信息技术，2014(12)：185-187.

[8] 李俊山，李旭辉. 数字图像处理[M]. 2 版. 北京：清华大学出版社，2013.

[9] 杨淑莹. 图像模式识别：VC++技术实现[M]. 北京：清华大学出版社，2005.

[10] 张新峰，王明玉，张春梅. 有砟轨道扣件缺失识别算法的研究[J]. 计算机工程与应用，2018，54(13)：143-147.

[11] 李弼程，彭天强，彭波. 智能图像处理技术[M]. 北京：电子工业出版社，2004.

[12] 吴介，裘正定. 底层内容特征的融合在图像检索中的研究进展[J]. 中国图像图形学报，2018，13(2)：189-197.

[13] 陆艺，夏文杰，郭斌，等. 基于机器视觉的移动工件抓取和装配的研究[J]. 计算机测量与控制，2015，23(7)：2329-2332.

[14] 刘朝选，刘堂友，吴云飞. 基于机器视觉的钢带缺陷检测研究[J]. 微型机与应用，2015，34(24).

[15] 唐朝国. 基于改进 Rank 变换和分段 MER 的镜片疵病检测算法[J]. 计算机与数字工

程，2015，43(4).

[16]　贾永红. 计算机图像处理与分析[M]. 武汉：武汉大学出版社，2001.

[17]　程昌宏. 混凝土裂缝分形和灰度共生矩阵分析[J]. 低温建筑技术，2014，36(7)：13-15.

[18]　傅蓉，许宏丽. 基于小波多尺度分析的彩色图像检索方法[J]. 中国图像图形学报，2004，9(11)：1326-1330.

[19]　HADIZADEH H. Multi-resolution local Gabor wavelets binary patterns for gray-scale texture description[M]. Amsterdam：Elsevier Science Inc., 2015, 65(C)：163-169.

[20]　许伟. 基于 Gabor 特征和 SVM 的人脸识别方法研究[D]. 乌鲁木齐：新疆大学，2015.

[21]　[美]冈萨雷斯. 数字图像处理[M]. 2 版. 北京：电子工业出版社，2007.

[22]　李弼程，邵美珍，黄洁. 模式识别原理与应用[M]. 西安：西安电子科技大学出版社，2008.

[23]　BELCHER W，CAMP T，KRZHIZHANOVSKAYA V V. Crack Detection in Earth Dam and Levee Passive Seismic Data Using Support Vector Machines[C]. International Conference on Computational Science，2016.

[24]　LEVINE A J. the Cellular Gatekeeper Review for Growth and Division[J]. Cell，1997，88(3)：323-331.

[25]　陈方昕. 基于区域生长法的图像分割技术[J]. 科技信息（科学教研），2008(15)：58-59.

[26]　周玉县，郑善喜，黄晓锋，等. 基于区域生长法的建筑裂缝定量分析方法[J]. 低温建筑技术，2017(10)：168-170.

[27]　龚坚，李立源，陈维南. 基于二维灰度直方图 Fisher 线性分割的图像分割方法[J]. 模式识别与人工智能，1997(1)：1-345.

[28]　韩晓军. 数字图像处理技术与应用[M]. 北京：电子工业出版社，2009.

第 9 章　视频目标检测与跟踪

随着互联网、大数据时代的到来，视频数据呈爆炸式增长。通常在视频数据中占比较小的目标区域是我们的研究对象，因此对视频数据中的目标进行检测，以及对其信息进行提取、分析和利用就显得尤为重要。目前，视频目标检测与跟踪技术已经在智能视频监控、智能交通、灾情检测、人机交互、医学运动分析、汽车自动驾驶等领域得到应用。

本章将介绍视频图像序列中目标检测与跟踪的主要方法，对检测性能的评价指标进行分析，并给出常用的视频数据集；然后基于 Python 语言给出一个完整的目标检测实验示例，以指导读者进行实践练习。

9.1　视频目标检测

视频由连续的拍摄图像构成，具有大量的上下文信息。如果采样时间足够快，那么相邻帧图像仅存在微小的变化。在智能视频图像分析中，一个常见的任务就是运动目标检测，即将人们感兴趣的运动目标从视频数据中检测并分割出来。运动目标检测方法主要分为帧间差分法、光流法和背景减除法三大类[1]。

9.1.1　帧间差分法

帧间差分法的思想是将视频中的相邻帧图像进行差分运算，再对所得的差分图像进行阈值处理，提取运动目标的位置和区域。帧间差分法不需要训练过程，计算量小，能够迅速输出检测结果，在嵌入式系统中可以达到实时检测的效果。

1. 差分算法的原理

1998 年，美国卡内基梅隆大学的研究人员利用视频中相邻两帧图像的灰度差来寻找由目标运动引起的变化区域，这就是二帧差分算法[2]。

设视频中的第 t 帧图像灰度为 F_t，第 $t-1$ 帧图像灰度为 F_{t-1}，则这两个相邻帧之间的灰度差值为

$$\Delta_t = |F_t - F_{t-1}| \tag{9-1}$$

对灰度差值 Δ_t 进行阈值处理，则得到第 t 帧图像中运动目标的检测结果为

$$M_t(x,y) = \begin{cases} 1, & \Delta_t(x,y) \geq T \\ 0, & \text{其他} \end{cases} \tag{9-2}$$

式中，(x,y) 表示图像中的每个点的横纵坐标；$M_t(x,y)=1$ 表示位于 (x,y) 处的像素在第 t 帧被检测为前景像素点（运动目标区域）；T 表示阈值参数。

如图 9-1 所示，将室内监控图像求取邻帧差分后，可粗略得到行人的外轮廓。

（a）第 t 帧图像　　　　　　　　　　　　（b）差分图像

图 9-1　室内监控中的行人检测

2．差分算法的优缺点

帧间差分法原理简单、计算速度快、容易实现，但对光照变化、背景扰动、环境噪声等异常敏感，不适用于复杂监控背景的运动目标检测。

在目标运动速度较慢的情况下，帧间差分法易在运动目标检测结果中形成空洞，甚至在运动目标短暂停止时（相邻帧间图像无差别）无法检测出运动目标。当目标运动速度较快时，其检测结果有可能包含该目标在相邻帧中不同位置的两个剪影。

9.1.2　光流法

光流法[3,4]通过分析视频的光流场进行运动目标检测。光流是指空间中物体的运动在图像平面上所表现出的物体灰度模式的流动。基于场景中物体的灰度守恒假设，光流法通过分析视频图像平面上的光流场，发现场景中物体的运动，并对运动特性不同的物体进行分割。光流法能够同时捕捉因前景目标运动引起的前景目标的光流和因摄像机运动导致的背景物体的光流，并能够对它们进行有效区分，因此适用于摄像机运动情况下的运动目标检测，如车载摄像机监控等。

1．光流法的原理

光流法以场景中各物体在相邻帧之间的灰度守恒假设为前提，对光流场进行估计。设 $E(x,y,t)$ 为图像平面上的像素点 (x,y) 在 t 时刻的灰度；经过 $\mathrm{d}t$ 时间后，该像素点灰度模式沿着 x 轴方向移动 $\mathrm{d}x$，沿着 y 轴方向移动 $\mathrm{d}y$。根据灰度守恒假设：

$$E(x,y,t)=E(x+\mathrm{d}x,y+\mathrm{d}y,t+\mathrm{d}t) \tag{9-3}$$

对式（9-3）右侧进行泰勒级数展开，可以得到

$$E(x,y,t)=E(x,y,t)+\frac{\partial E}{\partial x}\mathrm{d}x+\frac{\partial E}{\partial y}\mathrm{d}y+\frac{\partial E}{\partial t}\mathrm{d}t+\varepsilon \tag{9-4}$$

其中，ε 包含 $\mathrm{d}x$、$\mathrm{d}y$ 和 $\mathrm{d}t$ 的二次项和高次项，将式（9-4）化简后可以得到

$$\frac{\partial E}{\partial x}\frac{\mathrm{d}x}{\mathrm{d}t}+\frac{\partial E}{\partial y}\frac{\mathrm{d}y}{\mathrm{d}t}+\frac{\partial E}{\partial t}=0 \tag{9-5}$$

令 $u = \dfrac{\mathrm{d}x}{\mathrm{d}t}$，$v = \dfrac{\mathrm{d}y}{\mathrm{d}t}$，$E_x = \dfrac{\partial E}{\partial x}$，$E_y = \dfrac{\partial E}{\partial y}$，$E_t = \dfrac{\partial E}{\partial t}$，则式（9-5）可以表示为一个包含两个未知量($u$ 和 v)的线性方程：

$$E_x u + E_y v + E_t = 0 \qquad\qquad (9\text{-}6)$$

其中，(u,v) 形成了图形平面上的光流矢量。式（9-6）也被称为光流约束方程。

这里，u、v 分别表示 t 时刻像素点(x,y)在 x、y 方向上的瞬时速度分量；E_x、E_y 分别表示图像灰度 E 沿 x 轴、y 轴方向的强度变化（同一帧图像上相邻像素点的灰度变化）；E_t 表示图像灰度 E 在相邻时间同一像素点上的强度变化（同一像素点在相邻帧图像上的灰度变化）。图 9-2 所示为求得的监控视频中的行人光流图像。

（a）第 t 帧图像　　　　　　　　　　　　　（b）行人光流图像

图 9-2　监控视频中的行人光流图像

2．光流法的优缺点

光流法能够同时捕捉并区分前景目标运动引起的前景目标光流和因摄像机运动导致的背景物体光流，在摄像机运动情况下仍可以检测背景中的运动目标，但该方法中光流矢量的计算和估计比较耗时、算法复杂度高、实时性较差。另外，物体的灰度守恒假设在实际环境中易受噪声、光照变化等诸多因素的影响，很难满足，这也影响了光流法对运动目标检测分割的精度。

光流法适用于运动位移较小的场景。当物体运动速度过快时，为了降低目标运动速度，可以对图像金字塔进行向上采样，将目标速度逐层减小，以获得较好的检测效果，但计算速度会变得更慢。

9.1.3　背景减除法

背景减除法是目前较流行的一种运动目标检测方法，其基本思想是从视频中减除背景，保留运动前景目标。背景减除法通过建立背景模型来描述场景的背景特征，并根据当前输入帧与背景模型的对比分析确定运动前景目标区域。以下分别介绍常见的高斯混合模型算法和核密度估计算法。

1．高斯混合模型算法

1999 年，美国麻省理工学院研究人员提出使用高斯混合模型（Gaussian Mixture

Model，GMM）对场景背景建模的背景减除法，称为 GMM 算法[5]。该算法已成为目前公认的经典背景减除法。

GMM 算法使用 K 个高斯分布对每帧视频图像的各像素输入值（灰度或彩色信息）建立模型，即对任意像素 x_i，在第 t 帧图像中输入值为 X_t 的概率为

$$P(X_t) = \sum_{k=1}^{K} w_{k,t} \eta(X_t, \mu_{k,t}, \Sigma_{k,t}) \tag{9-7}$$

式中，$w_{k,t}$ 为 t 时刻 GMM 算法中第 k（$1 \leqslant k \leqslant K$）个高斯分布的权重；$\mu_{k,t}$、$\Sigma_{k,t}$ 分别为 t 时刻 GMM 算法中第 k 个高斯分布的均值向量和协方差矩阵；η 为高斯概率密度函数，即

$$\eta(X_t, \mu, \Sigma) = \frac{1}{(2\pi)^{d/2} |\Sigma|^{1/2}} e^{-\frac{1}{2}(X_t - \mu)^{\mathrm{T}} \Sigma^{-1} (X_t - \mu)} \tag{9-8}$$

式中，d 为像素输入值 X_t 的维度。当像素输入值为红、绿、蓝三通道彩色信息时，$d=3$。为了方便计算，通常假设输入视频的红、绿、蓝三通道互相独立且具有相同方差。这样，t 时刻 GMM 算法中第 k（$1 \leqslant k \leqslant K$）个高斯分布的协方差矩阵可以简化为

$$\Sigma_{k,t} = \sigma_{k,t}^2 I \tag{9-9}$$

式中，I 为 3×3 的单位矩阵。

GMM 算法中对应于像素 X_t 的 K 个高斯分布分别由出现在该像素位置的背景输入值和前景输入值统计分析形成，即形成的 K 个高斯分布中仅有部分高斯分布对应于场景背景并构成背景模型。

因为视频中场景背景相较于前景目标而言出现的可能性更大且表现更为稳定，所以与场景背景相对应的高斯分布应具有较大的权重和较小的标准差。GMM 算法将像素 x_t 在 t 时刻的 K 个高斯分布按照 $w_{k,t} / \sigma_{k,t}$ 从大到小排序，并选取前面 B 个高斯分布构成像素 x_t 在 t 时刻的背景模型。此处，

$$B = \arg\min \sum_{k=1}^{b} w_{k,t} > T \tag{9-10}$$

式中，T 为背景模型在 K 个高斯分布中的最小占比。

在确定像素 x_t 在 t 时刻的背景模型后，GMM 算法将视频在 t 时刻的像素输入值与其对应的背景模型进行匹配，从而实现对像素 x_i 进行背景像素或前景像素的分类，即

$$F(x_i) = \begin{cases} 0, & \|X_t - \mu_{k,t}\|_2 \leqslant 2.5\sigma_{k,t}, \quad 1 \leqslant k \leqslant B \\ 1, & \text{其他} \end{cases} \tag{9-11}$$

其中，$F(x_i)=0$ 表示像素 x_i 被分类为背景像素点；$F(x_i)=1$ 表示像素 x_i 被分类为前景像素点。

进行背景像素或前景像素分类后，GMM 算法采用盲更新机制来更新像素 x_i 对应的 K 个高斯分布的相关参数。

首先，将像素 x_i 在 t 时刻的输入值 X_t 与该像素对应的 K 个高斯分布分别进行匹配。当像素的当前输入值 X_t 与 K 个高斯分布均不匹配（对于任一高斯分布，像素输入

值都没有落在该分布中心的 2.5 倍标准差区域内）时，GMM 算法中权重最小的高斯分布将由一个新的高斯分布所取代。这个新的高斯分布以像素 x_i 的当前输入值 $\boldsymbol{X}_t$ 为均值，并将被分配一个较大的方差和一个较小的权重。

更新各高斯分布的权重，即

$$w_{k,t+1} = (1-\alpha)w_{k,t} + \alpha(M_{k,t}) \tag{9-12}$$

其中，当像素 x_i 的输入值与其第 k 个高斯分布相匹配时，$M_{k,t}=1$，否则，$M_{k,t}=0$；α 为权重学习速率，可设为常数。

其次，对与像素当前输入值相匹配的各高斯分布的均值向量和协方差矩阵进行更新，其更新方式为

$$\boldsymbol{\mu}_{k,t+1} = (1-\rho)\boldsymbol{\mu}_{k,t} + \rho\boldsymbol{X}_t \tag{9-13}$$

$$\sigma_{k,t+1}^2 = (1-\rho)\sigma_{k,t}^2 + \rho(\boldsymbol{X}_t - \boldsymbol{\mu}_{k,t+1})^{\mathrm{T}}(\boldsymbol{X}_t - \boldsymbol{\mu}_{k,t+1}) \tag{9-14}$$

式中，ρ 为高斯分布的学习速率，可设为常数。

最后，GMM 算法将根据更新之后的 $w_{k,t+1}/\sigma_{k,t+1}$ 由大到小对像素 x_i 对应的 K 个高斯分布进行重新排序，选取 K 个高斯分布中最前面的 B 个分布构成像素 x_i 在下一时刻的背景模型，以便在下一时刻获得像素 x_i 的输入值后对该像素进行背景像素点或前景像素点的分类判断。

图 9-3 所示为使用高斯混合模型算法进行背景减除得到的目标检测结果。

（a）第 t 帧图像　　　　　　　　（b）背景减除结果

图 9-3　使用高斯混合模型算法进行背景减除得到的目标检测结果

2．核密度估计算法

考虑到在很多复杂场景下通常无法预知背景的概率分布情况，2000 年，美国马里兰大学的研究人员提出使用核密度估计（Kernel Density Estimation，KDE）算法来估计场景背景的统计概率分布，形成背景模型的背景减除法[6]。KDE 算法是使用非参数背景模型的经典背景减除法。

KDE 算法对于任一像素 x_i，使用该像素最近的历史样本构成其相应的背景模型，即背景模型为历史样本集合 $\{\boldsymbol{X}_1, \boldsymbol{X}_2, \cdots, \boldsymbol{X}_N\}$，其中，样本 $\boldsymbol{X}_j(1 \leqslant j \leqslant N)$ 是由红、绿、

蓝三通道的亮度值形成的矢量。

根据建立的背景模型，利用核密度估计函数对 t 时刻像素 x_t 处像素输入值 $\boldsymbol{X}_t$ 的概率进行估计，即

$$P(\boldsymbol{X}_t) = \frac{1}{N} \sum_{j=1}^{N} K(\boldsymbol{X}_t - \boldsymbol{X}_j) \tag{9-15}$$

式中，K 为核密度估计函数。若采用高斯核函数 $N(0, \boldsymbol{\Sigma})$，则概率 $P(\boldsymbol{X}_t)$ 可通过下式进行估计。

$$P(\boldsymbol{X}_t) = \frac{1}{N} \sum_{j=1}^{N} \frac{1}{(2\pi)^{d/2} \|\boldsymbol{\Sigma}\|^{1/2}} \mathrm{e}^{-\frac{1}{2}(\boldsymbol{X}_t - \boldsymbol{X}_j)^{\mathrm{T}} \boldsymbol{\Sigma}^{-1}(\boldsymbol{X}_t - \boldsymbol{X}_j)} \tag{9-16}$$

式中，d 为像素输入值 $\boldsymbol{X}_t$ 的维度。此外，为了便于计算，假设输入视频的红、绿、蓝三通道互相独立，则 $\boldsymbol{\Sigma}$ 可以简化为

$$\boldsymbol{\Sigma} = \begin{bmatrix} \sigma_1^2 & 0 & 0 \\ 0 & \sigma_2^2 & 0 \\ 0 & 0 & \sigma_3^2 \end{bmatrix} \tag{9-17}$$

其中，σ_1^2、σ_2^2 和 σ_3^2 分别表示第 1～3 通道的核带宽。这样 $P(\boldsymbol{X}_t)$ 可以简化为

$$P(\boldsymbol{X}_t) = \frac{1}{N} \sum_{j=1}^{N} \prod_{k=1}^{d} \frac{1}{\sqrt{2\pi\sigma_k^2}} \mathrm{e}^{-\frac{[\boldsymbol{X}_t(k) - \boldsymbol{X}_j(k)]^2}{2\sigma_k^2}} \tag{9-18}$$

对于式（9-18）中的核带宽 σ_k^2，可根据像素 x_i 的历史样本进行估计。首先计算像素 x_i 历史样本集合中所有连续样本对 $(\boldsymbol{X}_j, \boldsymbol{X}_{j+1})$（$1 \leqslant j \leqslant N-1$）在第 k（$1 \leqslant k \leqslant d$）个通道上的绝对偏差 $|\boldsymbol{X}_j(k) - \boldsymbol{X}_{j+1}(k)|$，并统计得到这些绝对偏差的中值 m_k；然后可以通过下式估计标准差 σ_k。

$$\sigma_k = \frac{m_k}{0.68 \times \sqrt{2}} \tag{9-19}$$

在得到 t 时刻像素 x_i 处输入值为 x_i 的概率 $P(\boldsymbol{X}_t)$ 之后，KDE 算法根据该概率的对像素 x_i 在 t 时刻是否为前景像素点进行判断，即

$$F(x_i) = \begin{cases} 1, & P(\boldsymbol{X}_t) < T \\ 0, & \text{其他} \end{cases} \tag{9-20}$$

式中，$F(x_i) = 1$ 表示像素 x_i 被判断为前景像素点；T 为阈值参数。之后，KDE 算法采用选择性更新机制来更新像素 x_i 对应的背景模型。具体来说，当像素 x_i 被分类为背景像素点时，其背景模型中的历史样本将以先入先出的方式被像素 x_i 的当前输入值 $\boldsymbol{X}_t$ 所替代（$\boldsymbol{X}_t$ 将替代背景模型中历史最久的样本 $\boldsymbol{X}_1$），且模型中的所有样本仍需按时间先后排序；而当像素 x_i 被分类为前景像素点时，其背景模型并不进行更新。更新之后的背景模型将在下一时刻成为判断像素 x_i 是否为前景像素点的依据。

3. 背景减除法的优缺点

GMM 算法可以有效应对存在缓慢光照变化和重复性运动的动态背景，不过 GMM 算

法中描述背景模型的参数很多为经验设定，缺少适应实际情况的灵活性，因此出现了一大批有效的 GMM 改进算法。例如，2005 年，Lee 等提出了对每个高斯分布使用自适应学习速率来提高背景模型学习的收敛速率[7]。2006 年，Zivkovic 等提出对像素点背景模型中的高斯分布个数进行在线自适应调整，有效提高了算法的处理速度[8]。2007 年，上海交通大学的研究人员在 GMM 基础上加入了空间信息，提出了空时高斯混合模型，从而更好地应对动态背景[9]。2014 年，英国金斯顿大学的 Chen 等提出根据场景全局光照自适应调整 GMM 模型的学习速率，有效增强了算法对快速光照变化的适应能力[10]。2015 年，日本东京大学的研究人员提出使用近似 GMM 模型建立背景模型，提高了运动目标检测的准确性[11]。

KDE 算法的计算量大，对背景概率分布的估计常会消耗大量的运算量和存储空间，不适合实时应用，因此研究人员已经开始尝试对场景背景建立非概率分布的背景模型。

9.1.4 目标检测在复杂场景中应用的困难

尽管国内外的研究人员已经在运动目标检测领域做了大量的研究工作并取得了较多的研究成果，但应用于复杂监控场景的运动目标检测时仍然面临多种类型的困难，主要包括伪装目标、光照变化、目标间歇运动等[12,13]。

伪装目标是指与场景背景具有相似特征的运动目标，如雪地中行驶的白色轿车、不同穿着打扮的同一个人。场景中由于光照变化产生的图像整体或局部的灰度变化，如室内场景中开关灯的瞬间、室外场景云朵遮挡及阴影都会影响检测效果。此外，当目标有短暂停止或静止等间歇性运动时，也容易出现目标漏检。

9.2 运动目标跟踪

运动目标跟踪是指在视频序列初始帧中已知目标的大小与位置的前提下，在后续帧中预测该目标的大小与位置。本节将介绍运动目标跟踪中常见的 MeanShift 跟踪算法[14]、卡尔曼滤波跟踪算法和多目标跟踪算法。

9.2.1 MeanShift 跟踪算法

MeanShift 跟踪算法又称为均值平均漂移算法[15]，是 Fukunaga 等人于 1975 年首次提出的。其基本思想是：首先选出一个给定点，围绕这个给定点构建一个邻域范围，在邻域范围内计算特征点集的坐标均值，其次将邻域范围的质心移动到计算出的坐标均值处；再次计算移动后邻域范围内特征点的坐标均值，最后将邻域范围的质心移动到新计算的坐标均值处。如此迭代计算，直到满足一定的位置约束条件。这样每轮迭代，邻域中心都会向数据更密集的地方移动，直到最后稳定收敛到样本的"质心"。

下面说明 MeanShift 跟踪算法的过程。

首先，给出 n 个样本点（特征点集），初始时选定任意一点为圆心，制作半径为 R 的一个圆，圆内范围即邻域范围。落在圆内的所有特征点和圆心都会产生一个向量，把所有的向量相加，最终会得到一个向量。这个向量就是均值平均漂移向量，如图 9-4 所示的箭头。

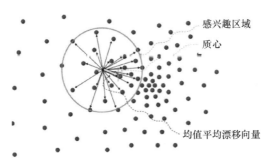

图 9-4　求取均值平均漂移向量

其次，以均值平均漂移向量的终点为新的圆心，再次制作半径为 R 的圆邻域，如图 9-5 所示。

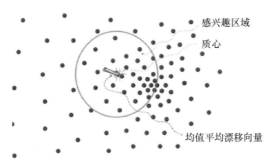

图 9-5　移动后的圆邻域

最后，在圆邻域范围内计算均值平均漂移向量，然后移动邻域范围，如此迭代，最终算法会收敛至特征点最密集的区域，如图 9-6 所示。

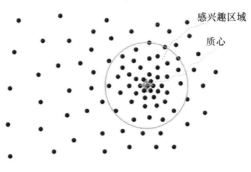

图 9-6　收敛结果

MeanShift 跟踪算法是收敛的，其本质是通过不断地迭代运算去搜寻样本点在特征空间中概率密度最大的位置点，同时搜索点的方向总是样本点密度增加最大的方向。根据这些特征点对运动目标的走向进行分析判断，可对运动目标进行跟踪。

MeanShift 跟踪算法通过判断两个模板间的相似性来确定运动目标移动的下一个位置，再根据迭代方法对新的中心点位置进行搜索，得到的结果就是运动目标新的位置点。该算法的具体实现步骤如下。

（1）计算目标模板的概率密度 $\{q_u\}$，$u=1,\cdots,m$，其中 $q_1+q_2+q_3+\cdots+q_m=1$，m 为目标特征值的个数。

（2）匹配对象，即利用目标被估计的位置 y_0 对当前帧的目标位置进行初始化，并计算候选目标模板 $\{p_u(y_0)\}$，$u=1,\cdots,m$。

（3）采用 Bhattacharyya 系数对候选目标模板和对象的相似性进行数据匹配，计算当前窗口内各点的权重值，再根据式（9-21）计算均值平均漂移 $m_h(x)$。h 为给定的初始点 x 的核函数带宽，$G(x)$ 为核函数（邻域范围）。

$$m_h(x)=\frac{\sum_{i=1}^{n}G\left(\dfrac{x_i-x}{h}\right)\omega(x_i)x_i}{\sum_{i=1}^{n}G\left(\dfrac{x_i-x}{h}\right)\omega(x_i)} \tag{9-21}$$

（4）进行过程匹配，寻找相似函数最大值，并计算目标的新位置 y_1。

$$y_1=\frac{\sum_{i=1}^{m}x_i\omega_i g\left(\left\|\dfrac{y_0-x_i}{h}\right\|^2\right)}{\sum_{i=1}^{m}\omega_i g\left(\left\|\dfrac{y_0-x_i}{h}\right\|^2\right)} \tag{9-22}$$

（5）若 $\|y_1-y_0\|<\varepsilon$，满足迭代条件，则停止；否则，将 y_1 更新至 y_0，返回步骤（1），继续完成迭代。

图 9-7 所示为 MeanShift 跟踪算法演示结果。本例中选择小男孩衣服区域提取特征点集，计算均值平均漂移向量，然后连续对跟踪框进行修正。

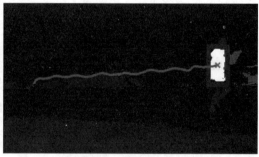

（a）视频原图   （b）跟踪结果

图 9-7　MeanShift 跟踪算法演示结果

MeanShift 跟踪算法计算量小，在目标区域已知的情况下完全可以做到实时跟踪；而且其采用核函数直方图模型，对边缘遮挡、目标旋转、变形和背景运动不敏感。但是，在跟踪过程中，由于窗口大小保持不变，框出的区域不会随目标的扩大（或缩小）而扩大（或缩小），当目标速度较快时，跟踪效果不好。另外，直方图特征在目标颜色特征描述方面略显匮乏，缺少空间信息。

9.2.2　卡尔曼滤波跟踪算法

卡尔曼滤波跟踪算法包括预测和更新两部分，其流程如图 9-8 所示。预测部分预测下一帧目标的位置信息；更新部分利用观测值（可采用目标检测）给系统更新参数。系统参数更新后可以修正预测偏差，预测与更新部分相互迭代，完成卡尔曼滤波跟踪。

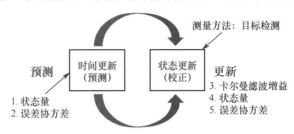

图 9-8　卡尔曼滤波跟踪算法流程

卡尔曼滤波跟踪算法通过上一时刻估计结果的状态值和误差，对下一时刻的状态值和误差进行预测。由于通过预测得到的状态值与真实状态相比都有一定的误差，因此通过新的观测值来更新和修正预测的结果，并为下一帧提供信息。这样利用递归的方法，就可以不停地预测和修正下一时刻目标的运动状态。

直接从数学公式和概念入手来考虑卡尔曼滤波无疑是一件非常枯燥的事情。为了便于理解，我们用一个实例对卡尔曼滤波原理进行介绍。

假如现在有一辆在路上做直线运动的小车（见图 9-9），该小车在 t 时刻的状态可以用一组向量来表示，其中 p_t 表示该小车当前的位置，v_t 表示该小车当前的速度。当驾驶员通过踩油门或踩刹车来给车一个加速度 u_t 时，u_t 相当于一个对车的控制量。显然，如果驾驶员既没有踩油门也没有踩刹车，那么 u_t 就等于 0。此时，小车就会做匀速直线运动。

图 9-9　向前行驶的小车

如果已知 $t-1$ 时刻小车的状态，现在来考虑当前时刻（t 时刻）小车的状态，那么根据位移与速度公式，可以得到

$$p_t = p_{t-1} + v_{t-1} \times \Delta t + \frac{1}{2} u_{t-1} \times \Delta t^2 \tag{9-23}$$

$$v_t = v_{t-1} + u_{t-1} \times \Delta t \tag{9-24}$$

式中，p_t 为当前时刻小车的预测位置；v_t 为当前时刻小车的预测速度。两者均属于预测的状态量。上述两个公式中，输出变量都是输入变量的线性组合，那么可以用一个矩阵来表示：

$$\begin{bmatrix} p_t \\ v_t \end{bmatrix} = \begin{bmatrix} 1 & \Delta t \\ 0 & 1 \end{bmatrix} \begin{bmatrix} p_{t-1} \\ v_{t-1} \end{bmatrix} + \begin{bmatrix} \Delta t^2/2 \\ \Delta t \end{bmatrix} u_{t-1} \tag{9-25}$$

令其中的

$$\boldsymbol{F} = \begin{bmatrix} 1 & \Delta t \\ 0 & 1 \end{bmatrix}, \quad \boldsymbol{B} = \begin{bmatrix} \Delta t^2/2 \\ \Delta t \end{bmatrix} \tag{9-26}$$

则得到卡尔曼滤波方程组中的第一个公式——状态预测公式。其中，$\boldsymbol{F}$ 为状态转移矩阵，表示如何从上一状态来推测当前状态；$\boldsymbol{B}$ 为控制矩阵，表示控制量 u_{t-1} 如何作用于当前状态。

$$\hat{\boldsymbol{x}}_t^- = \boldsymbol{F}\hat{\boldsymbol{x}}_{t-1} + \boldsymbol{B}u_{t-1} \tag{9-27}$$

式中，x 上方的"∧"为估计值（并非真实值）；右上标"−"表示该状态根据上一状态推测而来，稍后对其偏差进行修正以得到最优估计后，才可以将右上标"−"去掉。

既然是对真实值进行估计，就应该考虑噪声干扰的影响。实践中，通常都假设噪声服从 0 均值的高斯分布。对一维数据（如只有速度）进行估计时，若要引入噪声的影响，只需要考虑其中的方差即可。当数据的维度提高之后，如状态量包含位置、速度、高度、质量时，为了综合考虑各维度偏离其均值的程度，就要引入协方差矩阵。

离散随机变量 X 的数学期望为

$$\mathrm{E}(X) = \sum_{k=1}^{\infty} x_k p_k \tag{9-28}$$

式中，x_k 为样本值；p_k 为 $X=x_i$ 的概率。

若 X、Y 是两个随机变量，则二维变量 X、Y 的协方差 $\mathrm{Cov}(X,Y)$ 定义为

$$\mathrm{Cov}(X,Y) = \mathrm{E}\big[(X-m_x)(Y-m_y)\big] \tag{9-29}$$

其中，

$$m_x = \mathrm{E}(X), \quad m_y = \mathrm{E}(Y) \tag{9-30}$$

式中，m_x、m_y 分别为 X 和 Y 的均值。

二维的协方差矩阵定义为

$$\boldsymbol{C} = \begin{bmatrix} \mathrm{Cov}(X,X) & \mathrm{Cov}(X,Y) \\ \mathrm{Cov}(Y,X) & \mathrm{Cov}(Y,Y) \end{bmatrix} \tag{9-31}$$

为了得到误差的协方差矩阵，首先计算误差：

$$\boldsymbol{e}_{t-1} = \boldsymbol{x}_{t-1} - \hat{\boldsymbol{x}}_{t-1} \tag{9-32}$$

$$\boldsymbol{p}_{t-1} = \mathrm{E}[\boldsymbol{e}_{t-1}\boldsymbol{e}_{t-1}^{\mathrm{T}}] \tag{9-33}$$

其中，$\boldsymbol{x}_{t-1}$ 为上一时刻的状态量（真实值）；$\hat{\boldsymbol{x}}_{t-1}$ 为上一时刻状态量的估计值（预测值）；$\boldsymbol{e}_{t-1}$ 为上一时刻的状态量偏差；$\boldsymbol{p}_{t-1}$ 为上一时刻状态量偏差的协方差矩阵。

系统中每个时刻的不确定性都是通过协方差矩阵 $\boldsymbol{p}_t$ 给出的，而这种不确定性在每个时刻还会进行传递。也就是说，不仅物体的当前状态（位置、速度）会进行传递，而且物体状态的不确定性也会进行传递。这种不确定性的传递可用状态转移矩阵来表示：

$$p_t^- = F\, p_{t-1} F^{\mathrm{T}} + Q \tag{9-34}$$

式（9-34）为误差的协方差矩阵预测，是根据上一时刻的误差协方差推测而来的，也是卡尔曼滤波方程组中的第二个公式。由于预测模型本身也不是绝对准确的，因此要引入一个协方差矩阵 Q 来表示预测模型本身的噪声。

现在已经推导了状态预测方程和误差协方差预测方程，下面进行修正更新部分的方程推导。

假设已知小汽车的观测值（如位置与速度），该观测值可通过检测的方法获取。观测值也具有一定的白噪声，服从高斯分布。

$$y_t = Hx_t + v_t \tag{9-35}$$

式中，y_t 为观测值；x_t 为 t 时刻系统的状态；v_t 为系统的噪声，服从高斯分布；H 为观测矩阵，当观测值是二维向量时，$H=[1,1]$，若观测值为一维向量，如只能判断小汽车的位置，无法测速，则 $H=[1,0]$。

接下来利用式（9-36）对状态估计进行修正，进而得到最优的状态估计值 $\hat{x}_t$。

$$\hat{x}_t = \hat{x}_t^- + K_t(y_t - H\hat{x}_t^-) \tag{9-36}$$

式（9-36）也是卡尔曼滤波方程组中的第四个方程，其中，卡尔曼滤波增益 K_t 的表达式为

$$\begin{aligned} K_t &= p_t^- H^{\mathrm{T}} (H\, p_t^- H^{\mathrm{T}} + R)^{-1} \\ &= \frac{p_t^- H^{\mathrm{T}}}{(H\, p_t^- H^{\mathrm{T}} + R)} \end{aligned} \tag{9-37}$$

式中，p_t^- 为状态量误差的协方差预测结果；R 为观测值（检测结果）噪声的协方差矩阵。这里不妨引用极限的思想，若 p_t^- 很大，R 很小，则代表预测的误差比较大，而实际检测结果（观测值）的误差比较小。若式（9-37）中 R 占的比例较小，则分子与分母几乎相等，K_t 值接近 1。若 p_t^- 很小，R 很大，则表示检测值（观测值）的误差比较小，而估计值（预测值）的误差比较大。若式（9-37）中分母趋近于无穷大，则 K_t 值趋近于 0。

此时，将式（9-37）代入式（9-36）中，$y_t - H\hat{x}_t^-$ 为观测值与状态估计值的偏差，若 K_t 接近 1，则最优的状态估计值 $\hat{x}_t$ 趋近于 y_t，即最优状态估计结果趋近于观测值；若 K_t 接近 0，则最优的状态估计值 $\hat{x}_t$ 趋近于 $\hat{x}_t^-$，即最优状态估计结果更加趋近于上一状态的估计值。由此可见，卡尔曼滤波的状态估计结果就是在预测值与观测值之间，根据各自的误差协方差大小来权衡最优的输出结果。

最后还要更新估计值和真实值之间的误差协方差矩阵：

$$p_t = (I - K_t H) p_t^- \tag{9-38}$$

式中，p_t 为误差的协方差修正值；p_t^- 为误差的协方差预测值；I 为单位矩阵。式（9-38）为卡尔曼滤波方程组中的第五个公式。

综上所述，卡尔曼滤波分为两部分。

第一部分为预测部分：

$$\hat{x}_t^- = F\hat{x}_{t-1} + Bu_{t-1} \tag{9-39}$$

$$p_t^- = F\, p_{t-1} F^{\mathrm{T}} + Q \tag{9-40}$$

第二部分为更新部分：

$$K_t = p_t^- H^{\mathrm{T}} (H \, p_t^- H^{\mathrm{T}} + R)^{-1} \qquad (9\text{-}41)$$

$$\hat{x}_t = \hat{x}_t^- + K_t (y_t - H \hat{x}_t^-) \qquad (9\text{-}42)$$

$$p_t = (I - K_t H) p_t^- \qquad (9\text{-}43)$$

卡尔曼滤波由于具有准确性高、实时性强的特点，因此被应用于解决多目标跟踪的问题，但其只适用于线性高斯的系统状态空间，因为当目标出现无规则运动、交叉遮挡等情况时，卡尔曼滤波就会出现发散的现象，从而导致跟踪失败，所以该系统只适用于线性和噪声高斯分布情况下的目标跟踪问题。

9.2.3 多目标跟踪算法

多目标跟踪是视频目标识别的重要研究方向之一。前面介绍的目标检测算法仅能对视频中的单个目标进行检测，无法得到相邻帧间的多个目标之间的相互关系及其运动轨迹。多目标的运动轨迹在实际工程应用中有重要意义，如安防监控、自动驾驶等主流视频目标识别的落地应用场景都需要多目标运动轨迹信息。

多目标跟踪结果示意如图 9-10 所示。每个实例对应一个 ID，前后两帧中相同的实例可得到同一个 ID。

图 9-10 多目标跟踪结果示意

按照初始化方式，多目标跟踪算法可分为基于检测的跟踪（Detection-Based Tracking，DBT）和无检测的跟踪（Detection-Free Tracking，DFT）两种。前者主要通过匹配每帧的检测结果得到目标的运动轨迹，后者只需要第一帧的检测结果便可持续对目标进行跟踪。从这两者的区别不难分析出，若使用 DBT 类算法，其整体感知算法的帧率要小于目标检测算法的帧率，但其目标跟踪任务的难度较低，只需要完成帧间目标的匹配即可。同时，DBT 类算法可以通过目标检测算法自动发现新的目标，并且自动终止消失的目标。若使用 DFT 类算法，则可以实现在两帧目标检测的结果中补充跟踪结果，以达到提升整体感知算法帧率的效果，在一帧给出目标检测结果后便会一直跟踪，但其跟踪任务的难度较高。

基于以上思想，研究人员提出了多种多目标跟踪算法，本节主要介绍一种由 Nicolai Wojke 等人于 2017 年提出的多目标跟踪算法 DeepSort。DeepSort 属于 DBT 类算法，结合两帧间目标的表观信息与运动信息完成对两帧目标的匹配。表观信息是指物体的图像特征信息，运动信息是指目标框的坐标运动信息。

在运动信息方面，DeepSort 采用卡尔曼滤波算法，首先对上一帧的检测结果通过卡尔曼滤波进行预估，得到这些目标框在下一帧可能出现的位置。卡尔曼滤波的状态空间是由 $(u,v,\gamma,h,\dot{x},\dot{y},\dot{\gamma},\dot{h})$ 组成的八维向量。其中，(u,v,γ,h) 分别为目标框的中心坐标、宽高比和目标框的高度，$(\dot{x},\dot{y},\dot{\gamma},\dot{h})$ 分别对应图像中心坐标、目标框宽高比和目标框高度的速度信息。

然后计算预测得到的目标框与现有轨迹在上一帧的目标框对应的观测量 (u,v,γ,h) 的马氏距离。马氏距离较欧氏距离增加了协方差矩阵的信息，这样可消除不同特征之间的差异，马氏距离相比于欧氏距离更关注特征之间的相关性。

在 DeepSort 中，马氏距离的计算如下。

$$d^{(1)}(i,j) = (\boldsymbol{d}_j - \boldsymbol{y}_i)^{\mathrm{T}} \boldsymbol{S}_i^{-1} (\boldsymbol{d}_j - \boldsymbol{y}_i) \tag{9-44}$$

式中，$d^{(1)}$ 为马氏距离结果；$\boldsymbol{d}_j$ 为下一帧检测结果的第 j 个目标框；$\boldsymbol{y}_i$ 为卡尔曼滤波预测的第 i 个目标框；$\boldsymbol{S}_i$ 为第 i 个轨迹的协方差矩阵。

在表观信息方面，由于卷积神经网络（CNN）相比于传统手工特征有更强的特征提取能力，因此 DeepSort 利用卷积神经网络对每帧的检测结果进行特征提取。

卷积操作计算方法如下。假设输入数据为一个 5×5 的矩阵，如图 9-11（a）所示，卷积核为 3×3 的矩阵，如图 9-11（b）所示，步长（Stride）为 1，即每次卷积运算后，卷积核移动一个元素的位置。

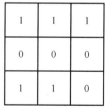

(a) 输入数据　　　　　(b) 卷积核

图 9-11　在二维场景定义的输入数据和卷积核

卷积操作从输入数据的（0,0）坐标开始，由卷积核中的每个数据对应输入数据的每个数据进行按位相乘后做累加，并将其结果作为一次卷积操作的结果，即 1×1+2×1+6×1+2×0+5×0+3×0+0×1+3×1+0×0=12，如图 9-12（a）所示。

由于步长为 1，因此卷积核类似图 9-12（a），从左到右、从上到下依次做卷积操作，如图 9-12（b）、（c）、（d）所示。最终输出卷积核的运算特征，作为下一层操作的输入。

卷积操作计算方法写成矩阵乘积形式为

$$\boldsymbol{o} = \boldsymbol{w}\boldsymbol{x} + \boldsymbol{b} \tag{9-45}$$

式中，$\boldsymbol{o}$ 为输出特征图；$\boldsymbol{w}$ 为卷积核权重；$\boldsymbol{x}$ 为输入特征图；$\boldsymbol{b}$ 为偏置项。

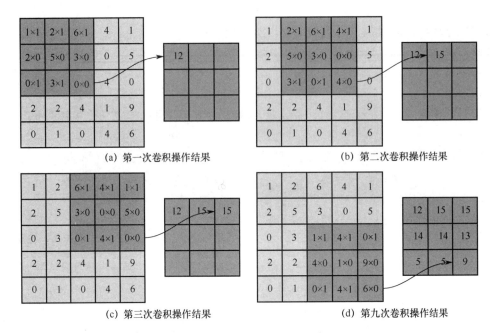

(a) 第一次卷积操作结果   (b) 第二次卷积操作结果

(c) 第三次卷积操作结果   (d) 第九次卷积操作结果

图 9-12　卷积神经网络特征提取原理及计算过程

　　如果把卷积核与原始图像矩阵依次按照从左到右、从上到下的顺序进行卷积运算，就可以得到原始图像的"卷积特征"。根据卷积核滑动步长的值，滑动卷积核，逐次完成卷积运算。

　　实际上，卷积神经网络中的卷积核参数是通过训练网络学习到的，卷积神经网络除了可以学习到类似的"边缘特征""横向边缘特征""纵向边缘特征"，还可以学习到任何的方向特征、颜色特征、纹理特征、形状特征等。所以，卷积操作最重要的特征就是可以通过深度神经网络学习到表示一般特征的卷积核参数，也就是抽象的图像特征，今后可以"组合"这些特征，并将其对应到具体的样本类别中。图 9-13 所示为卷积神经网络学习到的纹理特征、颜色特征。

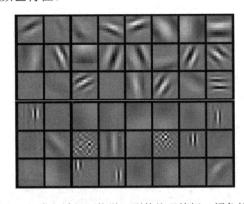

图 9-13　卷积神经网络学习到的纹理特征、颜色特征

　　DeepSort 通过离线训练好的卷积神经网络对各目标框提取特征，得到一个 128 维的特征向量，再对这 128 维的特征向量计算表观特征距离。表观特征距离度量公式如

式（9-46）所示。

$$d^{(2)}(i,j) = \min\{1 - r_j^{\mathrm{T}} r_k^{(i)} \mid r_k^{(i)} \in R_i\} \qquad （9-46）$$

式中，$d^{(2)}$ 为表观特征距离；r_j 为第 j 个检测结果特征向量的单位范数；$r_k^{(i)}$ 为前 k 帧内出现的第 i 条轨迹的特征向量的单位范数。

DeepSort 用来提取特征的卷积神经网络的整体结构如表 9-1 所示。

表 9-1　DeepSort 用来提取特征的卷积神经网络的整体结构

网络层	输出特征图尺寸
第一层卷积	32×128×64
第二层卷积	32×128×64
最大池化	32×64×32
残差结构 1	32×64×32
残差结构 2	32×64×32
残差结构 3	64×32×16
残差结构 4	64×32×16
残差结构 5	128×16×8
残差结构 6	128×16×8
全连接	128
L2 正则化	128

在计算得到运动信息和表观信息后，将两种信息利用加权平均相融合，得到

$$c_{i,j} = \lambda d^{(1)}(i,j) + (1-\lambda) d^{(2)}(i,j) \qquad （9-47）$$

式中，λ 为超参数。

结合运动信息与表观信息两种特征，可得到最终的度量。各条已有轨迹与下一帧由目标检测所得到的目标框之间的距离度量可以表示成矩阵的形式，然后利用匈牙利匹配算法对矩阵做行列变换便可完成指派问题。匈牙利匹配算法可以通过优化使指派方案总体效果最佳，完成现有轨迹与下一帧检测目标框之间的最优化匹配。

DeepSort 在 Nvidia GeForce GTX 1050 Mobile GPU 上能达到 20Hz 的速度，但其中大量的时间用来提取目标的表观特征，对提取表观特征的卷积神经网络，使用剪枝和量化等加速技巧可以进一步提升 DeepSort 的速度。例如，DeepSort 等 DBT 类算法较依赖于精准的目标检测结果，所以在使用 DBT 类多目标跟踪算法时，要注重目标检测的精准度，提升目标检测的精准度也能提升 DBT 类多目标跟踪算法的效果。

9.3　运动目标检测的性能评价

运动目标检测的质量和性能评价主要分为主观评价（定性评价）和客观评价（定量评价）两类。目前，对运动目标检测结果的评价通常采用以客观定量评价为主、主观定性评价为辅的原则。

9.3.1 主观评价

主观评价即主观视觉判读法，由判读人员用肉眼对运动目标检测结果的质量进行评价，根据人的主观感觉对运动目标检测结果的优劣做出评判[16]。例如，可以判断运动目标检测结果中的目标轮廓是否完整、目标内部是否空洞、跟踪目标是否丢失、跟踪响应速度的快慢等。

主观评价方法的优点是简单直观，因为人眼可以直接观测到很多细节信息，能够迅速定位检测结果中发生错误检测的像素位置，以分析算法应对各种挑战的能力。但是，主观评价在很大程度上取决于观察者的观测、判断能力，因此这种评价具有一定的主观性和片面性。

9.3.2 客观评价

为了能够有效地评价一种运动目标检测算法，可以使用客观的评价指标对检测结果进行定量分析[17]。

通常，客观评价方法都采用统计分析方式，其优点是可以通过对大量检测结果的统计分析得到对运动目标检测算法较为客观和全面的评价。

首先利用二分类问题了解 TP、TN、FP、FN 这些概念。统计表为二分类实验中的样本统计。

样本空间包含正样本与负样本，预测结果分为正确划分与错误划分。实际类别（True Class）分为正例 p 与负例 n。预测类别（Hypothesized Class）分为被预测为正例 Y 与负例 N。

真正例（TP）：被正确地划分为正例的个数，即实际为正例且被分类器划分为正例的样本数。

真负例（TN）：被正确地划分为负例的个数，即实际为负例且被分类器划分为负例的样本数。

假正例（FP）：被错误地划分为正例的个数，即实际为负例且被分类器划分为正例的样本数。

假负例（FN）：被错误地划分为负例的个数，即实际为正例且被分类器划分为负例的样本数。

有了以上基础概念，下面依次介绍召回率、准确率、精确度、mAP 等客观评价指标。

（1）召回率（Recall）：测试样本中所有正例被正确识别为正例的比例，用来衡量目标检测算法的检全能力，其定义为

$$recall = \frac{TP}{TP+FN} \tag{9-48}$$

（2）准确率（Precision）：被分类器识别为正例（包含真正例和假正例）的样本中，真正例所占的比例，其定义为

$$precision = \frac{TP}{TP+FP} \tag{9-49}$$

（3）精确度（Accuracy）：分类器正确分类的样本数占总样本数的比例，其定义为

$$accuracy=\frac{TP+TN}{p+n} \qquad (9\text{-}50)$$

（4）FP Rate（FPR）：假正例占整个负例的比例，其定义为

$$FP\ Rate=\frac{FP}{n} \qquad (9\text{-}51)$$

（5）TP Rate（TPR）：真正例占整个正例的比例，其定义为

$$TP\ Rate=\frac{TP}{p} \qquad (9\text{-}52)$$

（6）P-R 曲线：如图 9-14 所示，以准确率和召回率作为纵、横轴坐标，对检测器性能进行评估。P-R 曲线围起来的面积就是 AP 值，通常一个分类器越好，AP 值越高。

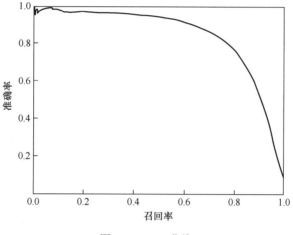

图 9-14　P-R 曲线

（7）mAP（mean Average Precision，平均 AP 值）：在多个测试集中验证，求取平均 AP 值；在目标检测领域，可作为衡量检测精度的指标。一个优秀的目标检测器，其 mAP 值应该较大，对应曲线形状为趋近于右上方突出。mAP 曲线如图 9-15 所示。

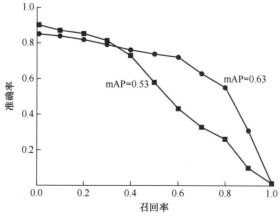

图 9-15　mAP 曲线

（8）交并比（IOU）：如图 9-16 所示，目标检测的初步结果包含一些目标的候选框，如 A 区域，而 B 区域为 Ground Truth，即目标区域的真实值，通常当交并比大于 0.5 时，认为检测结果正确。交并比定义如下。

$$IOU = \frac{A \cap B}{A \cup B} \tag{9-53}$$

图 9-16　交并比示意

（9）检测速度：除检测准确率之外，还有一个评价目标检测算法的重要指标就是检测速度。评估速度的常用指标为每秒帧率（frame per second，fps），即每秒内可以处理的图像数量。

9.4　图像视频数据集

为了测试目标检测与跟踪算法的性能，通常情况下可以在公有数据集上进行测试。

9.4.1　MOT16 数据集

MOT16 数据集是 2016 年提出的多目标跟踪 MOT Challenge 系列的一个衡量多目标检测跟踪算法的标准数据集，主要标注目标为移动的行人与车辆。MOT16 数据集包含了不同拍摄视角和相机运动方式下的数据，同时包含了不同天气状况下的数据。

MOT16 数据集共有 14 个视频序列，其中 7 个为带有标注信息的训练集，另外 7 个为测试集。所有视频按帧拆分为图像数据，图像统一采用 JPG 格式，命名方式为 6 位数字，如 000001.jpg，目标信息文件和轨迹信息文件为 CSV 格式，目标信息文件和轨迹信息文件每行都代表一个目标的相关信息，每行都包含 9 个数值。目标检测文件内容如图 9-17 所示。

```
1, -1, 794.2, 47.5, 71.2, 174.8, 67.5, -1, -1
1, -1, 164.1, 19.6, 66.5, 163.2, 29.4, -1, -1
1, -1, 875.4, 39.9, 25.3, 145.0, 19.6, -1, -1
```

图 9-17　目标检测文件内容

图 9-17 中每行的第 1 个值表示目标出现在第几帧，第 2 个值表示目标运动轨迹的 ID 号，在目标信息文件中都为-1，第 3～6 个值为标注边界框（Bounding Box）的坐标尺寸值，第 7 个值为目标检测表示的置信度（Confidence Score），第 8～9 个值在目标信息文件中不做标注（都设为-1）。

图 9-18 所示为目标的轨迹标注文件内容。

1,　1,　794.2,　47.5,　71.2,　174.8,　1,　1,　0.8
1,　2,　164.1,　19.6,　66.5,　163.2,　1,　1,　0.5

图 9-18　目标的轨迹标注文件内容

图 9-18 中每行的第 1 个值表示目标出现在第几帧，第 2 个值表示目标运动轨迹的 ID 号，第 3～6 个值为标注边界框的坐标尺寸值，第 7 个值为目标轨迹是否进入考虑范围的标志，0 表示忽略，1 表示 active，第 8 个值为该轨迹对应的目标种类，第 9 个值为框的 visibility ratio，表示目标运动时被其他目标框包含/覆盖或目标之间框边缘裁剪的情况。

MOT16 数据集在行人检测与跟踪、车辆检测与跟踪等方面均有应用。如图 9-19 所示为 MOT16 数据集的典型样本。

图 9-19　MOT16 数据集的典型样本

9.4.2　PETS2016 数据集

PETS2016 数据集包含一系列的视频数据，主要用于理解和区别正常与异常行为。数据内容包括正常行为、异常行为、潜在犯罪行为、犯罪行为，其中异常行为包括跌倒、推倒、殴打、偷窃、突然加速跑、徘徊闲逛、聚众等。其数据集格式为三通道彩色监控视频数据、1280 像素×960 像素的分辨率、30fps 的帧率。

该数据集可以分为初级视频分析、中级视频分析和高级视频分析。初级视频分析包括目标检测与跟踪，中级视频分析包括异常事件检测、行为理解（跌倒、突然加速跑或改变行走方向、聚众），高级视频分析包括复杂威胁事件检测（殴打、偷车）等。如图 9-20 所示为 PETS2016 数据集的典型样本。

图 9-20　PETS2016 数据集的典型样本

9.4.3 ChangeDetection.net 数据集

ChangeDetection.net 数据集来自自然场景的图像采集，代表了当今在监控、自然环境和视频场景中捕获的典型室内外视觉数据。由于环境背景复杂，因此它常用于完成检测任务的挑战。2012 年版本的该数据集包括以下挑战：动态背景、相机抖动、间歇的物体运动、阴影和热信号。2014 年版本的该数据集包括了 2012 年版本的所有视频，以及一些有以下挑战的视频：恶劣的天气、低帧率、夜间采集、PTZ 捕获和空气湍流。

ChangeDetection.net 数据集格式为 JPG 或 PNG 格式，每个类别有 1～2 万帧图像，可用于图像特殊案例分析及复杂背景中的图像识别。图 9-21 所示为 ChangeDetection.net 数据集的典型样本。

图 9-21　ChangeDetection.net 数据集的典型样本

9.4.4 OTCBVS 红外图像数据集

2006 年，美国俄亥俄州立大学研究人员针对红外视频中的运动目标检测问题建立了 OTCBVS 红外图像数据集。该数据集目前为 Dataset 01～Dataset 12，共 12 组数据。每组数据包含不同场景的红外数据，其中有行人检测、人脸红外图像检测、红外近距离立体行人检测、武器检测、移动目标检测与跟踪、船舶热图像等。

由于该数据集涵盖范围比较广泛，因此下面仅对行人红外图像进行简单的数据说明。

Dataset 01：行人热成像数据集（无彩色原图），共 10 段视频，包含 284 张图片，分辨率为 360 像素×240 像素，8 位灰度 BMP 格式。

Dataset 03：行人热成像数据集（含彩色原图），共 6 组视频，包含 17089 张图片，分辨率为 320 像素×240 像素，8 位灰度 BMP、24 位彩色 BMP 格式。

Dataset 05：运动目标热成像数据集，共 18 段视频，分辨率为 320 像素×240 像素，8 位灰度 JPEG、24 位彩色位图格式。

Dataset 09：运动目标（车辆与行人）热成像数据集，共 18 段视频，分辨率为 640 像素×480 像素，AVI 格式，帧率为 10Hz，每段视频长 4～22s。

Dataset 11：多视角运动目标热成像数据集，分辨率为 1024 像素×640 像素、640 像素×512 像素、1024 像素×1024 像素，16 位 PNG 格式，包含超过 60000 张图片。

OTCBVS 红外图像数据集可以在红外热图像分析、红外热图像检测与跟踪等方面进行应用。图 9-22 所示为 OTCBVS 红外图像数据集的典型样本。

图 9-22　OTCBVS 红外图像数据集的典型样本

9.4.5　KITTI 自动驾驶数据集

KITTI 自动驾驶数据集由德国卡尔斯鲁厄理工学院和丰田美国技术研究院联合建立，是目前国际公认的自动驾驶场景下的计算机视觉算法评测数据集。该数据集用于评测立体图像（Stereo）、光流（Optical Flow）、视觉测距（Visual Odometry）、3D 物体检测（Object Detection）和 3D 跟踪（Tracking）等在车载环境下的性能。

KITTI 自动驾驶数据集包含市区、乡村和高速公路等场景采集的真实图像数据。整个数据集由 389 对立体图像和光流图、39.2 km 视觉测距序列及超过 20 万张 3D 标注物体图像组成，在路面检测、行人检测、车辆检测、视觉测距、目标跟踪等方面得到了广泛应用。图 9-23 所示为 KITTI 自动驾驶数据集的典型样本。

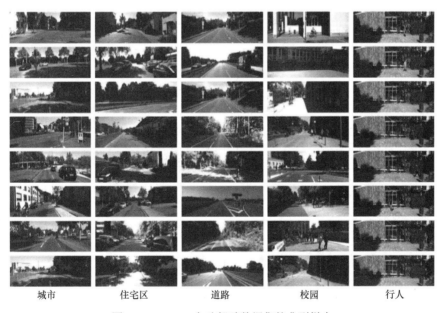

城市　　　　住宅区　　　　道路　　　　校园　　　　行人

图 9-23　KITTI 自动驾驶数据集的典型样本

9.4.6　Cityscapes Dataset 数据集

Cityscapes Dataset 数据集包含城市街景的语义分割数据，其图像按像素点分类，精确标记目标处的边缘信息。该数据集包含 50 个不同的城市街景，标注类别有行人、车辆、建筑、交通标志信号灯、植物树木、地面与天空等。该数据集包括 5000 帧高质量的像素级标注图像和 20000 帧弱像素级标注图像，在像素级别的图像分割（语义分割）研究中得到了广泛应用。

9.5 实验：多目标跟踪实验

本节通过使用目标检测模型，结合卡尔曼滤波跟踪算法来完成多目标跟踪演示实验。

9.5.1 实验目的

（1）了解目标检测和跟踪原理。
（2）分析源码，研究 DeepSort 的原理。
（3）运行程序，分析影响识别速度与精度的因素。

9.5.2 实验要求

（1）掌握框架搭建过程，学会自行配置环境。
（2）针对自己的研究需求，找到对应数据集。
（3）理解目标检测与追踪过程。
（4）阅读 DeepSort 源码，掌握算法原理。

9.5.3 实验原理

多目标跟踪算法 DeepSort 是在 Sort 目标跟踪的基础上改进的，其在 YOLO_v3 目标检测器[18]与卡尔曼滤波跟踪结合的基础上，引入在行人重识别数据集上离线训练的深度学习模型，在实时目标追踪过程中提取目标的表观特征并进行最近邻匹配。

在介绍 YOLO_v3 目标检测器的原理前，先介绍一下残差网络。

深度学习网络的深度对最后的分类和识别效果有很大影响，但并不是把网络设计得越深越好。常规的网络堆叠到网络较深时效果通常较差。网络层数与错误率的关系如图 9-24 所示。

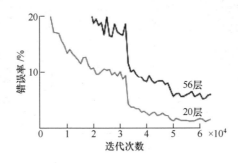

图 9-24　网络层数与错误率的关系

在图 9-24 中，纵坐标为错误率，横坐标为迭代次数。从图中可以看出，当网络层数从 20 层增加至 56 层时，错误率没有降低，反而明显升高。其中的原因之一是网络越深，梯度消失的现象就越明显，导致网络的训练效果不太好。由于现在浅层的网络无法明显提升网络的识别效果，因此现在要解决的问题就是怎么在加深网络的情况下解决梯度消失的问题。

通过在输出和输入之间引入一个跳跃式传递（Shortcut Connection），而不是简单地串联堆叠网络，可以解决随着网络层数的加深，计算梯度更新时梯度消失的问题，从而将网络层数进一步加深，提高检测精度。

残差网络基本结构如图 9-25 所示。

由于引入了残差层，因此 YOLO_v3 目标检测器的网络可以达到 53 层。将输入图片经过逐层卷积并通过残差层处理，使用步长为 2 的卷积来进行降采样，使图像逐渐缩小。在不同尺度特征图上做目标的位置预测，如 Scale3 是在 32×32 的特征图上做一次目标位置预测，YOLO_v3 目标检测器在 3 个不同的特征图尺寸上做目标位置预测，最终得到目标的位置输出。由于融合了不同尺度的目标位置预测，因此 YOLO_v3 目标检测器增强了小目标检测能力。图 9-26 所示为 YOLO_v3 目标检测器的网络结构。

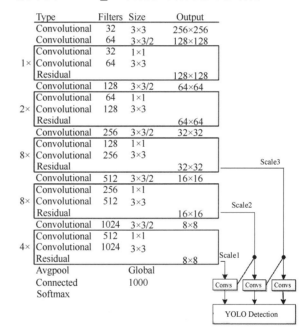

图 9-25　残差网络基本结构　　　　图 9-26　YOLO_v3 目标检测器的网络结构

当检测与目标相关联时，检测到的边界框用于更新目标状态。在融合运动信息与表观信息后，可通过卡尔曼滤波器预测更新轨迹。

9.5.4　实验步骤及实验结果

1．实验环境

测试机系统为 Ubuntu16.04，CPU 为 i7-8700K，内存为 16GB，显卡为英伟达 1060

（显示内存为 6GB）。

2．实验过程

DeepSort 多目标跟踪实验支持 CPU 版本和 GPU 版本。CPU 版本代码依赖环境较少，适合在无英伟达显卡的环境进行测试，但运行速度较慢，平均帧率只有 1～2fps。GPU 版本代码在英伟达 1060 显卡上测试时，帧率能达 10fps 左右（建议安装 GPU 版本）。

CPU 版本代码配置过程如下。

将例程源码克隆至本地，并解压。

例程源码下载地址为 https://github.com/Qidian213/deep_sort_yolov3。

首先，安装相关依赖环境，建议用 pip 下载安装。若下载速度缓慢，请自行更改为国内镜像源。

终端输入：

```
sudo apt-get install pip
sudo apt-get install python-configparser
pip install numpy sklearn opencv-python   keras   Pillow
```

GPU 版本代码与 CPU 版本代码的差别在于运行依赖的 TensorFlow 版本不同。若安装 CPU 版本代码使用的 TensorFlow，请输入以下命令（以安装 TensorFlow 1.4 版本为例）。

```
pip install tensorflow==1.4
```

由于该算法检测器采用 YOLO_v3 目标检测器，因此需要下载 YOLO 的权重模型文件，输入：

```
wget https://pjreddie.com/media/files/yolov3.weights
```

并将 yolov3.weights 复制到 deep_sort_yolov3-master 文件夹中。

其次，将 YOLO_v3 的模型转换成 Keras 模型格式：

```
python convert.py yolov3.cfg yolov3.weights model_data/yolo.h5
```

备注：若用 Python 3 执行 convert.py，请修改 convert.py 第 40 行：

```
output_stream = io.StringIO()    #对应 Python 3 版本
output_stream = io.BytesIO()     #对应 Python 2 版本
```

转换完毕后，修改 demo.py 文件（第 39 行处）：

```
video_capture = cv2.VideoCapture("person.webm")
```

该语句是利用 OpenCV 读取视频文件，可以到 MOT16 官网下载行人数据，若加载自己的视频测试文件，则需要将 person.mp4 修改为自己的视频文件。默认源码中此处为 0，即从计算机摄像头读取视频。

代码片段如下：

```
writeVideo_flag = True
    video_capture = cv2.VideoCapture("person.mp4")
    if writeVideo_flag:
```

修改后保存文件，然后输入：

```
python demo.py
```

最后，执行例程 demo，载入模型文件后进行行人检测与追踪，ourput.avi 为输出视频文件。图 9-27 所示为行人检测与追踪结果。

图 9-27　行人检测与追踪结果

GPU 版本代码配置过程如下。

GPU 与 CPU 的工作原理不同，由于 GPU 具有并行计算的能力，使用 GPU 能得到几十倍甚至几百倍的加速效果。

与 CPU 版本代码相比，GPU 版本代码的依赖环境复杂得多，这里只给出安装步骤，详细安装方法可网上搜索查询。

首先，安装依赖环境。英伟达显卡需要安装显卡驱动、Cuda（建议 Cuda 9.0），以及 Cudnn。

配置完以上的 GPU 环境后，接下来软件环境的配置过程与 CPU 版本代码中的配置过程相似。

```
sudo apt-get install pip
sudo apt-get install python-configparser
pip install numpy sklearn  -python  keras  Pillow
```

注意：此时安装 GPU 版本代码使用的 TensorFlow，如安装 TensorFlow 2.2 版本，可输入：

```
pip install tensorflow-gpu==2.2
```

下载 YOLO 的权重模型文件：

```
wget https://pjreddie.com/media/files/yolov3.weights
```

将 yolov3.weights 复制至 deep_sort_yolov3-master 文件夹。

再将 YOLO_v3 的模型转换成 Keras 模型格式：

```
python convert.py yolov3.cfg yolov3.weights model_data/yolo.h5
```

转换完毕后，修改 demo.py 文件（将第 39 行的 0 修改成需要识别的视频文件）：

```
video_capture = cv2.VideoCapture(0)
```

保存后执行程序：

```
python demo.py
```

得到识别结果，如图 9-28 所示。

图 9-28　识别结果

习题

1．目标检测算法有哪些？

2．帧间差分法与光流法的优缺点是什么？

3．卡尔曼滤波跟踪算法包含几个部分？每个部分的作用是什么？

4．卡尔曼滤波方程组是什么？其中，哪些是状态方程？哪些是预测方程？修正更新的是什么参数？

5．简述 DeepSort 的原理。

6．什么是召回率？什么是准确率？什么是精确度？

7．P-R 曲线与 mAP 曲线有什么含义？检测性能好的检测器的 mAP 曲线是什么样的？

8．从算法结构层面如何提高 DeepSort 的检测速度？

参考文献

[1]　韩光，才溪，汪晋宽. 动目标检测理论与方法[M]. 北京：电子工业出版社，2018.

[2]　LIPTON A J，FUJIYOSHI H，PATIL R S. Moving target classification and tracking from real-time video[C]. IEEE Workshop on Applications of Computer Vision (WACV)，1998.

[3]　LUCAS B D，KANADE T. An iterative image registration technique with an application to stereo vision [C]. International Joint Conference on Artificial Intelligence，1981.

[4]　HORN B K P，SCHUNCK B G. Determining Optical Flow [J]. Artificial Intelligence，1981，17(1-3)：185-203.

[5]　STAUFFER C，GRIMSON W E L. Adaptive background mixture models for real-time tracking [C]. IEEE Computer Society Conference on Computer Vision and Pattern

Recognition (CVPR)，1999.

[6] ELGAMMAL A，HARWOOD D，DAVIS L. Non-parametric model for background subtraction [C]. European Conference on Computer Vision (ECCV)，2000.

[7] LEE D S. Effective Gaussian mixture learning for video background subtraction [J]. IEEE Transactions on Pattern Analysis and Machine Intelligence，2005，27(5)：827-832.

[8] ZIVKOVIC Z，HEIJDEN F V D. Efficient adaptive density estimation per image pixel for the task of background subtraction[J]. Pattern Recognition Letters，2006，27(7)：773-780.

[9] ZHANG W，FANG X，YANG X，et al. Spatiotemporal Gaussian mixture model to detect moving objects in dynamic scenes [J]. Journal of Electronic Imaging，2007，16(2)：13-23.

[10] CHEN Z，ELLIS T. A self-adaptive Gaussian mixture model [J]. Computer Vision and Image Understanding，2014，122：35-46.

[11] MAEDA T，OHTSUKA T. Reliable background prediction using approximated GMM[C]. IAPR International Conference on Machine Vision Applications(MVA)，2015.

[12] SOBRAL A，VACAVANT A. A comprehensive review of background subtraction algorithms evaluated with synthetic and real videos [J]. Computer Vision and Image Understanding，2014，122：4-21.

[13] BOUWMANS T. Traditional and recent approaches in background modeling for foreground detection：An overview[J]. Computer Science Review，2014，11-12：31-66.

[14] 瞿中，安世全. 视频序列运动目标检与跟踪[M]. 北京：科学出版社，2018.

[15] FUKUNAGA K，HOSTETLER L D. The estimation of the gradient of a density function，with application in pattern recognition[J]. IEEE Transactions on Information Theory，1975，21(1)：32-40.

[16] GELASCA E D，EBRAHIMI T. On evaluating video object segmentation quality：A perceptually driven objective metric [J]. IEEE Journal of Selected Topics in Signal Processing，2009，3(2)：319-335.

[17] CORREIA P L，PEREIRA F. Objective evaluation of video segmentation quality [J]. IEEE Transactions on Image Processing，2003，12(2)：186-200.

[18] JOSEPH R，ALI F. YOLOv3：An Incremental Improvement[C]. Computer Vision and Pattern Recognition，2018.

第 10 章　语音识别

随着人工智能技术的发展，语音作为最自然的人机交互方式，成为近年来的一个研究热点。在大数据和计算机硬件飞速发展的背景下，语音识别已经受到越来越多的关注。语音识别也称自动语音识别（Automatic Speech Recognition，ASR），指利用机器将人类的语音转换为相应的文字[1]。语音识别是一门涉及面很广的交叉学科，其与计算机、通信、神经心理学、信号处理、语音语言学和人工智能等学科有着密切的关系。语音识别具有重大的工程价值和社会意义，已经成为现代工业、医学、交通运输等方面的热门研究方向。

本章首先介绍语音识别的研究现状；然后阐述语音识别的基本原理、语音学和声学的基本方法，以及深度学习模型的基础知识、基本概念及基本方法；最后给出语音识别处理的一个具体实验。

10.1　语音识别概述

10.1.1　语音识别的研究背景

语音作为人类日常生活中交流沟通的重要方式之一，其表述自然，传输信息速率相对于肢体语言和文字输入更快。因此，在计算机科学研究中，研究人员希望它可以在人机交互方面大显身手，以此来搭建一座人类与计算机沟通的桥梁。

早期的语音识别多基于信号处理和模式识别。随着新技术的产生与应用，语音识别领域逐渐加入了更为先进有效的机器学习技术，特别是深度学习的方法，它对语音识别研究产生了深远的影响。同时，语音识别技术有时需要结合语法和语义等更高层次的语言知识来提高语音识别的准确度，还与自然语言处理技术密切相关。此外，随着数据量的急剧增加和 GPU 计算能力的提高，语音识别也越来越依赖于数据资源和众多数据优化方法，这使得语音识别与高性能计算等新技术产生紧密结合。

语音识别的研究从 20 世纪就已经开始了。20 世纪 50 年代，当时的 AT&T 公司旗下的贝尔实验室建立了第一个语音识别系统"Audry"[2]。它通过定位每个音素在功率谱中的共振峰来进行识别，但只能识别 10 个词左右，并且这些词只能来源于单一说话人。从此以后，语音识别技术蓬勃发展，其发展大致经历了模式识别、统计模型、深度学习等几个阶段。

20 世纪 60 年代，线性预测编码（Linear Predictive Coding，LPC）技术起源于 NTT 的 S.Saito 和 F.Itakura 所叙述的针对语音编码的 MLE（Maximum Likelihood Estimation）实现。线性预测编码依据预测共振峰消除其在信号中的作用，然后通过预测保留的蜂鸣音强度与频率来进一步分析语音信号。其后，动态路径规整（Dynamic Time Warping，DTW）的提出改善了对于不同说话速度和说话人的音频匹配情况，也对语音识别技术的发展产生了深远的影响。

20 世纪 70 年代，Leonard E. Baum 提出的隐马尔可夫模型（Hidden Markov Model，HMM）作为一种统计学模型被运用到语音识别中。隐马尔可夫模型可以较为有效地描述语音信号的时变性与平稳性，并且随着矢量量化（Vector Quantization，VQ）技术的应用，研究人员基本完成并实现了特定人独立语音识别系统。

20 世纪 80 年代，CMU-Sphinx 和 HTK 等以 GMM-HMM 作为声学模型框架的开源工具包，使得越来越多的研究人员加入语音识别技术中。在 GMM-HMM 中，GMM 用来对语音的观察概率构建模型，HMM 则用来对语音的时序构建模型[21]。与此同时，人工神经网络（Artificial Neural Network，ANN）作为一个浅层神经网络模型成为语音识别研究方向之一，当时其在语音识别领域的表现劣于 GMM-HMM。GMM-HMM 逐渐成为语音识别领域的主要技术。

20 世纪 90 年代，一大批关于深度神经网络研究的学者涌现出来，并且取得了不错的研究成果。1989 年，Alex Waibel 等基于延时神经网络提出了使用时间延迟神经网络进行音素识别；1992 年，Tony Robinson 基于递归神经网络提出了实时循环错误传播网络词汇识别系统；1993 年，Nelson Morgan 等在混合系统的基础上提出了用于连续语音识别的混合神经网络；1997 年，Mike Schuster 提出了双向递归神经网络；1998 年，Jurgen Fritsch 基于分层神经网络提出了 ACID/HMM，用于上下文依赖连接声学建模的神经网络聚类层次；2000 年，Hynek Hermansky 提出了基于传统 HMM 系统的串联连接特征提取。随着研究的深入，阿卜杜勒-拉赫曼·穆罕默德等在 2009 年提出了用于音素识别的深层信念网络，在随后的一年，他们又提出了使用受限玻尔兹曼机进行音素识别。2012 年，谷歌在 Android 上推出了第一款使用 DNN、面向用户的系统，DNN 在语音识别领域受到越来越多的关注。

在我国，语音识别的研究工作一直紧跟国际的步伐。我国涉足语音识别领域始于 20 世纪 50 年代，随着研究的深入，我国的语音识别技术结合中文的优劣势，已达到国际先进水平[3]。1958 年，中国科学院声学研究所马大猷院士指导科研团队首先对汉语的语音信号进行系统化的深入研究。随后 20 年间，我国科学家从特定人、小词汇量孤立词入手，逐步实现非特定人、大词汇量连续语音的识别，提出了基于段长分布的隐马尔可夫语音识别模型，我国连续语音识别技术显著提高。中国科学院、清华大学等机构都有独立的实验室用于研究开发语音识别技术，其中清华大学开发了现在广泛用于中文语音识别的数据库 THCHS-30；科大讯飞、百度、搜狗、腾讯等公司也进行了商用语音识别技术的研究开发。2015 年，科大讯飞发布的同声翻译系统是语音识别技术史上的浓重一笔，其随后提出的前馈型序列记忆网络（LSTM）在原有的研究基础上增强了稳定性和训练效率。搜狗语音识别支持最快每秒 400 字的读写。

10.1.2 语音识别的现状与问题

自 21 世纪以来，语音识别技术虽然在不断发展，但在 2006 年以前，并没有出现跨越式的。2006 年，Hinton 在其文章中提出了深度置信网络（Deep Belief Network，DBN），刺激了深度神经网络（Deep Neural Network，DNN）的新发展。2009 年，Hinton 成功将深度神经网络应用于语音的声学建模，并在 TIMIT 上获得了极高的识别率。2011 年年底，来自微软研究院的研究员将深度神经网络技术应用于大词汇量连续语音识别任务上，大大降低了语音识别的错误率。自此以后，对基于深度神经网络声学模型技术的研究及应用逐渐成为热点，基于深度神经网络的建模方式在较大范围内取代了GMM-HMM，逐渐成为语音识别技术主要的建模方式。

在过去的几十年里，语音信号处理与识别技术一直在发展中并不断取得里程碑式的进展，但至今语音交流并没有成为人机交互的主要方式。人们依旧主要以键盘、鼠标等更加有效、准确且可靠的方式来与计算机沟通。其原因主要是语音识别在复杂环境下的（如背景噪声）识别率、识别过程中系统的鲁棒性、对于多语言及方言的支持仍然需要极大的改进。基于深度学习的模型训练所需要的大量数据也是语音识别发展过程中的难题之一。

从生活的角度来讲，语音识别发展的更高层次是语音交互。语音交互作为一种稳定便捷的交互方式，极有可能成为人与机器之间沟通的最佳方式之一。相比于传统的交互方式，语音交互具有更便捷、更安全和更稳定等特性。在语音交互技术中，语音识别是非常重要的一步：机器只有"听懂"用户说的内容，才能做出合理的反应。今天，深度学习已经很大程度地改善了语音识别系统的性能，使得语音识别可以广泛应用在移动设备、车载设备等场景，并在人们生活的各领域扮演越来越重要的角色。深度学习的思想与方法在语音识别领域还有很大的潜能，还将带给人们更多的惊喜。

10.1.3 语音识别系统的基本结构

典型的语音识别系统如图 10-1 所示，一个连续语音识别系统大致可分为特征提取、声学模型、语言模型、解码器 4 个部分。其中，特征提取是指从信号中提取随时间变化且符合声学特征的序列；声学模型用于计算声学特征序列与训练得到的发音模板之间的距离；语言模型则通过建立上下文关系，建立更准确、更符合语法的语句。语言识别系统内部主要工作大体来说只有特征提取和利用声学模型、语言模型进行语音解码，但在外部仍涉及使用语音库进行声学模型训练和利用文本库进行语言模型。语音识别的基本过程是先从一段语音信号中提取声学特征，接着经过统计训练得到一个声学模型，作为识别基元的模板，最后结合语言模型经过解码后，得到一个最大概率的结果。

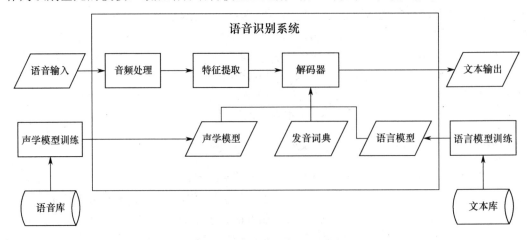

图 10-1　典型的语音识别系统

10.2 声学模型

声学模型（Language Model，LM）是对声学单元的特征序列的描述。它可以用来计算观察到的特征向量属于各声学单元的概率，从而根据相应的似然准则将该特征序列转换为状态序列。在传统 GMM-HMM 中，HMM 对时序信息建立模型，对于特定的 HMM 状态，GMM 将对属于该状态的语音特征向量的概率分布建立模型。

10.2.1 混合高斯模型

混合高斯模型（GMM）是基于傅里叶频谱的语音特征统计模型。其在传统语音识别系统的声学建模过程中起到了重要作用。

服从混合高斯分布概率密度函数的连续随机变量可以表示为

$$p(x) = \sum_{m=1}^{M} \frac{c_m}{(2\pi)^{\frac{1}{2}} \sigma_m} \exp\left[-\frac{1}{2}\left(\frac{x - \mu_m}{\sigma^m}\right)^2\right] = \sum_{m=1}^{n} C_m N(x; \mu_m, \sigma_m^2) \tag{10-1}$$

混合高斯模型与单高斯分布相比，最主要的特点就是其对具有多模态性质的语音数据的拟合。若其中每个潜在因素都可以被识别，则混合分布可以被分解成多个因素独立分布的集合。

将式（10-1）推广至拥有多个变量的多元混合高斯分布，就得到了语音识别领域使用的混合高斯模型。其联合概率密度函数的形式为

$$p(x) = \sum_{m=1}^{M} \frac{C_m}{(2\pi)^{\frac{D}{2}} |\Sigma_m|^{\frac{1}{2}}} \exp\left[-\frac{1}{2}(x - \mu_m)^{\mathrm{T}} \sum_{m}^{-1}(y - \mu_m)\right] \tag{10-2}$$

在语音识别系统中，主要使用最大期望值（Expectation Maximization，EM）算法对所得混合高斯模型的参数变量 $\theta = \{C_m, \mu_m, \Sigma_m\}$ 进行估计，计算方法为

$$C_m^{(j+1)} = \frac{1}{N} \sum_{t=1}^{N} h_m^{(j)}(t) \tag{10-3}$$

$$\mu_m^{(j+1)} = \frac{\sum_{t=1}^{N} h_m^{(j)}(t) X^t}{\sum_{t=1}^{N} h_m^{(j)}(t)} \tag{10-4}$$

$$\Sigma_m^{(j+1)} = \frac{\sum_{t=1}^{N} h_m^{(j)}[x^{(t)} - \mu_m^{(j)}]^{\mathrm{T}}}{\sum_{t=1}^{N} h_m^{(j)}(t)} \tag{10-5}$$

最大期望值算法可以将 GMM 参数估计在训练数据上生成的语音观察特征的概率近

似到极致。理论上，只要 GMM 的混合高斯分布数量够大，就可以拟合任意精确度的概率分布。

10.2.2 隐马尔可夫模型

隐马尔可夫模型（HMM）是在马尔可夫链的基础上拓展的，如图 10-2 所示。每个观测概率分布都对应马尔可夫链上的状态，因此，隐马尔可夫模型是马尔可夫状态的序列，从而可用于模拟全局非平稳的语音特征序列。

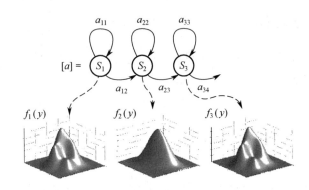

图 10-2　隐马尔可夫模型示意

语音识别系统工作的基本流程：先对一段原始语音信号进行特征提取，再对特征数据进行矢量化，生成对应的特征向量，在定义语音特征序列为 $O_1 = \{o_1, o_2, \cdots, o_n\}$ 的情况下，依据声学模型和语言模型，根据最大后验概率准则，产生相应的词序列 $W = \{w_1, w_2, \cdots, w_n\}$，其数学公式为

$$\tilde{W} = \arg\max_W P(W|O) = \arg\max_W \frac{P(W)P(O|W)}{P(O)} \tag{10-6}$$

式中，$P(W)$ 是经过语言模型处理后词序列 W 出现的概率；$P(W|O)$ 是通过声学模型计算的在给定词序列为 O 的情况下输出声学特征为 W 的概率；$P(O|W)$ 是通过声学模型计算的在给定词序列为 W 的情况下输出声学特征为 O 的概率；$P(O)$ 是观察序列声学特征 O 出现的概率，与词序列 W 的选择无关，可以忽略[4]。所以，式（10-6）可变为

$$\tilde{W} = \arg\max_W P(O|W)P(W) \tag{10-7}$$

对式（10-7）右边取对数可以化简为

$$\tilde{W} = \arg\max_W \{\lg P(O|W) + \lambda \lg P(W)\} \tag{10-8}$$

式中，$\lg P(O|W)$ 和 $\lg P(W)$ 分别为经过相关模型计算后的声学得分和语言得分，所以式（10-8）中的 λ 代表一个变量，用来体现声学模型和语言模型对词序列 W 的贡献程度[3]。语言识别系统中的声学模型由语音库中提取的语音声学特征训练得到，语言模型由文本库训练得到。

10.3　语言模型

语言模型是反映自然语言内在现象的模型，利用这些语言现象可以实现自然语言在语义和语法上的约束。在语音识别过程中，通过合理的语法结构，结合声学模型可以得到较准确的识别内容。连续语音识别的过程是语言模型对未知的语音参数流进行解码，从符合文法的句子中搜索最优路径的过程。

10.3.1　语言模型的基础理论

一个识别性能良好的语言模型应该尽量全面地覆盖语法结构，语法结构需要根据上下文的关系来确定。语言是复杂多变的，且经常有一词多义的现象。在现实生活中，人们在交流时常常会借助其他辅助方式，如手势、肢体等更好地表达准确的意思。对于机器而言，这显然是不现实的。机器只能根据"听"及"理解"上下文的关系来识别语音内容。

建立语音模型可以更好地帮助机器"理解"语音内容，有助于提高语音识别的系统性能。

10.3.2　基于知识的语言模型

语言学家根据语言的特点和语法知识，研究了基于语言学知识的语言模型。美国语言学家乔姆斯基（Chomsky）认为，人类有一个与生俱来的、独立的、抽象的普遍语法系统，它为语法设立有限的普遍规则。儿童可以通过这些有限的规则，理解和使用各种合乎语法的句子。这些规则一般由语言学家直接根据语言学知识进行编辑加工，形成语言规则，构成基本知识库。

乔姆斯基形式语法理论采用人工编制方式。在形式语法理论中，句子、语言、语法的定义如下。

（1）一个句子是一个字符串，这个字符串由某种语言词汇表中的几个字符组成。

（2）一种语言是一个句子集，这个句子集包含了该种语言的所有句子。

（3）一个句子集可用一种形式化方式来描述。

语法 G 可以用以下 4 个集合进行表述。

$$G =< S, E_f, E_t, R > \tag{10-9}$$

式中，S 为起始符号（Start）；E_f 为非终结符号集（End False），指符合语法的所有语言单元；E_t 为终结符号集（End True），指被定义语言的词或符号；R 为形式语法产生的规则集（Rules）。

在一些复杂的语法分析中，常用语法分析树来描述句子的语法结构。语法分析树必须满足以下的基本条件。

语法分析树的每个根节点要有初始符号 I，叶子节点应该有终结符号 E_t，非叶子节点应该有非终结符号 E_f。分析树上的每个节点都要符合语法 G 的规定。

乔姆斯基的语法体系将语言的文法归结为以下 4 类[10]。

（1）0 型文法：又称为段结构文法或去限制文法，其重写规则为 $\alpha \to \beta$，$\alpha, \beta \in (E_t \cup E_f)^*$，$\alpha$ 至少含一个非终结符号。

（2）Ⅰ 型文法：又称为上下文相关联文法，其重写规则为 $\alpha_1 A \alpha_2 \to \alpha_1 \beta \alpha_2$ 形式的产生式，$\alpha_1, \alpha_2 \in (E_t \cup E_f)^*$，$\beta \in (E_t \cup E_f)^*$，$A \in N$。此文法是 0 型文法的一种特殊情况。

（3）Ⅱ 型文法：又称为上下文无关联文法，其重写规则为 $A \to \beta$ 形式的产生式，$A \in N$，$\beta \in (E_t \cup E_f)^*$。此文法是Ⅰ型文法的一种特殊情况。

（4）Ⅲ 型文法：又称为正则文法，其重写规则为 $A \to \alpha\beta$ 或 $A \to \alpha$，$A \in E_f$，$\alpha, \beta \in E_t$。此文法是Ⅱ型文法的一种特殊情况。

文法关系如图 10-3 所示。

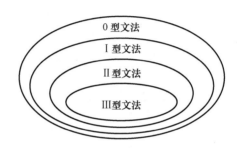

图 10-3　文法关系

10.3.3　基于统计方法的语言模型

基于统计方法的语言模型是处理自然语言的基础。这种语言模型根据自然语言上下文的相关性特性建立，使用概率来衡量一个句子的合理性。从英国数学家贝叶斯的观点来看，可以认为自然语言是一个随机序列，每个句子、每段文本都是服从一定分布的随机变量。将这种观点映射到语音识别过程中，就是在声学特性已知的条件下，求文本发生的最大概率。根据贝叶斯准则，可得

$$\hat{W} = \arg \max_W P(W \mid A) = \arg \max_W P(A \mid W) P(W) \tag{10-10}$$

$$P(W) = \prod_{i=1}^{N} P(W_i \mid W_0 \cdots W_{i-1}) \tag{10-11}$$

式中，W 为文字串；A 为声学特征。

基于统计方法的语言模型有很多种类，如 N-gram 语言模型、马尔可夫 N 元模型、类语言模型、混合语言模型、决策树模型等[11]。其中，N-gram 语言模型性能较优，使用最为普遍。

N-gram 语言模型表示：一个词位于句子中的第 N 个位置，它的出现只与前 $N-1$ 个词有关，与其他词无关。每个词语出现的概率由语料库统计得到，将前 $N-1$ 个词语出现

的概率连续相乘，可得到一个句子出现的概率。解码就是将概率最大的句子输出。假设句子 T 由有限词序列 $\{W_1, W_2, \cdots, W_N\}$ 组成，N-gram 语言模型表示为

$$P(T) = P(W_1)P(W_2)\cdots P(W_N)$$
$$= P(W_1)P(W_2 \mid W_1)\cdots P(W_N \mid W_1 W_2, \cdots, W_N)$$

习惯上，人们把 N=1, 2, 3, 4, 5 的模型分别称为 unigram、bigram、trigram、four-gram、five-gram，N>5 的模型就极少见了。一般来说，N 取值越大，句子就越准确，词语的相关性越强，但 N-gram 语言模型存在概率稀疏问题，N 的取值越大，稀疏问题越严重，通常 N 取 2 或 3。

下面以一个实例来验证 N-gram 语言模型假设的合理性。有一个词串：我写了一张_____。横线上的词语要受到"写了"和"一张"的约束，"一张"可以用来修饰"照片""明信片"等，如果修饰杯子，用"一张杯子"就很不合适了。因此 $P("杯子"|"一张")$ 的值要比 $P("照片"|"一张")$ 和 $P("明信片"|"一张")$ 的值小很多。"一张"的前一个词"写了"对横线上的词语进一步地约束，显然"写了一张明信片"要比"写了一张照片"合理得多，因为照片一般用"拍了"来形容，而不用"写了"来形容。因此，$P("明信片"|"一张","写了")$ 的值大于 $P("照片"|"一张","写了")$。我们认为横线上填入"明信片"要比"照片""杯子"合理得多，这是根据自然语言上下文相关特性推测出来的。

从上述例子的描述，可以得出以下结论。

（1）一个词的出现与它的前 N–1 个词具有相关性，且 N 的取值越大，相关性就越强。

（2）N-gram 语言模型需要在大样本文本数据的条件下训练才能保证它的真实性。

10.3.4　基于知识的语言模型和基于统计方法的语言模型比较

基于知识的语言模型与基于统计方法的语言模型建模思想不同，基于知识的语言模型是由语言学专家根据自然语言知识进行人工标注的。在识别过程中，其只需要根据已经标注好的语法结构和语义知识对句子做出是与否的判断。由于是人工进行标注的语言模型，因此其无法完全覆盖自然语言的所有现象，而且可能出现歧义或误判，尤其是一些方言和口语的很多语法规则没有包含在语言模型中，且计算量通常较大。因此，基于知识的语言模型在应用时经常受限，它只能用于解决一些特定的语言现象。对于大词汇量及一些新型的语法结构，它无法进行自我学习。

基于统计方法的语言模型除了对句子进行是与否的判断，还根据文本串的上下文关系，以概率的方式为每个可能出现的词打分，找到概率最大的词语。将语言模型的概率与声学模型的打分结合起来集成到连续语音识别系统中，可以提高连续语音识别系统的准确率。基于统计方法的语言模型是根据大量文本库训练得到的，因此文本库越大，语言模型越完善，可移植性越强。然而，由于这种语言模型是基于统计方法建立的，未真正地掌握句子的语法结构和语义信息，因此其可能会把一些出现频率较高而无意义的组合词误认为是合理的词组，使其获得较高的打分，影响识别效果。

建立一个高性能的语言模型要尽量满足：选用的语料库涵盖的内容尽量全面，内容客观且符合书面表达；N-gram 语言模型 N 元的取值不宜过大，否则容易造成数据稀疏，且训练量大、时间长。相比于基于知识的语言模型，基于统计方法的语言模型尽管做了一些无意义的判断和错误的打分，但基于统计方法的语言模型的覆盖面更广，学习能力更强，更符合大词汇量连续语音识别系统的要求。

10.4 解码器

解码器是对输入的语音特征、声学模型、语言模型与发音词典进行处理，建立网络，然后使用搜索算法在网络中找到一个最佳路径的工具。这个路径就是可以最大地输出该语音信号的一系列词。当前最流行的解码算法是维特比（Viterbi）算法。它可以运用动态规划搜索算法求出最合适的状态序列，即人们所说的最佳路径。

在解码器中，给定输入特征序列 x_1^T，在由声学模型、声学上下文、发音词典与语言模型组成的搜索空间内，寻找最佳词串 $[w_1^N]^{opt} = [w_1, w_2, \cdots, w_n]_{opt}$，使其可以满足条件：

$$[w_1^N]^{opt} = \arg\max_{w_1^N, N} p(w_1^N \mid x_1^T) \tag{10-12}$$

通过贝叶斯公式，式（10-12）可以改写为

$$[w_1^N]^{opt} = \arg\max_{w_1^N, N} \left\{ \frac{p(w_1^N, x_1^T)}{p(x_1^T)} \right\} = \arg\max_{w_1^N, N} \left\{ p(w_1^N) \cdot p(x_1^T \mid w_1^N) \right\} \tag{10-13}$$

引入隐马尔可夫模型与 N-gram 语言模型，式（10-13）可以表示为

$$\begin{aligned}
[w_1^N]^{opt} &= \arg\max_{w_1^N, N} \left\{ p(w_1) \prod_{i=2}^{N} \{ p(w_i \mid w_{i-M+1} \cdots w_{i-1}) \} \cdot \sum_{s_1^T} \left\{ \prod_{t=1}^{T} \{ a_{s_{t-1}s_t} \cdot p(x_t \mid s_t) \} \right\} \right\} \\
&\approx \arg\max_{w_1^N, N} \left\{ p(w_1) \prod_{i=2}^{N} \{ p(w_i \mid w_{i-M+1} \cdots w_{i-1}) \} \cdot \max_{s_1^T} \left\{ \prod_{t=1}^{T} \{ a_{s_{t-1}s_t} \cdot p(x_t \mid s_t) \} \right\} \right\}
\end{aligned} \tag{10-14}$$

式中，s_1^T 为单词的状态转移序列；$a_{s_{t-1}s_t}$ 为状态转移概率。

按照搜索空间的构成方式，可以将解码器分为动态和静态两种不同编译方式的解码器。静态解码网络是指将所有知识系统统一编译在统一的状态网络中。它的搜索空间在编译完成后已经完全展开，不需要根据解码路径的前驱词构造搜索空间副本，也不需要在词尾节点根据历史信息查询语言模型概率。其过程中只需要根据节点之间的转移权重获得概率信息进行解码。由于其拥有较快的解码速度，因此这里主要讨论静态解码网络。

大词表连续语音识别常用的 4 类模型：HMM、跨词三音子模型、词典及语言模型，实际上，大词表连续语音识别在不同粒度上描述了可能的搜索空间。

首先，HMM 定义了每个三音子所对应的 HMM 状态序列。通过对每帧所对应的状

态进行假设，可以在 HMM 的状态序列上进行搜索，从而产生可能的三音子序列。

其次，跨词三音子模型定义了从三音子到音素的对应关系。根据 HMM 产生的三音子序列，可以得到可能的音素序列。

再次，词典定义了音素序列所表示的词。根据跨词三音子模型产生的可能的音素序列，可以得到相应的词序列。

最后，语言模型定义了词序列出现的概率。根据词典产生的词序列，可以得到该序列的概率。

上述过程是非常复杂的，系统需要同时考虑 4 类模型及模型之间的约束关系，以完成"从可能的状态序列到可能的词序列之间的转换"。20 世纪 90 年代末期，美国 AT&T 公司的 Mohri 率先提出用加权有限状态转换器（Weighted Finite-State Transducer，WFST）对语音识别过程中所使用的各种模型进行描述。与传统动态网络解码相比，基于 WFST 的识别系统在识别之前利用上述模型产生语音识别用的静态解码网络，这个网络包含了所有可能的搜索空间。在此基础上进行语音识别时，系统只需要将这个识别网络（WFST 网络）读入内存，然后基于声学模型在这个网络上完成解码，而不需要像原有系统那样同时考虑声学模型、词典及语言模型等。这样简化了语音识别系统的设计与实现。实验表明，用 WFST 构建的语音识别系统具有识别速度快、识别效果好的特性。

所谓静态解码网络，就是根据已知的模型，将它们代表的搜索空间进行组合，从而得到一个统一的识别网络：从输入的 HMM 状态序列直接得到词序列及其相关得分。基于 WFST 构建静态解码网络是一个相对复杂的过程。构建网络的第一步是将上述 4 类模型转换成 WFST 形式，然后依次进行 WFST 网络的合并和压缩，从而得到完整的语音识别静态搜索空间。

可以使用 H、C、L、G 分别表示 HMM、跨词三音子模型、词典和语言模型的 WFST 形式。不难看出，这 4 个模型在语音识别中相当于 4 个串联的子系统。每个子系统的输出是下一个子系统的输入。使用 WFST 的合成操作可以将 4 个串联子系统组合成一个 WFST。使用 HMM 的状态序列作为 WFST 的输入时，系统将直接输出词序列及相应的得分。

但是，直接求 $H°C°L°G$ 的空间复杂度较高，合成的结果占用内存非常大。为了在有限的内存中完成解码网络的构建，需要逐步引入信息，并在每步引入信息之后进行优化，为下一步引入信息做准备。同时，建立好静态解码网络后，还需要进一步的优化，使得网络有较小的体积。基于上述思想，一般网络构建的流程为

$$N = \pi_\varepsilon (\min(\det(H° \det(C° \det(L°G))))) \tag{10-15}$$

式中，det 为确定化算法；min 为最小化算法；π_ε 为 ε – Removal 算法。

在逐步引入信息的同时，采用确定化算法对网络结构进行优化，而在将所有信息引入后，需要采用 WFST 的最小化算法及 ε – Removal 算法完成进一步的优化，使得形成的识别网络较小。

10.5　深度学习模型

10.5.1　深度神经网络

深度神经网络（DNN）可以分为输入层、隐藏层、输出层 3 层，采用全连接结构。一般来说，第一层是输入层，最后一层是输出层，而中间层都是隐藏层，如图 10-4 所示。

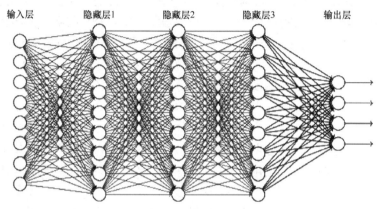

图 10-4　具有 3 个隐藏层的 DNN 模型

DNN 中每小部分都可以用一个线性关系来表示：

$$z = \sum w_i x_i + b \tag{10-16}$$

此外，还要加上激活函数 $\sigma(z)$，其主要包含线性关系参数 w 和偏置参数 b。如图 10-5 所示，下面以一个 3 层的 DNN 模型来解释 w 和 b 的具体意义。

首先介绍 w 的表示方法。对于图 10-5 中的 w_{24}^3，其上标表示 w 处在第三层，下标表示输出的第三层的第二个和输入的第二层的第四个。

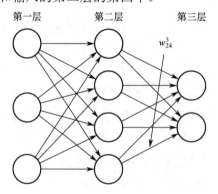

图 10-5　线性关系参数 w 的定义表示

然后介绍 b 的具体含义。如图 10-6 所示，第二层的第三个神经元对应的偏置定义为 b_3^2。其中，上标 2 代表其处于第二层，下标 3 代表偏置所在神经元的位置。输入层是

没有偏置参数 b 的。

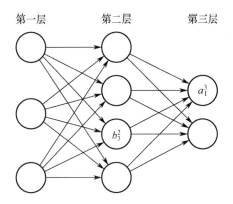

图 10-6　偏置参数 b 的定义表示

10.5.2　DNN 前向传播算法

假设激活函数为 $\sigma(z)$，隐藏层和输出层的输出值为 a，加上 10.5.1 节介绍的 w 和 b，则对于图 10-7 中的 3 层 DNN，可以利用上一层的输出计算下一层的输入，也就是所谓的 DNN 前向传播算法。

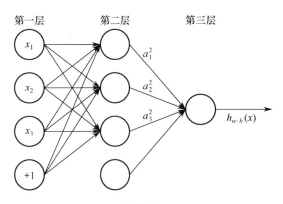

图 10-7　简单的 3 层 DNN

研究表明，采用矩阵法比用代数法计算输出更为方便。假设第 $l-1$ 层共有 m 个神经元，而第一层共有 n 个神经元，则第一层的线性参数 w 组成了一个 $n\times m$ 的矩阵 $\boldsymbol{W}^l$，第一层的偏置参数 b 组成了一个 $n\times 1$ 的向量 $\boldsymbol{b}^l$，第 $l-1$ 层的输出 a 组成了一个 $m\times 1$ 的向量 $\boldsymbol{a}^{l-1}$，第 l 层未激活前的线性输出 z 组成了一个 $n\times 1$ 的向量 $\boldsymbol{z}^l$，第一层的输出 a 组成了一个 $n\times 1$ 的向量 $\boldsymbol{a}^l$。用矩阵法表示，第 l 层的输出为

$$\boldsymbol{a}^l = \sigma(\boldsymbol{z}^l) = \sigma(\boldsymbol{W}^l\boldsymbol{a}^{l-1} + \boldsymbol{b}^l) \tag{10-17}$$

以上即 DNN 前向传播算法，最后的输出结果即 $\boldsymbol{a}^l$。

10.5.3　DNN 反向传播算法

在 DNN 中，为了让由样本输入计算的输出与实际样本输出接近或完全一致，需要进行调参优化，而这些参数就是线性参数矩阵 $\boldsymbol{W}$ 和偏置向量 $\boldsymbol{b}$，在此过程中需要运用梯度下降法和损失函数，此即 DNN 反向传播算法。

设 DNN 的输入部分为总层数 L、各隐藏层与输出层的神经元个数、激活函数、损失函数、迭代步长 α、最大迭代次数 MAX 与停止迭代阈值，以及输入的 m 个训练样本 $\{(x_1, y_1),(x_2, y_2),\cdots,(x_m, y_m)\}$，在 DNN 反向传播算法中，损失函数的作用是评估理想输出和真实输出之间的差距，一般选用的是均方差函数，并利用梯度下降法得到输出层的梯度：

$$\delta^L = (\boldsymbol{a}^L - \boldsymbol{y}) \Theta \sigma'(\boldsymbol{z}^L) \tag{10-18}$$

式中，$\boldsymbol{a}^L$ 和 $\boldsymbol{y}$ 均为输出特征维度的向量；Θ 为 Hadamard 积。

再由前向传播算法的输出结果 $\boldsymbol{a}^l$，可以得到第一层的 $\boldsymbol{W}^l$、$\boldsymbol{b}^l$ 为

$$\boldsymbol{W}^l = \boldsymbol{W}^l - \alpha \sum_{i=1}^{m} \delta^{i,l} (\boldsymbol{a}^{i,l-1})^{\mathrm{T}}$$

$$\boldsymbol{b}^l = \boldsymbol{b}^l - \alpha \sum_{i=1}^{m} \delta^{i,l} \tag{10-19}$$

式中，$\delta^{i,l}$ 表示 m 个样本中的第 i 个样本在总层数 L 下的输出层的梯度，当所有 $\boldsymbol{W}$、$\boldsymbol{b}$ 的变量范围都小于停止迭代阈值时，可以输出各隐藏层与输出层的线性参数矩阵 $\boldsymbol{W}$ 和偏置向量 $\boldsymbol{b}$。

10.5.4　DNN 中的激活函数

神经网络可以模拟任意函数，不管是复杂的，还是简单的，原因主要有两点：一个是神经网络具有多层级联结构；另一个是它拥有激活函数。激活函数可以简单地描述为将初始特征从低维空间映射到高维空间的函数，也可以理解为在初始特征的基础上学习新的特征的函数。由此可见，选择一个好的激活函数能让 DNN 在性能上的表现更加优异。下面介绍常用的两种激活函数。

1. Sigmoid 激活函数

$$\sigma(z) = \frac{1}{1 + \mathrm{e}^{-z}} \tag{10-20}$$

通常使用交叉熵损失函数和 Sigmoid 激活函数改进 DNN 算法的收敛速度。

2. Softmax 激活函数

$$a_i^L = \frac{\mathrm{e}^{z_i^L}}{\displaystyle\sum_{j=1}^{n_L} \mathrm{e}^{z_j^L}} \tag{10-21}$$

DNN 用于分类问题，若要求输出层神经元输出的值为 $0 \sim 1$，同时所有输出值之和为 1，则一般在输出层使用 Softmax 激活函数。

10.6　基于 MFCC 的语音识别

10.6.1　MFCC 特征提取

将提取音频信号中具有辨识性的特征成分，如过滤噪声、音调、音色等干扰信息的过程称为特征提取。高效精准地提取特征是搭建语音识别系统的第一步。

语音是通过声带、舌头、口腔等人体器官协同工作产生的，即人类产生的原始声音由个体声道过滤后得到极具特点的语音。如果我们能够准确地确定发声通道的构造，就能够准确地描述产生的音素。短时功率谱的包络可以表达个体声道的构造，那么如何准确地描述短时功率谱的包络呢？这就需要使用 MFCC 特征提取。

1980 年，Davis 和 Mermelstein 提出了梅尔频率倒谱系数（Mel-Frequency Cepstrum Coefficient，MFCC），在语音识别领域，它一直以来都是最优秀的特征提取技术[18]，被广泛应用于现有的语音识别系统。在 MFCC 出现之前，线性预测系数（Linear Prediction Coefficient，LPC）和线性预测倒谱系数（Linear Prediction Cepstrum Coefficient，LPCC）是实现自动语音识别系统的主流方法。

10.6.2　MFCC 的基本原理

1．声谱图（Spectrogram）

为了能够让计算机"认识"音频数据，首先要完成语音信号从时域到频域的转换。语音被分成很多帧，每帧都经过一次快速傅里叶变换（FFT）得到一个频谱，频谱反映的是信号频率与能量的关系。在实验和工程中，常用线性振幅谱、对数振幅谱、自功率谱[19]等频谱图。针对不同谱线的振幅做对数计算，得到对数振幅谱，这样做是为了使那些振幅较低的成分相对于较高振幅成分得以拉高，以便观察"淹没"在低振幅噪声中的周期信号。

首先，用坐标表示语音信号某一帧的频谱。注意，横轴表示频率，纵轴表示振幅。其次，旋转 90°，并将光谱幅度映射到灰度级（0～255），其中 0 代表黑色，255 代表白色。振幅越大，对应区域越黑，如图 10-8 所示。上述过程增加了一个维度——时间，因此是一段语音的特殊表示而不是单纯的一帧语音频谱，并且可以明显地观察到语音信号的静态和动态信息。

通过上述方式，可以得到一个随时间变化的频谱图，这就是描述语音信号的声谱图。声谱图可以用来描述语音。通过声谱图可以更加清晰地观察音素的属性，通过观察共振峰和它们的转变可以更好地识别语音。另外，声谱图可用于直观地评估 TTS（Text To Speech）系统的优劣，并给出最终生成的语音和自然语音声谱图的配准度[20]。

2．倒谱分析（Cepstrum Analysis）

峰值（共振峰）表示语音的主要频率构成，共振峰包含了语音的独特标志。依据共振峰的特征就可以识别各种各样的自然语音信号。在实验中，必须获取共振峰的位置和共振峰转变的过程，这就是频谱的包络（Spectral Envelope），即连接各共振峰的光滑曲线。本书中采用的是对数频谱，单位为dB。现在，我们需要将共振峰与曲线剥离成独立成分，这样就可以得到频谱的包络，即在给定 $\lg X[k]$ 的基础上，求得 $\lg H[k]$ 和 $\lg E[k]$，以满足

$$\lg X[k] = \lg H[k] + \lg E[k] \tag{10-22}$$

为了达到这个目的，需要再进行一次傅里叶逆变换（IFFT），即对频谱做傅里叶变换。因为是在频谱的对数上处理的，在对数频谱上做 IFFT 相当于在一个伪频率（Pseudo-Frequency）坐标上描述信号。

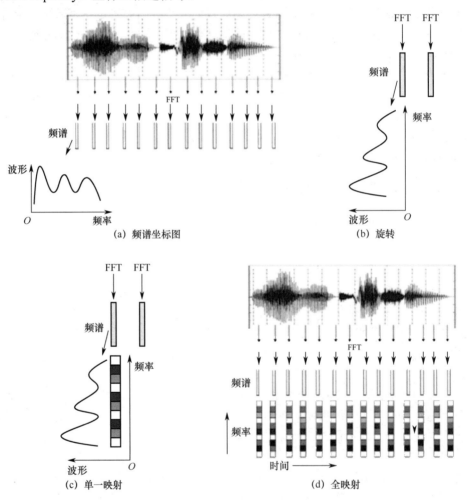

图 10-8　灰度映射

频谱包络主要包含低频成分，可把它看作每秒 4 个周期的正弦信号，并在伪坐标轴上 4Hz 的地方给它一个共振峰；而频谱的细节部分主要是高频成分，可把它作为一个每秒 100 个周期的正弦信号，并在伪坐标轴上 100Hz 的地方给它一个峰值，将两者叠加就得到了原来的频谱信号。

由上述可知，$H[k]$ 是 $X[k]$ 的低频部分，而 $\lg X[k]$ 是已知的，所以 $X[k]$ 也是已知的，因此将 $X[k]$ 通过一个低通滤波器就可以得到 $H[k]$ 了，也就是频谱的包络。$X[k]$ 称为倒谱，$H[k]$ 作为倒谱的低频部分，表示频谱的包络。包络在常用语音识别系统中被大量用来描述语音的信号特征。

上述倒谱分析过程总结如下。

（1）先将原始语音信号经过傅里叶变换得到频谱：

$$X[k] = H[k] + E[k] \tag{10-23}$$

连续时间非周期信号的傅里叶变换[12]：

$$X(j\omega) = \int_{-\infty}^{+\infty} x(t) e^{-j\omega t} dt \tag{10-24}$$

傅里叶系数：

$$a_k = \frac{1}{T} \int_{-\infty}^{+\infty} x(t) e^{-jk\omega_0 t} dt \tag{10-25}$$

只考虑幅度：

$$\| X[k] \| = \| H[k] \| \| E[k] \| \tag{10-26}$$

（2）对式（10-26）两边取对数得

$$\lg \| X[k] \| = \lg \| H[k] \| + \lg \| E[k] \| \tag{10-27}$$

（3）再对式（10-27）两边做傅里叶逆变换得到倒谱：

$$X[k] = H[k] + e[k] \tag{10-28}$$

连续时间非周期信号的傅里叶逆变换：

$$x(t) = \frac{1}{2\pi} \int_{-\infty}^{+\infty} \frac{1}{T} X(jk\omega) e^{j\omega t} d\omega \tag{10-29}$$

傅里叶系数：

$$a_k = \frac{1}{T} X(j\omega) \big|_{\omega = k\omega_0} \tag{10-30}$$

3．梅尔频率倒谱系数（MFCC）

MFCC 充分考虑了人类的听觉系统构造和听力习惯，可将线性频谱投影到梅尔非线性频谱中，再由梅尔非线性频谱转到倒谱上。

将频率转换为梅尔频率的公式如下。

$$\text{Mel}(f) = 2595 \times \lg\left(1 + \frac{f}{700}\right) \tag{10-31}$$

从梅尔频率回到频率：

$$M^{-1}(m) = 700(\exp(m / 2595) - 1) \tag{10-32}$$

在梅尔频域内，人对音调的感知度是线性的。例如，两端语音信号的梅尔频率相差两倍，人耳听起来两者的音调也相差两倍。我们将频谱通过一组梅尔滤波器来得到梅尔频谱。

语音特征参数 MFCC 提取的基本步骤如图 10-9 所示[13]。

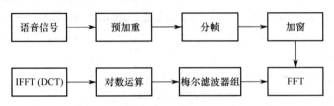

图 10-9　语音特征参数 MFCC 提取的基本步骤

（1）对信号进行预加重、分帧、加窗。

将语音信号通过一个高通滤波器：

$$H(Z) = 1 - \mu z^{-1} \tag{10-33}$$

式中，μ 的值为 0.9～1.0。将 N 个采样点集合成一个观察单位，即一帧，对每帧信号进行加窗处理（本文中使用的是汉明窗），以增加帧左右两端的连续性。假设分帧后的语音信号为 $s_i(n)$，加汉明窗 $h(n)$ 后对每帧信号进行快速傅里叶变换（FFT）。

（2）快速傅里叶变换（FFT）。

由于从时域信号很难看出信号的特性，通常将它转换为频域信号来观察，不同的频域能量分布就能表示各种自然语音信号的特征。因此，在 $s_i(n)h(n)$ 后，每帧信号还必须经过快速傅里叶变换以获得其在频谱上的能量分布，即对分帧加窗后的各帧信号进行 FFT，得到各帧的频谱，最后对信号频谱取模平方得到语音信号的功率谱。设语音信号的离散傅里叶变换为

$$S_i(k) = \sum_{n=1}^{N} s_i(n)h(n)\mathrm{e}^{-\mathrm{j}2\pi kn/N}, \quad 1 \leqslant k \leqslant K \tag{10-34}$$

式中，N 为傅里叶变换的点数。

每帧语音信号 $s_i(n)$ 的功率谱为

$$P_i(k) = \frac{1}{N} |S_i(k)|^2 \tag{10-35}$$

（3）梅尔滤波器组。

本实验定义一个由 M 个滤波器组成的滤波器组，其中采用的滤波器为三角滤波器，即将 $P_i(n)$ 通过一组符合梅尔标准的三角形滤波器。中心频率为 $f(m)$，$m \in [1, M]$，M 通常取 22～26。各 $f(m)$ 之间的间距随 m 值的减小而缩短，随着 m 值的增大而增长，如图 10-10 所示。

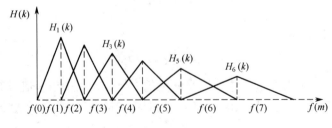

图 10-10　梅尔滤波器组

三角滤波器的频率响应定义为

$$H_m(k) = \begin{cases} 0, & k < f(m-1) \\ \dfrac{k - f(m-1)}{f(m) - f(m-1)}, & f(m-1) \leqslant k \leqslant f(m) \\ \dfrac{f(m+1) - k}{f(m+1) - f(m)}, & f(m) \leqslant k \leqslant f(m+1) \\ 0, & k > f(m+1) \end{cases}$$ （10-36）

其中，

$$\sum_{m=0}^{M-1} H_m(k) = 1$$ （10-37）

（4）计算每个滤波器组输出的对数能量。

$$s(m) = \ln\left(\sum_{k=0}^{N-1} |X_a(k)|^2 H_m(k) \right), \quad 0 \leqslant m \leqslant M$$ （10-38）

（5）傅里叶逆变换（IFFT）。

离散余弦变换（Discrete Cosine Transform，DCT）经常用于信号、图像处理的实际应用中，用于对两者进行有损数据压缩。这是因为 DCT 具有明显的能量分布集中的特性，即大多数的自然语音和图像信号的能量都聚集在离散余弦变换后的低频部分，而且当信号具有接近马尔可夫过程的统计特性时，离散余弦变换的去相关性接近 K-L 变换的性能。$s(m)$ 经离散余弦变换（DCT），得到 MFCC：

$$C(n) = \sum_{m=0}^{N-1} s(m) \cos\left(\frac{\pi n(m - 0.5)}{M} \right), \quad n = 1, 2, \cdots, L$$ （10-39）

对 $s(m)$ 进行 DCT，求出 L 阶的 MFCC。L 为 MFCC 的阶数；M 为滤波器个数。此外，一帧的音量（能量）也是声音的重要特征，这种特征易于计算。因此，通常加上一帧的对数能量，使得每帧语音信号的基础语音特征增加一维，包括一个对数能量和 MFCC。

通过实验发现，标准的 MFCC 只描述了语音参数的静态特性，可以使用静态特征的差分谱来反映语音的动态特征。要想提高语音识别系统的精度，需要把动态特征、静态特征融为一体。差分参数的数学表达式为

$$d_t = \begin{cases} C_{t+1} - C_t, & t < K \\ \dfrac{\sum\limits_{k=1}^{K} k(C_{t+k} - C_{t-k})}{\sqrt{2 \sum\limits_{k=1}^{K} k^2}}, & \text{其他} \\ C_t - C_{t-1}, & t \geqslant Q - K \end{cases}$$ （10-40）

式中，d_t 为第 t 个一阶差分；C_t 为第 t 个 MFCC；Q 为 MFCC 的阶数；K 为一阶导数时间差（通常情况下取 1 或 2）。将式（10-40）的结果返回式（10-39）计算，就可以得到二阶差分的 MFCC。

由此，就得到需要的 MFCC。

提取 MFCC 的大致过程如下（见图 10-11）。

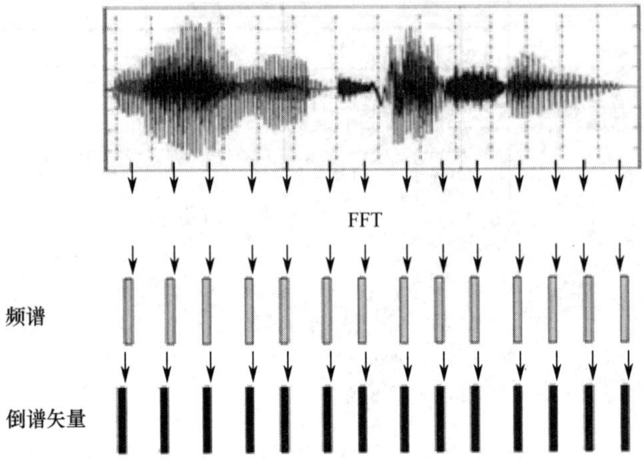

图 10-11 梅尔频率倒谱系数示意

（1）先对语音进行预加重、分帧和加窗。

（2）对加汉明窗后的每帧信号进行傅里叶变换，得到每帧信号的频谱。

（3）将频谱通过梅尔滤波器组。

（4）通过梅尔频谱进行倒谱分析，得到 MFCC。

综上所述，自然语音信号可以通过各种倒谱向量来表达，每个向量就是每帧的 MFCC 特征向量，通过这种方式可以对语音分类器进行训练和识别[10]。

10.7 基于 DNN-MFCC 混合系统的语音识别

10.7.1 DNN 和 MFCC 结合的原理

在 DNN-MFCC 混合系统中，MFCC 为 DNN 模型提供训练素材。具体而言，可以将语音数据转换为需要计算的 13 位或 26 位不同的倒谱特征的 MFCC，将它作为模型的输入。经过转换，数据将被存储在一个包含频率特征系数（行）和时间（列）的矩阵中。因为声音不会孤立产生，并且没有一对一映射到字符，所以，可以在当前时间索引之前和之后捕获声音的重叠窗口上训练网络，从而捕获共同作用的影响（通过影响一个声音来影响另一个声音）。

10.6 节详细介绍了 MFCC，现在我们需要提取 MFCC 特征。这里展现了 Python 语音的优越性，我们可以直接借助 Python_speech_features 工具完成 MFCC 特征的提取。

在继续介绍之前，先给出"加窗"的概念：取出一帧信号以后，在进行傅里叶变换前，先进行"加窗"操作，"加窗"就是乘以一个"窗函数"。

加窗的目的是让一帧信号的幅度在两端渐变到 0，这样就可以提供变换结果的分辨率。但是，加窗也是有代价的，即一帧信号的两端被削弱了，弥补的办法是：邻近的帧要直接重叠，而不是直接截取，两帧之间有重叠部分，两帧起点位置的时间差称为帧移，一般取 10ms 或帧长的一半。

对于循环神经网络（Recarrent Neural Network，RNN），我们利用当前时间片段之前的 9 个时间片段和之后的 9 个时间片段，加上当前时间片段，每个加载窗口共包括 19 个时间片段。当梅尔倒谱系数为 26 时，每个时间片段共有 494 个 MFCC 特征。图 10-12 所示为倒谱系数取 13 时的加载窗口实例图，若当前时间片段前或后不够 9 个时间片段，就需要进行补 0 操作，凑够 9 个；最后，进行标准化处理，减去均值，再除以方差。

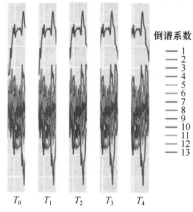

图 10-12　倒谱系数取 13 时的加载窗口实例图

音频数据处理完成之后，需要将文本文字转换成具体的向量。调用 get_wav_files_and_tran_texts 函数来获取 WAV 文件和对应的翻译文字。首先将所有文字提取出来，调用 Collections 和 Counter 方法，统计每个字符出现的次数，把其放到字典中。由此，就将文字转换成了向量。

完成音频数据和对应的译文处理后，需要将这两部分整合到一起，通过定义 get_audio_and_transcriptch 函数完成上述过程。这个过程是对单个音频文件的特征补 0，在训练中，文件是分批获取并进行训练的，这就要求每批音频的时序要统一，所以要通过定义函数来完成批次音频数据对齐。

至此训练数据准备完成，接着就是搭建训练网络。这里使用 Bi-RNN 网络，RNN 网络擅长处理连续的数据，所以将正反两个方向的网络结合，就可以同时学习正向和反向规律，这样比使用单个循环网络拥有更高的拟合度。

CTC（Connectionist Temporal Classification）方法是语音识别中的一个关键技术，通过增加一个额外的 Symbol 代表 NULL 来解决叠字的问题。RNN 的优势在于处理连续的数据，在基于连续的时间序列分类任务中，常用 CTC 方法。该方法主要体现在对 loss 值的处理上，其通过为与时间序列对不上的 label 添加 blank 的方式，将预测的输出值与给定的 label 值在时间序列上对齐，再求具体损失[15]。CTC 网络的 loss 在 TensorFlow 中封装成了 ctc_loss 函数，该函数按照序列来处理输出标签和标注标签之间的损失，函数原型如下。

```
ctc_loss(labels, inputs, sequence_length,
preprocess_collapse_repeated=False,
ctc_merge_repeated=True,
ignore_longer_outputs_than_inputs=False, time_major=True)
```

在实际应用中，若矩阵中的非 0 元素的个数远少于 0 元素的个数，并且非 0 元素分布没有规律，则称该矩阵为稀疏矩阵；相反，若非 0 元素数目占大多数时，则称该矩阵为稠密矩阵。如果密集矩阵的大部分元素都是 0，就没有必要浪费空间来存这些为 0 的数据，只要将那些不为 0 的索引、值和形状记录下来，就可以大大节省内存空间[16]。

稀疏矩阵在 TensorFlow 中的结构如下。

```
SparseTensor(indices, values, dense_shape)
```

构建网络模型：先使用 3 个包含 1024 个节点的全连接层网络，再经过一个 Bi-RNN 网络，最后连接两个全连接层，它们都带有 dropout 层。激活函数使用带截断的 Relu，截断值设置为 20。连接层间的数据转换过程如图 10-13 所示。

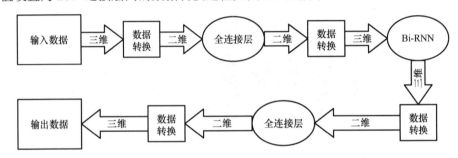

图 10-13　连接层间的数据转换过程

由此，网络模型构建完成，使用定义的 Bi-RNN 函数就可以直接调用。

10.7.2　DNN-MFCC 混合系统

1．实验数据

在本实验中，首先需要下载解压的数据，包括音频文件（.wav）、翻译文本（.wav.trn），再对这些文件进行前期处理，将其变为语音识别系统需要的数据。

2．模型训练

本实验遵循语音识别框架，首先用提取的 MFCC 特征加上构建的 Bi-RNN 网络进行训练；再采用预加重、分帧、加窗来得到语音信号在频谱上的能量分布；然后将能量谱通过一组梅尔尺度的三角形滤波器组，凸显原始语音信号的共振峰；最后利用 MFCC 特征为随后的 DNN 训练提供数据[13,14]。

在 DNN 训练中，train.py 用于训练语音识别模型，主要输入是 wav_files、text_labels、words_size、words、word_num_map。训练的核心流程就是获取样本、提取特征、构建字典、构建稀疏矩阵、音频数据对齐、搭建网络。Bin-RNN 网络的主要参数如表 10-1 所示。

表 10-1　Bi-RNN 网络的主要参数

参　说	说　明
epochs = 120	迭代次数
n_input = 26	计算梅尔倒谱系数的个数
n_context = 9	对于每个时间点，要包含上下文样本的个数
learning_rate = 0.001	设置优化器的学习率为 0.001
batch_size = 8	batch 的大小
(batch + 1) % 100==0	每训练 100 次保存一下模型

Bi-RNN 网络又称为双向 RNN 网络，即它采用了双向的 RNN 网络。这种网络的核心特点是在处理单元之间不仅有内部的反馈连接，还有前馈连接。从系统观点看，它是一个反馈动力系统，在计算过程中体现过程的动态特性，比单一的前馈神经网络具有更强的动态行为和计算能力。这里将正反两个方向的网络结合，可以同时学习正向和反向规律，这样就可以获得比单个循环网络更高的拟合度。

CTC 方法可用来解决时序类数据的分类问题。与传统的声学模型训练相比，采用 CTC 方式进行损失函数的声学模型训练，是一种完全端到端的声学模型训练，不需要预先对数据做对齐，只需要一个输入序列和一个输出序列就可完成训练。这样就不需要进行数据对齐和一一标注，并且 CTC 方法可直接输出序列预测的概率，不需要外部的后处理[17]。CTC 方法引入了 blank（该帧没有预测值），每个预测的分类对应一整段语音中的一个 spike（尖峰），其他不是尖峰的位置认为是 blank。

整个 DNN 训练需要在 CUDA（Compute Unified Device Architectarem，统一计算设备架构）上进行，如果没有 CUDA 矩阵库提供的高速计算，那么训练过程会变得异常缓慢。

3．训练及解码脚本

本实验中的训练和解码大多用 utils.py 模块来实现，在 utils.py 中定义的各类函数，可以在主函数中直接调用。主要模块函数如表 10-2 所示。

表 10-2　主要模块函数

函　数　名　称	作　用
get_wavs_lables()	获取 WAV 文件和对应的译文
do_get_wavs_lables()	读取 WAV 文件对应的 label
create_dict()	创建字典
next_batch()	按批次获取样本
get_audio_mfcc_features()	提取音频数据的 MFCC 特征
sparse_tuple_from()	密集矩阵转稀疏矩阵
trans_text_ch_to_vector()	将文字转换为向量
trans_tuple_to_texts_ch()	将向量转换为文字
audiofile_to_input_vector()	将音频转换为 MFCC
pad_sequences()	音频数据对齐
BiRNN()	训练网络模块

4．实验结果与分析

本实验根据上述步骤在 TensorFlow 平台上搭建语音识别系统，用 MFCC 特征作为语音特征，比较不同迭代次数训练下的系统性能。用词错率作为系统性能指标，词错率越高，表示识别率越低，系统性能越差。实验流程如下。

首先在平台上训练语音识别系统，本实验为了方便观察，在训练中，model.py 增加了测试程序，每进行一次迭代就进行一次语音测试，这样相应地降低了训练速度。训练完之后，各次迭代的词错率如表 10-3 所示。

表 10-3　各次迭代的词错率

迭代次数	词错率/%	迭代次数	词错率/%
首次迭代	60.7	59 次迭代	2.7
42 次迭代	5.7	90 次迭代	1.3

（1）随着迭代次数的增加，词错率逐渐降低，由原来的 60%左右降低到第 90 次迭代的 1%左右。

（2）使用 MFCC 和 DNN 网络有效地降低了词错率，在一定程度上提高了语音识别系统的性能，提高了语音识别系统的自适应效果。

由实验数据可得到以下结论。

（1）在语音识别系统中，对语音特征进行处理（如预加重、分帧、加窗等）能够在一定程度上提升语音识别系统的性能。

（2）双向 RNN 网络比单个 RNN 网络拥有更高的拟合度，提高了语音识别系统的性能。

（3）DNN 有很多隐藏层，能够很好地描述复杂语义，DNN 对复杂数据的建模能力更强，识别性能较好。

10.8　实验：基于 MFCC 特征和 THCHS-30 数据集的语音识别

10.8.1　实验目的

（1）了解 TensorFlow 的基本操作环境。

（2）了解 TensorFlow 操作的基本流程。

（3）了解 TensorFlow 中的语音识别流程。

（4）对 TensorFlow 如何实现一个深度学习任务有整体感知。

（5）运行程序，分析结果。

10.8.2　实验要求

（1）了解 TensorFlow 中 MFCC 特征提取的工作原理。

（2）了解 THCHS-30 数据集的组成。

（3）了解 TensorFlow 实现语音识别的流程。

（4）理解 TensorFlow 中多层神经网络相关的源码。

（5）用代码实现语音的识别。

10.8.3　实验原理

THCHS-30 是一个经典的机器学习数据集，包含语音和对应的中文翻译，共 6GB。其中，训练样本有 10000 组，测试样本有 2495 组。受限于计算机的性能，所以样本取 2500 个，测试样本取 500 个（见图 10-14）。

A2_0.wav	2015/12/30 10:17	WAV 文件	307 KB
A2_0.wav.trn	2015/12/30 10:27	TRN 文件	1 KB
A2_1.wav	2015/12/30 10:21	WAV 文件	319 KB
A2_1.wav.trn	2015/12/30 10:26	TRN 文件	1 KB
A2_2.wav	2015/12/30 10:26	WAV 文件	282 KB
A2_2.wav.trn	2015/12/30 10:17	TRN 文件	1 KB
A2_3.wav	2015/12/30 10:26	WAV 文件	292 KB
A2_3.wav.trn	2015/12/30 10:26	TRN 文件	1 KB
A2_4.wav	2015/12/30 10:24	WAV 文件	301 KB
A2_4.wav.trn	2015/12/30 10:26	TRN 文件	1 KB
A2_5.wav	2015/12/30 10:17	WAV 文件	297 KB
A2_5.wav.trn	2015/12/30 10:18	TRN 文件	1 KB
A2_6.wav	2015/12/30 10:24	WAV 文件	264 KB
A2_6.wav.trn	2015/12/30 10:24	TRN 文件	1 KB
A2_7.wav	2015/12/30 10:26	WAV 文件	231 KB
A2_7.wav.trn	2015/12/30 10:20	TRN 文件	1 KB
A2_8.wav	2015/12/30 10:17	WAV 文件	354 KB
A2_8.wav.trn	2015/12/30 10:19	TRN 文件	1 KB
A2_9.wav	2015/12/30 10:26	WAV 文件	323 KB
A2_9.wav.trn	2015/12/30 10:17	TRN 文件	1 KB
A2_10.wav	2015/12/30 10:25	WAV 文件	299 KB
A2_10.wav.trn	2015/12/30 10:19	TRN 文件	1 KB

图 10-14　THCHS-30 数据集的部分训练样本

在 TensorFlow 上进行语音识别前，前往清华大学公开的语料库 Open Speech and Language Resources 下载 THCHS-30 数据集。

底层源码包括 config.py、model.py、utils.py、tran.py、test.py、conf.ini。其中，conf.ini 内存储读入数据集的路径；utils.py 加载 WAV 文件，获取 MFCC 数值，为正式训练做准备；model.py 包含定义模块、设置参数；config.py 用于运行环境配置。每个数据组由语音和对应的翻译文本两部分构成。

do_get_wavs_lables()函数将会返回 wav_files、labels，get_audio_mfcc_features()函数将会返回音频特征和文本向量，mfcc()函数将音频信息转换成 MFCC 特征：

```
orig_inputs = mfcc(audio, samplerate=fs, numcep=n_input)
```

Python 有丰富的工具库来支持各种操作，这里使用 Python_speech_ features 工具进行特征提取。

数据准备完成后，需要使用 Bi-RNN 网络和 CTC 方法搭建训练神经网络，Bi-RNN 网络又称为双向 RNN 网络，如图 10-15 所示。具体代码如下。

```
class BiRNN(object):

with tf.name_scope('loss'): #损失
```

```
self.avg_loss = tf.reduce_mean(ctc_ops.ctc_loss(self.text, self.logits, self.seq_length))
    tf.summary.scalar('loss',self.avg_loss)
```

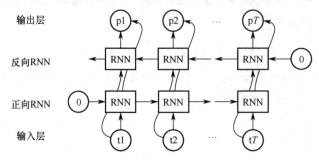

图 10-15　Bi-RNN 网络模型示意

10.8.4　实验步骤

本实验的实验环境为 TensorFlow 2.2+Python 3.6 的环境。

输入对应的文件路径，代码如下：

```
wav_path=C:\Anaconda \ data\thchs30-standalone \wav\tran
label_file=C:\Anaconda\ data\thchs30-standalone\doc\trans\tran.word.txt
savedir=C:\PycharmProjects\DATA
savefile=speech.cpkt
tensorboardfile=C:\Anaconda3\envs\TensorFlow-gpu\Scripts
```

运行代码，速度较慢，因为程序涉及多层神经网络并受制于计算机性能，所以建议使用 GPU 训练。

```
# train.py
```

运行上述程序后，会在 savedir 路径下生成一个 speech.cpkt 文件，在 tensorboardfile 路径下生成 log 文件。

```
# test.py
```

运行上述程序后，会在 IDE 中提示输入测试文件的路径，导入正确路径后，程序进行语音识别。

打开 cmd，定位到 log 文件的位置，输入"tensorboard.exe --logdir="log 文件所在目录""：

```
C:\Users\AAA >cd C:\Anaconda3\envs\TensorFlow-gpu\Scripts
C:\Anaconda3\envs\TensorFlow-gpu\Scripts>tensorboard.exe--
logdir=C:\Anaconda3\envs\TensorFlow-gpu\Scripts
```

10.8.5　实验结果

受限于计算机性能，训练速度较慢，程序运行过程中可以通过 TensorBoard 实时观察训练过程，THCHS-30 数据集的语音识别程序运行结果如图 10-16 所示。

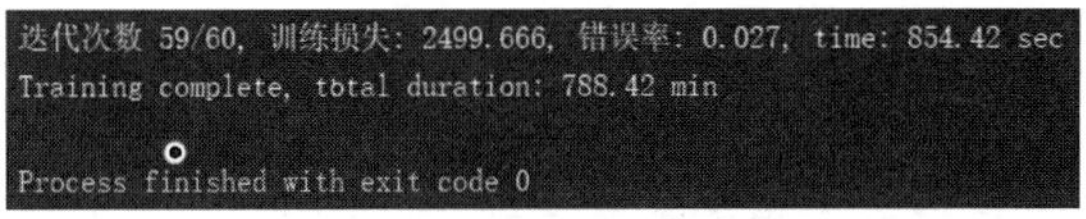

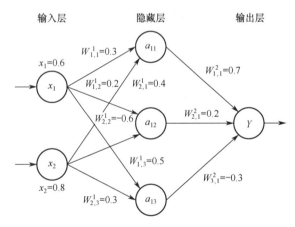

迭代次数 59/60，训练损失：2499.666，错误率：0.027，time：854.42 sec
Training complete, tbtal duration: 788.42 min
Process finished with exit code 0

（a）训练结果

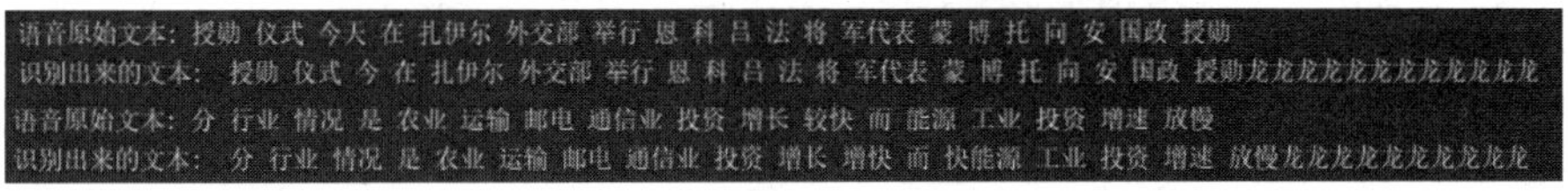

语音原始文本：授勋 仪式 今天 在 扎伊尔 外交部 举行 恩 科 吕 法 将 军代表 蒙 博 托 向 安 国政 授勋
识别出来的文本： 授勋 仪式 今 在 扎伊尔 外交部 举行 恩 科 吕 法 将 军代表 蒙 博 托 向 安 国政 授勋龙龙龙龙龙龙龙龙龙龙
语音原始文本：分 行业 情况 是 农业 运输 邮电 通信业 投资 增长 较快 而 能源 工业 投资 增速 放慢
识别出来的文本： 分 行业 情况 是 农业 运输 邮电 通信业 投资 增长 增快 而 快能源 工业 投资 增速 放慢龙龙龙龙龙龙龙龙

（b）测试结果

图 10-16　THCHS-30 数据集的语音识别程序运行结果

习题

1．简述语音识别系统的组成及各组成部分的作用。

2．声学模型有哪几种？每种声学模型的特点及其计算方法是什么？

3．本章介绍了几种语言模型？各语言模型的特点是什么？

4．用公式描述解码器的工作原理，并简述解码器的分类和特点。

5．简述 DNN 前向传播算法与反向传播算法的异同，并画出任意一种简易 DNN 模型。

6．依据 DNN 前向传播算法的原理，计算图 10-17 中神经网络隐藏层 a_{11}、a_{12}、a_{12} 的值和输出层 Y 的值。

输入层
隐藏层
输出层
x_1=0.6
x_1
x_2
x_2=0.8
$W^1_{1,1}$=0.3
$W^1_{1,2}$=0.2
$W^1_{2,1}$=0.4
$W^1_{2,2}$=−0.6
$W^1_{1,3}$=0.5
$W^1_{2,3}$=0.3
a_{11}
a_{12}
a_{13}
$W^2_{1,1}$=0.7
$W^2_{2,1}$=0.2
$W^2_{3,1}$=−0.3
Y

图 10-17　神经网络

7．请在 TensorFlow 平台上搭建一个简单的语音识别系统，能实现语音的读入、翻译、检验等功能。

8．请在 TensorFlow 平台上读取指定数据集文件夹下的 WAV 文件和翻译文件，并实现语音、翻译同步显示。

9．影响语音识别词错率的因素有哪些？请尝试在 TensorFlow 平台上对背景噪声数据集进行训练，观察加入背景噪声后的词错率变化。

10．MFCC 特征提取的工作原理是什么？请画出流程框图，并在 TensorFlow 平台上实现 MFCC 特征提取功能。

参考文献

[1]　王莉莉. 基于语音生成和获取中声音分类学习的神经模型研究[D]. 南京：南京邮电大学，2012.

[2]　袁翔. 基于 HMM 和 DNN 的语音识别算法研究与实现[D]. 赣州：江西理工大学，2017.

[3]　张德良. 深度神经网络在中文语音识别系统中的实现[D]. 北京：北京交通大学，2015.

[4]　PATEL P，CHAUDHARI A，KALE R，et al. Emotion recognition from speech with gaussian mixture models & via boosted gmm[J]. International Journal of Research In Science & Engineering，2017，3.

[5]　黎旭荣. Forestnet：一种结合深度学习和决策树集成的方法[D]. 广州：中山大学，2015.

[6]　王璐璐，袁毓林. 走向深度学习和多种技术融合的中文信息处理[J]. 苏州大学学报，2016（4）：102-103.

[7]　张仕良. 基于深度神经网络的语音识别模型研究[D]. 合肥：中国科学技术大学，2017.

[8]　WANG D, ZHANG X W. THCHS-30 ：A Free Chinese Speech Corpus[D]. Beijing：Tsinghua University，2015.

[9]　LIU H，ZHU Z，LI X，et al. Gram-CTC：Automatic Unit Selection and Target Decomposition for Sequence Labelling[C]. International Conference on Machine Learning，2017.

[10]　ANETT A，GOPIKAKUMARI R. Speaker identification based on combination of MFCC and UMRT based features[J]. Procedia Computer Science，2018：143-146.

[11]　李涛，曹辉，郭乐乐. 深度神经网络的语音深度特征提取方法[J]. 声学技术，2018，37(4)：367-371.

[12]　OPPENHEIM A V，WILLSKY A S，Nawab S H. 信号与系统[M]. 北京：电子工业出版社，2013.

[13]　赵力. 语音信号处理[M]. 北京：机械工业出版社，2016.

[14]　张雪英. 数字语音处理及 MATLAB 仿真[M]. 北京：电子工业出版社，2010.

[15]　GRAVES A. Supervised Sequence Labelling with Recurrent Neural Networks[J]. Studies in Computational Intelligence，2012，385.

[16]　张永杰，孙秦. 稀疏矩阵存储技术[J]. 长春理工大学学报(自然科学版)，2006，29(3)：38-41.

[17]　GRAVES A，SANTIAGO F，GOMEZ F. Connectionist temporal classification：

Labelling unsegmented sequence data with recurrent neural networks[C]. International Conference on Machine Learning, ACM，2006.

[18]　开飞机的猪猪. MFCC(Mel Frequency Cepstral Coefficient)提取过程详解[EB/OL]. [2019-03-26]. https://www.jianshu.com/p/73ac4365b1d3.

[19]　长弓的坚持. 深入浅出解释 FFT（七）——FFT 求频谱图和功率谱密度图[EB/OL]. [2019-03-27]. https://blog.csdn.net/wordwarwordwar/article/details/68951780.

[20]　zouxy09. 语音信号处理之（四）梅尔频率倒谱系数（MFCC）[EB/OL]. [2019-04-05]. https://blog.csdn.net/zouxy09/article/details/9156785/.

[21]　杨立春. 一种基于语音活动检测的声源定位方法[J]. 电脑知识与技术，2017(4): 251-252.

第 11 章 生物特征识别

在人们的日常生活和工作中，身份识别无处不在，大到国家安全层面,小到生活娱乐层面，人类社会生活已经难以离开身份识别。早期的身份证、户口本、密码口令等各种身份认证手段在一定程度上满足了人们对身份认证的需求。生物特征识别技术利用人的生物特征来识别身份，不需要其他外物的辅助，安全性高。随着信息技术和人工智能的快速发展，生物特征提取的准确性和速度已经达到实用的要求，从而使生物特征识别在日常生活和工作中得到了广泛的应用。

本章首先在介绍生物特征概念的基础上给出了生物特征识别系统的基本框架，然后对发展较为成熟且常见的指纹识别、人脸识别、虹膜识别和步态识别进行了深入的分析，最后基于 Python 语言给出了一个完整的人脸识别实验例程，以指导读者进行实践练习。

11.1 生物特征识别概述

古埃及通过测量人的身体尺寸进行身份鉴别，这种方法延续了几百年；在中国古代，人们在达成一些协定的时候，通过"签字画押"的方式来标明协议人的身份，这种方法直到现在还被人们使用。无论是人的身体尺寸，还是所签的字，都可以称为人类的生物特征。通过识别不同人的身体尺寸、签字即可识别其身份，这些都可以称为最简单的生物特征识别技术。

11.1.1 生物特征

生物特征是指可以测量或可自动识别和验证的生理特征或行为方式，且具有唯一性。生物特征分为生理特征和行为特征两类[1]。生理特征是人先天具有的，包括虹膜、视网膜、指纹、掌纹、人脸、耳型、脱氧核糖核酸（DNA）序列等，这些是遗传物质决定的特性，终生稳定不变。行为特征是通过后天学习到的并被周围环境影响所形成的特征，包括步态、签名、语音、手势、击键动作等。

特征的定义是"一事物异于其他事物的特点"，可以作为生物个体的特征并能对该生物个体进行表征的生物特征必须满足以下 3 个条件[2]。

（1）唯一性：该生物特征是该生物个体所特有的，能够区别于其他生物个体。

（2）普遍性：任何同类的生物个体都具有这种特征。

（3）不变性：该生物特征不随时间和环境的改变而改变，具有终生性。

对于人类来说，指纹可以作为人类的生物特征，因为指纹满足以上 3 个条件：每个人的指纹是不同的；每个人都有指纹；每个人的指纹在生命中是不变的。

如果想把生物特征应用于实际的识别系统中，该生物特征还应具有以下 3 个条件。

（1）可采集性：能够方便地对特征进行采集与测量。

（2）防伪性：所选的特征应该不易被复制或模仿。

（3）可接受性：不会给用户带来不便或其他不好的影响。

前述的指纹、人脸等生物特征均满足以上 6 个条件，所以基于这些特征的身份识别系统在人们的工作和生活中得到了广泛的应用。图 11-1 给出了几类可用于身份识别系统的常见生物特征。

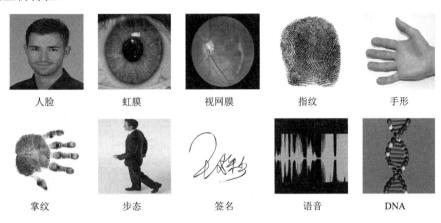

人脸　　　　虹膜　　　　视网膜　　　　指纹　　　　手形

掌纹　　　　步态　　　　签名　　　　语音　　　　DNA

图 11-1　可用于身份识别系统的常见生物特征

11.1.2　生物特征识别系统

与传统的身份识别相比，生物特征识别可以快速采集人类所固有的特征信息并准确辨别身份，在使用过程中不需要其他辅助产品，也不需要记忆各种密码口令。由于其具有准确性、方便性、安全性、高效性等特点，因此生物特征识别正在逐步取代传统的身份认证技术并不断进入人们的日常工作和生活。

生物特征识别是一种根据人体自身所固有的生理特征和行为特征来识别身份的技术，即通过计算机与光学、声学、生物传感器和生物统计学原理等高科技手段密切结合，利用人体固有的生理特征和行为特征来进行个人身份的鉴定[3]。生物特征识别属于模式识别范畴，其核心是获取生物特征的表征信息并将其转化为可被计算机识别的数字信号，并利用可靠的匹配与识别算法来实现身份识别。

典型的生物特征识别系统的设计通常含有特征采集、特征提取、系统数据库和特征匹配 4 个模块，如图 11-2 所示。特征采集模块采集生物特征样本，这些样本可以是人脸的图像，也可以是声音的数字化描述，还可以是指纹等。特征提取模块对采集到的样本进行加工处理以提取特征性信息。系统数据库模块主要负责存储特征信息。特征匹配模块将识别过程中提取的特征信息与系统数据库存储的特征信息进行比对，根据比对得出的评分来评判结果。

一个生物特征识别系统由注册和识别两部分构成。在注册部分，待注册者登记用户的基本信息，特征采集器采集待注册者的生理特征或行为特征，并对特征进行数字化处理，转化为计算机可识别的数字信息，然后利用特征抽取技术提取特征数据并创建用户模板，最后将模板保存在系统数据库中。在识别部分，获取特征数据的过程同注册部分一样，特征提取完毕并形成模板后，将其与存储在数据库中的模板做比对，从而确定待识别者的身份信息。完整的生物特征识别流程如图11-3所示。

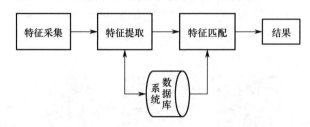

图11-2　典型的生物特征识别系统示意

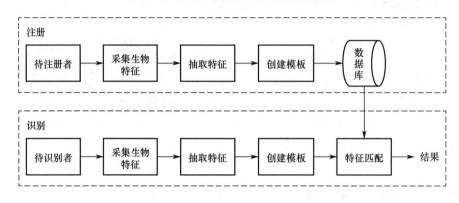

图11-3　完整的生物特征识别流程

从使用目的来看，生物特征识别系统可以分为辨认和确认两种。辨认系统是判定待识别者是否属于一个由若干个人员组成的集合，实现 $1:N$ 的比对功能；确认系统则是判断待识别者是否为事先声明的人员，实现 $1:1$ 的比对功能。

衡量一个生物特征识别系统性能的两个重要指标是错误拒绝率（False Rejection Rate，FRR）和错误接受率（False Accept Rate，FAR）[4]。错误拒绝率是指系统将真正的生物特征拥有者认为是假冒者而拒绝的概率。错误接受率是指系统错误地将冒充者误认为生物特征拥有者的概率。这两个指标很难同时降为零，当错误拒绝率降低时，错误接受率就会随之升高；反之，当错误接受率降低时，错误拒绝率就会升高。在系统应用中要根据具体的应用环境找到合适的阈值来调节安全性和用户体验之间的平衡。此外，识别速度、易操作性、安全性（Safety）、鲁棒性（Robustness）等也是衡量系统性能的常见指标。

近年来，生物特征识别技术在国内外得到快速发展，在身份认证技术领域正在被广泛地应用，逐渐形成了包括人脸识别、虹膜识别、视网膜识别、指纹识别、签名识别、步态识别等在内的多种生物特征识别系统。

根据生物特征识别系统采用的生物特征和技术难度的不同，生物特征识别技术可以分为以下3类。

（1）初级生物特征识别技术，如人脸识别、语音识别、签名识别、指纹识别等。

（2）高级生物特征识别技术，如虹膜识别、视网膜识别等。

（3）复杂生物特征识别技术，如基因识别、血管纹理识别等。

不同的生物特征识别技术具有不同的性能特点，每类生物特征识别系统都有自己的优势和不足，所以不同种类的识别系统在不同的应用领域均得到了广泛的研究和应用。表 11-1 给出了不同生物特征识别技术的性能和对比[5]。

表 11-1　不同生物特征识别技术的性能和对比

生物特征	普遍性	唯一性	不变性	可采集性	可接受性	防伪性	性能
人脸	高	低	中	高	高	低	低
虹膜	高	高	高	中	低	低	高
视网膜	高	高	高	低	低	高	高
指纹	中	高	高	中	中	高	高
签名	低	低	低	高	高	低	低
步态	中	低	低	高	高	中	低
语音	中	低	低	中	高	低	低
基因	高	高	高	低	低	高	高

11.1.3　应用概况和发展趋势

人工智能和数据科学的迅速发展，特别是深度学习的出现，为生物特征识别提供了强有力的计算和分析能力，使其识别准确率取得了惊人的进展。例如，在人脸识别方面，人脸识别系统的准确率已经达到 99.8%，远高于普通人眼 72% 的识别准确率。

随着科技的快速进步和人类社会信息化与网络化的发展，人们对身份认证与管理的需求急剧加大，而传统的身份识别技术已经难以适应人们的需求。近年来，生物特征识别技术在国民经济和社会生活中得到了持续快速的发展，生物特征识别系统及其相关产品已经得到广泛的应用。

在生物识别领域，目前指纹识别系统应用占比最高，大约占据生物特征识别市场份额的 58%，是应用最为广泛、技术最为成熟的生物特征识别系统。人脸识别系统次之，约占 7%。

由于生物特征具有便利性和普遍性的特点，因此可以应用到大多数的身份认证领域，市场潜力巨大。根据《2016—2021 年中国生物识别技术行业市场调研与投资预测分析报告》，2013 年全球生物识别市场的规模达到 98 亿美元，2016 年全球生物识别技术行业的市场规模在 150 亿美元左右，到 2021 年，这一数值将增加至 305 亿美元[6]。中国在生物特征识别领域的研究已处于世界先进水平，生物特征识别市场规模保持高速增长，各种应用呈现规模化、产业化的发展态势。2002—2015 年，国内生物特征识别市场的年复合增长率达到 50%，远超全球平均水平。2016 年，中国生物特征识别市场规模达到 120 亿美元。预计到 2021 年，中国生物特征识别行业的市场规模将突破 340 亿美元[7]。

在日常生活中，生物特征识别技术主要应用于大家已经熟悉的安全保密、认证防伪、考勤打卡等方面。目前，世界范围内的金融、电子商务、安防等领域均已经应用生物特征识别技术进行身份认证。

在金融领域，基于指纹识别和人脸识别等技术可以实现身份认证、远程开户、银行无卡取款、刷脸支付、在线信贷等功能。例如，银行、证券交易所等对客户身份真实性要求较高的机构应用生物特征识别技术实现身份认证，不仅减少了人力投入，缩减了公司开支，还为客户提供了高效便捷的服务。2016 年，中国人民银行开通了通过人脸识别进行身份认证的征信自助服务终端，以方便客户自助进行征信查询。 2018 年 1 月，俄罗斯在相关法案中提出拟建全国生物识别数据库，包括人脸图像、声音样本、虹膜和指纹数据，以加快金融服务业数字化。

在电子商务领域，长期以来，电子商务支付主要采用用户名与密码或短信确认等认证方式，存在被盗用的隐患。在电子商务系统中引入生物特征识别技术，可以实现生物特征与密码的双重登录认证机制、"刷脸"支付、指纹支付等一系列功能。2013 年，芬兰 Uniqul 公司推出了世界上第一款基于脸部识别系统的支付平台，为移动支付打开了一扇新的大门。2015 年，支付宝、微信等带有支付功能的软件也先后推出了"刷脸"支付服务，只需用手机拍摄人脸即可确认身份并完成支付。

在安防领域，可利用生物特征识别技术可以开发智能门禁系统，利用人脸识别或指纹识别等技术实现对注册者和未注册者的区分，在遇到陌生人时及时做出提醒或警告，减少安全隐患。利用视频监控网络和人脸识别技术可以实现对出现在视频中的在逃罪犯的检索。旷世科技推出的"旷世天眼"系统就成功使用了此项功能，在协助警方抓捕逃犯方面大显身手。

此外，生物特征识别技术已应用到边防检查、考勤打卡、考生身份确认、火车站进站实名确认等各种场合，在信息化社会的发展中起到了重要作用。

随着科技的发展及应用需求的增加，生物特征识别技术在未来有以下几个发展趋势。

第一，生物特征识别技术与传统技术相结合。虽然生物特征识别技术的发展日益多样化，在某些方面取得了较大的成果，但各种生物特征识别技术各有各的特点和适用范围，在实际应用中有一定的局限。将传统身份认证方式与生物特征识别技术结合起来，利用银行卡等工具的存储功能存储生物特征，可实现"既要认卡又要认人"，进而实现脱机认证。

第二，基于多种生物特征的身份识别。如患有白内障的人眼的虹膜与正常状态的虹膜是不同的，有些人的指纹特征提取困难，因此将多种生物特征识别技术结合起来实现身份认证就显得尤为重要。多模态的生物特征识别是指两种或多种生物特征识别技术相结合使用的技术，结合多种生理特征和行为特征进行身份识别具有低错误拒绝率、特征变化适应性强、安全可靠性高等优点，从而可进一步精化识别率，提高识别系统的精度和可靠性。

第三，实时性的发展要求。生物特征识别技术的准确性已经得到了极大的提高，但基于基因序列、血管纹理等的复杂生物特征识别技术在计算速度上还有待改进。识别过程中需要进行大量的分析和计算，这对计算速度有较高的要求。因此，满足实时性的要求也是生物特征识别技术发展的方向。

11.2 指纹识别

随着相关技术的发展，指纹识别技术得到了快速的发展，逐渐走进人们的工作和生活。指纹识别技术已经被广泛地应用在安防、刑侦、政府、军事、银行等领域，是发展比较成熟的生物特征识别技术。

11.2.1 指纹特征

指纹图像由脊线和谷线组成，脊线对应手指皮肤凸起的部分，粗细为 100～300μm，在指纹图像中呈现为灰度较深的粗线条。谷线则对应手指皮肤凹进去的部分，呈现为灰度较亮的线条。脊线和谷线大致呈周期性的排列方式，两者之间的宽度约500μm。

指纹特征可以分为全局特征和局部特征。全局特征是指指纹中的脊线和谷线所形成的全局特定模式，是用肉眼就可以直接观察到的特征，包括纹型、模式区、奇异点、纹数等。

纹型是指指纹中心区域纹线形成的整体流向的模式，根据不同的分类标准，纹型有不同的分类方法，公共安全行业标准《指纹自动识别系统数据交换工程规范第 2 部分：指纹信息交换的数据格式》（GA/T/62.2—1999）将纹型分为左箕型、右箕型、弓型、斗型 4 类，如图 11-4 所示。箕型纹是一条或多条纹线从一边流入，中间弯曲折回，在同一边流出的指纹类型。它由一条以上完整的箕型线组成中心花纹（中心点），箕型线对侧的三角形纹线区的上下纹线（三角点）包围着中心花纹。根据箕型的流向其可分为左箕型和右箕型。弓型纹是纹线从一边流入，中间隆起，然后从另一边流出的指纹类型。弓型纹没有中心点，也没有三角形纹线区。斗型纹的中心花纹呈现环形或螺旋形等曲线状，由内向外扩展与上下包围线汇合，形成两个以上的三角点。

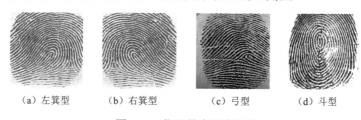

（a）左箕型　　　（b）右箕型　　　（c）弓型　　　（d）斗型

图 11-4　指纹基本纹线图案

模式区（Pattern Area）是指指纹上包括了总体特征的区域，即从模式区就能够分辨指纹属于哪种类型，如图 11-5（a）所示。

奇异点包括中心点和三角点，中心点（Core Point）位于指纹纹线的渐近中心，它一般作为读取指纹和比对指纹时的参考点，如图 11-5（b）所示。三角点（Delta）一般是从中心点开始的第一个分叉点或中断点，或者位于两条纹线的汇聚处、转折处，或者指向这些奇异点。三角点一般作为指纹纹线计数和跟踪的开始之处。纹数（Ridge Count）是指模式区内指纹纹线的数量[8]。

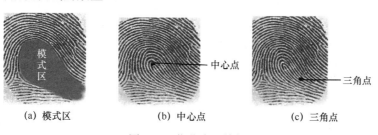

（a）模式区　　　　　（b）中心点　　　　　（c）三角点

图 11-5　指纹全局特征

指纹图像的局部特征又称为指纹细节，是指指纹上节点的特征，指纹纹线并不是连续的、平滑笔直的，而是经常出现中断、分叉或打折，这些中断点、分叉点和打折点就称为特征点。指纹局部细节特征点具有 4 个不同的特性，分别是类型、方向、曲率、位置。其定义如表 11-2 所示。

表 11-2　指纹局部特征

特　征	说　明	
类型		中断点：一条纹线在此终结
		分叉点：在此纹线分成两条或多条纹线
		分歧点：两条相互平行的纹线在分歧点处分开
		孤立点：一条非常短的纹线，短到几乎可以看成一点
		环点：一条纹线分开成两条，然后又合并为一条纹线
		短纹：一条较短但不至于成为孤立点的纹线
方向	每个节点都有一定的方向	
曲率	描述纹线方向改变的速度	
位置	节点的位置通过(x, y)坐标来描述，可以是绝对的，也可以是相对于三角点或中心点的	

不同指纹的全局特征可能相同，不能对指纹准确区分，在指纹识别系统中不能满足指纹精确匹配的需求。局部特征是多样的，从数学上来说，局部特征相同的概率只有几十亿分之一。所以，指纹的唯一性是由局部特征决定的，是实现指纹精确比对的基础。在大型的指纹数据库中，可以利用指纹的全局特征作为分类依据，将指纹分为不同的类型，加快检索速度，再利用指纹的局部特征进行识别身份。

指纹识别是指通过比较不同指纹的细节特征点来进行鉴别，其核心是提取指纹图像构成要素的组织形式和秩序。通常所说的指纹识别是指自动指纹识别。一般来讲，自动指纹识别系统通常包括指纹采集、图像预处理、指纹分类、特征提取和指纹匹配几个部分，指纹采集是指通过硬件设备获得指纹图像，图像预处理、特征提取和指纹匹配是自动指纹识别系统的核心内容，算法的优劣直接决定了匹配的精确程度，指纹分类是为了实现指纹数据的快速检索。

11.2.2　指纹采集设备

指纹图像采集的目的是将指纹图像数字化，转换为可被计算机处理的数字图像。指纹采集设备应有足够好的分辨率以获得指纹的细节。指纹图像的采集是通过传感器完成的，目前常见的指纹传感器有光学传感器、硅晶体传感器和超声波传感器 3 类。

光学传感器是最早被应用的指纹采集设备，其利用光的全反射原理，待手指放在三棱镜上后，在激光以特定角度的照射下，入射光经三棱镜照射到指纹后发生反射，反射回来的光线经过凸透镜聚焦后由电荷耦合器件（CCD）捕获成像。指纹上存在的脊线和谷线对光的反射量不同，光线在谷线和玻璃的间隙内发生全反射，光强损失很少，而光线照射到脊线上时不会发生全反射，光线被接触面吸收或发生漫反射，电荷耦合器件所能捕获的这部分光强大幅减弱。电荷耦合器件将反射回来的不同光强转化为指纹的灰度图像，光学传感器采集指纹的原理如图 11-6 所示。光学传感器的相关技术成熟，价格便宜，采集到的指纹图像分辨率高，并且受温度影响非常小，但手指干燥可能发生成像断裂，湿润手指的成像模糊，手指表面油脂或脏物对指纹图像的采集影响较大。

　　硅电容传感器是最常见的硅晶体传感器，其利用电容充放电原理来捕获指纹图像。硅电容传感器的表面是传感阵列，传感阵列上的每个点都是一个电极，相当于电容器的一个极，当用户将手指压在该半导体表面上时，手指皮肤就充当电容器的另一个极。由于指纹的脊线和谷线与另一个极的距离是不同的，因此硅表面电容阵列的各电容值不同，传感器将电容值数字化后就得到了指纹的灰度图像。图 11-7 所示为硅电容传感器。硅晶体传感器是目前最受欢迎的一种指纹采集器，它的体积小、价格低、分辨率高，可以方便地集成到笔记本电脑、移动电话等便携设备中。但是，硅晶体传感器容易磨损，对干燥手指和湿润手指的采集有明显的差异，手指潮湿或受到静电影响时不可成像。

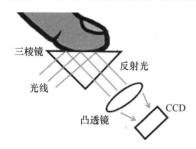

图 11-6　光学传感器采集指纹的原理

图 11-7　硅电容传感器

　　超声波传感器采集的指纹图像质量在所有指纹采集设备中是相对较好的，其利用声波的穿透能力和回波形态对图像进行采集。与光学传感器类似，超声波传感器首先向手指发送一束超声波，手指会将这束超声波反射给接收设备。由于指纹的脊线和谷线的声阻抗不同，因此反射给接收设备的超声波能量也不同，测量超声波能力的强弱就可以得到指纹的灰度图像。超声波扫描可以对指纹进行深入的分析，汗液、油脂等因素对超声波的影响较小，获得的图像是实际脊线和谷线形状的真实反映。超声波传感器采集指纹图像的成本较高，目前还没有得到广泛的应用。

11.2.3　指纹图像预处理

　　指纹图像预处理就是利用图像处理技术去除指纹图像采集过程中存在的各种干扰和噪声，增强图像的可识别性，使纹线结构清晰化，尽可能保证不出现伪特征和不损坏真实特征。指纹图像预处理是指纹识别系统中十分重要的环节，其处理的好坏直接影响图像的特征提取，图像预处理算法流程主要包括图像均衡化、图像分割、方向场计算、图像增强、图像二值化、图像细化等一系列处理。

1. 图像均衡化

　　指纹图像的均衡化是指通过某种变换将一幅灰度概率密度已知的图像转变成一幅具有均匀灰度概率密度分布的新图像。采集获得的指纹图像往往颜色分布不均匀，不是偏黑就是偏淡，灰度集中在某一个范围内。均衡化的目的是对指纹图像的对比度进行增强或拉伸，使灰度调整到整个图像范围内，使采集获得的指纹图像灰度的均值和方差控制在给定范围，以便后续处理。目前常用的图像均衡化方法主要是直方图均衡化。

直方图均衡化是通过拉伸像素强度分布范围来增强图像对比度的一种方法。直方图均衡化通过调整图像的灰阶分布，使图像在 0～255 灰阶上的分布更加均衡，提高图像的对比度。图 11-8 所示为指纹图像均衡化前后的对比。

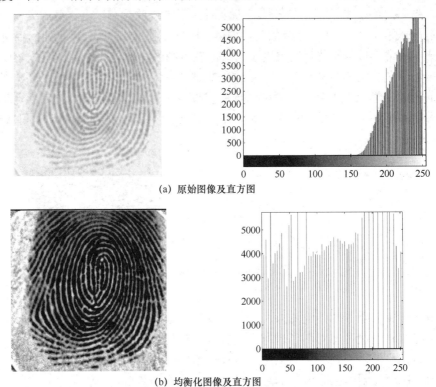

(a) 原始图像及直方图

(b) 均衡化图像及直方图

图 11-8　指纹图像均衡化前后的对比

直方图均衡化算法的实现步骤如下。

（1）统计原始图像各灰度级的像素数目 n_i，其中，$0 \leq i < L$，L 为图像中的所有灰度数。

（2）计算图像中灰度为 i 的像素的出现概率，M、N 分别代表图像中的长、宽像素个数，$p(i)$ 实际上是像素值为 i 的图像的直方图归一化到[0,1]：

$$p(i) = \frac{n_i}{MN} \tag{11-1}$$

（3）计算累计直方图的累积分布函数：

$$f(i) = \sum_{j=1}^{i} p(j) \tag{11-2}$$

（4）直方图均衡化计算公式如式（11-3）所示。其中，$f_{\min}$ 为累积分布函数的最小值，$h(i)$ 为均衡化之后原始图像中灰度级为 i 的像素所对应的灰度。

$$h(i) = \mathrm{round}\left(\frac{f(i) - f_{\min}}{MN - f_{\min}} \cdot (L-1) \right) \tag{11-3}$$

2．图像分割

指纹图像由前景区域和背景区域组成，我们感兴趣的是由指纹脊线和谷线组成的前景区域。指纹图像分割的目的就是将指纹前景区域和背景区域分离，以提高特征提取的精确度，同时减少后期指纹处理的工作量。图像分割的方法有很多，包括阈值分割、边缘检测、图像区域分割和形态学处理。

前景区域中指纹的脊线和谷线有较大的灰度差，而背景区域中的灰度差较小。基于这一特性，可以利用图像的局部方差对指纹图像进行分割[9]，具体步骤如下。

（1）将输入的指纹图像划分为互不重叠的 $w \times w$ 子块。

（2）按照式（11-4）计算每个子块的平均灰度值。其中，$G(i, j)$ 是子块 (k, l) 中第 i 行第 j 列的图像元素的灰度值，M、N 由图像大小和 w 的取值决定。

$$M(k,l) = \frac{1}{w \times w} \sum_{i=1}^{w} \sum_{j=1}^{w} G(i,j), \quad k = 1, 2, \cdots, M; \ l = 1, 2, \cdots, N \quad （11\text{-}4）$$

（3）按照式（11-5）计算每一图像子块的灰度方差。

$$V(k,l) = \frac{1}{w \times w} \sum_{i=1}^{w} \sum_{j=1}^{w} \left[G(i,j) - M(k,l) \right]^2 \quad （11\text{-}5）$$

（4）根据经验设定一个阈值 T，当 $V(k,l) < T$ 时，将其设定为背景区域；否则作为前景区域，保留其灰度值。

（5）通过上述分割后，图像中可能会出现一些孤立的图像块。为了去除这些孤立块，可以采用邻域平均的方法进行平滑。图 11-9 所示为指纹图像分割前后对比。

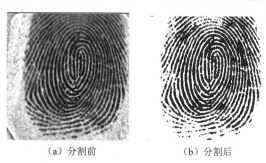

（a）分割前　　　　　　　　（b）分割后

图 11-9　指纹图像分割前后对比

3．方向场计算

指纹方向场反映指纹图像最本质的纹理特征，再现指纹纹线的形状和走势，得出指纹图像在空域的方向图，对后续 Gabor 滤波器的指纹图像增强算法起着至关重要的作用。方向场的计算通常采用掩膜法，用掩膜法计算方向场的步骤如下。

（1）将脊线的走向分为 8 个方向，分别计算 8 个方向上的灰度平均值 $G_{\text{mean}}[i]$，$i = 0, 1, 2, \cdots, 7$，计算平均值使用的像素的位置与模板中数字的位置相对应。图 11-10 所示为 8 个方向的掩膜，x 表示待处理像素的位置，$0, 1, 2, \cdots, 7$ 代表 8 个方向。例如，像素 $G(x, y)$ 在"1"方向上的灰度平均值如下。

$$G_{\text{mean}}[1] = [G(x,y) + G(x-4,y) + G(x-2,y) + G(x+2,y) + G(x+4,y)] / 5 \quad （11\text{-}6）$$

将这 8 个平均值按两两垂直的方向分成 4 组，按照式（11-7）计算每组差值的绝对值。

$$G_{\text{diff}}[i] = \text{abs}(G_{\text{mean}}[i] - G_{\text{mean}}[i+4]), \quad i = 0,1,2,3 \tag{11-7}$$

（2）如下取绝对值最大的差值。

$$i_{\text{max}} = \arg(\max(G_{\text{diff}}[i])) \tag{11-8}$$

则方向 i_{max} 和 $i_{\text{max}}+4$ 均为该像素处可能的脊线方向。

（3）利用式（11-9）确定脊线方向。

$$i_{\text{dir}} = \begin{cases} i_{\text{max}}, & \text{abs}(G(x,y) - G_{\text{mean}}[i_{\text{max}}]) < \text{abs}(G(x,y) - G_{\text{mean}}[i_{\text{max}}+4]) \\ i_{\text{max}}+4, & \text{其他} \end{cases} \tag{11-9}$$

2		3		4		5		6
1		2	3	4	5	6		7
		1				7		
0		0		x		0		0
		7				1		
7		6	5	4	3	2		1
6		5		4		3		2

图 11-10　8 个方向的掩膜

4．图像增强

指纹图像增强就是对指纹图像进行处理，使其纹线结构清晰化，尽量突出和保留固有的特征，避免产生伪特征，其目的是保证特征信息提取的准确性和可靠性。Gabor 滤波器算法是最常用的指纹图像增强算法，该类算法利用滤波器具有频率和方向选择性的特点，增强纹线和脊线之间的对比度，以便同时在时域和频域获得最佳局部化。Gabor 滤波器沿着脊线的方向使用 Gabor 窗函数过滤图像，平滑脊线，保持脊线的结构。Gabor 滤波器利用方向场来进行图像增强，将空域和频域良好地结合在一起，充分考虑脊线的方向和谷线的宽度稳定性[10]，能够增强脊线和谷线的对比度。图 11-11 所示为指纹图像增强前后的对比。

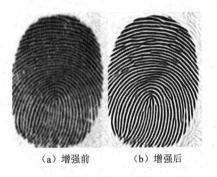

（a）增强前　　　（b）增强后

图 11-11　指纹图像增强前后的对比

Gabor 滤波算子是偶对称的，如式（11-10）所示。其中，δ_x、δ_y 为沿 x、y 方向的高斯分量，ϕ 为 Gabor 滤波器的方向，f 为脊线和谷线交替分布的频率。

$$h(x, y : \phi, f) = \exp\left\{-\frac{1}{2}\left[\frac{(x_\phi \cos\phi)^2}{\delta_x^2} + \frac{(y_\phi \sin\phi)^2}{\delta_y^2}\right]\right\}\cos(2\pi f x_\phi) \tag{11-10}$$

$$x_\phi = x\cos\phi - y\sin\phi \tag{11-11}$$

$$y_\phi = x\sin\phi + y\cos\phi \tag{11-12}$$

5. 图像二值化

图像二值化是指将指纹图像的脊线设为前景，将谷线和其他区域设为背景，然后分别用两个值来表示前景和背景。对图像进行二值化处理，可以压缩图像信息，去除大量的粘连，仅保留纹线的主要信息，减小存储开销。

二值化常用的方法有固定阈值法、方向法、动态阈值法。固定阈值法对整幅图像采用单一阈值，算法简单，适合质量比较好、直方图呈现双峰状的图像的二值化。方向法利用脊线方向和脊线垂直方向上灰度变化的不同，将指纹图像二值化。对于图像质量较差的指纹图像，可以采用动态阈值法，动态阈值法指根据图像局部灰度值的不同动态设置阈值。动态阈值二值化算法的步骤如下。

（1）将图像按照 $w \times w$ 大小分块，按照式（11-13）计算每块区域内的灰度均值，将灰度均值作为此块区域的阈值，其中 $T_{\text{avg}}(i, j)$ 为该区域 (i, j) 的灰度平均值，$I(i, j)$ 为该区域中 (i, j) 像素的值。

$$T_{\text{avg}}(i, j) = \frac{1}{w \times w}\sum_{i=0}^{w}\sum_{j=0}^{w}I(i, j) \tag{11-13}$$

（2）将该块区域内每个像素的值与阈值做判断。

$$I'(x, y) = \begin{cases} 0, & I(x, y) \leqslant T_{\text{avg}} \\ 1, & I(x, y) > T_{\text{avg}} \end{cases} \tag{11-14}$$

6. 图像细化

指纹图像二值化后纹线仍然具有一定的宽度，为了提高指纹识别的准确性，需要对图像进行细化操作来突出指纹纹线的特征。指纹图像细化是在保留指纹纹线拓扑结构、连接状态和细节特征的情况下，将指纹纹线简化成单个像素宽度，以最大限度地去掉冗余的信息，降低指纹图像的计算处理复杂程度[11]。

OPTA 算法是一种基于模板比对的细化算法，算法的核心思想是：采用消除模板和保留模板对任意一个目标像素的邻域像素进行比对。OPTA 算法执行的具体过程是：按照图像自左到右、自上而下的顺序，对于任何一个目标像素，选择其相应的 8 个邻域像素分别与消除模板和保留模板做比对；如果邻域像素的拓扑结构与任意一个消除模板相同，并且不符合后两个保留模板的拓扑结构，就去除像素点，否则保留像素点；重复这个过程，直到再也没有可删除的像素时结束。图 11-12 所示为 OPTA 算法采用的标准结构模板，图 11-13 所示为 8 个消除模板，图 11-14 所示为两个保留模板，图 11-15 所示为采用 OPTA 算法细化后的指纹图像。

P_1	P_2	P_3	P_{13}
P_4	P_5	P_6	P_{14}
P_7	P_8	P_9	P_{15}
P_{10}	P_{11}	P_{12}	P_{16}

图 11-12　OPTA 算法的标准结构模板

x	1	x
1	1	0
x	0	0

x	1	x
0	1	1
0	0	x

0	0	x
0	1	1
x	1	x

x	0	0
1	1	0
x	1	x

0	1	x
0	1	1
0	1	x

x	1	x
1	1	1
0	0	0

0	0	0
1	1	1
x	1	x

x	1	0
1	1	0
x	1	0

图 11-13　8 个消除模板

x	x	x
0	1	0
x	x	x

x	0	x
x	1	x
x	1	x
x	0	0

图 11-14　两个保留模板

图 11-15　采用 OPTA 算法细化后的指纹图像

11.2.4　指纹特征提取

指纹特征提取大致可分为 3 类：从原始灰度图像上提取，直接在灰度图像上跟踪指纹的方向图纹线，记录纹线的中断点和分叉点；从二值化图像中提取，这种方法容易丢失有用的指纹信息；从细化指纹图像中提取，本节将详细介绍这种方法。一般指纹图像提取的特征点数目不会超过 100 个，通常认为进行指纹特征匹配至少需要 13 个特征点。

常见的指纹特征点包括指纹的中断点和分叉点信息，指纹特征提取是在细化之后的指纹图像上检索这些特征点并记录它们的类型、位置和方向等有用的特征信息，将这些特征信息按照特定的模板形式保存。可以采用 3×3 的特征点检测模板在细化之后的指纹图像上沿着行和列移动（8 个相邻点），检测细节特征点的位置和类型，并判断相应的细节是否应该保留或删除，细节特征点检测完成后将细节点及相关数据记录到数据库，这些数据包括细节点的坐标、类型和方向。特征点检测模板如图 11-16 所示。其中，M 是被检测点，$P_1, P_2, \cdots, P_8$ 为 M 的 8 个相邻点。

P_4	P_3	P_2
P_5	M	P_1
P_6	P_7	P_8

图 11-16 特征点检测模板

指纹图像经过二值化之后，像素的灰度值只有 0 和 1 两种情况，可以做如下判断。

如果 M 是中断点，那么其 8 个相邻点满足式（11-15）。

$$C(P) = \sum_{k=1}^{8} |R(k)| = 1 \tag{11-15}$$

如果 M 是分叉点，那么其 8 个相邻点满足式（11-16）。

$$C(P) = \sum_{k=1}^{8} |R(k)| > 2 \tag{11-16}$$

通常预处理之后的指纹图像中往往含有伪特征点，这是无法避免的。伪特征点的存在会影响后续操作，因此还需要去除伪特征点。常见的伪特征结构包括毛刺、断纹、小桥、短线、岛屿、边界点等，部分示意如图 11-17 所示[12]。

毛刺　　断纹　　小桥　　短线　　岛屿

图 11-17 部分常见的伪特征结构示意

毛刺：由细化二值图中的纹线不平滑引起的，表现为中心分叉点与中断点构成特征对。

断纹：采集指纹时由于用力不均，使得纹线断开，其特点是两个中断点距离很近，且方向相反。

小桥：指纹采集时，由于手指用力不均使相邻两纹线连接起来，其特点是小桥和相邻两纹线近乎垂直。

短线：是由于输入噪声等造成的，其特点是从一个中断点跟踪一个较短的距离时会遇上另一个中断点。

岛屿：是由指纹中纹线模糊或纹线中有空洞引起的，其特点是两个分叉点距离很近，且方向相对。

边界点：在图像分割时产生的伪特征点（主要是中断点），大部分都是由背景分割产生的。

可以采用如下方法去除伪特征点，其中 λ 为指纹纹线的平均距离[13]。

（1）修补断纹：若在以中断点为圆心、半径为 λ 的圆内出现其他中断点，而且这两个中断点的斜率相同、方向相反，则将这两个中断点相连。

（2）消除毛刺和短线：若在以分叉点为圆心、半径为 λ 的圆内存在中断点，则该分叉点到中断点的脊线为毛刺，将其删除。

（3）消除岛屿和小桥：岛屿和小桥都会产生两个分叉点，若两个分叉点之间的距离小于一定的阈值，且存在一条连接两个分叉点的脊线，则认为其为伪特征点，将其删除。

（4）消除边界点：计算它们与边界的距离，当距离小于预先设定的阈值时，将其删除。

11.2.5 指纹特征匹配

指纹图像的特征匹配是指纹识别系统中的核心环节。指纹特征匹配就是将输入图像的指纹特征与数据库中保存的模板指纹特征进行比对，其判定的标准不是相等与不等，而是经过比对得出分数，再依据匹配分数来判定用户身份。

在图像匹配时，需要对每个特征点信息进行处理和比对，包括特征点的方向、位置和类型等。在进行具体的特征点匹配时，要通过选用的算法对各细节点之间的几何关系进行计算，从而对细节点之间的等同关系进行判断[13]。指纹特征匹配算法可分为基于点模式的匹配算法和基于其他特征的匹配算法。

基于点模式的匹配算法是基于相似度的指纹细节点匹配算法，是一种普遍采用的特征匹配方式。其对两个特征点集合的位置关系评分，将得分的高低作为评判标准。

基于点模式的匹配算法的具体步骤如下。

（1）选取指纹中心点 $[x_r, y_r, \theta_r]^T$ 作为参照点，将待识别点集合 $Q(Q_1, Q_2, \cdots, Q_m)$ 和模板点集合 $P(P_1, P_2, \cdots, P_n)$ 中的细节点转换到极坐标系，转换公式如下。

$$\begin{bmatrix} r_i \\ e_i \\ \theta_i \end{bmatrix} = \begin{bmatrix} \sqrt{(x_i - x_r)^2 + (y_i - y_r)^2} \\ \tan^{-1}(\dfrac{y_i - y_r}{x_i - x_r}) \\ \theta_i - \theta_r \end{bmatrix} \tag{11-17}$$

（2）将步骤（1）得到的极坐标点集合中的细节相对于参照细节点的方向递增排序。

（3）按照式（11-18）～式（11-20）计算细节点对 P_i、Q_i 的差分。

$$\text{diff}_r = |r_i - r_j| \tag{11-18}$$

$$\text{diff}_e = |e_i - e_j| \tag{11-19}$$

$$\text{diff}_\theta = |\theta_i - \theta_j| \tag{11-20}$$

（4）按照式（11-21）计算点集合 P_i、Q_j 之间的距离。

$$d_{ij} = |\text{diff}_r| + |\text{diff}_e| + |\text{diff}_\theta| \tag{11-21}$$

（5）构造距离矩阵，记录每组点对的距离。

（6）从距离矩阵中选出距离最小的点对，将点对所在行、列的其余数值置为 0。重复此操作，直至无匹配点对为止。

（7）按照式（11-22）计算匹配率。

$$R = \sqrt{\frac{k \times k}{m \times n}} \qquad （11-22）$$

式中，k 为匹配点对数。

除了点模式，还可以通过指纹纹线、指纹图像相位频谱等对指纹图像进行分析，实现对指纹的表征。

基于遗传算法的指纹匹配算法具有较好的抗噪性，对于质量差的指纹图像也有较高的匹配精度，对于某些变形或旋转的指纹信息也可以进行友好匹配。在理想的情况下，待识别指纹图像和已注册指纹图像可以完全匹配，即待识别指纹图像可以经过一系列的变换（伸缩、旋转、平移）变成已注册的指纹图像，所以待识别集合也可以经过变换变成已注册的集合。这样就将两幅指纹图像的匹配问题转换成通过某种变换使两个集合匹配的问题。

11.3　人脸识别

人脸识别技术是以计算机为辅助手段，从静态图像或视频中识别人脸，以人脸为依据进行个人身份识别和认证的一种生物特征识别方法。人脸识别分为二维平面图像的人脸识别和三维立体图像的人脸识别。

11.3.1　人脸识别概述

人脸识别技术主要基于人的面部特征，针对图像或视频中的人脸，在图像中检测其位置、大小及面部各器官的位置和形状等信息。根据上述信息可以得到每个人脸部的代表身份的特征，将上述特征与已注册的人脸库进行比对，就可以识别人脸身份[14]。人脸识别过程如图 11-18 所示。

图 11-18　人脸识别过程

人脸检测包括人脸检测、人脸定位、人脸跟踪等子过程。人脸检测就是判断图像中是否存在人脸，若存在，则将其从背景中分离出来，并确定其在图像中的位置。人脸跟踪即目标跟踪，通常是在视频中检测到人脸后进行动态跟踪。人脸检测容易受到图像背景、遮挡、噪声及人脸在图像中所处的位置和姿态的影响。

人脸表征就是提取人脸特征，是人脸识别中的核心步骤，特征提取的结果直接影响人脸识别精度。为了获得精确有效的人脸特征信息，在进行人脸特征提取前要对图像进行归一化和光照补偿处理。归一化是指将图像中的人脸尺度、位置调整到同样大小和同一位置。光照补偿是指通过一系列处理来补偿光照或消除光照的不利影响。提取的特征应该处于低维空间并能很好地表征人脸。目前有基于整体特征和基于局部特征两类提取特征的方法。前者保留了人脸器官间的拓扑关系和各局部特征本身的信息，是当前主流的特征提取方法；后者只侧重于反映人脸的细节特征。近年来的趋势是将人脸的整体特征和局部特征结合起来进行人脸识别。

人脸识别就是把待识别者的人脸与数据库中已注册的人脸进行比对，得出相似程度信息，从而找到最优的匹配对象。常见的人脸识别算法有如下 4 种。

1．基于隐马尔可夫模型的人脸识别算法

隐马尔可夫过程是一个双重的随机过程，隐马尔可夫模型使用马尔可夫链来模拟信号统计特性的变化，而这种变化又是间接地通过观察序列来描述的。将其应用在人脸识别中，考虑人脸各器官的数值特征和各器官的不同表象及相互关联，将人脸作为一个整体来描述，能较好地表征人脸[15]。基于隐马尔可夫模型的人脸识别算法可以将同一个人的不同姿态和表情产生的多个观测序列用同一个模型来表征，该算法允许人脸有表情变化和头部转动，但计算量较大。

2．基于几何特征的人脸识别算法

这种算法将人脸用一个几何特征矢量来表示，用模式识别中层次聚类的思想设计分类器以达到识别的目的，使用几何特征的前提是对图像进行适当的标准化。该算法往往要检测有用的面部特征的形状、相对位置及这些特征之间的距离等相关参数。这些特征要具有一定的独特性，能够区分不同的人脸，同时具有一定的弹性，可消除时间跨度、光照等影响以构成一个可以代表人脸的特征向量。常采用的几何特征有眼睛、嘴唇、鼻子、脸型及五官在脸上的分布情况。其特征分量通常包括人脸指定两点间的欧几里得距离、曲率、角度等。

3．基于神经网络的人脸识别算法

人工神经网络可视为大量相连的神经元构成的大规模并行计算系统，基于神经网络的人脸识别算法在人脸识别上相比其他算法优势明显，它将人脸直接用灰度图表征，利用神经网络的学习和分类能力，通过学习获得关于人脸识别的规律和规则的隐性表达，不需要进行复杂的特征提取工作。神经网络采用并行方式处理信息，采用分布式的存储，把模型的统计特征隐含在神经网络的结构和参数中。随着硬件的发展，神经网络提取特征慢的问题真正地被解决了，采用基于神经网络的人脸识别算法将成为人脸识别技术的新趋势。

4．基于特征脸的人脸识别算法

这种算法是由主成分分析（Principal Component Analysis，PCA）导出的一种人脸识别和描述技术，其把人脸作为一个整体来处理。PCA 是一种以 Karhunen-Loeve 展开式为基础的降维方法，可用较少的特征对样本进行描述。K-L 变换是图像压缩中的一种最优正交变换，通过 K-L 变换，可以把图像在高维空间的表示通过一个特殊的特征向量矩阵转换到低维空间表示[16]。而由低维空间恢复的图像和原图像具有最小的均方误差，即可以基本重构原图像所对应的高维空间表示。基于特征脸的人脸识别算法就是将包含人脸的图像区域看作一种随机向量，采用 K-L 变换获得其正交 Karhunen-Loeve 基底。利用这些基底的线性组合描述人脸图像。其识别过程就是将人脸图像映射到由特征脸构成的子空间上，并比较其与已知人脸在特征脸空间中的位置。

下面对人脸识别领域常见的数据库进行介绍。

（1）VGGFace 数据库：存储了 2600 多人的 260 万张人脸图像，每张人脸图像都标注了身份信息。

（2）MegaFace 数据库：由美国华盛顿大学收集整理的人脸数据库，共有 690000 个个体的不同类别的 100 万张图像，也是第一个在 100 万规模级别的面部识别算法测试基准。

（3）CASIA-WebFace 数据库：由中国科学院自动化研究所创建的人脸数据库，在 IMDB 网站上搜集了 10575 个个体的 494414 张图像。

（4）CAS-PEAL 数据集：包含 1040 个个体的 3 万多张不同姿态、表情和光照的图像。

（5）LFW 数据库：由美国马萨诸塞大学整理的人脸数据库，搜集了全球 5749 位知名人士的 13323 张人脸图像，每张图像都标注了姓名和序号。

11.3.2　人脸检测

由于受表情、姿态、发型、光照、遮挡等因素的影响，同一人的人脸图像矩阵差异较大，因此在进行人脸识别时，必须要能检测人脸的稳定性与不变性特征并对其定位。

在人脸区域中，肤色一定是占主导地位的像素色彩值，并且不同种族、不同个体的人脸的肤色能在色彩空间中类聚成单独的一类。据此可以利用肤色模型将人脸区域与背景分割开。其具体流程如图 11-19 所示。

图 11-19　人脸检测流程

YCbCr 色彩空间也称为 YUV 色彩空间，肤色在 YCbCr 色彩空间具有良好的聚类。选择 YCbCr 色彩空间作为肤色分布统计的映射空间，对彩色图像进行颜色空间转换，将其从相关性较高的 RGB 空间转到颜色分量互不相关的 YCbCr 色形空间，其转换公式为

$$\text{Cr} = 128 - 37.797 \times R / 255 - 74.203 \times G / 255 + 122 \times B / 255 \tag{11-23}$$

$$\text{Cb} = 128 + 112 \times R / 255 - 93.768 \times G / 255 - 18.214 \times B / 255 \tag{11-24}$$

式中，Cr 分量表示红色的色度；Cb 分量表示蓝色的色度。

采用 2D 高斯混合模型 $\boldsymbol{G} = [\boldsymbol{m}, \boldsymbol{V}^2]$ 作为人脸的肤色模型，将一幅彩色图像转变为灰度图像，如式（11-25）和式（11-26）所示。其中，$\boldsymbol{V}$ 是协方差矩阵。

$$\boldsymbol{m} = [\frac{1}{N} \sum_{i=1}^{N} \text{Cr}_i, \frac{1}{N} \sum_{i=1}^{N} \text{Cb}_i] \tag{11-25}$$

$$\boldsymbol{V} = \begin{bmatrix} V_{\text{Cr,Cr}} & V_{\text{Cr,Cb}} \\ V_{\text{Cb,Cr}} & V_{\text{Cb,Cb}} \end{bmatrix} \tag{11-26}$$

从图 11-20 中可以看出，皮肤区域的亮度高于非皮肤区域的亮度，可以采用动态阈值法将灰度图像转换为二值图像并进行边缘提取，如图 11-20（c）所示。动态阈值法能结合图像特点自动产生阈值，适合色彩差异较大的图像二值化。经过二值化的图像被分割成一系列的连通区域，将可能的人脸区域从背景分割出来。

（a）原始图像 （b）肤色建模 （c）二值化图像

图 11-20 人脸检测过程

经过以上处理的图像中可能会有与皮肤颜色相近的背景区域没有被去除，所以要进行人脸区域的判断。

人脸区域相对于水平方向的旋转角度为 45°～135°，其他旋转角度的区域为非人脸区域。

人脸区域由于存在眼睛、鼻子、嘴巴等非肤色区域，因此其方差比颜色统一的手和胳膊等非人脸区域要大。可以计算肤色区域的方差，然后剔除其中手和胳膊等非人脸区域，也可以通过计算欧拉数 $E = C - H$ 来判断。对于人脸来说，E 应该大于 1，其中 C 为区域连通数，H 为洞的数目。

人脸的长宽比约 1∶1，可以通过计算肤色区域的长宽比来判断是否为人脸。首先求出肤色区域的质心及其偏离垂直方向的角度 θ，并将肤色旋转使其垂直于水平方向，然后计算此区域的长宽比是否符合一定的范围。该方法涉及质心 $(\bar{x}, \bar{y})$ 和偏转角度 θ，用 $B[i, j]$ 表示二值图像区域，A 表示肤色区域，具体公式为

$$\bar{x} = \frac{1}{A} \sum_{i=1}^{n} \sum_{j=1}^{m} jB[i, j] \tag{11-27}$$

$$\bar{y} = \frac{1}{A} \sum_{i=1}^{n} \sum_{j=1}^{m} iB[i, j] \tag{11-28}$$

$$\theta = \frac{1}{2} a \tan \frac{b}{a - c} \tag{11-29}$$

$$a = \sum_{i=1}^{n} \sum_{j=1}^{m} (x_{ij} - \bar{x})^2 B[i, j], \quad b = 2 \sum_{i=1}^{n} \sum_{j=1}^{m} (x_{ij} - \bar{x})(y_{ij} - \bar{y}), \quad c = \sum_{i=1}^{n} \sum_{j=1}^{m} (y_{ij} - \bar{y})^2 \tag{11-30}$$

定位人脸可以采用模板匹配的方式实现。模板是通过对多个样本取平均构造出来的，具体构造步骤如下。

（1）将人脸区域作为人脸样本，并标定人眼的位置。

（2）将人脸样本的大小和灰度标准化。灰度标准化就是将像素灰度的均值和方差变

换到设定的均值 μ_0 和方差 σ_0。

$$\hat{x} = \frac{\sigma_0}{\sigma}(x_i - \overline{\mu}) + \mu_0, \qquad 0 \leqslant i < n \tag{11-31}$$

式中，$\overline{\mu}$ 为图像的均值；$\overline{\sigma}$ 为图像的方差。

（3）采用 Sobel 算子对图像边缘进行提取。

（4）将边缘图像的灰度平均值作为脸部模板。

将设计好的模板与所有可能的候选脸部区域进行比较，衡量它们之间的距离，距离越小表示输入与模板的匹配程度越高。预先设定一个值，若距离小于该值，则认为是脸部；否则不是脸部。

设人脸模板的灰度矩阵为 $\boldsymbol{T} = \{t_{ij}\}(i = 0,1,\cdots,m-1; j = 0,1,\cdots,n-1)$，输入图像矩阵为 $\boldsymbol{R} = \{r_{ij}\}(i = 0,1,\cdots,m-1; j = 0,1,\cdots,n-1)$。式中，$i$、$j$ 均为像素坐标，m、n 分别为图像矩阵的宽和高。它们之间的欧几里得距离为

$$d(\boldsymbol{T}, \boldsymbol{R}) = \frac{1}{m \times n} \sum_{i=0}^{m-1} \sum_{j=0}^{n-1} (t_{ij} - r_{ij})^2 \tag{11-32}$$

图 11-21 所示为定位的人脸图像。

图 11-21　定位的人脸图像

11.3.3　人脸特征提取

人脸图像是脸部器官、皮肤和肌肉的组合，而对于计算机而言，人脸图像就是一排排数字，是像素的灰度值表示。计算机描述人脸的过程就是将现实空间的图像映射到机器空间的过程，这个过程就是人脸特征提取的过程。

主成分分析是多元统计分析中用来分析数据的一种方法，其可用较少的特征对大数据进行描述。在很多情况下，变量之间是有一定联系的，当两个变量之间有相关性时，可以解释为这两个变量反映的信息有一定的重叠[17]。从数学角度考虑，它的原理就是通过一系列变换组成一组新的变量，要求这组新的变量在尽可能反映原先变量信息的情况下数目尽可能少，且任意两个新变量互不相关。

将主成分分析法应用于人脸的特征提取，其会将测量空间中的数据通过 K-L 分解映

射到维数较小的特征空间，这个特征空间称为特征脸空间，该方法称为特征脸方法。特征脸方法在尽可能少地损失信息的情况下实现了最大限度的数据降维。

设有 N 个训练样本，每个样本由其像素灰度值组成一个向量 $\boldsymbol{x}_i$，则样本像素数 M 即向量的维数，由向量构成的样本集为 $\{\boldsymbol{x}_1, \boldsymbol{x}_2, \cdots, \boldsymbol{x}_N\}$，该样本的平均向量（平均脸）为

$$\bar{\boldsymbol{x}} = \frac{1}{N} \sum_{i=1}^{N} \boldsymbol{x}_i \tag{11-33}$$

图 11-22 所示为 ORL 人脸数据库中 40 个人的第一张人脸图像的平均脸。

图 11-22　平均脸

每个训练样本与平均脸的偏差为

$$\boldsymbol{y}_i = \boldsymbol{x}_i - \bar{\boldsymbol{x}} \tag{11-34}$$

样本集的偏差矩阵为 $\boldsymbol{D}$，维数为 $M \times N$。

$$\boldsymbol{D} = [\boldsymbol{y}_0, \boldsymbol{y}_1, \cdots, \boldsymbol{y}_{N-1}] \tag{11-35}$$

样本的协方差矩阵为 $\boldsymbol{C}$，维数为 $M \times M$。

$$\boldsymbol{C} = \boldsymbol{D}^{\mathrm{T}} \boldsymbol{D} = \frac{1}{N} \sum_{i=1}^{N} \boldsymbol{y}_i \boldsymbol{y}_i^{\mathrm{T}} \tag{11-36}$$

求协方差矩阵 $\boldsymbol{C}$ 的特征向量 $\boldsymbol{e}_i$ 和对应的特征值 λ_i，通过量化后的 $\boldsymbol{C}$ 的特征向量可以模糊地看出人脸轮廓，称其为特征脸，如图 11-23 所示。

图 11-23　特征脸

按从大到小的顺序将这些特征值排序：$\lambda_1 \geqslant \lambda_2 \geqslant \cdots \geqslant \lambda_m \geqslant \cdots \geqslant \lambda_M$，对于某一 λ_m，小于 λ_m 的 λ_i 的数值较小，且十分接近，属于次要分量，主成分分析法需要的是大于 λ_m 的 λ_i 对应的特征向量，主成分构成的矩阵如下，维数为 $M \times m$。

$$W = [e_1, e_2, \cdots, e_m]$$

$[e_1, e_2, \cdots, e_m]$ 构成了特征脸子空间。将人脸图像向其做投影就可以得到一组坐标系数，称为 K-L 系数，表示该人脸图像在子空间的位置，以此作为人脸识别的依据，因此其也可称为该人脸图像的代数特征。

在人脸识别过程中，输入一个测试样本 x，它与平均脸的偏差为 $y = x - \bar{x}$，则 y 在特征脸子空间中的投影可表示为系数向量 z。

$$z = W^{\mathrm{T}} y \tag{11-37}$$

z 就是 K-L 变换的展开系数向量，经此过程，一个人脸图像就可以用较低维的系数向量表示，从而实现用低维向量表征原始人脸图像，且向量 z 可作为人脸的特征。

11.3.4　人脸特征匹配

识别的目的就是将待识别的人脸图像或特征与存储在数据库中的人脸图像或特征进行匹配，进而识别人的身份。经过特征提取之后的人脸样本，最终成为特征空间中的点，那么就需要一定的准则来描述样本之间的相似性。常见的分类规则有基于分布的方法、基于相关的方法和基于距离的方法。

基于分布的方法就是求归一距离。如果给定训练样本集合，其均值为 μ_k，方差为 σ_k，那么测试样本 x 对于学习样本的归一距离为

$$d_n = \frac{|x| - \mu_k}{\sigma_k} \tag{11-38}$$

基于相关的方法就是测量相关性，用测量样本 x 和 k 个学习样本的平均值 $\bar{x}$ 的相关程度作为决策依据，通过比较 d_c 与预先设定的阈值来判断身份信息，具体公式为

$$d_c(x, \bar{x}) = \frac{\left| x^{\mathrm{T}} \bar{x} \right|}{|x| |\bar{x}|} \tag{11-39}$$

目前使用最多的决策方法是基于距离的方法。欧几里得距离是闵可夫斯基距离的一种情况，是度量数值型变量相似度最常用的方法。在人脸识别中使用欧几里得距离，就是求测试样本的投影 x 和 k 个学习样本平均值的投影 w_k 的欧几里得距离 d_e，然后通过比较 d_e 和设定的阈值判断身份信息。

$$d_e(x, w_k) = \sqrt{(x - w_k)^{\mathrm{T}} (x - w_k)} \tag{11-40}$$

最近邻法依据测试样本与训练样本之间距离的远近来作为分类的依据，找出具有最小距离的类别，再对该类别进行判别。

训练样本中有 N 个人，每人有 M 张人脸图像。将训练样本按照身份分为 N 个子类 $\omega_1, \omega_2, \cdots, \omega_N$，每个子类有 M 个样本 x_i^k（i 表示子类类别编号，k 表示该子类中的第 k 个样本）。计算全部训练样本与待识别人脸图像之间的欧几里得距离：

$$d_i(x) = \min_k \left\| x - x_i^k \right\|, \quad k = 1, 2, \cdots, M \tag{11-41}$$

$$d_j(\mathbf{x}) = \min_i d_i(\mathbf{x}) , \quad i = 1, 2, \cdots, N \tag{11-42}$$

采用最近邻法，只能求出与待识别人脸最接近的类别 ω_j，即其有可能是人脸库中的某个人，但并不能确定待识别人脸的类别。因此还需要用相似度进一步判断。相似度是用待识别人脸图像 $\mathbf{x}$ 与子类 ω_j 的类内平均特征向量 $\mathbf{y}$ 的余弦夹角来度量的。子类 ω_j 的类内平均特征向量 $\mathbf{y}$ 为

$$\mathbf{y} = \overline{\mathbf{x}}_j = \frac{1}{M} \sum_{k=1}^{M} \mathbf{x}_j^{k} \tag{11-43}$$

设训练样本的特征向量为 $\mathbf{x} = (x_1, x_2, \cdots, x_m)$，子类 ω_j 的类内平均特征向量为 $\mathbf{y} = (y_1, y_2, \cdots, y_m)$，相似度用二者的余弦夹角表示为

$$S(\mathbf{x}, \mathbf{y}) = \frac{\displaystyle\sum_{p=1}^{m} x_p y_p}{\sqrt{\displaystyle\sum_{p=1}^{m} x_p^{2} \sum_{p=1}^{m} y_p^{2}}} \tag{11-44}$$

最后比较 S 与预先设定的阈值来确定身份信息，若 S 大于阈值，则确认被识别者为数据库中的某个人，接受身份信息；否则拒绝身份信息。

11.4 虹膜识别

在所有生物特征识别技术中，虹膜识别的准确率较高、防伪性较好。自从英国剑桥大学的 Daugman 博士设计了一套虹膜识别系统之后，虹膜识别技术就被大范围地应用了，且正在实现规模化、产业化发展。

11.4.1 虹膜识别概述

虹膜是位于眼角膜之后、晶状体之前，巩膜和瞳孔之间的环形可视薄膜。虹膜在总体上呈现一种由里向外的放射结构，直径约为 12mm，在这 12mm 的环形薄膜上具有丰富的纹理信息，其独立的量化特征高达 266 个。虹膜表面有许多相互交错的条纹、斑点和小坑等，这些细节特征的随机组合使虹膜具有独一无二的结构，同一个人的左眼和右眼的虹膜区别也是十分明显的。图 11-24 所示为人眼图像。

虹膜识别是在自然光或红外光的照射下采集虹膜图像，并对虹膜图像上可见的外在特征进行计算机识别的一种生物特征识别技术。

虹膜的结构特征是由遗传基因决定的，人到 12 岁左右，虹膜就基本发育成熟，不再改变了。除了极少数情况，一般性疾病不会对虹膜组织造成损伤，并且虹膜特征不大可能通过外科手术改变，所以虹膜识别的防伪性非常高。当外界光线发生改变时，人的瞳孔也会随之扩张或缩小，这是由存在于虹膜中的肌肉控制的，因此还可以利用虹膜对光线的变化来检测被识别的对象是否为活体。

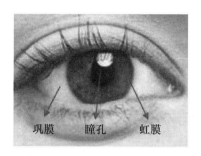

图 11-24　人眼图像

虹膜识别的主要步骤包括虹膜定位、虹膜图像归一化、虹膜特征提取、虹膜特征匹配，具体流程如图 11-25 所示。

图 11-25　虹膜识别流程

虹膜定位就是通过一系列操作检索虹膜在图像中的位置，以确定虹膜的内外边界。对虹膜图像进行预处理，对定位的虹膜有效区域进行归一化和增强操作，然后利用某种算法提取能表达虹膜特征的信息，编码后与数据库中的虹膜信息进行匹配即可完成识别认证。

虹膜图像归一化利用从人眼图像中定位的瞳孔和虹膜的边界将直角图像坐标系中的环形虹膜纹理区域映射到双量纲坐标中。该双量纲坐标中的一维表示原环形纹理区域的半径，另一维沿着该环形的圆心角进行角度遍历。

下面对虹膜识别领域常见的数据库进行介绍。

（1）MMU 虹膜库：由马来西亚 Multimedia 大学创建，有 MMU1 和 MMU2 两个版本，包含亚洲、欧洲、非洲人群的近千幅虹膜图像。

（2）CASIA 虹膜库：由中国科学院自动化研究所采集的虹膜库，约有 5 万幅在多种不同条件下采集的虹膜图像，类别较全面。

（3）SJTU-IDB 虹膜库：包含三代版本，第一代虹膜库采集不同人种、不同年龄的400 幅虹膜图像，第二代虹膜库图像的数目达到一万幅，第三代虹膜库使用非接触采集设备，采集了 130 人的虹膜图像。

（4）UBIRIS 虹膜库：在不同环境、被采集者配合度不高的情况下采集了 241 人的1877 幅虹膜图像。

（5）JLUBR-IRIS 虹膜库：由吉林大学创建的虹膜库，采集了 271 人在不同时间、不同光源下的虹膜图像和视频。

11.4.2　虹膜定位

虹膜定位是虹膜图像预处理的重要组成部分，能否精确地定位虹膜对后面的特征提取有直接的影响。虹膜的内、外边界都可以近似看作圆，虹膜定位的目的是找出两个圆心及对应的半径，把虹膜与瞳孔、巩膜分离开。目前，虹膜内外边缘典型的定位算法有 Daugman 提出的圆周差分法[18]、Wildes 提出的基于边缘检测的 Hough 变换算法[19]。

1．圆周差分法

在人眼图像中，虹膜的内、外边界处像素的灰度值差异较大（瞳孔灰度值最低，虹膜灰度值稍高，巩膜灰度值最高），依据这一特性，Daugman 提出用圆周差分法定位虹膜。该方法通过对圆心和半径的穷举搜索，在人眼图像中寻找灰度梯度差异最大的圆周，将其作为虹膜定位最后的结果。Daugman 采用微积分算子检测虹膜内、外边界，算子公式为

$$\max_{(r,x_0,y_0)} \left| G_\sigma(r) * \frac{\partial}{\partial r} \oint_{r,x_0,y_0} \frac{I(x,y)}{2\pi r} \mathrm{d}s \right| \tag{11-45}$$

$$G_\sigma(r) = 1/(\sigma\sqrt{2\pi}) \times e^{\frac{-(r-r_0)^2}{2\sigma^2}} \tag{11-46}$$

式中，$*$ 表示卷积；s 表示圆周；$\oint_{r,x_0,y_0} \frac{I(x,y)}{2\pi r} \mathrm{d}s$ 表示在圆心为 (x_0,y_0)、半径为 r 的圆上的曲线积分；$G_\sigma(r)$ 表示 σ 的高斯型平滑函数；r_0 表示其标准差。

该微积分算子在中心位置确定的情况下，沿着半径方向进行轮廓积分，求其偏导数，进而检测圆周梯度变化最大的地方。高斯平滑函数的作用是消除噪声。这个过程会被执行两次，以定位虹膜的内、外边缘。使用这种方法进行虹膜定位，具有较高的定位精确性，但计算量大，消耗时间较长。

2．基于边缘检测的 Hough 变换算法

基于边缘检测的 Hough 变换算法利用图像全局特性将间断的边缘像素点连接起来，组成区域封闭边界，该算法通过在 Hough 变换空间中对圆心和半径进行投票来估计最后的圆心和半径参数。该算法分为两步：第一步是检测虹膜图像的边缘；第二步是对获得的边缘图像进行 Hough 变换。其具体过程如下。

利用边缘检测算子来检测人眼灰度图像边缘，将灰度图像转换成边缘图，算子公式为

$$\left| \nabla G(x,y) * I(x,y) \right| \tag{11-47}$$

$$G(x,y) = \frac{1}{2\pi\sigma^2} e^{\frac{(x-x_0)^2 + (y-y_0)^2}{2\sigma^2}} \tag{11-48}$$

式中，$\nabla \equiv (\frac{\partial}{\partial x}, \frac{\partial}{\partial y})$ 是基于灰度梯度的边缘检测算子；$G(x,y)$ 是以 (x_0,y_0) 为中心、以 σ 为标准差的二维高斯函数。

对所有检测到的边缘点 (x_j,y_j) 进行 Hough 变换并投票，得到虹膜内、外边界的圆心和半径，并将间断的点连接成线。Hough 变换定义为

$$H(x_c,y_c,r) = \sum_{j=1}^{n} h(x_j,y_j,x_c,y_c,r) \tag{11-49}$$

$$h(x_j, y_j, x_c, y_c, r) = \begin{cases} 1, & g(x_j, y_j, x_c, y_c, r) = 0 \\ 0, & g(x_j, y_j, x_c, y_c, r) \neq 0 \end{cases} \tag{11-50}$$

$$g(x_j, y_j, x_c, y_c, r) = (x_j - x_c)^2 + (y_j - y_c)^2 - r^2 \tag{11-51}$$

Hough 变换时，参数 x_c、y_c、r 是变化的。$g(x_j, y_j, x_c, y_c, r)$ 是判决函数，当边缘的 (x_j, y_j) 落在以 (x_c, y_c) 为圆心、r 为半径的圆上时，$h(x_j, y_j, x_c, y_c, r)=1$，表示边缘的 (x_j, y_j) 对参数 x_c、y_c、r 投了一票；否则 $h(x_j, y_j, x_c, y_c, r)=0$。$H(x_c, y_c, r)$ 是投票计数器，记录参数 x_c、y_c、r 所对应的投票数。得票最多的参数为所求圆的边界参数。同样，此过程要被应用两次，以定位虹膜的内部和外部边界。该算法定位比较精确，而且不会受边缘点间断的干扰，但容易受噪声的影响。使用这种算法时要有一定的先验知识，否则计算量会很大。

11.4.3　虹膜图像归一化

在虹膜采集过程中，由于拍摄距离不同、光照变化等原因，虹膜区域的面积、位置和方向会发生改变，使得虹膜特征很难直接进行比对，因此要对定位后的虹膜区域进行归一化处理。归一化处理是将环形的虹膜区域通过坐标变换映射成一个长为角度分辨率、宽为径向分辨率的矩形区域，从而消除图像平移、缩放和旋转造成的影响，以便于特征提取。

通常情况下，虹膜内、外边界的圆心是不重合的，会有一定的偏差，因此这种偏差也会造成内、外边缘构成的环形区域宽度不同，如图 11-26 所示。由于可认为虹膜边界是规则的圆形，因此它可以很容易地转换成极坐标形式。

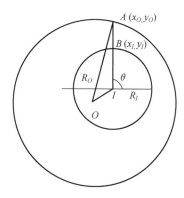

图 11-26　虹膜边缘几何模型

在图 11-26 中，以内圆圆心为极值点进行极坐标展开，作一条射线与水平方向成 θ 角，与内圆交于点 $B(x_I(\theta), y_I(\theta))$，与外圆交于点 $A(x_O(\theta), y_O(\theta))$，则有如下关系。

$$\alpha = \arctan \left| \frac{I_y - O_y}{I_x - O_x} \right| \tag{11-52}$$

$$\angle OIA = \pi - \theta + \alpha \tag{11-53}$$

$$\angle IOA = \arcsin \frac{R_I \sin \angle OIA}{R_O} \qquad (11\text{-}54)$$

$$\angle IOA = \pi - \angle OIA - \angle OAI \qquad (11\text{-}55)$$

$$IA(\theta) = \sqrt{R_I{}^2 + R_O{}^2 - 2R_I R_O \cos \angle IOA} \qquad (11\text{-}56)$$

因此，$A(x_O(\theta), y_O(\theta))$ 与 $B(x_I(\theta), y_I(\theta))$ 的线性组合可以表示射线上任何一点：

$$\begin{cases} x(r,\theta) = (1-r)x_I(\theta) + rx_O(\theta) \\ y(r,\theta) = (1-r)y_I(\theta) + ry_O(\theta) \end{cases} \qquad (11\text{-}57)$$

通过以上变换就可以将平面直角坐标系中不同尺寸的环形虹膜转变为极坐标中相同尺寸的矩形。可以用式（11-58）表示这种映射关系。

$$I(x(r,\theta), y(r,\theta)) \rightarrow I(r,\theta) \qquad (11\text{-}58)$$

式中，(x,y) 为虹膜区域的坐标；(r,θ) 为其对应的极坐标；$(x_I(\theta), y_I(\theta))$、$(x_O(\theta), y_O(\theta))$ 为虹膜内、外边界的极坐标。当 $r=0$ 时，点 $(x(r,\theta), y(r,\theta))$ 表示内边界上的像素点；当 $r=1$ 时，点 $(x(r,\theta), y(r,\theta))$ 表示外边界上的像素点。虹膜归一化就是 r 从 0 变化到 1 的过程，可以用图 11-27 中的结构来表示。

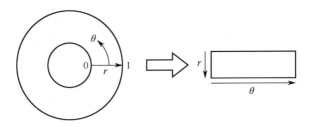

图 11-27　虹膜归一化几何模型

11.4.4　虹膜特征提取

虹膜特征提取的方法大体上可以分为 3 类：基于过零点描述的方法、基于纹理分析的方法和基于局部纹理定性分析的相位编码方法。

Boles 提出利用小波变换过零点来表示特征[20]，待处理的信号是对虹膜中心（圆心）进行采样得到的。该方法利用小波变换的过零点信息进行编码，具有图像平移、旋转和尺度不变性，在很大程度上不受光照和噪声的影响。虽然方便处理，但其丢失了虹膜图像径向上的信息。

Wildes 提出用拉普拉斯-高斯滤波器对图像进行分解，构成 4 层拉普拉斯金字塔来提取虹膜特征[21]。这种方法算法复杂、计算量大，主要用于身份认证。

Gabor 滤波算法利用二维 Gabor 小波进行特征提取[22]，对归一化的虹膜图像上的每个像素点进行 Gabor 滤波，根据滤波结果实部值和虚部值的正负进行符号量化，得出虹膜相位特征，构成特征编码。

$$G(x,y) = \exp\{-\pi[(x-x_0)^2/\alpha^2 + (y-y_0)^2/\beta^2]\} \cdot \exp\{-2\pi i[\mu(x-x_0) + \nu(y-y_0)]\} \qquad (11\text{-}59)$$

式中，(x_0, y_0) 为滤波器中心；$i = \sqrt{-1}$ 为虚单位；α 和 β 分别为高斯函数的宽度和长度；

(μ, ν) 定义了空间频率，$\omega = \sqrt{\mu^2 + \nu^2}$ ；方向角 $\theta = \arctan(\nu / \mu)$ 。

Gabor 滤波算法的过程是在极坐标系下完成的，所以采用的二维 Gabor 小波的形式为

$$G(r, \theta) = \exp[-\mathrm{i}\omega(\theta - \theta_0)] \cdot \exp[-(r - r_0)^2 / \alpha^2] \cdot \exp[-(\theta - \theta_0)^2 / \beta^2] \qquad （11\text{-}60）$$

选取不同的 $\alpha, \beta, \omega, \theta_0, r_0$ 就可以得到不同的小波函数。将虹膜分成固定的块，用上述相位及频率不同的滤波器进行滤波，用式（11-61）量化虹膜特征。

$$h\{\mathrm{Re}, \mathrm{Im}\} = \mathrm{sgn}\{\mathrm{Re}, \mathrm{Im}\} \iint_{\rho, \phi} I(\rho, \phi) \cdot \exp(-\mathrm{i}\omega(\theta_0 - \phi)) \cdot$$

$$\exp\{-[(r_0 - \rho)^2 / \alpha^2 + (\theta_0 - \phi)^2 / \beta^2]\}\rho \mathrm{d}\rho \mathrm{d}\phi \qquad （11\text{-}61）$$

利用滤波获得的复数结果量化虹膜特征，复数的实部小于 0，特征码置为 1；否则置为 0，虚部做同样的处理。编码原理如图 11-28 所示。

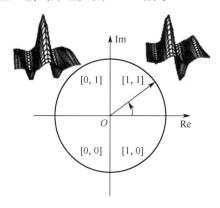

图 11-28　编码原理

11.4.5　虹膜特征匹配

虹膜特征提取有很多方法，虹膜表征也有不同的方式。有些算法用二值编码来表示虹膜特征，有些算法用非二值编码的数来表示虹膜特征。在进行虹膜特征匹配时，要采取不同的方法来衡量虹膜的相似程度。对于用二值编码表示的虹膜特征模板，可以采用汉明距离来衡量相似度；对于用其他方式表示的虹膜特征模板，可以计算加权的欧氏距离。

在衡量两个二值特征模板的相似度时，经常采用计算汉明距离的方法。计算汉明距离时，要比对两个二值特征模板对应位的编码是否一致，计算对应位编码不相同的个数占特征模板总位数的比例，这个比例就是两个特征模板之间的距离。汉明距离的公式为

$$\mathrm{HD} = \frac{1}{N} \sum_{i=1}^{n} A_i \oplus B_i \qquad （11\text{-}62）$$

式中，A_i 和 B_i 表示编码位。汉明距离越小，两个模板的相似度越高。当汉明距离的值为零时，即可确定两个虹膜图像属于同一个人。

11.5 步态识别

步态识别是一种相对复杂的生物特征识别技术，需要处理的数据较大，计算较为复杂，但具有非接触性和可接受性的优点，得到很多科研工作者的关注。本节介绍步态识别技术中的步态特征提取和步态特征匹配。

11.5.1 步态识别概述

步态是指人们行走时的方式，是一种可远距离感知的复杂行为特征，不容易被模仿和伪装。步态的采集可以在远距离处且在被识别者没有察觉的情况下进行，在视频监控领域，步态识别技术可以弥补人脸识别技术等在远距离无法采集的不足，有巨大的发展潜力。

步态识别通过人走路的姿态进行身份识别，通常包含运动分割、周期检测、特征提取、特征匹配4个过程。

运动分割就是在视频中检测人体目标并从背景图像中分割出来。

人的行走具有周期性，人的步态视频中存在大量冗余信息，在步态识别中，只需要得到一个完整的步态周期就可以实现身份识别了，因此要在特征提取之前，进行周期检测，只提取有用的特征信息。

在一个步态周期中，人行走两步，分为 4 个阶段：左双撑（两腿迈开时左脚在前）、右双撑（两腿迈开时右脚在前）、左单撑（两脚合拢时左脚摆动）、右单撑（两脚合拢时右脚摆动）[23]。图 11-29 所示为一个步态周期。

图 11-29 一个步态周期

在进行步态周期检测时，可以找出步态分割后的步态轮廓的最小外接矩形，利用最小外接矩形的面积、长宽比等数据作为当前帧的标识，画出步态周期曲线，进而得出一个步态周期中的每帧图像。人在行走的过程中，会在竖直方向上摆动，可以利用这一特点寻找步态轮廓的质心，画出质心的步态周期曲线[24]。

步态识别作为一项新兴的生物特征识别技术，许多理念不够成熟，加上步态的复杂性，使得步态识别的研究进展较为缓慢，目前步态识别存在如下问题和挑战。

（1）运动分割问题。在实际应用中，采集的视频具有光照、复杂的背景、行人的影子和遮挡等问题，这些问题给运动分割带来了很大的挑战，计算机很容易将这些干扰因素误认为是人的轮廓。

（2）行人自身改变问题。当人出现疾病、伤痛或焦急的情况时，人走路的姿势也会发生改变，这就会使一个人的步态特征发生较大的改变，从而使计算机错判为两个人。人穿着的衣服也会给步态识别带来很大的挑战，宽松的衣服会严重影响步态识别的准确性。

（3）视角问题。现在的步态识别技术大多处于研究的初级阶段，是在设定好的情况下进行识别的，即将摄像设备固定住，要求测试者沿着设定好的路线行走。而在实际应用中，行人行走的路线是任意的，摄像设备所拍摄的步态视频不能保证是可用的，而且同一个人在不同的角度下拍摄的步态也是不一样的。

下面对步态识别领域常见的数据库进行介绍。

（1）MIT 数据库：包括 14 位男士和 11 位女士的 194 个步态序列，其数据是在室内控制照明的情况下拍摄的单人步态序列，并且人的行走路线垂直于摄像设备的光轴，是在历时 3 个月的数天中采集的。

（2）UM 数据库：包括两个数据集，数据集 1 拍摄了 55 个人的步态序列，使用两台摄像设备以正交的角度拍摄测试者在 T 形路上的步态；数据集 2 拍摄了 25 个人的步态序列，包括 4 种角度，即正面、侧面和方向相反的侧面。

（3）CMU 数据库：拍摄了 25 个人的步态序列，有 4 种步态序列，即快速、慢速、携带一个球体和视角倾斜。

（4）SOTON 数据库：从侧面和斜视方向拍摄了 115 个个体在室内、室外和特定路线上的步态，是在历时一年的数天中采集的。

（5）KinectREID 数据库：是一个基于 Kinect 拍摄的步态序列，包含 71 个人的 483 个在不同光线、视角（正面、背面、侧面）下的行走片段。

11.5.2　步态特征提取

步态特征提取方法大致可分为两类：基于模型的方法和基于特征的方法。基于模型的方法将人体区域划分为若干部分，并用适当的模型表达，利用模型的参数实现步态识别。基于特征的方法往往从整体上进行考虑，将步态序列中的人体轮廓、形状等作为特征数据。常见的步态特征提取方法有基于人体特点的方法、基于外轮廓的方法和基于傅里叶变换的方法，

人在行走时，不同部位的变化幅度是不同的，可以将各部位变化的幅度作为特征信息。Chai 等[25]提出将人体分为头部、躯干和脚部 3 个部分，并将这 3 部分的方差和人体轮廓的长宽比作为步态特征进行步态识别。

Turk[26]提出一种线型模型，将人体的头部、双手、双脚与人体图像的质心连接起来，并将这 5 条线的长度作为特征数据。线型模型如图 11-30 所示。

图 11-30　线型模型

基于傅里叶变换的方法[27-28]可以很好地描述动态数据，能够解析动态数据中与频率相关的分量，并利用傅里叶变换提取动态数据的特征。该方法从头顶位置按逆时针方向选择一组连续的点，用复数表示。每个轮廓取 N 个点组成一个 N 维的复数向量 $(s_1, s_2, \cdots, s_N)$，$s_k = x_k + jy_k$，$k = 1, 2, \cdots, N$。对轮廓点按照下式做离散傅里叶变换。

$$
\begin{aligned}
a(u) &= \frac{1}{N} \sum_{k=0}^{N-1} s_k \mathrm{e}^{\frac{-j2\pi uk}{N}} \\
&= \frac{1}{N} \sum_{K=0}^{N-1} \left[\left(x_k \cos \frac{2\pi uk}{N} + y_k \sin \frac{2\pi uk}{N} \right) + j \left(-x_k \sin \frac{2\pi uk}{N} + y_k \cos \frac{2\pi uk}{N} \right) \right]
\end{aligned}
\tag{11-63}
$$

其中，$u = 1, 2, \cdots, N$，$|a(u)|$ 表示频率为 u 的分量的幅值。最大和最小的频率所对应的幅值包含的信息最多，称为主描述子，可以将主描述子作为步态特征。

11.5.3 步态特征匹配

在步态特征匹配中，评判相似度的方法有动态时间规整、搬土距离（The Earth Mover's Distance，EMD）等。

在步态识别中，待识别序列和样本序列往往具有不同的时间尺度，在进行步态识别时要做出一定的调整。动态时间规整将两个不同时间长度的运动特征模板按照待识别的时间序列进行拉长或缩短，使得特征模板的时间长度一致，然后进行特征匹配。

搬土距离是一种相似性度量的加权点集，其计算将一个谷填平的最小工作量，认为完成最小工作量的时间就是取得最小距离的时候。其计算公式如下。

$$
\mathrm{EMD}(P, Q) = \frac{\sum_{i=1}^{m} \sum_{j=1}^{n} f_{ij} d_{ij}}{\sum_{i=1}^{m} \sum_{j=1}^{n} f_{ij}}
\tag{11-64}
$$

$$
\sum_{i=1}^{m} \sum_{j=1}^{n} f_{ij} = \min \left(\sum_{i=1}^{m} w_{p_i}, \sum_{j=1}^{n} w_{q_j} \right)
\tag{11-65}
$$

式中，p_i、q_j 代表两个图像特征；w_{p_i} 表示特征 p_i 的权重；d_{ij} 表示两个特征之间的距离；f_{ij} 表示从 p_i 到 q_j 的流动量。

人在行走时，速度并不是保持不变的，或多或少会发生改变，所以同一个人在行走时，步态周期也会不同。这给步态识别带来了困难，计算机并不是人的眼睛，它在处理数据时十分精确，即使数据发生再小的改变也可能产生差别较大的结果。因此，在步态特征匹配时，要对步态序列进行处理。动态时间规整可以很好地解决这一问题。

待识别的步态周期和数据库中的步态周期分别用 $Q = \{q_1, q_2, \cdots, q_m\}$ 和 $C = \{c_1, c_2, \cdots, c_n\}$ 表示。首先计算时间序列 Q 和 C 对应元素之间的欧几里得距离 $d(q_i, c_j) = (q_i - c_j)^2$，将这些距离构造成一个矩阵 A。A 中的元素与点 q_i、c_j 之间的规整相对应，$A(i, j) = d(q_i, c_j)$。设 W 为规则路径，定义 Q 和 C 的映射，$W_k = (i, j)_k$，则

$$
W = \{w_1, w_2, \cdots, w_k\}, \quad \max(m, n) \leqslant K < m + n - 1
$$

这些路径可以有很多个，下面只给出规整代价最小的路径。

$$DTW(Q,C) = \min\left\{\frac{\sqrt{\sum_{k=1}^{K} w_k}}{K}\right\} \tag{11-66}$$

这个最短路径是这两个时间序列的最后距离度量，这条路径可以通过动态规划算法得到，定义当前点的累积距离为 $\gamma(i,j)$。

$$\gamma(i,j) = d(q_{i,}c_j) + \min\left[\gamma(i-1,j-1),\gamma(i-1,j),\gamma(i,j-1)\right] \tag{11-67}$$

11.6　实验：人脸识别

本实验基于云创大数据开源的人脸识别系统实现。该系统是基于 Python 语言编写的，采用 dlib 库中的函数进行人脸检测，实现 $1:N$ 比对功能，并返回评分最高的 3 个信息。

本实验的程序可在 https://pan.baidu.com/s/100hXZAxtRlE_Z2nDDzHtIQ 中提取，包含 model 文件夹［face_alignment.dat（矫正）和 face_model.dat（识别）］与两个 Python 文件夹［FeatureLib.py（注册）和 MatchingFeatureLib.py（识别）］。

11.6.1　实验目的

（1）了解 dlib 库函数。
（2）了解人脸识别程序的流程。
（3）学会编写人脸识别程序。

11.6.2　实验要求

（1）学习人脸识别环境的搭建。
（2）掌握人脸检测和识别方法。

11.6.3　实验原理

在含有人脸的图像中检测人脸区域，用矫正模板对检测的人脸区域进行矫正，得出精确的人脸范围，利用特征提取模板提取特征，并计算待识别者与数据库中模板的距离，从而完成人脸识别。

11.6.4　实验步骤

1．实验环境

本实验为 Python 编译环境，依赖 dlib 库和 skimage 库。

2．实验过程

（1）依赖库安装。

dlib 库下载地址为 https://github.com/anan91/Dlib-master。

先安装 cmake 编译工具和 boost+mkl 库，然后才能安装 dlib 库（在 Windows 下 dlib

需要依赖 Visual Studio 2015 及以上版本）。

进入 dlib 文件目录，输入安装命令：

Python setup.py install

先安装 numpy、scipy，然后才能安装 skimage。

安装命令：

pip install scikit_image

将依赖库导入 Python：import dlib、import skimage。

（2）运行程序。

① 在 FaceRecogntion 安装目录的同一级目录下建立图片文件夹（picture），将待注册的包含人脸的图片（清晰正脸）存放在此文件夹中。

② 生成比对的人脸特征库，运行命令：

Python FeatureLib.py picture

运行结果：生成 FaceFeatureLib 文件夹，其中包含 names.txt 和 features.txt 文件，分别指人脸的标签和对应的人脸特征库。程序运行结果如图 11-31 所示。

图 11-31　程序运行结果

③ 1：N 比对功能。

运行命令：

Python MatchingFeatureLib.py

然后输入要比对的图片路径，将显示比对结果最相近的前 3 项。

程序运行结果如图 11-32 所示。

图 11-32　程序运行结果

习题

1．生物特征识别的主要流程是什么？

2．衡量生物特征识别系统性能的主要指标有哪些？它们有什么联系？

3．指纹大致分为哪几类？指纹的主要特征表征包括什么？

4．为什么说虹膜识别的准确率最高、防伪性最好？

5．主成分分析法的原理是什么？

6．人脸识别的主要流程是什么？什么是特征脸？

参考文献

[1] 郑方，王仁宇，李蓝天，等. 生物特征识别技术综述[J]. 信息安全研究，2016，2（1）：12-26.

[2] 孙冬梅，裘正定. 生物特征识别技术综述[J]. 电子学报，2001，29（12A）：1744-1748.

[3] 丁璇. 多模态生物特征识别技术及其标准化动态[J]. 电脑知识与技术，2017，13（26）：153-154.

[4] 卢官明，李海波，刘莉. 生物特征识别综述[J]. 南京邮电大学学报，2007，27（1）：81-88.

[5] 张岳. 多模态生物特征识别技术的算法研究[D]. 长春：长春工业大学，2017.

[6] 于成丽，刘浩. 生物识别技术的发展应用及安全问题研究[J]. 保密科学技术，2018，92(5)：30-33.

[7] 夕拾. 解开身体密码的"黑科技"[J]. 互联网周刊，2018(10)：16-18.

[8] 潘雷. 自动指纹识别原型系统的研究与实现[D]. 北京：北京交通大学，2008.

[9] 程鹏举. 指纹识别系统的研究与实现[D]. 武汉：武汉轻工大学，2015.

[10] 田捷，杨鑫. 生物特征识别技术理论与应用[M]. 北京：电子工业出版社，2005.

[11] 伍湘萍. 指纹图像识别技术的研究[J]. 黑龙江科技信息，2015(17)：125.

[12] 吕玉华. 基于结构特征的指纹识别算法研究[D]. 长沙：湖南大学，2008.

[13] 刘晓莉. 嵌入式指纹识别系统的研究与设计[D]. 泉州：华侨大学，2015.

[14] 徐晓艳. 人脸识别技术综述[J]. 电子测试，2015(10)：30-35, 45.

[15] 马宁. 基于图像的人脸识别中关键技术研究[D]. 长春：吉林大学，2016.

[16] 朱娜，李一民，聂尧. 人脸识别方法的综述[J]. 山西电子技术，2008(5)：84-85.

[17] 段锦. 人脸自动机器识别[M]. 北京：科学出版社，2008.

[18] DAUGMAN J. How iris recognition works[J]. IEEE Transactions on Circuits & Systems for Video Technology，2004，14(1)：21-30.

[19] BOLES W W，BOASHASH B. A human identification technique using images of the iris and wavelet transform[J]. Signal Processing，IEEE Transactions on Signal Processing，1998，46(4)：1185-1188.

[20] BOLES W W. Security system based on human iris identification using wavelet transform[C]. The 1st International Conference on Knowledge-Based Intelligent Electronic Systems，1997.

[21] WILDES R，ASMUTH J，GREEN G. A Machine-vision System for Iris recognition[C]. Machine Vision and Applications，1996.

[22] DAUGMAN J. Biometric personal identification system based on iris analysis[P]. US：Patent 5291560，1994.

[23] 郭彦青，孟烈刚，刘璐. 基于 STM32 的足底压力测量系统[J]. 计量与测试技术，2015，42(7)：9-11.

[24] 袁维. 基于单目视频的人体步态识别[D]. 西安：西安工业大学，2016.

[25] CHAI Y，WANG Q，JIA J，et al. A Novel Human Gait Recognition Method by Segmenting and Extracting the Region Variance Feature[C]. 18th International Conference on Pattern Recognition (ICPR'06)，2006.

[26] TURK J E E. Silhouette Based Human Motion Detection and Analysis for Real-Time Automated Video Surveillance[J]. IEEE Transactions on Pattern Analysis and Machine Intelligence，2003，25(12)：1505-1518.

[27] 田光见，赵荣椿. 基于傅里叶描述子的步态识别[J]. 计算机应用，2004，24（11）：124-125.

[28] 余涛，邹建华. 基于 Bayes 规则与 HMM 相结合的步态识别方法研究[J]. 计算机学报，2012，35（2）：386-396.

第 12 章　医学图像检索

医学影像存档和通信系统（Picture Archive and Communication System，PACS）是医学成像技术的重要组成部分，为多种形式的医学影像资料提供统一的存储和访问接口。作为医学 PACS 的核心功能之一，医学图像检索为用户在大型影像数据库中搜索所需的目标图像提供了一套有效的访问机制。

本章重点对医学图像检索框架、多媒体内容描述标准 MPEG-7、X 射线胸片图像检索、图像检索系统性能评价等进行详细介绍。

12.1　医学图像检索概述

12.1.1　医学图像的特点

人体的不同组织部位对成像介质会产生不同响应，由此可形成医学图像。成像设备和成像原理不同，得到的医学图像的特点及人体组织器官在图像中的表现形式也不相同。与普通图像相比，医学图像有其自身的特点，主要如下[1]。

1．灰度性

很多医学图像都是灰度图像，相对于普通图像，缺少丰富的颜色信息。该灰度图像一般为 16 位而不是 8 位，其灰度分辨率和空间分辨率都比较高。此外，医学图像有时还涉及窗宽、窗位的调整，这些参数的调整可改变医学图像的视觉效果，从而影响图像内容的表达。

2．疾病表现多样性

医学图像表达的组织属性是随空间和时间变化的，这种变化反映身体内部结构与功能的变化，它是与组织属性紧密关联的。疾病的影像表现与病变位置及其周边组织的空间关系和病程发展的时间密切相关。同一种疾病在不同时期有不同的影像表现，同一种疾病发生在不同位置形成的纹理不同，不同疾病可能有类似的影像表现。

3．多模态性

医学图像之所以具有多模态性，是因为现代医学影像设备的成像原理具有多样性。根据其应用范畴，医学图像主要分为两大类：解剖图像和功能图像。功能图像分辨率较差，无法提供脏器或病灶的解剖细节，但它提供的脏器功能代谢信息是解剖图像所不能替代的；解剖图像以较高的分辨率提供了脏器的解剖形态信息，但无法反映脏器的功能情况。在临床应用中，根据不同的成像参数及成像原理，每种模态下还可以产生不同表现的图像，如 MRI 成像时的 T1、T2 加权成像方式及图像增强。不同的图像模态反映不同的医学信息，CT 图像能够精确地显示人体的解剖结构，反映脏器的几何及空间位置信息；而 PET 和 SPECT 可以提供大量的功能信息、生化信息及生理学信息。

4．模糊性

与普通图像相比，医学图像本质上具有不均匀性和模糊性。

（1）医学图像在灰度上具有模糊性。在同一组织中，灰度值可能出现大幅度的变化。另外，技术原因带来的噪声信号往往会模糊物体边缘的高频信号，且在成像过程中，人体自觉或不自觉的活动也会造成图像在一定程度上模糊。

（2）局部体效应。在一个边界的体素中，常常同时包含边界和物体两种物质；图像中物体的边缘、拐角及区域间的关系难以精确描述；一些病变组织由于浸润于周边组织，而使同一个体素中可能包含多种组织，导致其边缘无法明确界定。

（3）不确定性。在病变情况下会出现正常组织或部位没有的结构，如脏器表面的肿块、骨骼表面的骨刺，这给生物学的数学建模带来不可预测的困难。

5．数据异质性

在不同的成像设备上，医学图像在存储、尺寸和显示上的差异称为医学图像的异质性。事实上，通过成像设备得到的不同模态、不同方向和不同部位的图像表现形式，反映了不同设备制造商的内部数据格式，从而使医学图像在外观、方向、大小、空间分辨率和灰度分辨率上各不相同。

12.1.2　基于内容的医学图像检索

随着现代影像和图像处理技术的深入发展，近年来医学图像数量正在迅速膨胀。在众多的图像中，医学工作者和相关科研人员如何快速、准确地找到所需要的图像成为亟待解决的问题。传统的方法是基于关键字的检索，如根据病人的姓名、标识号、疾病名称或图像的文字描述等进行查询，而且这也是目前在应用领域主要采用的检索方式。但是，由于医学图像实体的颜色、纹理、形状、空间关系及语义信息很难用文字描述，因此传统的基于关键字的医学图像检索便显现出不足，基于内容的医学图像检索（Content-Based Medical Image Retrieval，CBMIR）就是在这种情况下产生的。本节若不做特殊说明，后面所提的医学图像检索均指基于内容的医学图像检索。

医学图像检索系统主要根据图像的内容进行查询，具有以下特点[2]。

（1）突破了传统的基于关键字检索的局限，直接对图像进行分析，抽取特征，利用这些内容特征建立索引，进行检索。

（2）在传统的数据库中，符号数据可以用基本的数据类型精确地表示，检索匹配是精确匹配。而图像数据是一段二进制数据流，对图像进行像素和像素的精确匹配不科学，事实上，人对两个图像相似与否的判断是根据图像中所包含的内容进行的，很难将其精确描述，因此内容的表达是近似的，是一种近似匹配。

（3）由于内容表达的不精确，因此检索得到的结果可能包含一些不相关的图像。这种情况对基于内容的检索是允许的，重要的是在检索中不要将相关的图像漏掉。

医学图像的特点是灰度分辨率高、空间分辨率高、图像相似性大、所含信息量大、颜色类型少。基于内容的医学图像检索的特点是它是基于相似性的匹配，而非精确匹配，医学图像库本来就存在许多相似图像，要想从图像库中检索出具有相同病理特征的相似医学图像，难度很大，不仅需要一般的图像学特征，而且需要将这些特征与医学相结合，将人工智能技术与图像技术相结合，建立附加的医学图像知识库，在知识库的导引下进行符合医学常规的内容检索。

医学图像检索在临床、教学和科研中都将发挥重要的作用。在临床诊断中，当医生遇到了难确诊的病症时，利用医学图像检索这一功能，在患者数字图书馆或医学图像知识库中找出相似图像，这些已确诊的病例可为医生诊断、治疗或手术等提供进一步参考。对于无经验的实习医生或经验少的医师，医学图像检索的结果能给他们的诊断提供辅助的建议。在教学中，教师可从大型的医学图像数据库或知识库中搜索感兴趣的病例来展示给学生，其不仅可以根据示例图像查询病例，而且可以选择视觉相似的不同疾病的病例来区分各种疾病诊断的关键点，以此提高教学质量。科研同样可以从医学图像检索中受益，因为有更多的病例供研究人员选择，而且将视觉技术直接应用到医学研究中，所以有可能找到病例的视觉特征、诊断或文本描述间的新关系。

对于不同解剖部位的医学图像，生理病理信息在视觉上存在很大的差异，临床诊断中所依赖的影像学知识也不一样，所以目前的 CBMIR 研究都是针对某一具体解剖部位的。

例如，Korn 等提出在乳腺钼靶 X 射线图像中快速有效地检索肿瘤形状的方法[3]，该方法在图像（仅乳腺图像）和特征（仅肿瘤形状）上都有一定的限制。

自动检索工具 ASSERT[4]仅针对肺部高分辨率 CT 图像。文献[4]中指出，在许多领域，仅仅提取全局特征不能保证得到满意的检索结果，医学图像就属于这个领域，因为相对于图像的其他部分，病理只占据了很少的像素，仅以全局特征对图像检索是不够的，还需要局部属性。肺部图像的病理区域没有特殊的形状，而且没有明显的边界和轮廓，不能够被很好地自动分割，需要在医生的帮助下描绘病理区域和做相关标记，医生使用所开发的工具几秒就可以完成该工作。但是，由于手工的介入，ASSERT 的输入代价相对较高，因此阻碍了它的临床应用。

Long 等分析了 17000 张脊柱 X 射线图像的形状特征[5]，提出了一种能够自动判断"椎体前缘骨赘"（Anterior Osteophyte）是否存在的方法。该方法输入成本低，但查询仅限于预定义的类。

Chu 等提出了基于知识的图像检索系统[6]，从 CT 和 MRI 三维数据集中自动抽取脑损伤，该展示模型在语义模型的基础上增加了知识层。

Liu 提出了基于分类的医学图像语义检索方法[7]。为了检测病理，神经放射学家确定了一系列有意义的可视特征，包括病理解剖位置、密度、边界、形状、大小、纹理、状态、周围增强情况、水肿情况和病人年龄等。要得到这些数据很困难，可代替使用复杂的分割和配准算法，交互或自动地准确定位病理，根据正常人脑的对称性和有病理人脑的不对称性提取图像特征。该方法还比一般方法增加了一项——通过分类进行特征选择，类型包括正常、脑出血、脑梗死、脑肿瘤等。

Hemant 等[8]提出了一种内容匹配方案，用于心脏断层图像数据库。其对于每幅图像，人工标记左右心房、左右心室、肺动脉及感兴趣区域。对人工标记的所有领域，计算 Voronoi 图，并根据 Voronoi 图计算描述各区域之间相对位置关系的特征矢量。其还给出了一种相似性尺度定义，满足尺度空间中距离定义的 3 个条件，以此作为 Voronoi 图之间，即两幅图像之间的匹配准则。其实验结果和医学影像学专家的识别结果接近。

Distasi 等[9]报道了一种基于轮廓和纹理的检索方案并应用于肝脏图像数据库。Cai 等[10]对 CBIR 在 PET 动态图像中的应用做了研究。

以上这些医学图像检索方法都是针对特定任务的，即限制于特定的形态和器官，所以不能直接应用到其他设备和器官的医学图像中。

还有一些文献对医学图像特征的数据模型进行了研究，如 Chbeir 等[11]提出了一种超空间数据模型，用于基于内容和语义的医学图像检索。它从一般特征、物理特征、几何特征和解剖学语义特征 4 个层次描述了图像内容，并定义了 4 个层次之间的关系。

12.1.3　医学图像检索框架

基于内容的医学图像检索属于专用检索系统，可把它看作介于信息用户（放射学者、医生）和医学图像数据库（知识库）之间的一种信息服务系统，用户通过它可以从库中提取满足要求的医学图像数据，如图 12-1 所示。

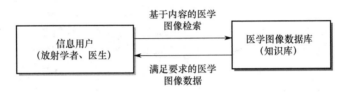

图 12-1　医学图像检索的作用

将通用的基于内容的医学图像检索框架与医学图像相结合，得到医学图像检索框架，如图 12-2 所示。

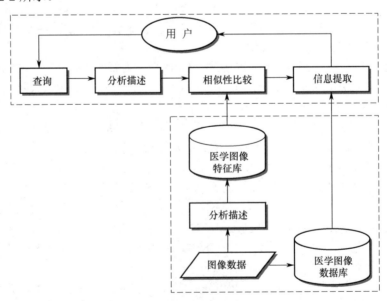

图 12-2　医学图像检索框架

医学图像检索框架由两部分构成：前端的用户检索和后端的医学图像数据库及特征库。后端的准备工作是前端检索的基础，前端在进行相似性比较和信息提取时，分别涉及后端的医学图像特征库和医学图像数据库。从图 12-2 中可以看出，前端由 4 个模块构成，分别为查询模块、分析描述模块、相似性比较模块和信息提取模块，后端由医学图像数据库模块、分析描述模块和医学图像特征库模块组成，两部分中都有分析描述模块。

查询模块的主要功能是为用户提供多样的查询手段，以支持用户根据不同应用进行各种类型的查询工作。用户提出的查询条件可以是文本描述，如患者的姓名、疾病名称等，也可以是预查询图像或二者的结合。典型的图像查询方式是按示例查询，即用户给出示例图像，要求系统检索和提取医学图像数据库中相似的图像，样本图像可以由用户从系统提示样本中选择，也可以自行定义。

分析描述模块的主要功能是将用户的查询要求转化为对图像内容的比较抽象的内部表达和描述，即通过对图像的分析，以一定的、计算机可以方便表达的数据结构建立对图像内容的描述。这个模块在前、后端都需要，属于公共部分。前端对示例图像分析描述，后端对医学图像数据库中的每幅图像进行分析描述，并将提取的特征存入医学图像特征库。

相似性比较模块的主要功能是在医学图像数据库中搜索所需的图像内容。因为对被查询图像（示例图像）建立描述也相当于对医学图像数据库中的所有图像建立了描述，所以将对查询图像的描述与对医学图像数据库中图像的描述进行内容匹配和比较，就可以确定它们在内容上的一致性和相似性，这个匹配的结果将传递给信息提取模块。

信息提取模块的主要功能是根据相似性比较的结果在医学图像数据库中对感兴趣的图像定位，并在相似性比较的基础上将医学图像数据库中所有满足给定条件的图像自动提取出来供用户使用。如果事先对医学图像数据库建立了索引，那么在提取时则可提高效率。

医学图像数据库模块是医学图像的集合和组织。图像在数据库中的存在形态可以有两种：①完整的图像数据；②图像文件的路径名，系统可以通过这个路径名取得所指定的图像文件。第二种方式实际上只存储了对图像的引用，可以大大降低数据库的存储量，但安全性差，所以系统应为这种存储设置定时检查机构。如果图像比较大，那么还应为图像建立统一格式与尺寸的压缩图标，以提高检索速度。

医学图像特征库模块存储的是医学图像数据库中所有图像的内容，包括颜色、纹理、形状、语义和对象空间关系等特征及与图像相关的文本信息。该模块以分析描述模块为基础，在后端将图像分析描述的结果保存在医学图像特征库中，为相似性比较做准备。

从上述的医学图像检索框架中，可得出基于内容的医学图像检索的基本过程。首先，对医学图像数据库中的每幅图像进行图像分析描述，提取图像特征或目标特征向量，建立相应的医学图像特征库。也就是说，在建立图像数据库的同时，建立与图像数据库相连的特征库；其次，在进行图像检索时，对给定的查询例图，先按照某种图像描述方法提取该例图的特征向量，然后将该例图的特征向量与特征库中的特征向量进行相似性匹配，并根据匹配结果在图像库中搜索，即可检索出所需的内容。

12.1.4　医学图像检索中的关键技术

1．图像特征提取

特征提取是医学图像检索过程中的关键技术之一，因为特征提取的好坏直接关系整个系统的性能，对特征提取技术的基本要求是准确和快速。通常选取特征时要考虑以下4个因素[12]。

（1）图像的分析能力，应能很好地区分视觉上差异较大的图像。

（2）一次查询中可能检索的最大相关图像数，即无关图像排除能力。

（3）特征计算复杂度，复杂度过高会影响系统的反应时间。

（4）特征的存储空间要求。

2．图像相似性度量

图像相似性度量就是对提取的图像颜色、纹理、形状、空间关系、语义等特征进行匹配。在医学图像检索（CBMIR）系统中，图像之间的相似性只代表它们的特征向量之间的相似性，将图像的特征向量看作某特征空间的点，两点的接近程度用它们的距离表示，距离越小表示它们所代表的图像越相似。用户检索图像时，首先向系统提供示例图像，然后将示例图像转换成其特征向量的内在表示形式，接着计算用户所给图像与图像特征库中的图像特征向量的距离，最后借助索引机制实现检索。

3．相关反馈机制

图像检索系统的最终用户是人，以计算机为中心的检索使一些查询结果不能完全满足用户的要求，因此通过交互手段来捕获人对图像内容的认知显得很重要。引入相关反馈的目的是从用户与查询系统的实际交互过程中进行学习，发现并捕获用户的实际查询意图，修正系统的查询策略，从而得到与用户需求尽可能吻合的查询结果。相关反馈可实时修改系统的查询策略，从而为图像检索系统增加自适应功能。

4．检索系统性能评价

医学图像检索算法比较多，性能各不相同。要对这些算法做出评价，以区分它们的优劣，必须定义一些标准和指标，促进检索算法的优化。目前检索系统性能评价主要集中在对检索结果正确度的评价上，其他方面如系统响应时间、数据处理能力等方面的指标较少。

12.2　多媒体内容描述标准 MPEG-7

MPEG-7 称为多媒体内容描述接口（Multimedia Content Description Interface），是国际动态图像专家组（Moving Picture Experts Group，MPEG）制定的 ISO/IEC 标准，是用于标准化描述多媒体数据内容的国际标准，主要用于从不同方面对各种不同数据类型的多媒体内容进行标准化描述，这些描述与信息内容相关，从而使对多媒体信息的管理、定位、检索等处理更加高效。

MPEG-7 与 CBMIR 的联系如图 12-3 所示。

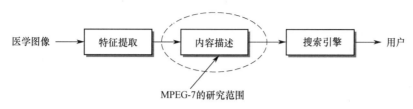

图 12-3　MPEG-7 与 CBMIR 的联系

从图 12-3 中可以看出，MPEG-7 是建立在特征提取之上的。也就是说，它只对信息特征进行描述，并不关心这些特征是如何得到的。同时，MPEG-7 还与搜索引擎相连，搜索引擎可以利用 MPEG-7 描述的内容进行搜索并将结果返给用户，MPEG-7 本身并不直接参与信息的搜索过程。虽然特征提取的方式很多，搜索引擎的实现方式也不同，但 MPEG-7 在它们之间提供了标准的接口。因此，搜索引擎可以不必关心实现特征提取的细节，只需要就标准的信息描述进行信息搜索即可，所以 MPEG-7 在医学图像检索中起着桥梁的作用。

12.2.1　MPEG-7 的基本概念

为了更好地了解 MPEG-7，先介绍以下几个基本概念。

（1）数据（Data）：指 MPEG-7 描述的对象。在描述数据时，不考虑信息的存储、编码、显示、传输、介质或使用的技术等，只考虑数据的特征。数据主要包括静止图像、序列/运动图像、动画、影片、音乐、语音、声音、文本和其他相关的媒体资源。

（2）特征（Feature）：指数据具有某种特色的、能够区别于其他数据的特性。特征之间不能直接进行比较，必须通过给定数据集有意义的特征表示（描述子）和实例（描述值）来进行对比，如图像的颜色、电影的名称等。

（3）描述子（Descriptor）：定义特征表示的语法及语义结构，如颜色特征的直方图。

（4）描述值（Descriptor Value）：描述子对特定数据的取值，如直方图中各元素的取值。

（5）描述方案（Description Scheme）：用来指出特征的组成元素之间关系的结构和语义，如彩色图像用颜色直方图表示色彩的种类和数量。

（6）描述（Description）：由一个描述方案和一组描述值构成，如用直方图描述图像。

12.2.2　MPEG-7 的主要元素

为了实现对多媒体对象进行不同层次内容特征的描述，MPEG-7 定义了一套工具和方法，主要包括以下元素。

（1）描述工具：分为描述子（D）和描述方案（DS）。

（2）描述定义语言（DDL）：定义 MPEG-7 描述工具、产生的新描述方案和描述子的语言，能够对已有的描述方案和描述子实现修改功能。

此外，MPEG-7 还包括系统工具，其支持二进制编码表示，可实现有效的存储和传输机制、描述复用、同步等。

MPEG-7 主要元素的关系如图 12-4 所示。其中，有些描述子和描述方案是定义在标准中的，有些则在标准中没有明确定义。描述定义语言采用分层描述，描述工具可以是描述子，也可以是描述方案。

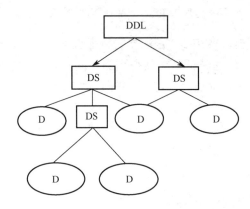

图 12-4　MPEG-7 主要元素的关系

12.2.3　MPEG-7 的组成

MPEG-7 由以下 8 个部分组成。

（1）MPEG-7 系统。它定义了终端体系结构，指定了编码描述的二进制格式，说明了存取和网络传输的描述方法，包括数据高效传输、媒体数据内容及其描述之间的同步（协调）方法，以及涉及管理和保护知识产权的工具。系统结构由压缩层、传输层及应用接口和物理网络接口组成。MPEG-7 的数据流可以单独传输，也可以和媒体数据一同传输。

（2）MPEG-7 描述定义语言。它是一种用于定义新的描述方案（DS）或描述子（D）及定义描述工具的语言，是 MPEG-7 的核心部分。描述定义语言基于 XML 模式语言和资源描述框架（RDF），从逻辑上讲，可分为 XML 模式结构语言组件、XML 模式数据类型语言组件和 MPEG-7 特殊扩展 3 个部分。

（3）MPEG-7 视觉描述工具。它由基本结构和特征描述子组成。基本结构包括网格结构、时间序列、多重视图、空间二维坐标、时间插值；特征描述子包括基本视觉特征颜色、纹理、形状、运动、定位及其他。

（4）MPEG-7 音频描述工具。它提供一些描述音频内容的结构，利用这些结构的是一组低层的描述子及针对特殊应用的高层描述工具。这些工具包括音频描述工具、音像效果描述工具、乐器音质描述工具、语音识别描述工具、旋律描述工具。

（5）MPEG-7 多媒体描述方案。它是处理一般特征和多媒体描述的描述工具。根据描述工具功能的不同，其可分为内容描述、内容管理、内容组织、导航和访问、用户交互五大类。

（6）MPEG-7 参考软件。它又称为实验模型（XM），是描述子（D）、描述方案（DS）、编码方案（CS）和描述定义语言（DDL）的仿真平台。XM 按功能可分为两部分：服务器端应用软件、客户端应用软件。

（7）MPEG-7 一致性测试。它是用于测试 MPEG-7 执行一致性的准则和程序，目前并没有完全定义和完善。

（8）MPEG-7 描述的提取和使用。它主要是关于提取和一些描述工具使用的资料。

12.2.4　MPEG-7 视觉描述工具

MPEG-7 视觉描述工具包括基本结构和特征描述子。

1．基本结构

MPEG-7 视频小组定义了以下 5 种视觉相关的基本结构。

（1）网格布局：可将图像分割为多个相等的矩形区域，独立地对每个区域进行描述，并允许给所有的矩形区域分配描述子。

（2）时间序列：定义了视频中描述子的时间顺序，提供图像和视频帧及视频帧之间的比较。时间序列有两种可用类型：规则时间序列、不规则时间序列。

（3）多重视图：二维和三维多重视图指定一种结构，将 2D 描述子结合起来，表示一个从不同视角观察的 3D 对象的视觉特征。它构造了一个完全基于 3D 视图的对象表示，可以使用任何 2D 视觉描述子，如轮廓形状、区域形状、颜色或纹理来描述 3D 对象的特征。

（4）空间二维坐标：支持局部和非局部两种配合系统，可用于对视频的编辑。在局部的坐标系统中，所有图像均被映射到相同位置；在综合的坐标系统中，每个图像可以被映射到不同的区域。其优势在于：即使改变图像大小或剪辑图像的一部分，也不需要修改 MPEG-7 描述。

（5）时间插值：使用多项式来估计随时间变化的多维变量的值，可用于估计物体的位置，如视频中某物体的位置。

2．特征描述子

视觉特征描述子包括以下 5 个部分。

（1）颜色描述子。

MPEG-7 定义了 8 种颜色描述子：颜色空间、主颜色、颜色量化、颜色直方图、帧组/图组颜色、颜色结构、颜色布局、可伸缩颜色，部分介绍如下。

颜色空间描述子通常与其他颜色描述子相结合，用来指明当前颜色描述子所使用的颜色空间。目前，所采用的颜色空间主要包括 RGB、YUV、HSV、HMMD、灰度和 RGB 空间的任意线性变换。

主颜色描述子最适用于局部特征，几个颜色就能够表达区域的颜色信息，但也适用于整个图像，如彩色商标图像。

颜色量化描述子定义了颜色空间统一的量化方法，用来描述可视数据的颜色特征。颜色量化有许多方法，如向量量化、聚类方法、神经网络等。一般颜色量化描述子与其他颜色描述子组合使用，如与主颜色描述子组合使用，可以用来表达主要颜色的有意义的值；与颜色空间描述子组合使用，可以用来说明某种颜色描述子使用的颜色空间和量化方法。

颜色结构描述子既包括颜色的内容信息，又包括内容的结构信息。它的主要功能是进行图像与图像的匹配，主要用于静态图像检索。

颜色布局描述子以一种紧凑的形式有效地表达了颜色的空间分布。这种紧凑性使检索匹配能以很小的计算代价实现。此描述子提供图与图的匹配及片段与片段的匹配，这些匹配要求大量重复的相似性计算。它也提供友好的用户界面，可以进行手绘草图查询。

（2）纹理描述子。

纹理描述子共有 3 种：同构型纹理、纹理浏览、边缘直方图。

同构型纹理作为一个重要的视觉基本特征，使用 62 个特征来进行纹理信息的量化表示，主要用于相似图案搜索和浏览。

对于浏览类型的应用，纹理浏览描述子非常有效，它根据规则性、粗糙度和方向性来表达纹理的感知特性。将其与同构型纹理描述子相结合，可以为图像中同构型纹理区域的表示提供一个可以伸缩的方法。该描述子的计算方法与同构型纹理描述子类似，首先使用一组带有方向和尺度参数的 Gabor 滤波器进行滤波；然后通过分析滤波结果找到纹理的主要方向，进而分析滤波后的图像沿主方向的投影，以确定纹理的规则性和稀疏性。

边缘直方图描述子表示 5 种类型边缘的空间分布，即 4 种具有方向性的边缘和 1 种无方向性的边缘。边缘直方图的主要目标在于图像与图像的匹配，特别是边缘分布不规则的自然图像。

（3）形状描述子。

形状描述子主要分为两种：基于区域的形状描述子和基于轮廓的形状描述子。

基于区域的形状描述子充分利用帧内组成形状的所有像素，可以描述任何形状，并且不依赖于形状边界信息，主要包括图像矩和角度径向变换两种描述子。除此之外，它还具有数据量小、提取更加快速等特点。

基于轮廓的形状描述子依据平面曲线理论，使用曲率尺度空间或傅里叶描述子来表示一个图像和视频帧的二维目标或区域封闭轮廓。这种描述很紧凑，能够很好地描述形状特征，实现相似性搜索。

（4）运动描述子。

运动描述子共有 3 种：摄像机运动、运动轨迹、参数运动。

摄像机运动描述子基于 3D 摄像机运动参数信息，可支持摄像机的基本操作，如固定、扫视、跟踪、倾斜、升降、变焦及旋转。

运动轨迹是一种高层特征，定义为对象的代表点在时空域中的位置。在具备先验知识的情况下，运动轨迹描述子可以在许多领域发挥作用。例如，在监视应用中，如果某个对象有较为危险的轨迹，那么将会触发警报；在体育运动中，其能辨认特定的动作等。

参数运动包括基于运动的分割和估计、全局运动估计、马赛克效应和对象跟踪。在 MPEG-7 框架中，它与视频的时空结构和几个特定的应用相关，如视频数据库的存储与检索、手语的索引。

（5）定位描述子。

定位描述子共有两种：区域位置描述子和时空位置描述子。

区域位置描述子使用一个可伸缩的方框或多边形来表示，确定图像或帧中区域的位置。

时空位置描述子能对视频片段中的时空区域进行描述，并提供定位功能。它的一个主要应用是超媒体，当指定点在对象上时显示相关的信息；另一个主要应用是通过检测对象是否经过特殊点来实现对象检索。除上述两个应用之外，该描述子还可以用于监视系统、空间相连或不相连区域的描述。

12.3　基于 MPEG-7 纹理描述子的 X 射线胸片图像检索

12.3.1　X 射线胸片图像

现代医学成像技术为直接显示和研究人体内部结构提供了手段，使医生可以获得患者的体内信息，为医学研究及疾病的诊断和治疗提供了十分有价值的依据。这些成像技术包括计算机 X 射线层析成像、正电子放射层析成像、单光子辐射断层成像、核磁共振成像、超声成像等。这些新型成像技术为医生提供了更丰富的诊断信息，并得到了广泛的关注和研究。但是，传统的 X 射线检查，特别是胸部 X 射线检查仍然是医院影像诊断的常规检查项目，即使需要 CT、MRI 检查的病例，也常需要参考胸部 X 射线检查的表现。因此，X 射线胸片图像依然具有重要的临床应用价值。

X 射线胸片包括后前位和侧位两部分。后前位 X 射线胸片可用来观察两肺、胸膜、心脏、肋骨、两肋膈角和膈面，是 X 射线检查肺部的基本体位，它更真实，更接近人的自然状态，减少了心影与肺组织影的重叠；侧位 X 射线胸片可观察肺的周边或与骨影重叠的病灶，可用于病变的定位，对全面观察病变形态也很有帮助。数字胸片图像的特点是同时包括具有非常大吸收系数的纵隔区（放射医学上指脊柱、心脏、主动脉）、下隔区和 X 射线极易穿透的充满空气的肺部。因此，与其他医学图像相比，其具有相对比较宽的信息动态范围。但是，从数字胸片图像中难以"看透"胸膈，并且肺部区域的对比度非常有限。由此可以看出，数字胸片图像具有"整体动态范围比较大，而局部的对比度比较小"的特点。数字胸片图像的这种特点使 X 射线胸片图像处理变得特别困难，其难点主要体现在如下几个方面[13]。

（1）肺部区域位于不均匀的背景中，需要提取的肺部区域由多个不同的组织结构组成。也就是说，待提取目标的层次比较多，并且目标与背景的边界不是很明显，因此肺部区域的分割需要解决不均匀背景下具有多层次目标的提取问题。

（2）X 射线胸片整体动态范围比较大，而局部的对比度比较小，因此胸片增强需要协调局部对比度与整体对比度，以达到最佳的视觉效果。同时，医学 X 射线图像的动态范围比显示设备高很多。

（3）在数字胸片图像中，病灶种类比较多，而且每种疾病的表现形式也是复杂和多种多样的。需要在相关专业医师的帮助下，在胸片图库中选择某一种疾病最典型的图像表现形式作为研究特征。这样做难免会对某些疾病造成漏检，病灶特征的选择是一件很困难的事情。

近几年，基于内容的 X 射线胸片图像检索和其中的关键技术研究受到了广泛的关注。文献[14]提出，目前的搜索引擎，如 Google、Yahoo 和 Alta Vista 等都通过关键词搜索图像，而关键词不能完全表达图像的重要信息，且需要用户掌握英语、法语、德语等语言，十分不方便。因此，该文献提出可以待用户输入关键词或图像后，将提取的视觉特征信息和文件信息组成 XML 文件，利用 XML 比较待检测图像与数据库中图像的相似性，从而进行肺癌检索。该方法提取的是全局特征，没有考虑感兴趣的区域。文献[15]提出通过对图像的灰度和密度的分析提取 3×3 个点进行全局弹性配准，以获得感兴趣区域，并将图像按照 128×128 的大小进行子区域划分，再使用 Gabor 滤波器进行 4 个尺度、6 个方向的纹理特征提取，通过 0°、45°、90°、135° 4 个方向的扫描得到边缘直方图，从而产生边缘的空间分布。该方法进行了感兴趣区域提取和子区域划分，但子区域划分方法较简单。文献[16]比较了图像特征中的区域主颜色、颜色相关图、灰度共生矩阵、灰度-梯度共生矩阵和形状不变矩，并进行了 4 种特征的融合操作和相关反馈。实验结果表明，多种特征的融合检索比单一特征检索效果要好。文献[17]介绍了基于纹理特征的灰度共生矩阵法、灰度-梯度共生矩阵法、基于形状特征的 Hu Moment 和 Zermike Moment 方法，以及语义特征的提取方法，并对这些方法进行比较和综合，同时运用在胸部 X 射线图像检索中。多种特征相结合，较全面地描述了图像的内容，但特征维数的增加会导致计算量的增加，检索时间长，因此需要建立索引机制，以提高检索效率。

12.3.2 基于同构型纹理描述子的 X 射线胸片图像检索

同构型纹理描述子提供 62 个特征接口，其中空域有 2 个、频域有 60 个，具体方法如下[18]。

1. 空域特征提取

在空域中，提取图像像素的平均值 f_{ad} 和标准差 f_{sd}，计算方法如下。

$$f_{ad} = \frac{\sum_{x=0}^{w}\sum_{y=0}^{h} f(x, y)}{n} \tag{12-1}$$

$$f_{sd} = \sqrt{\frac{\sum_{x=0}^{w}\sum_{y=0}^{h} \left(f(x, y) - f_{ad}\right)^2}{n}} \tag{12-2}$$

式中，$f(x, y)$ 为图像在点 (x, y) 处的像素值；w 为图像的宽；h 为图像的高；n 为图像的像素数。

2．频域特征提取

在频域中提取特征值的具体步骤如下。

（1）对输入图像 $f(x,y)$ 进行灰度化处理，然后进行傅里叶变换，得到 $F(u,v)$，并用极坐标的形式表示，即 $F(\omega,\theta)$。

（2）用方向和尺度可调的 Gabor 滤波器组过滤图像，处理后的数据用 $H_i(\omega,\theta)$ 表示，其中 i 为频率域划分时产生的特征频道，$i \in \{1,2,\cdots,30\}$。

将频域空间划分为 30 个特征频道，如图 12-5 所示。

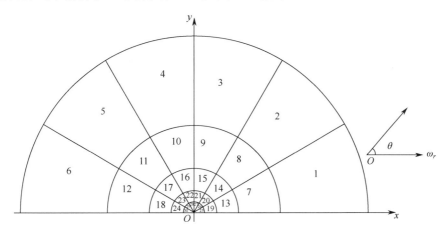

图 12-5　频域分布图

在角度方向上，将角频率按 30° 等分成 6 个，即 $\theta_r = 30° \times r$，$r \in \{0,1,2,3,4,5\}$，其中 r 为角度索引。在半径方向上，将半径频率 ω_s 按比例划分，$\omega_s = \omega_0 \times 2^{-s}$，$s \in \{0,1,2,3,4\}$，其中 s 为半径索引，$\omega_0 = 3/4$ 为最高中心半径频率。特征通道在径向上每次划分的径长为前次的 $1/2$，即 $B_s = B_0 \times 2^{-s}$，$s \in \{0,1,2,3,4\}$，$B_0 = 1/2$。

然后对图像进行 Gabor 变换，Gabor 滤波公式为

$$G_{s,r}(\omega,\theta) = \mathrm{e}^{\frac{-(\omega-\omega_s)^2}{2\sigma_s^2} + \frac{-(\theta-\theta_r)^2}{2\sigma_r^2}} \qquad (12\text{-}3)$$

式中，(ω,θ) 为点的极坐标值；ω_s、θ_r 分别为所在特征频道的半径频率和角频率；σ_s 为半径的标准差，$\sigma_s = \dfrac{B_s}{2\sqrt{\ln 2}}$，其中 σ_r 为角度的标准差；$\sigma_r = \dfrac{B_r}{2\sqrt{\ln 2}}$，其中 $B_r = 30°$，为角度分量的间距值。

Gabor 滤波后的 $H_i(\omega,\theta)$ 计算公式为

$$H_i(\omega,\theta) = G_{s,r}(\omega,\theta) \times F(\omega,\theta) \qquad (12\text{-}4)$$

（3）计算每个特征频道的能量 e_i 和特征值 p_i。

基于频率分布和 Gabor 函数，提取能量特征值 $\{e_1,e_2,\cdots,e_i,\cdots,e_{30}\}$，第 i 个特征频道

的能量 e_i 的计算方法如下：

$$e_i = \lg(1+d_i) \qquad (12\text{-}5)$$

式中，$d_i = \sum_{\omega=\omega_{is}}^{\omega_{ie}} \sum_{\theta=\theta_{is}}^{\theta_{ie}} H_i(\omega,\theta)^2$，$i = 6 \times s + r + 1$。其中，$\theta_{is}$ 为第 i 个特征频道的起始角度；θ_{ie} 为第 i 个特征频道的终止角度；ω_{is} 为第 i 个特征频道的起始半径；ω_{ie} 为第 i 个特征频道的终止半径。

进一步使用楔形采样提取特征。楔形采样根据已有的方向信息，固定 θ，对 ω 求和，当某些纹理图像沿 θ 方向大量存在时，则在频率域内沿 $\theta + \frac{\pi}{2}$ 的方向会有集中的能量体现，若纹理不出现方向性，则频率谱也不出现方向性，其计算公式为

$$p_j = \max\left(q_j(\theta_{js}),\cdots,q_j(\theta_{je})\right) \qquad (12\text{-}6)$$

其中，$q_j(\theta_{jx}) \in \{q_j(\theta_{js}),\cdots,q_j(\theta_{je})\}$，$q_j(\theta_{jx}) = \sum_{\omega_{js}}^{\omega_{je}} H_j(\omega_{jx},\theta_{jx})$，$\omega_{je} \in \{\omega_{js},\cdots,\omega_{je}\}$。

在第 j 个特征频道内，求得所有 θ 上的 $q_j(\theta_{jx})$，并构成直方图，求 $q_j(\theta_{jx})$ 曲线峰值处对应的 p_j，即图像的方向信息作为特征向量，标记为 $\{p_1,p_2,\cdots,p_j,\cdots,p_{30}\}$。

综上，由频率域的能量和楔形特征值及空间中的像素平均值和标准差组成同构型纹理描述子的 62 个特征值 $\{f_{ad},f_{sd},e_1,e_2,\cdots,e_i,\cdots,e_{30},p_1,p_2,\cdots,p_j,\cdots,p_{30}\}$。

将上述方法应用于医学图像检索，其检索结果如图 12-6 所示。肺部疾病的基本症状是纹理增多、增粗、紊乱，采用上述方法检索可以取得较好的效果。

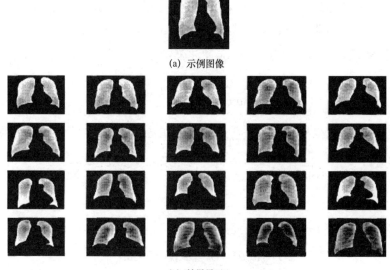

(a) 示例图像

(b) 结果显示

图 12-6　X 射线胸片图像检索结果

12.4　图像检索系统性能评价

不同的图像检索系统由于采用的算法不同，性能也各不相同，因此需要一些性能评价标准来对这些系统做出评价，以区分它们的好坏。图像检索系统性能的评估主要包括有效性、效率及灵活性，分别代表图像检索的成功概率、检索的速度和对不同应用场景的适应性。本节使用查准率和查全率，以及平均检索精度及检索响应时间来作为医学图像检索系统的性能评价方法。

图 12-7 所示为图像检索中的查准率和查全率示意。图中 Q 代表整个图像库，A 为图像库中与待查询图像相关的图像集，B 为检索出的图像，a 表示检索中获得的与待查询图像相关的图像集。

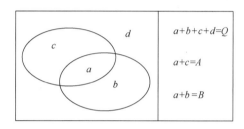

图 12-7　图像检索中的查准率和查全率

查准率（Precision）的计算为

$$P = p(A \mid B) = \frac{p(A \cap B)}{p(B)} = \frac{a}{a+b} \tag{12-7}$$

查全率（Recall）表示为

$$R = p(B \mid A) = \frac{p(A \cap B)}{p(A)} = \frac{a}{a+c} \tag{12-8}$$

平均检索精度（MAP）表示为

$$\text{MAP} = \int_0^1 P(R)\,\mathrm{d}R \tag{12-9}$$

查全率是指系统返回的检索结果中相关图像数量占图像库中全部相关图像数量的比例，主要表现了算法的全面性。查准率是指在图像的一次查询过程中，系统返回的相关图像数量与全部返回图像数量的比例，主要表现了算法的准确性。这两个指标共同表现了算法的整体性能，其结果越接近于 1，说明图像检索系统的精度就越高，但在样本数量较大时才能得到较好的结果，当样本数量偏小时，结果会出现较大偏差。

MAP 是两者在 0~1 的积分表现。一般情况下，查全率和查准率是相互制约的，随着检索返回的图像数量增加，查全率是上升的，查准率是下降的，反之亦然。实际应用时，通常采用查准率–查全率曲线来反映算法的性能，这个曲线称为 PVR 曲线。PVR 曲线中以查全率作为横轴，以查准率作为纵轴，该曲线和坐标轴围成的面积越大，表示算法性能越好。

检索响应时间也可以作为检索系统性能评价的一个指标。检索系统的响应时间是指

系统完成一次检索的平均耗时，其定义为

$$T = \frac{t_N}{N} \qquad\qquad (12\text{-}10)$$

式中，T 为系统检索的平均消耗时间；N 为检索的次数；t_N 为 N 次检索总的响应时间。

12.5 实验：基于颜色直方图的医学图像检索

12.5.1 实验目的

（1）对基于内容的医学图像检索过程有初步的认识。

（2）设计并实现一个简单的医学图像检索系统。

12.5.2 实验要求

（1）了解 Python 的基本语法。

（2）了解医学图像检索的步骤。

（3）理解医学图像检索的相关代码。

（4）用代码实现医学图像检索系统。

12.5.3 实验原理

本实验采用颜色直方图进行图像检索。这是一种基于简单统计的方法，其将整个图像划分为多个区段，对符合对应区段颜色的部分进行比率统计。

颜色特征是一幅图像最为直观的特征之一。色彩的定义标准是构成一幅数字图像的基础，从最简单的灰度图像到 256 色乃至 16 位及 32 位真彩色，数字图像在颜色细节方面的表现变得越来越丰富。颜色在信息传达方面具有简单直接的特点，即使只是简单的明暗变换，在人的视觉中也能展现丰富的内容和信息。

12.5.4 实验步骤

本实验的实验环境是 Python 3.6，且需要以下 6 个模块的辅助。

（1）numpy：用于科学计算和矩阵运算。

（2）cv2：用于 OpenCV 的 Python 模块接入。

（3）re：正则化模块。正则是用一些具有特殊含义的符号组合到一起来描述字符或字符串的方法；或者说正则是用来描述一类事物的规则，在 Python 中可通过 re 模块实现。在本实验中，其负责解析 csv 中的图像构图特征和色彩特征集。

（4）csv：在本实验中负责高效地读入 CSV 文件。

（5）glob：用于正则获取文件夹中的文件路径。

（6）argparse：Python 中用于命令行参数和选项的标准模块，在本实验负责设置命令行参数。

实验过程包括以下 5 个步骤。

（1）颜色空间特征提取器 ColorDescriptor。

打开编辑器，如 PyCharm，新建一个文件，命名为 colordescriptor.py，输入以下代码。

```
import cv2
import numpy
#计算提取不同区域的颜色特征
class ColorDescriptor:
    __slot__ = ["bins"]#类成员 bins，分配色相（8）、饱和度（12）、明度（3）共 8×12×3=288
个特征向量
    def __init__(self, bins):
        self.bins = bins
    # 得到图像的色彩直方图
    def getHistogram(self, image, mask, isCenter): # image 为待处理图像，mask 为图像处理区域的
掩模，isCenter 用于判断是否为图像中心，从而有效地对色彩特征向量做加权处理
        # calcHist()获得直方图
        imageHistogram = cv2.calcHist([image], [0, 1, 2], mask, self.bins, [0, 180, 0, 256, 0, 256])
        # normalize()归一化
        imageHistogram = cv2.normalize(imageHistogram, imageHistogram).flatten()
        # isCenter 判断是否为中间点，对色彩特征向量进行加权处理
        if isCenter:
            weight = 5.0    # 权重记为 0.5
            for index in range(len(imageHistogram)):
                imageHistogram[index] *= weight
        return imageHistogram
    # 将图像从 BGR 转换为 HSV（OpenCV 读入图像的色彩空间是 BGR 不是 RGB）
    def describe(self, image):
        image = cv2.cvtColor(image, cv2.COLOR_BGR2HSV)
        features = []
        # 获取图片的中心点和图片的大小
        height, width = image.shape[0], image.shape[1]
        centerX, centerY = int(width * 0.5), int(height * 0.5)
        # 生成左上、右上、左下、右下、中心部分的掩膜
        segments = [(0, centerX, 0, centerY), (0, centerX, centerY, height), (centerX, width, 0, centerY),
(centerX, width, centerY, height)]
        # 在中心构建一个椭圆来表示图像的中央区域。定义一个长、短轴分别为图像长、宽 75%
的椭圆
        axesX, axesY = int(width * 0.75) / 2, int (height * 0.75) / 2
        ellipseMask = numpy.zeros([height, width], dtype="uint8")    #黑色背景
        cv2.ellipse(ellipseMask, (int(centerX), int(centerY)), (int(axesX), int(axesY)), 0, 0, 360, 255, -1)
        #用 cv2.ellipse 函数绘制实际的椭圆，该函数需要 8 个不同的参数
        for startX, endX, startY, endY in segments:
```

```
                cornerMask = numpy.zeros([height, width], dtype="uint8")
                cv2.rectangle(cornerMask, (startX, startY), (endX, endY), 255, -1)
                cornerMask = cv2.subtract(cornerMask, ellipseMask)
                # 得到边缘部分的直方图
                imageHistogram = self.getHistogram(image, cornerMask, False)
                features.append(imageHistogram)
                # 得到中心部分的椭圆直方图
        imageHistogram = self.getHistogram(image, ellipseMask, True)
        features.append(imageHistogram)
        # 得到最终的特征值
        return features
```

① 类成员 bins：记录 HSV 色彩空间生成的色相（Hue）、饱和度（Saturation）及明度（Value）分布直方图的最佳 bins 分配方案。本实验采用的分配方案是 8 个 bins 用于色相通道、12 个 bins 用于饱和度通道、3 个 bins 用于明度通道。bins 如果分配过多，直方图中每个"山峰"和"山谷"都需要匹配才能认为图像是"相似的"，这样就失去了"概括"图像的能力。bins 如果分配过少，直方图含有的数据量不够，那么将无法准确区分不同颜色分布的图像。读者可以根据实际需要选择 bins 的个数，具体取决于数据集的大小和数据集中图像之间色彩分布的差异。

② 成员函数 getHistogram(self,image,mask,isCenter)：用于生成图像的色彩特征分布直方图。其中，image 为待处理图像，mask 为图像处理区域的掩膜，isCenter 用于判断是否为图像中心，从而有效地对色彩特征向量做加权处理。权重 weight 取 5.0，采用 OpenCV 的 calcHist()方法获得直方图，采用 normalize()方法进行归一化。

③ 成员函数 describe(self,image)：将图像从 BGR 色彩空间转为 HSV 色彩空间，应注意 OpenCV 读入图像的色彩空间是 BGR 而不是 RGB。使用函数生成左上、右上、左下、右下、中心部分的掩膜，中心部分掩膜的形状为椭圆形，这样能够有效区分中心部分和边缘部分，从而在 getHistogram()方法中对不同部位的色彩特征做加权处理。

（2）构图空间特征提取器 StructureDescriptor。

```
import cv2
# 归一化处理图片，返回 HSV 色彩空间矩阵
class StructureDescriptor:
    __slot__ = ["dimension"]
    def __init__(self, dimension):
self.dimension = dimension
    def describe(self, image):
image = cv2.resize(image, self.dimension, interpolation=cv2.INTER_CUBIC)
# 将 BGR 格式转化为 HSV 格式
image = cv2.cvtColor(image, cv2.COLOR_BGR2HSV)
return image
```

类成员函数 dimension：将所有图像归一化为 dimension 所规定的尺寸，这样才能够用于统一的匹配和构图空间特征的生成。

（3）图片搜索匹配内核 Searcher。

```python
import numpy
import csv
import re
class Searcher:
    # 色彩空间特征索引表路径，结构特征索引表路径
    __slot__ = ["colorIndexPath", "structureIndexPath"]
    def __init__(self, colorIndexPath, structureIndexPath):
        self.colorIndexPath, self.structureIndexPath = colorIndexPath, structureIndexPath
    # 计算色彩空间的距离，卡方相似度计算
    def solveColorDistance(self, features, queryFeatures, eps = 1e-5):
        distance = 0.5 * numpy.sum([((a - b) ** 2) / (a + b + eps) for a, b in zip(features, queryFeatures)])
        return distance
    # 计算构图空间的距离
    def solveStructureDistance(self, structures, queryStructures, eps = 1e-5):
        distance = 0
        normalizeRatio = 5e3
        for index in range(len(queryStructures)):
            for subIndex in range(len(queryStructures[index])):
                a = structures[index][subIndex]
                b = queryStructures[index][subIndex]
                distance += (a - b) ** 2 / (a + b + eps)
        return distance / normalizeRatio
    def searchByColor(self, queryFeatures):
        searchResults = {}
        with open(self.colorIndexPath) as indexFile:
            reader = csv.reader(indexFile)
            for line in reader:
                features = []
                for feature in line[1:]:
                    feature = feature.replace("[", "").replace("]", "")
                    findStartPosition = 0
                    feature = re.split("\s+", feature)
                    rmlist = []
                    for index, strValue in enumerate(feature):
                        if strValue == "":
                            rmlist.append(index)
                    for _ in range(len(rmlist)):
                        currentIndex = rmlist[-1]
```

```
                        rmlist.pop()
                        del feature[currentIndex]
                    feature = [float(eachValue) for eachValue in feature]
                    features.append(feature)
                distance = self.solveColorDistance(features, queryFeatures)
                searchResults[line[0]] = distance
            indexFile.close()
        return searchResults
    def transformRawQuery(self, rawQueryStructures):
        queryStructures = []
        for substructure in rawQueryStructures:
            structure = []
            for line in substructure:
                for tripleColor in line:
                    structure.append(float(tripleColor))
            queryStructures.append(structure)
        return queryStructures
    def searchByStructure(self, rawQueryStructures):
        searchResults = {}
        queryStructures = self.transformRawQuery(rawQueryStructures)
        with open(self.structureIndexPath) as indexFile:
            reader = csv.reader(indexFile)
            for line in reader:
                structures = []
                for structure in line[1:]:
                    structure = structure.replace("[", "").replace("]", "")
                    structure = re.split("\s+", structure)
                    if structure[0] == "":
                        structure = structure[1:]
                    structure = [float(eachValue) for eachValue in structure]
                    structures.append(structure)
                distance = self.solveStructureDistance(structures, queryStructures)
                searchResults[line[0]] = distance
            indexFile.close()
        return searchResults
    def search(self, queryFeatures, rawQueryStructures, limit = 6):
        featureResults = self.searchByColor(queryFeatures)
        structureResults = self.searchByStructure(rawQueryStructures)
        results = {}
        for key, value in featureResults.items():
```

```
                    results[key] = value + structureResults[key]
              results = sorted(results.items(), key = lambda item: item[1], reverse = False)
              return results[ : limit]
```

① 类成员 colorIndexPath 和 structureIndexPath：用于记录色彩空间特征索引表路径和结构特征索引表路径。

② 成员函数 solveColorDistance(self,features,queryFeatures,eps = 1e-5)：用于求 features 和 queryFeatures 特征向量的二范数，其中 eps 是为了避免除零错误。

③ 成员函数 solveStructureDistance(self,structures,queryStructures,eps = 1e-5)：用于求特征向量的二范数，其中 eps 是为了避免除零错误。

④ 成员函数 searchByColor(self,queryFeatures)：使用 csv 模块的 reader 方法读入索引表数据，采用 re 模块的 split 方法解析数据格式，用字典 searchResults 存储 query 图像与库中图像的距离，键为库内图像名 imageName，值为距离 distance。

⑤ 成员函数 transformRawQuery(self,rawQueryStructures)：将未处理的 query 图像矩阵转为用于匹配的特征向量形式。

⑥ 成员函数 search(self,queryFeatures,rawQueryStructures,limit = 6)：将 searchByColor 方法和 searchByStructure 的结果汇总，获得总匹配分值，分值越低代表综合距离越小，匹配程度越高，返回前 limit 个最佳匹配图像。

（4）图像索引表构建驱动 index.py。

```python
import color_descriptor
import structure_descriptor
import glob
import argparse
import cv2
idealBins = (8, 12, 3)
colorDesriptor = color_descriptor.ColorDescriptor(idealBins)
output = open("color_index.csv", "w")
# 色彩空间的特征存储
for imagePath in glob.glob("dataset"+ "/*.bmp"):
    imageName = imagePath[imagePath.rfind("\\") + 1 : ]
    print(imageName)
    image = cv2.imread(imagePath)
    features = colorDesriptor.describe(image)
    # 将色彩空间的特征写入 CSV 文件中
    features = [str(feature).replace("\n", "") for feature in features]
    output.write("%s,%s\n"% (imageName, ",".join(features)))
output.close()
idealDimension = (16, 16)
structureDescriptor = structure_descriptor.StructureDescriptor(idealDimension)
output = open("structure_index.csv", "w")
# 构图空间的色彩特征存储
```

```
for imagePath in glob.glob("dataset"+ "/*.bmp"):
    imageName = imagePath[imagePath.rfind("\\") + 1 : ]
    image = cv2.imread(imagePath)
    structures = structureDescriptor.describe(image)
    # 将构图空间的色彩特征写入文件中
    structures = [str(structure).replace("\n", "") for structure in structures]
    output.write("%s,%s\n"% (imageName, ",".join(structures)))
output.close()
```

引入 color_descriptor 和 structure_descriptor 函数，用于解析图像库的图像，获得色彩空间特征向量和构图空间特征向量。用 glob 获得图像库路径，生成索引表文本并写入 CSV 文件。

（5）执行搜索及创建一个 gui 界面。

创建一个文件，命名为 gui.py，输入以下代码。

```
import PIL
import color_descriptor
import structure_descriptor
import searcher
import cv2
import os
from tkinter import *
from PIL import Image, ImageTk
from tkinter.filedialog import askopenfilename
os.system("index.py")
path_ ="111"
dict_result={}
def choosepic():
    global path_
    path_ =askopenfilename()
    img_open = PIL.Image.open(path_)
    img_open = img_open.resize((150,150))
    img=ImageTk.PhotoImage(img_open)
    l1.config(image=img)
    l1.image=img
    r1.config(image="")
    r1.image=""
    r2.config(image="")
    r2.image=""
    r2.config(image="")
    r2.image=""
    r2.config(image="")
    r2.image=""
```

```python
        r2.config(image="")
        r2.image=""
        r2.config(image="")
        r2.image=""
def searchpic():
    queryImage = cv2.imread(path_)
    colorIndexPath = "color_index.csv"
    structureIndexPath = "structure_index.csv"
    resultPath = "dataset"
    queryFeatures = colorDescriptor.describe(queryImage)
    queryStructures = structureDescriptor.describe(queryImage)
    imageSearcher = searcher.Searcher(colorIndexPath, structureIndexPath)
    searchResults = imageSearcher.search(queryFeatures, queryStructures)
    global dict_result
    dict_result.clear()
    for imageName, score in searchResults:
        dict_result["D:/Python_work/"+resultPath + "/" + imageName] = score
    img_open = PIL.Image.open(list(dict_result)[0])
    print(list(dict_result)[0])
    img_open = img_open.resize((150,150))
    img=ImageTk.PhotoImage(img_open)
    r1.config(image=img)
    r1.image=img
    img_open = PIL.Image.open(list(dict_result)[1])
    img_open = img_open.resize((150,150))
    img=ImageTk.PhotoImage(img_open)
    r2.config(image=img)
    r2.image=img
    img_open = PIL.Image.open(list(dict_result)[2])
    img_open = img_open.resize((150,150))
    img=ImageTk.PhotoImage(img_open)
    r3.config(image=img)
    r3.image=img
    img_open = PIL.Image.open(list(dict_result)[3])
    img_open = img_open.resize((150,150))
    img=ImageTk.PhotoImage(img_open)
    r4.config(image=img)
    r4.image=img
    img_open = PIL.Image.open(list(dict_result)[4])
    img_open = img_open.resize((150,150))
    img=ImageTk.PhotoImage(img_open)
```

```
            r5.config(image=img)
            r5.image=img
            img_open = PIL.Image.open(list(dict_result)[5])
            img_open = img_open.resize((150,150))
            img=ImageTk.PhotoImage(img_open)
            r6.config(image=img)
            r6.image=img
idealBins = (8, 12, 3)
idealDimension = (16, 16)
# 传入色彩空间的 bins
colorDescriptor = color_descriptor.ColorDescriptor(idealBins)
# 传入构图空间的 bins
structureDescriptor = structure_descriptor.StructureDescriptor(idealDimension)
win = Tk()    #定义一个窗体
win.title('医学图像检索')      #定义窗体标题
win.geometry('800x400')        #定义窗体的大小，是 400 像素×200 像素
path=StringVar()
Button(win,text='选择图像',command=choosepic).grid(row=0,column=1)
a=Label(win,width=15)
a.grid(row=0,column=2)
l1=Label(win)
l1.grid(row=1,column=1)
Button(win,text='检索',command=searchpic).grid(row=0,column=6)
r1=Label(win)
r1.grid(row=1,column=5)
r2=Label(win)
r2.grid(row=1,column=6)
r3=Label(win)
r3.grid(row=1,column=7)
r4=Label(win)
r4.grid(row=2,column=5)
r5=Label(win)
r5.grid(row=2,column=6)
r6=Label(win)
r6.grid(row=2,column=7)
win.mainloop() #进入主循环，程序运行
```

12.5.5　实验结果

运行 gui.py 文件，会出现如图 12-8 所示的界面。在该界面中单击"选择图像"按钮，在图像库里打开一幅预检索的图像，进一步单击"检索"按钮，即可得到如图 12-9 所示的检索结果。

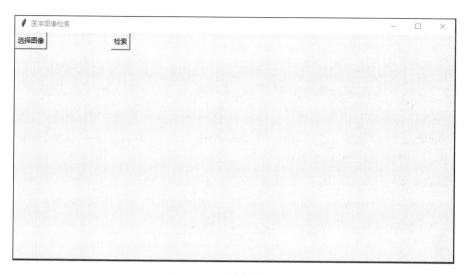

图 12-8　医学图像检索界面

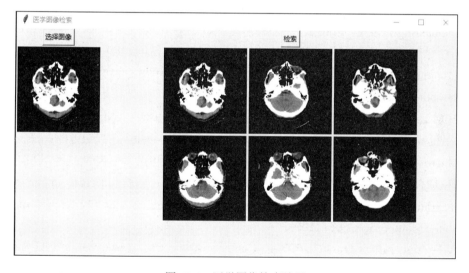

图 12-9　医学图像检索结果

习题

1．医学图像的特点是什么？

2．MPEG-7 与医学图像检索有什么联系？

3．简述同构型纹理描述子应用于医学图像检索的主要过程。

4．图像检索系统的评价指标有哪些？

5．尝试采用 Python 编程实现一个简单的医学图像检索系统。

参考文献

[1] 黎维娟. 多模态影像脑部疾病检索研究[D]. 广州：南方医科大学，2010.

[2] 邵虹. 基于内容的医学图像检索关键技术研究[D]. 沈阳：东北大学，2005.

[3] KORN P，SIDIROPOULOS N，FALOUTSOS C，et al. Fast and effective retrieval of medical tumor shapes [J]. IEEE Transactions on Knowledge and Data Engineering, 1998，10(6)：889-904.

[4] SHYU C R，BRODLEY C E，KAK A C，et al. ASSERT——A physician-in-the-loop content-based retrieval system for HRCT image databases [J]. Computer Vision and Image Understanding，1999，75(1/2)：111-132.

[5] LONG L R，ANTANIA S，LEEB D J，et al. Biomedical information from a national collection of spine x-rays—film to content-based retrieval [C]. SPIE，2003.

[6] CHU W W，HSU C C，CARDENAS A F，et al. Knowledge-based image retrieval with spatial and temporal constructs [J]. IEEE Transactions on Knowledge and Data Engineering，1998，10(6)：872-888.

[7] LIU Y X. Classification-Driven Pathological Neuroimage Retrieval Using Statistical Asymmetry Measures [C]. International Conference of Medical Image Computing and Computer Assisted Intervention，2001.

[8] HEMANT D T，FRANS M，CONRADE C，et al. Arrangement：a spatial relation between parts for evaluating similarity of tomographic section [J]. IEEE Transaction on Pattern Analysis and Machine Intelligence，1995，17 (9)：880-893.

[9] DISTASI R，NAPPI M，TUCCI M. Context：a technique for image retrieval integrating contour and texture information [C]. International Conference on Image Analysis and Processing，2001.

[10] CAI W D，FENG D，FULTON R. Content-based retrieval of dynamic PET functional images [J]. IEEE Transaction on Information Technology in Biomedicine，2000，4 (2)：152-158.

[11] CHBEIR R，AMGHAR Y，FLORY A，et al. A hyper-spaced date model for content and semantic-based medical image retrieval [C]. ACS/IEEE International Conference on Computer Systems and Applications，2001.

[12] 蔡志平. 采用 Gabor 小波纹理特征的基于内容医学图像检索[D]. 沈阳：东北大学，2007.

[13] 张甲杰. 医学 X 光胸片若干图像处理问题研究[D]. 太原：中北大学，2008.

[14] GILE N F T，WANG N，NATHALIE C K，et al. A case study of image retrieval on Lung cancer chest X-ray pictures[C]. ICSP，2008.

[15]　GUO S W，TANG J S. Content based image retrieval from chest radiography databases[C]. 43rd Asilomar Conference on Signals，Systems and Computer，2009.

[16]　ZHANG Q，TAI X Y. The X-ray chest image retrieval based on feature fusion[C]. International Conference on Audio，Language and Image Processing，2008.

[17]　CHEN Q，TAI X Y，ZHAO J Y. Chest radiographs retrieval based on texture，shape and semantic information[C]. ICALIP，2008.

[18]　纪君. 基于 MPEG-7 纹理特征的医学图像检索技术研究[D]. 沈阳：沈阳工业大学，2010.

附录 A　人工智能实验环境

在国家政策支持及人工智能发展新环境下，全国各大高校纷纷发力，设立人工智能专业，成立人工智能学院。然而，大部分院校仍处于起步阶段，需要探索的问题还有很多。例如，实验教学未成体系，实验环境难以让学生开展并行实验，同时存在实验内容仍待充实，以及实验数据缺乏等难题。在此背景下，"云创大数据"研发了 AIRack 人工智能实验平台（以下简称平台），提供了基于 KVM 虚拟化技术的多人在线实验环境。该平台支持主流深度学习框架，可快速部署训练环境，支持多人同时在线实验，并配套实验手册、实验代码、实验数据，同步解决人工智能实验配置难度大、实验入门难、缺乏实验数据等难题，可用于深度学习模型训练等教学、实践应用。

1．平台简介

AIRack 人工智能实验平台采用 KVM 虚拟化技术，可以合理地分配 CPU 的资源。不仅每个学生的实验环境相互隔离，使其可以高效地完成实验，而且实验彼此不干扰，即使某个学生的实验环境出现问题，对其他人也没有影响，只需要重启就可以重新拥有一个新的环境，从而大幅度节省了硬件和人员管理成本。

平台提供了目前最主流的 4 种深度学习框架——Caffe、TensorFlow、Keras 和 PyTorch 的镜像，镜像中安装了使用 GPU 版本框架必要的依赖，包括 GPU 开发的底层驱动、加速库和深度学习框架本身，可以通过平台一键创建环境。若用户想要使用平台提供的这 4 种框架以外的深度学习框架，可在已生成环境的基础上自行安装使用。

2．平台实验环境可靠

（1）平台采用 CPU+GPU 的混合架构，基于 KVM 虚拟化技术，用户可一键创建运行的实验环境，仅需几秒。

（2）平台同时支持多个人工智能实验在线训练，满足实验室规模的使用需求。

（3）平台为每个账户默认分配 1 个 VGPU，可以配置不同数量的 CPU 和不同大小的内存，满足人工智能算法模型在训练时对高性能计算的需求。另外，VGPU 技术支持"一卡多人"使用，更经济。

（4）用户实验集群隔离、互不干扰，且十分稳定，在停电等突发情况下，仅虚拟机关机，环境内资料不会被销毁。

3．平台实验内容丰富

当前大多数高校对人工智能实验的实验内容、实验流程等并不熟悉，实验经验不足。因此，高校需要一整套的软硬件一体化方案，集实验机器、实验手册、实验数据及实验培训于一体，解决怎么开设人工智能实验课程、需要做什么实验、怎么完成实验等一系列根本问题。针对上述问题，平台给出了完整的人工智能实验体系及配套资源。

目前，平台的实验内容主要涵盖基础实验、机器学习实验、深度学习基础实验、深度学习算法实验 4 个模块，每个模块的具体内容如下。

（1）基础实验：深度学习 Linux 基础实验、Python 基础实验、基本工具使用实验。

（2）机器学习实验： Python 库实验、机器学习算法实验。

（3）深度学习基础实验：图像处理实验、Caffe 框架实验、TensorFlow 框架实验、Keras 框架实验、PyTorch 框架实验。

（4）深度学习算法实验：基础实验、进阶实验。

目前，平台实验总数达到了 117 个，并且还在持续更新中。每个实验呈现了详细的实验目的、实验内容、实验原理和实验步骤。其中，原理部分涉及数据集、模型原理、代码参数等内容，可以帮助用户了解实验需要的基础知识；步骤部分包括详细的实验操作，用户参照手册，执行步骤中的命令，即可快速完成实验。实验所涉及的代码和数据集均可在平台上获取。AIRack 人工智能实验平台的实验列表如表 A-1 所示。

表 A-1 AIRack 人工智能实验平台的实验列表

板块分类	实验名称
基础实验/深度学习 Linux 基础	Linux 基础——基本命令
	Linux 基础——文件操作
	Linux 基础——压缩与解压
	Linux 基础——软件安装与环境变量设置
	Linux 基础——训练模型常用命令
	Linux 基础——sed 命令
基础实验/Python 基础	Python 基础——运算符
	Python 基础——Number
	Python 基础——字符串
	Python 基础——列表
	Python 基础——元组
	Python 基础——字典
	Python 基础——集合
	Python 基础——流程控制
	Python 基础——文件操作
	Python 基础——异常
	Python 基础——迭代器、生成器和装饰器
基础实验/基本工具使用	Jupyter 的基础使用
机器学习实验/Python 库	Python 库——OpenCV(Python)
	Python 库——Numpy(一)
	Python 库——Numpy(二)
	Python 库——Matplotlib(一)
	Python 库——Matplotlib(二)
	Python 库——Pandas(一)
	Python 库——Pandas(二)
	Python 库——Scipy

（续表）

板块分类	实验名称
机器学习实验/机器学习算法	人工智能——A*算法实验
	人工智能——家用洗衣机模糊推理系统实验
	机器学习——线性回归
	机器学习——决策树(一)
	机器学习——决策树(二)
	机器学习——梯度下降法求最小值实验
	机器学习——手工打造神经网络
	机器学习——神经网络调优(一)
	机器学习——神经网络调优(二)
	机器学习——支持向量机 SVM
	机器学习——基于 SVM 和鸢尾花数据集的分类
	机器学习——PCA 降维
	机器学习——朴素贝叶斯分类
	机器学习——随机森林分类
	机器学习——DBSCAN 聚类
	机器学习——K-means 聚类算法
	机器学习——KNN 分类算法
	机器学习——基于 KNN 算法的房价预测(TensorFlow)
	机器学习——Apriori 关联规则
	机器学习——基于强化学习的"走迷宫"游戏
深度学习基础实验/图像处理	图像处理——OCR 文字识别
	图像处理——人脸定位
	图像处理——人脸检测
	图像处理——数字化妆
	图像处理——人脸比对
	图像处理——人脸聚类
	图像处理——微信头像戴帽子
	图像处理——图像去噪
	图像处理——图像修复
深度学习基础实验/Caffe 框架	Caffe——基础介绍
	Caffe——基于 LeNet 模型和 MNIST 数据集的手写数字识别
	Caffe——Python 调用训练好的模型实现分类
	Caffe——基于 AlexNet 模型的图像分类
深度学习基础实验/ TensorFlow 框架	TensorFlow——基础介绍
	TensorFlow——基于 BP 模型和 MNIST 数据集的手写数字识别
	TensorFlow——单层感知机和多层感知机的实现
	TensorFlow——基于 CNN 模型和 MNIST 数据集的手写数字识别
	TensorFlow——基于 AlexNet 模型和 CIFAR-10 数据集的图像分类
	TensorFlow——基于 DNN 模型和 Iris 数据集的鸢尾花品种识别
	TensorFlow——基于 Time Series 的时间序列预测

（续表）

板块分类	实验名称
深度学习基础实验/Keras 框架	Keras——Dropout
	Keras——学习率衰减
	Keras——模型增量更新
	Keras——模型评估
	Keras——模型训练可视化
	Keras——图像增强
	Keras——基于 CNN 模型和 MNIST 数据集的手写数字识别
	Keras——基于 CNN 模型和 CIFAR-10 数据集的分类
	Keras——基于 CNN 模型和鸢尾花数据集的分类
	Keras——基于 JSON 和 YAML 的模型序列化
	Keras——基于多层感知器的印第安人糖尿病诊断
	Keras——基于多变量时间序列的 PM2.5 预测
深度学习基础实验/PyTorch 框架	PyTorch——基础介绍
	PyTorch——回归模型
	PyTorch——世界人口线性回归
	PyTorch——神经网络实现自动编码器
	PyTorch——基于 CNN 模型和 MNIST 数据集的手写数字识别
	PyTorch——基于 RNN 模型和 MNIST 数据集的手写数字识别
	PyTorch——基于 CNN 模型和 CIFAR-10 数据集的分类
深度学习算法实验/基础	基于 LeNet 模型的验证码识别
	基于 GoogLeNet 模型和 ImageNet 数据集的图像分类
	基于 VGGNet 模型和 CASIA WebFace 数据集的人脸识别
	基于 DeepID 模型和 CASIA WebFace 数据集的人脸验证
	基于 Faster R-CNN 模型和 Pascal VOC 数据集的目标检测
	基于 FCN 模型和 Sift Flow 数据集的图像语义分割
	基于 R-FCN 模型的物体检测
	基于 SSD 模型和 Pascal VOC 数据集的目标检测
	基于 YOLO2 模型和 Pascal VOC 数据集的目标检测
	基于 LSTM 模型的股票预测
	基于 Word2Vec 模型和 Text8 语料集的实现词的向量表示
	基于 RNN 模型和 sherlock 语料集的语言模型
	基于 GAN 的手写数字生成
深度学习算法实验/进阶	基于 RNN 模型和 MNIST 数据集的手写数字识别
	基于 CapsNet 模型和 Fashion-MNIST 数据集的图像分类
	基于 Bi-LSTM 和涂鸦数据集的图像分类
	基于 CNN 模型的绘画风格迁移

（续表）

板块分类	实验名称
深度学习算法实验/进阶	基于 Pix2Pix 模型和 Facades 数据集的图像翻译
	基于改进版 Encoder-Decode 结构的图像描述
	基于 CycleGAN 模型的风格变换
	基于 U-Net 模型的细胞图像分割
	基于 Pix2Pix 模型和 MS COCO 数据集实现图像超分辨率重建
	基于 SRGAN 模型和 RAISE 数据集实现图像超分辨率重建
	基于 ESPCN 模型实现图像超分辨率重建
	基于 FSRCNN 模型实现图像超分辨率重建
	基于 DCGAN 模型和 Celeb A 数据集的男女人脸转换
	基于 FaceNet 模型和 IMBD-WIKI 数据集的年龄性别识别
	基于自编码器模型的换脸
	基于 ResNet 模型和 CASIA WebFace 数据集的人脸识别
	基于玻尔兹曼机的编解码
	基于 C3D 模型和 UCF101 数据集的视频动作识别
	基于 CNN 模型和 TREC06C 邮件数据集的垃圾邮件识别
	基于 RNN 模型和康奈尔语料库的机器对话
	基于 LSTM 模型的相似文本生成
	基于 NMT 模型和 NiuTrans 语料库的中英文翻译

4．平台可促进教学相长

（1）平台可实时监控与掌握教师角色和学生角色对人工智能环境资源的使用情况及运行状态，帮助管理者实现信息管理和资源监控。

（2）学生在平台上实验并提交实验报告，教师可在线查看每个学生的实验进度，并对具体实验报告进行批阅。

（3）平台增加了试题库与试卷库，提供在线考试功能。学生可通过试题库自查与巩固所学知识；教师可通过平台在线试卷库考查学生对知识点的掌握情况（其中，客观题可实现机器评分），从而使教师实现备课+上课+自我学习，使学生实现上课+考试+自我学习。

5．平台提供一站式应用

（1）平台提供实验代码及 MNIST、CIFAR-10、ImageNet、CASIA WebFace、Pascal VOC、Sift Flow、COCO 等训练数据集，实验数据做打包处理，可为用户提供便捷、可靠的人工智能和深度学习应用。

（2）平台可以为《人工智能导论》《TensorFlow 程序设计》《机器学习与深度学习》《模式识别》《知识表示与处理》《自然语言处理》《智能系统》等教材提供实验环境，内容涉及人工智能主流模型、框架及其在图像、语音、文本中的应用等。

（3）平台提供 OpenVPN、Chrome、Xshell 5、WinSCP 等配套资源下载服务。

6．平台的软硬件规格

在硬件方面，平台采用了 GPU+CPU 的混合架构，可实现对数据的高性能并行处理，最大可提供每秒 176 万亿次的单精度计算能力。在软件方面，平台预装了 CentOS 操作系统，集成了 TensorFlow、Caffe、Keras、PyTorch 4 个行业主流的深度学习框架。AIRack 人工智能实验平台的配置参数如表 A-2~表 A-4 所示。

表 A-2　管理服务器配置参数

产品型号	详细配置	单　位	数　量
CPU	Intel Xeon Scalable Processor 4114 或以上处理器	颗	2
内存	32GB 内存	根	8
硬盘	240GB 固态硬盘	块	1
	480GB SSD 固态硬盘	块	2
	6TB 7.2K RPM 企业硬盘	块	2

表 A-3　处理服务器配置参数

产品型号	详细配置	单　位	数　量
CPU	Intel Xeon Scalable Processor 5120 或以上处理器	颗	2
内存	32GB 内存	根	8
硬盘	240GB 固态硬盘	块	1
	480GB SSD 固态硬盘	块	2
GPU	Tesla T4	块	8

表 A-4　支持同时上机人数与服务器数量

上机人数	服务器数量
16 人	1（管理服务器）+1（处理服务器）
32 人	1（管理服务器）+2（处理服务器）
48 人	1（管理服务器）+3（处理服务器）

附录 B 人工智能云平台

人工智能作为一个复合型、交叉型学科，内容涵盖广，学科跨度大，实战要求高，学习难度大。在学好理论知识的同时，如何将课堂所学知识应用于实践，对不少学生来说是个挑战。尤其是对一些还未完全入门或缺乏实战经验的学生，实践难度可想而知。例如，一些学生急需体验人脸识别、人体识别或图像识别等人工智能效果，或者想开发人工智能应用，但还没有能力设计相关模型。为了让学生体验和研发人工智能应用，云创人工智能云平台应运而生。

人工智能云平台（见图 B-1）是"云创大数据"自主研发的人工智能部署云平台，其依托人工智能服务器和 cVideo 视频监控平台，面向深度学习场景，整合计算资源及 AI 部署环境，可实现计算资源统一分配调度、模型流程化快速部署，从而为 AI 部署构建敏捷高效的一体化云平台。通过平台定义的标准化输入/输出接口，用户仅需几行代码就可以轻松完成 AI 模型部署，并通过标准化输入获取输出结果，从而大大减少因异构模型带来的部署和管理困难。

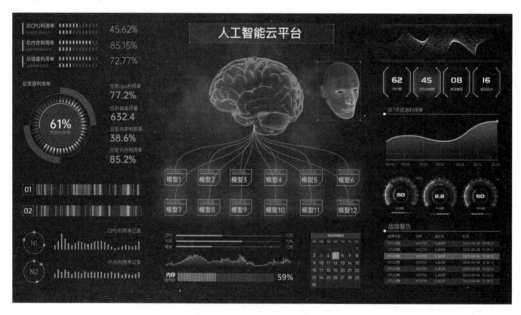

图 B-1 人工智能云平台示意

人工智能云平台支持 TensorFlow1.x 及 2.x、Caffe 1、PyTorch 等主流框架的模型推理，同时内嵌了多种已经训练好的模型以供调用。

人工智能云平台能够构建物理分散、逻辑集中的 GPU 资源池，实现资源池统一管理，通过自动化、可视化、动态化的方式，以资源即服务的交付模式向用户提供服务，并实现平台智能化运维。该平台采用分布式架构设计，部署在"云创大数据"自主研发的人工智能服务器上，形成一体机集群共同对外提供服务，每个节点都可以提供相应的管理服务，任何单一节点故障都不会引起整个平台的管理中断，平台具备开放性的标准化接口。

1．总体架构

人工智能云平台主要包括统一接入服务、TensorFlow 推理服务、PyTorch 推理服务、Caffe 推理服务等模块（见图 B-2）。

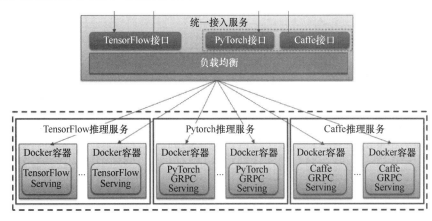

图 B-2　人工智能云平台架构

2．技术优势

人工智能云平台具有以下技术优势。

1）模型快速部署上线

人工智能云平台可实现模型从开发环境到生产部署的快捷操作，省去繁杂的部署过程，从而使模型部署时间从几天缩短到几分钟。

2）支持多种输入源

人工智能云平台内嵌 cVideo 视频监控云平台，支持 GB/T28181 协议、Onvif 协议、RTSP 及各大摄像头厂商的 SDK 等多种视频源。

3）分布式架构，服务资源统一，分配高效

分布式架构统一分配 GPU 资源，可根据模型的不同来调整资源的配给，支持突发业务对资源快速扩展的需求，从而实现资源的弹性伸缩。

3．平台功能

人工智能云平台具有以下功能。

1）模型部署

（1）模型弹性部署。可从网页直接上传模型文件，一键发布模型。同一模型下有不同版本的模型文件，可实现推理服务的在线升级、弹性 QPS 扩容。

（2）加速执行推理任务。人工智能云平台采用"云创大数据"自研的 cDeep-Serving，不仅同时支持 PyTorch、Caffe，推理性能更可达 TF Serving 的 2 倍以上。

2）可视化运维

（1）模型管理。每个用户都有专属的模型空间，同一模型可以有不同的版本，用户可以随意升级、切换，根据 QPS 的需求弹性增加推理节点，且调用方便。

（2）设备管理。人工智能云平台提供丰富的 Web 可视化图形界面，可直观展示服务器（GPU、CPU、内存、硬盘、网络等）的实时状态。

（3）智能预警。人工智能云平台在设备运行中密切关注设备运行状态的各种数据，智能分析设备的运行趋势，及时发现并预警设备可能出现的故障问题，提醒管理人员及时排查维护，从而将故障排除在发生之前，避免突然出现故障导致的宕机，保证系统能够连续、稳定地提供服务。

3）人工智能学习软件

人工智能云平台内置多种已训练好的模型文件，并提供 REST 接口调用，可满足用户直接实时推理的需求。

人工智能云平台提供人脸识别、车牌识别、人脸关键点检测、火焰识别、人体检测等多种深度学习算法模型。

以上软件资源可一键启动，并通过网页或 REST 接口调用，助力用户轻松进行深度学习的推理工作。

反侵权盗版声明

电子工业出版社依法对本作品享有专有出版权。任何未经权利人书面许可，复制、销售或通过信息网络传播本作品的行为；歪曲、篡改、剽窃本作品的行为，均违反《中华人民共和国著作权法》，其行为人应承担相应的民事责任和行政责任，构成犯罪的，将被依法追究刑事责任。

为了维护市场秩序，保护权利人的合法权益，我社将依法查处和打击侵权盗版的单位和个人。欢迎社会各界人士积极举报侵权盗版行为，本社将奖励举报有功人员，并保证举报人的信息不被泄露。

举报电话：（010）88254396；（010）88258888
传　　真：（010）88254397
E-mail：　dbqq@phei.com.cn
通信地址：北京市万寿路 173 信箱
　　　　　电子工业出版社总编办公室
邮　　编：100036